Resiliente Baukastengestaltung durch Risikomanagement in der Automobilindustrie

Resilient Modular System Design through Risk Management in the Automotive Industry

Von der Fakultät für Maschinenwesen
der Rheinisch-Westfälischen Technischen Hochschule Aachen
zur Erlangung des akademischen Grades eines
Doktors der Ingenieurwissenschaften
genehmigte Dissertation

vorgelegt von

Fabian Hehl

Berichter/in:

Univ.-Prof. Dr.-Ing. Achim Kampker, MBA
Univ.-Prof. Dr.-Ing. Peter Burggräf, MBA

Tag der mündlichen Prüfung: 11. Mai 2022

ERGEBNISSE AUS DER ELEKTROMOBILPRODUKTION

Fabian Hehl

Resiliente Baukastengestaltung durch Risikomanagement in der Automobilindustrie

Herausgeber:
Univ.-Prof. Dr.-Ing. Achim Kampker, MBA

Band 21

Bibliografische Information der Deutschen Nationalbibliothek
Die Deutsche Nationalbibliothek verzeichnet diese Publikation in der Deutschen Nationalbibliografie; detaillierte bibliografische Daten sind im Internet über https://portal.dnb.de abrufbar.

Fabian Hehl:

Resiliente Baukastengestaltung durch Risikomanagement in der Automobilindustrie

1. Auflage, 2022

Gedruckt auf holz- und säurefreiem Papier, 100% chlorfrei gebleicht.

Apprimus Verlag, Aachen, 2022
Wissenschaftsverlag des Instituts für Industriekommunikation und Fachmedien
an der RWTH Aachen
Steinbachstr. 25, 52074 Aachen
Internet: www.apprimus-verlag.de, E-Mail: info@apprimus-verlag.de

Druck: CPI Druckdienstleistungen GmbH, Ferdinand-Jühlke-Straße 7 I 99095 Erfurt

ISBN 978-3-98555-085-2

D 82 (Diss. RWTH Aachen University, 2022)

Vorwort

Die vorliegende Arbeit entstand während meiner Tätigkeit im Bereich Baukastenmanagement in der Gesamtfahrzeugentwicklung bei der BMW AG. Die Arbeit wurde dabei von Herrn Prof. Dr.-Ing. Achim Kampker, MBA am Lehrstuhl für Production Engineering of E-Mobility Components (PEM) der Rheinisch-Westfälischen Technischen Hochschule (RWTH) Aachen wissenschaftlich betreut.

Herrn Prof. Dr.-Ing. Peter Burggräf, MBA, Inhaber des Lehrstuhls für International Production Engineering and Management (IPEM) der Universität Siegen und Mitgeschäftsführer der Abteilung Fabrikplanung am Lehrstuhl für Werkzeugmaschinen und Produktionstechnik (WZL) der RWTH Aachen, danke ich neben der Übernahme des Koreferats für die wissenschaftliche Unterstützung, Förderung sowie für das Vertrauen in meine Person. Darüber hinaus danke ich Herrn Prof. Dr.-Ing. Jochen Büchs, Inhaber des Lehrstuhls für Bioverfahrenstechnik der Rheinisch-Westfälischen Technischen Hochschule für die Übernahme des Prüfungsvorsitzes.

Die Promotionszeit wäre nicht derart lehrreich, bereichernd und persönlich fördernd gewesen ohne die vielen tollen Kollegen und Menschen, die ich während meiner Zeit bei der BMW Group, am PEM der RWTH Aachen sowie am IPEM der Universität Siegen kennenlernen durfte. Ich möchte mich hier besonders bei meinen Betreuern Herrn Bernhard Freyer und Herrn Dr.-Ing. Matthias Dannapfel für die fachliche Betreuung, die persönliche Unterstützung und die zahlreichen Diskussionen bedanken. Die Motivation und Anregungen durch Herrn Bernhard Freyer in den frühen Phasen als auch beim Aufbau der Dissertation leisteten einen maßgeblichen Beitrag für die Realisierung dieser Arbeit. Des Weiteren möchte ich meinen Arbeitskollegen und Doktoranden der BMW AG für die wertvollen Impulse danken. Hierbei möchte ich speziell Dr.-Ing. Sebastian Krems, Dr.-Ing. Tim Weißer, Dr.-Ing. Mohammad Chamas, Dr.-Ing. Felix Schumacher und Dr. rer. nat. Nina Kauffmann hervorheben. In euch habe ich herausragende Freunde gefunden. Der kontinuierliche thematische und persönliche Austausch war stets von Fortschritt geprägt und gleichermaßen bereichernd.

Mein größter Dank gebührt meiner Familie. Meine Eltern Hedwig und Heiner Hehl haben mich stets auf meinem Lebensweg unterstützt, mir diesen in schwierigen Situationen geebnet und mich in dem bestärkt, was ich mir vorgenommen habe. Mein Bruder Christoph stand mir stets mit guten Ratschlägen zur Seite. Euch widme ich diese Arbeit.

München, im Mai 2022

Fabian Hehl

Inhaltsübersicht

Inhaltsverzeichnis

Abbildungsverzeichnis

Abkürzungen

AAE	Anzahl der Änderungen
AG	Aktiengesellschaft
Ausg	Ausgehend
BMW	Bayerische Motoren Werke
BW	Betriebswirtschaftliche Wertigkeit
bzgl.	bezüglich
bzw.	beziehungsweise
CFR	Changes-to-Function Ratio
CI	Coupling Index
CMEA	Change Mode and Effects Analysis
CO_2	Kohlenstoffdioxid
COGS	Cost of Goods Sold
CPI	Change Propagation Index
CPN	Change Potential Number
d.h.	das heißt
DACH	Deutschland, Österreich und Schweiz
DAER	Durchschnittliche Änderungsrate
DIN	Deutsches Institut für Normung
DMM	Domain Mapping Matrizen
DOF	Degrees of Freedom
DSM	Domain Structure Matrix
E/E	Elektrik/Elektronik
Eing	Eingehend
engl.	Englisch
ERP	Enterprise Resource Planning
ESM	Engineering System Matrix
Et al.	et alii
F&E	Forschung und Entwicklung
FMEA	Failure Mode and Effects Analysis
GBZ	Gesamtbewertungszahl
GVI	Generational Variety Index

HK	Herstellkosten
IKB	Integrationskomplexitätsprofil
ISO	International Standards Organization
IT	Informationstechnologie
KDF	Konzept-Divergenz-Faktor
km/h	Kilometer pro Stunde
kWh	Kilowattstunde
MD	mittlere absolute Abweichung vom Median
n	Stückzahl
Nm	Newtonmeter
NPV	Net Present Value
PIK	Profil der Integrationskomplexität
PKD	Profil der Konzeptdivergenz
RPZ	Risikoprioritätszahl
RWTH	Rheinisch-Westfälische Technische Hochschule
RZF	Release-Zyklus-Faktor
S.	Seite
SAE	Society of Automotive Engineers
SUV	Sports Utility Vehicle
USB	Universal Serial Bus
vgl.	vergleich
VKP	Verblockungs-Kritikalitäts-Portfolio
VKZ	Verblockugns-Kritikalitäts-Zahl
WLTP	Worldwide Harmonized Light-Duty Test Procedure
z.B.	zum Beispiel

Zusammenfassung

In der Dichotomie zwischen „Economies of Scale“ und „Economies of Scope“ verwenden Unternehmen in der Automobilindustrie Baukästen, um die Komplexität umfangreicher Produktprogramme zu beherrschen und durch Skaleneffekte betriebswirtschaftliche Vorteile zu erzielen. Eine wesentliche Herausforderung bei Produktbaukästen sind technische Änderungen, welche die Skaleneffekte von Baukästen während der Vergabedauer reduzieren. Dies gilt insbesondere für Baukästen in einem hochdynamischen Umfeld. Ein hochdynamisches Umfeld führt zu einer hohen Veränderlichkeit der betroffenen Baukästen, ihrer Abhängigkeiten zu anderen Baukästen und den Anforderungen, die über die Vergabedauer erfüllt werden müssen. Sind Baukästen durch räumliche und funktionale Abhängigkeiten im Produkt Fahrzeug stark vernetzt, so ist das Gesamtsystem Fahrzeug und das den Baukasten verwendende Fahrzeugportfolio im Falle einer technischen Änderung ein inflexibles Konstrukt. Dieser Sachverhalt wird als Verblockung bezeichnet. Die Auswirkungen einer Verblockung sind zum einen hohe Änderungs- und Abbruchkosten aufgrund räumlicher und funktionaler Beziehungen. Zum anderen ist es möglich, dass aufgrund fehlender technischer Rahmenbedingungen oder betriebswirtschaftlicher Gründe keine technischen Änderungen vorgenommen werden können, was zu einer verzögerten Reaktionsfähigkeit auf Risiken führt. Die daraus resultierende mangelnde Kundenorientierung kann wiederum zu Stückzahlverlusten an den Wettbewerb führen. Die bestehenden Baukastenentwicklungsprozesse sind weitgehend statisch und integrieren die Risiken eines hochdynamischen Umfelds nicht ausreichend.

Das Ziel der Arbeit besteht folglich darin, einen modellbasierten Ansatz zu entwickeln, um verblockungskritische Baukästen resilient zu gestalten, indem Risiken systematisch identifiziert, analysiert, bewertet und behandelt werden. Durch den entwickelten modellbasierten Ansatz werden Unternehmen in der Automobilindustrie dazu befähigt, dem Endkunden zusätzliche Funktionen über die Vergabedauer dieser Baukästen anzubieten sowie technische Änderungen und dadurch Abbruch- und Änderungskosten zu vermeiden bzw. zu minimieren.

Der modellbasierte Ansatz zur resilienten Baukastengestaltung gliedert sich in fünf Teilmodelle. Ziel des ersten Teilmodells ist es, die Verblockungskritikalität von Baukästen anhand von Kennzahlen zu bestimmen. Im zweiten Teilmodell werden Risiken für Baukästen anhand von Risikofaktoren unter Verwendung methodischer Verfahren systematisch identifiziert und beschrieben. Darauf aufbauend werden im dritten Teilmodell die Auswirkungen von Risiken innerhalb von verblockungskritischen Baukästen und im Gesamtsystem Produkt analysiert. Im vierten Teilmodell werden die aus den Risiken resultierenden Verblockungen anhand von Risikoparametern bewertet und priorisiert. Das abschließende fünfte Teilmodell umfasst die Entscheidung über die für ein bestimmtes Risiko zu verfolgende Risikobehandlungsstrategie nach betriebswirtschaftlichen Aspekten.

Summary

In the dichotomy between economies of scale and economies of scope, companies in the automotive industry use modular systems to manage the complexity of extensive product programs and to achieve economic advantages through economies of scale. A major challenge with modular systems is technical changes that reduce the economies of scale of modular systems during the contracting period. This is especially true for modular systems in a highly dynamic environment. A highly dynamic environment leads to a high variability of the affected modular systems, their relations to other modular systems and the requirements that have to be fulfilled over the award period. If modular systems are strongly interconnected by spatial and functional dependencies in the vehicle, the overall vehicle system and the vehicle portfolio that uses the modular system is an inflexible construct in the event of a technical change. This situation is referred to as blocking. The effects of blocking are, on the one hand, high modification and demolition due to spatial and functional dependencies. On the other hand, it is possible that technical changes cannot be made due to a lack of technical framework conditions or for economic reasons, resulting in a delayed responsiveness to risks. The resulting lack of customer focus may in turn lead to unit losses to the competition. The existing modular development processes are largely static and do not sufficiently integrate the risks of a highly dynamic environment.

Consequently, the objective of this thesis is to develop a model-based approach to make blocking-critical modular systems resilient by systematically identifying, analyzing, evaluating and treating risks. The developed model-based approach will enable companies in the automotive industry to offer additional functions to the end customer over the lifetime of these modular systems and to avoid or minimize technical changes and thus modification and demolition costs.

The model-based approach to resilient modular system design is divided into five submodels. The aim of the first submodel is to determine the blocking criticality of modular systems based on key figures. In the second submodel, risks for modular systems are systematically identified and described based on risk factors using methodical procedures. Building on this, the third submodel analyzes the effects of risks within blockage-critical modular systems and in the overall product system. In the fourth submodel, the blockages resulting from the risks are evaluated and prioritized based on risk parameters. The final fifth submodel covers the decision on the risk treatment strategy to be pursued for a specific risk according to economic aspects.

1 Einleitung

1.1 Motivation

In den letzten Jahrzehnten hat sich die Produktvielfalt in der Automobilindustrie aus verschiedenen Gründen erhöht. Seit den 1990er Jahren befindet sich die Automobilindustrie in den etablierten Absatzmärkten, wie Europa und Nordamerika, in einem Verdrängungswettbewerb. Dabei sind Marktanteile nur auf Kosten der Mitbewerber erzielbar.[1] Die Automobilhersteller versuchen dem entgegenzuwirken, indem sie ihre eigenen Produkte durch Produktinnovationen von der Konkurrenz abheben und somit beim Kunden Alleinstellungsmerkmale aufbauen.[2] Als Folge dieses Trends werden die Produktlebenszyklen stetig verkürzt, die gesättigten Märkte aufgrund individueller Kundenanforderungen in Teilmärkte aufgeteilt und neue Marktsegmente erschlossen, was zu einer Erhöhung der Produktvielfalt führt.[3] Die deutschen Automobilhersteller sind diesem Verdrängungswettbewerb in den vergangenen zehn Jahren in den aufstrebenden Absatzmärkten, wie China und Indien, entgangen und konnten dort oft zweistellige Wachstumsraten erreichen.[4] Mit wachsendem Wissen und Qualitätsverständnis der lokalen Automobilhersteller steigt jedoch auch in diesen Absatzmärkten der Wettbewerbs- und Kostendruck und somit das Risiko, Marktanteile zu verlieren.[5] Dies führt zu einer weiteren Differenzierung der Produkte und verschärft die oben beschriebene Problematik der steigenden Produktvielfalt zusätzlich.

Um den Herausforderungen, wie der Erhaltung der Innovationsführerschaft bei kürzer werdenden Produktlebenszyklen, der Beherrschung der Variantenvielfalt und dem internationalen Kostendruck gerecht zu werden, strukturieren die Unternehmen ihre Produkte in Form von Baukästen.[6] Baukästen stellen einen Ansatz zur Beherrschung des Spannungsfeldes zwischen den „Economies of Scale" und „Economies of Scope" dar und sind besonders in der Automobilindustrie verbreitet. Das Ziel der „Economies of Scale" ist die Generierung von Kostendegressions- und Lerneffekten sowie Automatisierung, wogegen bei den „Economies of Scope" der Fokus auf der Entwicklung kundenspezifischer Produkte liegt, die nur mit erhöhter Produkt- und Prozesskomplexität realisierbar sind.[7] Durch Kombinationen der Baukästen können so nahezu individuell konfigurierbare Produkte bei gleichzeitig reduzierter interner Variantenvielfalt erzeugt werden. Damit lassen sich über die gesamte Produktpalette hinweg Skaleneffekte

---

[1] Vgl. Hung Vo (2016), Die Automobilindustrie und die Bedeutung innovativer Industrie 4.0 Technologien, S. 19; Thoma et al. (2015), Emerging new product development methodology for the automobile industry, S. 19ff.

[2] Vgl. Farhana et al. (2015), Design Driven Innovation as a Differentiation Strategy, S. 26; Talay et al. (2014), Coevolutionary Dynamics of Automotive Competition, S. 61

[3] Vgl. Ferreira et al. (2017), Product lifecycle management in knowledge intensive collaborative environments, S. 1474; Hab et al. (2013), Projektmanagement in der Automobilindustrie, S. 8; Schönmann (2012), Produktentwicklung in der Automobilindustrie, S. 2

[4] Vgl. BMW Group Geschäftsberichte 2008-2018; Daimler AG Geschäftsberichte 2008-2018; Audi AG Geschäftsberichte 2008-2018

[5] Vgl. Lynch et al. (2016), Knowledge and innovation in emerging market multinationals: The expansion paradox, S. 1596

[6] Vgl. Kampker et al. (2014), Assessment and Configuration of a Product Production System, S. 147; Barbosa et al. (2017), Exploratory analysis of the variables prevailing on the effects of product modularization on production volume and efficiency, S. 678; Piran et al. (2016), Product modularization and effects on efficiency, S. 1

[7] Vgl. Schuh et al. (2011), Integrative Konfigurationslogik für Produkt-Produktionssysteme, S. 87

erzielen.[8] Um diese Skaleneffekte zu maximieren, müssen die Baukästen möglichst lange und in vielen Fahrzeugderivaten verbaut werden[9], eine möglichst geringe Anzahl an technischen Änderungen erfahren[10] und gleichzeitig über deren Vergabedauer[11] dem Stand der Technik entsprechen[12].

Hieraus wird deutlich, dass die Gestaltung von Baukästen nicht nur Vorteile aufweist, sondern auch Herausforderungen mit sich bringt. So reduzieren technische Änderungen die Skaleneffekte der Baukästen[13] und besitzen vor allem Relevanz für Baukästen, die sich in einem hochdynamischen Umfeld befinden. Ein hochdynamisches Umfeld kennzeichnet sich im Kontext der vorliegenden Arbeit durch eine hohe Veränderlichkeit der betroffenen Baukästen, deren Beziehungen zu weiteren Baukästen und zu erfüllenden Anforderungen über die Vergabedauer. Dies führt über die Vergabedauer der betroffenen Baukästen zu einer Vielzahl an neuen bzw. erweiterten Anforderungen und somit zu einer großen Anzahl an Änderungen. Diese hohe Veränderlichkeit eines Baukastens ist somit oftmals gleichermaßen ein Indikator für eine hohe Innovativität des Baukastenumfelds. In der Automobilindustrie zählen hierzu aktuell Baukästen, die beispielsweise für autonome Fahrfunktionen benötigt werden.

In der Folge des technischen Fortschritts ist des Weiteren eine zunehmende, in die Baukästen zu integrierende Funktionsanzahl zu nennen.[14] Dabei nimmt der zur Verfügung stehende Bauraum im Fahrzeug jedoch nicht zu. Dies führt zu einer zunehmenden Funktionsintegration in die Baukästen, wodurch die jeweiligen Baukästen immer stärker im Gesamtsystem Fahrzeug vernetzt werden.[15] Daraus resultiert eine Vielzahl an räumlichen und funktionalen Interdependenzen zu weiteren Baukästen, die in der Regel unterschiedliche Lebenszyklen besitzen. So weisen beispielsweise Elektrik/Elektronik-Baukästen weitgehend kürzere Lebenszyklen auf als rein mechanische Baukästen.[16] Die Vielzahl an räumlichen und funktionalen Interdependenzen sowie unterschiedliche Baukastenlebenszyklen erschweren im Falle einer technischen Änderung deren Umsetzung im Gesamtsystem Fahrzeug. Dies wird in der vorliegenden Arbeit als Verblockung bezeichnet (vgl. Abbildung 1-1). Aufgrund der räumlichen und funktionalen Interdependenzen können im Falle einer technischen Änderung weitere Baukästen von Änderungs- und Abbruchkosten betroffen sein.[17] Infolgedessen entstehen oftmals hohe nachträgliche Änderungs- und Abbruchkosten in der Entwicklung und beim Lieferanten sowie zusätzliche Baukastenvarianten. Die technischen Änderungen werden oftmals während der Lebenszyklen der betroffenen Baukästen durchgeführt. Die Folge daraus sind nicht realisierbare Skaleneffekte der Baukästen.[18]

---

8 Vgl. Zhang et al. (2017), Linking supply chain quality integration with mass customization and product modularity, S. 1

9 Vgl. Weiser et al. (2016), Complexity Assessment of Modular Product Families, S. 596

10 Vgl. Bauer et al. (2015), Determination of the required product platform flexibility from a change perspective, S. 20; Jose et al. (2005), Modular and platform methods for product family design, S. 375 f.

11 Die Vergabedauer beschreibt in der vorliegenden Arbeit die vertraglich festgelegte Dauer, über die anforderungstechnisch detailliert beschriebene Baukästen unter klar definierten Kriterien, wie zum Beispiel der Stückzahl über die Laufzeit und dem Preis von einem ausgewählten Lieferanten produziert und geliefert werden.

12 Vgl. Lau (2011), Critical success factors in managing modular production design, S. 179

13 Vgl. Burggräf et al. (2019), Data on the current state of modular systems in a highly dynamic environment, S. 8

14 Vgl. Hüttenrauch et al. (2008), Effiziente Vielfalt, S. 85 ff.

15 Vgl. Vickery et al. (2016), Product Modularity, Process Modularity, and New Product Introduction Performance, S. 753

16 Vgl. Brandt (2016), Architekturgesteuerte Elektrik/Elektronik Baukastenentwicklung im Automobil, S. 22

17 Vgl. Eckert et al. (2004), Change and customisation in complex engineering domains, S. 10; Pasche et al. (2012), Organising for modularity in dynamic markets, S. 14

18 Vgl. Arnoscht (2011), Beherrschung von Komplexität bei der Gestaltung von Baukastensystemen, S. 122

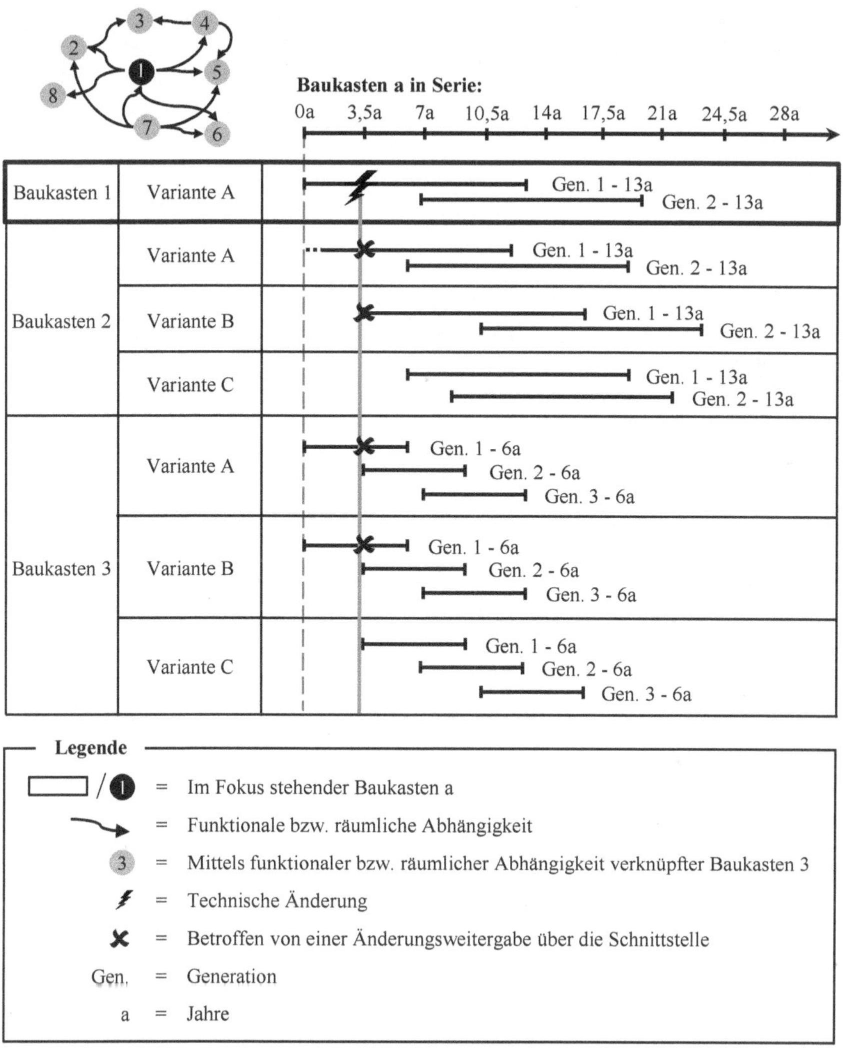

Abbildung 1-1: Beispieldarstellung des Sachverhaltes der Verblockung

Weiterhin ist es aufgrund der Verblockungen ebenso möglich, dass keine oder zeitlich verzögerte Änderungen, zum Beispiel erst zur nächsten Baukasten- bzw. Produktgeneration, durchführbar sind. Ursachen hierfür sind zum einen fehlende Möglichkeiten hinsichtlich einer Umsetzung dieser technischen Änderungen bei verblockten Baukästen, da beispielsweise die benötigten Bauräume für die technischen Änderungen nicht mehr vorhanden sind. Zum anderen besteht die Möglichkeit, dass aufgrund der Verblockungen der Aufwand den Nutzen deutlich überwiegt und aus diesem Grund eine technische Änderung betriebswirtschaftlich nicht vertretbar ist. Angesichts dieser Auswirkungen der Verblockung erhöht sich die Reaktionszeit auf Risiken[19]. Die daraus entstehende mangelnde Kundenorientierung resultiert in Stückzahlverlusten an den Wettbewerb.[20] Dabei wird die tatsächlich benötigte Reaktionszeit immer kürzer und das Ergebnis ist, dass Unternehmen mit dem Problem von Reaktionszeitlücken konfrontiert sind, wenngleich Innovationen und schnelles Reagieren auf Risiken entscheidend für den wirtschaftlichen Erfolg und das Überleben eines Unternehmens sind.[21]

Um als Unternehmen die erhöhte Komplexität bei der Gestaltung von verblockungskritischen Baukästen beherrschen und langfristig erfolgreich bleiben zu können, sind neue Ansätze für die Gestaltung des Gesamtsystems Fahrzeug erforderlich. Die gegenwärtigen Prozesse sind derzeit weitgehend statisch und integrieren die Risiken eines hochdynamischen Umfelds nicht ausreichend. So beschäftigen sich existierende Ansätze in der Literatur vorwiegend mit dem Endprodukt oder befassen sich in diesem Kontext vorwiegend mit der Fragestellung, welche Komponenten optimal als Baukästen unter bestimmten Gegebenheiten verwendet werden können. Ein Ansatz, der die Risiken von verblockungskritischen Baukästen in Symbiose mit der Weiterentwicklung der Lösungsräume im Gesamtsystem Fahrzeug berücksichtigt, existiert bis heute nicht. An dieser Stelle setzt die vorliegende Arbeit an.

1.2 Zielsetzung der Arbeit

Vor dem Hintergrund der beschriebenen Herausforderungen liegt die Zielsetzung der Arbeit in einer resilienten Baukastengestaltung, um Risiken von verblockungskritischen Baukästen aktiv gestalten oder schnell darauf reagieren zu können. Als Resilienz wird die Fähigkeit von Systemen bezeichnet, die Veränderungen eines dynamischen Umfeldes durch Anpassung oder Widerstandsfähigkeit zu bewältigen.[22] Durch eine resiliente Baukastengestaltung soll es möglich werden, dem Endkunden zusätzliche Funktionen über die Vergabedauer dieser Baukästen anzubieten sowie technische Änderungen und dadurch Abbruch- und Änderungskosten zu vermeiden bzw. zu minimieren.

Um diese Zielsetzung zu erreichen, sollen im Rahmen der Arbeit Aspekte des Risikomanagements zur systematischen Identifikation, Analyse und Bewertung von Risiken adaptiert sowie Risikobehandlungsstrategien für die Behandlung von Risiken für verblockungskritische Baukästen entwickelt werden. Auf Grundlage der erarbeiteten Risikobehandlungsstrategien für die Risikobehandlung soll eine unternehmerische Entscheidung über die am besten geeignete Risikobehandlungsstrategie getroffen werden können. Zur Sicherstellung der Finanzierbarkeit einer möglichen Berücksichtigung von Risiken und vor dem Hintergrund der Ausführungen in Kapitel 1.1 liegt der Fokus auf verblockungskritischen Baukästen. Das sind architekturrelevante Baukästen, die sich in einem hochdynamischen Umfeld befinden. In Verbindung mit Prozessen aus der Baukastenentwicklung soll auf Basis der vorliegenden Informationen

---

19 Rahmenbedingungen sind Bedingungen, die von außerhalb des betrachteten Systems oder Vorgangs vorgegeben werden. Vgl. Waas (2012), Dynamic Capabilities, die Ressourcenbasis und die Veränderung in Unternehmen, S. 13

20 Vgl. Ferrarese et al. (2014), Time-to-need, S. 816

21 Vgl. Kampker et al. (2020), Elektromobilität, S. 666; Shiu et al. (2017), Innovation Management for Products and Processes in the Automobile Industry, S. 192; Fricke et al. (2005), Design for changeability (DfC): Principles to enable changes in systems throughout their entire lifecycle, S. 343 f.; Bleicher (2011), Das Konzept Integriertes Management, S. 56 ff.; Burggräf et al. (2019), Data on the current state of modular systems in a highly dynamic environment, S. 8 f.; Burggräf et al. (2020), Knowledge-based problem solving in physical product development, S. 1

22 Vgl. Heinicke (2017), Resilienzorientierte Beurteilung von Produktionsstrukturen, S. 7

ein modellbasierter Ansatz für eine resiliente Baukastengestaltung entwickelt werden. Der Fokus liegt auf der Anwendung in der Automobilindustrie.

Die Zielsetzung der Arbeit lässt sich insofern wie folgt formulieren:

Zielsetzung dieser Arbeit ist die Entwicklung eines modellbasierten Ansatzes zur systematischen Identifikation, Analyse, Bewertung und Behandlung von Risiken für verblockungskritische Baukästen. Dies ermöglicht die Darstellung von kundenwerten Funktionen sowie eine schnelle Reaktion auf eingetretene Risiken über den Lebenszyklus dieser Baukästen und darüber hinaus eine Minimierung von Änderungs- und Abbruchkosten.

Mit der Zielsetzung dieser Arbeit gehen die folgenden Teilziele einher:

- Erarbeitung eines Kennzahlensystems zur systematischen Bestimmung von verblockungskritischen Baukästen
- Identifikation, Analyse und Bewertung von Risiken für verblockungskritische Baukästen
- Behandlung von Risiken für verblockungskritische Baukästen anhand definierter Risikobehandlungsstrategien einschließlich einer monetären Auswertung dieser Risikobehandlungsstrategien zur Festlegung einer pro Risiko zu verfolgenden Risikobehandlungsstrategie

Zur Eingrenzung des Betrachtungsbereichs auf Basis des theoretischen Problems der Praxis und zur Ausrichtung des Forschungsprozesses empfiehlt KUBICEK die Formulierung grundlegender Forschungsfragen.[23] Auf Basis der dargestellten Zielsetzung lässt sich die grundlegende und handlungsleitende Forschungsfrage wie folgt formulieren:

„Wie lassen sich verblockungskritische Baukästen durch Risikomanagement so gestalten, dass diese aus betriebswirtschaftlicher Sicht als resilient bezeichnet werden können?"

Des Weiteren empfiehlt KUBICEK die Erstellung eines heuristischen Bezugsrahmens als Leitfaden der Forschungskonzeption. Dieser hat als Ziel den Ausdruck einer bestimmten theoretischen Perspektive oder Problemdefinition, die an dieser Stelle nicht in geschlossener und konsistenter Weise ausgearbeitet wird, sondern durch gezielte Fragen selbst problematisiert wird.[24] Diese Thematik wird im folgenden Kapitel weiter detailliert.

1.3 Konzeption des Forschungsprozesses

Die vorliegende Arbeit lässt sich entsprechend der Wissenschaftssystematik nach ULRICH UND HILL in den Bereich der Ingenieurwissenschaften ein- und somit den Realwissenschaften zuordnen. Die Realwissenschaften unterteilen sich in die reinen Grundlagenwissenschaften und die angewandten Handlungswissenschaften, wobei die Ingenieurwissenschaft den Brückenschlag zwischen beiden Disziplinen bildet (vgl. Abbildung 1-2). Das Ziel der Realwissenschaften orientiert sich dabei an der empirischen

---

[23] Vgl. Kubicek (1977), Heuristische Bezugsrahmen und heuristisch angelegte Forschungsdesign als Elemente einer Konstruktionsstrategie empirischer Forschung, S. 25

[24] Vgl. Kubicek (1977), Heuristische Bezugsrahmen und heuristisch angelegte Forschungsdesign als Elemente einer Konstruktionsstrategie empirischer Forschung, S. 18

Beschreibung, Gestaltung und Explikation der mit den Sinnen wahrnehmbaren Ausschnitten der Wirklichkeit.[25]

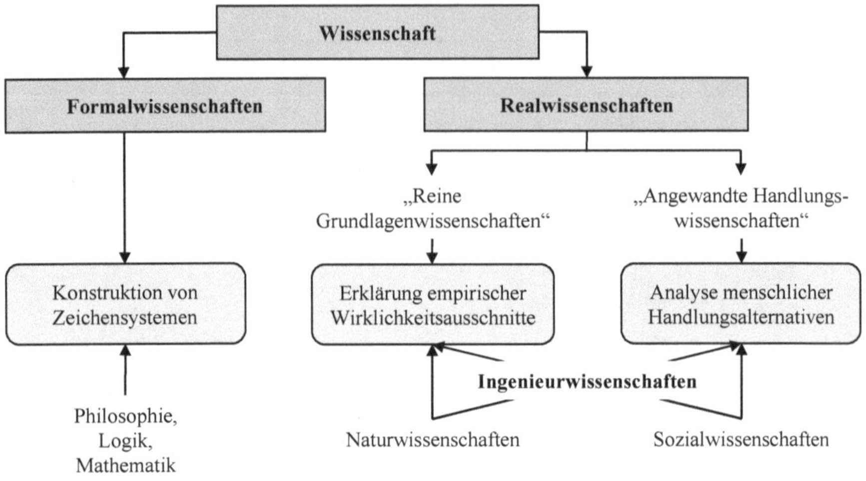

Abbildung 1-2: Einordnung der Wissenschaftssystematik[26]

Wie in den vorhergegangenen Kapiteln beschrieben, besitzen die Problemstellung und die Zielsetzung der Arbeit einen direkten Praxiszusammenhang. Damit verfolgt die Arbeit, aufgrund der Ausrichtung auf spezifische und praktische Ziele, eindeutig einen entscheidungsorientierten Ansatz und ist in den Bereich der angewandten Handlungswissenschaften einzuordnen.[27] Mit der Orientierung an der Lehre der wissenschaftlichen Methoden der empirischen Sozialforschung steht hier weniger der Zuwachs an Erkenntnissen, sondern der Gewinn an Verständnis als Maßstab für einen wissenschaftlichen Fortschritt im Fokus. Das Ziel ist somit die Beherrschung der Realität. Der Fortschritt beruht einerseits vor allem auf der Gewinnung kontraintuitiver Erkenntnisse. Andererseits können unbeabsichtigte Wirkungen geplanter Handlungen analysiert und Perspektiven mit dem Ziel der Erkennung von Gemeinsamkeiten aufgezeigt werden, die zuvor als kategorisch verschiedenartige Phänomene angesehen wurden.[28] Zur Realisierung des wissenschaftlichen Fortschrittes werden die theoretisch geleiteten Fragen an die Realität zum Mittel der Wahl erklärt und der Prozess durch systematisch erarbeitetes Erfahrungswissen begleitet.[29] Die im Kapitel 1.2 definierte Forschungsfrage bildet ein Abbild des Vorverständnisses des Forschers und soll auf Basis des forschungsmethodischen Vorgehens durch weitere Fragen an die Realität angereichert werden. Das hierbei gewonnene Wissen soll zu weiteren, das Verständnis erweiternden

---

25 Vgl. Ulrich et al. (1976), Wissenschaftstheoretische Grundlagen der Betriebswirtschaftslehre (Teil I), S. 305

26 In Anlehnung an Ulrich et al. (1976), Wissenschaftstheoretische Grundlagen der Betriebswirtschaftslehre (Teil I), S. 305

27 Vgl. Schanz (2009), Wissenschaftsprogramme der Betriebswirtschaftslehre, S. 111 ff.

28 Vgl. Kubicek (1977), Heuristische Bezugsrahmen und heuristisch angelegte Forschungsdesign als Elemente einer Konstruktionsstrategie empirischer Forschung, S. 7

29 Vgl. Kubicek (1977), Heuristische Bezugsrahmen und heuristisch angelegte Forschungsdesign als Elemente einer Konstruktionsstrategie empirischer Forschung, S. 12

Fragen führen, die sukzessiv konkretisiert werden. KUBICEK bezeichnet dieses Vorgehen als iterative Heuristik.[30]

Um das in der Forschungsfrage detaillierte Vorverständnis des Forschers visuell zu explizieren, wird die iterative Heuristik in Form eines heuristischen Bezugsrahmens dargestellt. In Abbildung 1-3 ist der heuristische Bezugsrahmen für das Dissertationsvorhaben gemäß den Empfehlungen von KUBICEK dargestellt. Die umrandeten Kästen stellen die als relevant erachteten Kategorien bzw. Analyseeinheiten dar, wobei diese Merkmalsträger mehrere sowie variierende Eigenschaften aufweisen können. Durch Pfeile werden funktionale Beziehungen, zeitlich-sequenzielle Beziehungen, Ursache-Wirkungs-Beziehungen oder wechselseitige Beeinflussungsbeziehungen dargestellt. Diese Art von Verbindungen werden von KUBICEK Verbundenheitsannahmen genannt.[31]

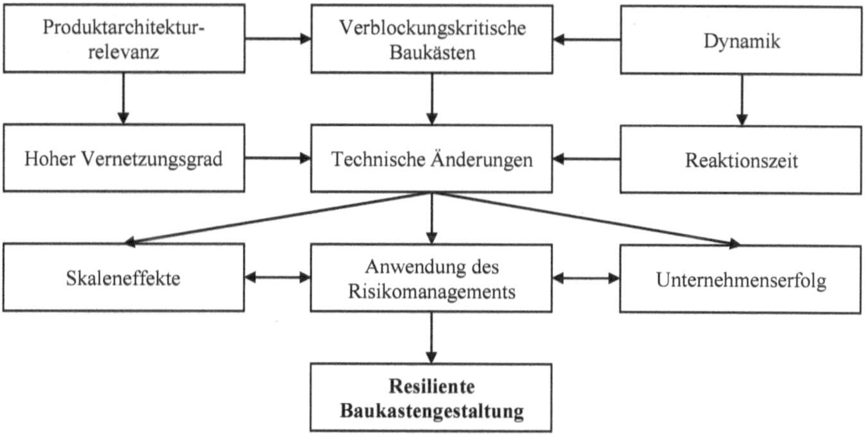

Abbildung 1-3: Heuristischer Bezugsrahmen

Nach KUBICEK explizieren die im Folgenden aufgezählten Forschungsfragen, zusammen mit dem in Abbildung 1-3 dargestellten heuristischen Bezugsrahmen, die bereits definierte Hauptforschungsfrage dieser Arbeit:

I. Wie kann die Verblockungskritikalität von Baukästen im Gesamtsystem Produkt auf Basis von Kennzahlen bestimmt werden?

II. Wie können Risiken für verblockungskritische Baukästen systematisch identifiziert und beschrieben werden?

III. Wie können die Auswirkungen von identifizierten Risiken innerhalb von verblockungskritischen Baukästen und im Gesamtsystem Produkt analysiert werden?

---

[30] Vgl. Kubicek (1977), Heuristische Bezugsrahmen und heuristisch angelegte Forschungsdesign als Elemente einer Konstruktionsstrategie empirischer Forschung, S. 13

[31] Vgl. Kubicek (1977), Heuristische Bezugsrahmen und heuristisch angelegte Forschungsdesign als Elemente einer Konstruktionsstrategie empirischer Forschung, S. 18

IV. Wie können die aus den Risiken resultierenden Verblockungen im Gesamtsystem Produkt auf Basis der Risikoanalyse bewertet werden?

V. Wie kann eine Entscheidung über die zu verfolgende Risikobehandlungsstrategie für ein bestimmtes Risiko nach betriebswirtschaftlichen Aspekten getroffen werden?

Forschungsmethodisch orientiert sich die vorliegende Arbeit an ULRICH, da der verfolgte systemtheoretische Ansatz als handlungsorientiert und offen gilt, eine gut übertragbare Struktur besitzt sowie eine große Nähe zu den Ingenieurwissenschaften aufweist.[32] Die Nähe zu den Ingenieurwissenschaften liegt darin begründet, dass der gewählte Ansatz sich nicht mit reiner Theorie, sondern der konkreten Verbesserung von Praxissituationen befasst. Damit stellen die Ingenieurwissenschaften eine angewandte, den realen Problemstellungen nachgehende Unternehmensführungslehre dar.[33] Die bestehende Realität dient den Grundlagenwissenschaften als Untersuchungsobjekt und in diesem Forschungsprozess als Ausgangspunkt für mögliche zukünftige Realitäten.[34] Der Fokus liegt hierbei auf der Dynamik- und Komplexitätsbeherrschung von produktiven, sozialen Systemen sowie deren Problemen hinsichtlich der Gestaltung, Lenkung und Entwicklung.[35] Abbildung 1-4 beschreibt den der Arbeit zugrundeliegenden Forschungsprozess.

[32] Vgl. Ulrich et al. (1976), Wissenschaftstheoretische Grundlagen der Betriebswirtschaftslehre (Teil II), S. 347
[33] Vgl. Ulrich et al. (1976), Wissenschaftstheoretische Grundlagen der Betriebswirtschaftslehre (Teil I), S. 308
[34] Vgl. Ulrich (1984), Management, S. 179
[35] Vgl. Ulrich (1984), Management, S. 168

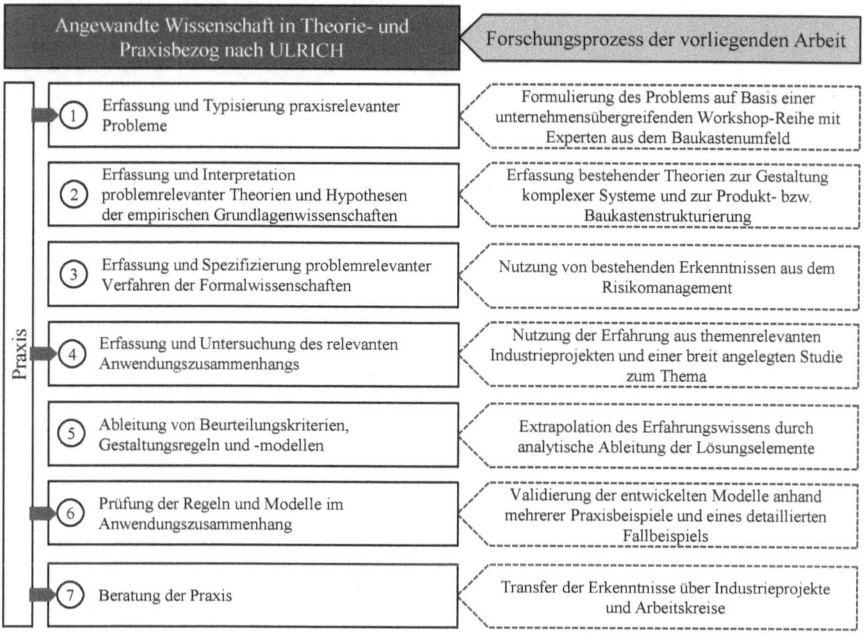

Abbildung 1-4: Forschungsprozess der vorliegenden Arbeit[36]

Nach POPPER und seinen Ausführungen zum kritischen Rationalismus beginnen Erkenntnisse nicht durch die Wahrnehmung oder Sammlung von Daten oder Tatsachen, sondern vielmehr mit Problemen.[37] Diese ergeben sich ULRICH zufolge in den angewandten Wissenschaften im Praxiszusammenhang.[38]

Die für dieses Dissertationsvorhaben formulierte Problemstellung basiert auf den Erfahrungen und Erkenntnissen des Autors aus einschlägigen Projekten in der Automobilindustrie. Die Erfassung und Interpretation problemrelevanter Theorien erfolgte durch eine breit angelegte Literaturstudie zur Gestaltung komplexer technischer Systeme im Allgemeinen sowie zur Produkt- und Baukastengestaltung im Konkreten. Dadurch wird auf die Forderung ULRICHs nach Interdisziplinarität eingegangen. Die Erfassung und Untersuchung des relevanten Anwendungszusammenhangs erfolgt auf Basis themenrelevanter Industrieprojekte und mit der unternehmensübergreifenden Studie „Data on the current state of modular systems in a highly dynamic environment: Empirical analyses in the manufacturing industry and automotive industry of Germany“ [39], die 2019 veröffentlicht wurde. Auf Basis dieser gesammelten Informationen werden die zu entwickelnden Lösungselemente abgeleitet. Die Prüfung der entwickelten Modelle

[36] In Anlehnung an Ulrich (1984), Management, S. 193

[37] Vgl. Popper (1969), Die Logik der Sozialwissenschaften, S. 104

[38] Vgl. Ulrich (1984), Management, S. 173

[39] Vgl. Burggräf et al. (2019), Data on the current state of modular systems in a highly dynamic environment

erfolgt anhand mehrerer Praxisbeispiele und eines detaillierten Fallbeispiels bei einem deutschen Automobilhersteller.

1.4 Aufbau der Arbeit

Im folgenden Kapitel wird der Aufbau der vorliegenden Arbeit beschrieben, der sich am Forschungsprozess nach ULRICH orientiert. Dieser schlägt einen Forschungsprozess vor, der ausgehend von der Praxis analytisch induktiv Regeln und Modelle ableitet und abschließend an der Realität durch Fallstudien, zur Sicherstellung des Praxisbezuges, bewertet wird. Abbildung 1-5 zeigt die Gegenüberstellung der jeweils abgeleiteten Kapitel.

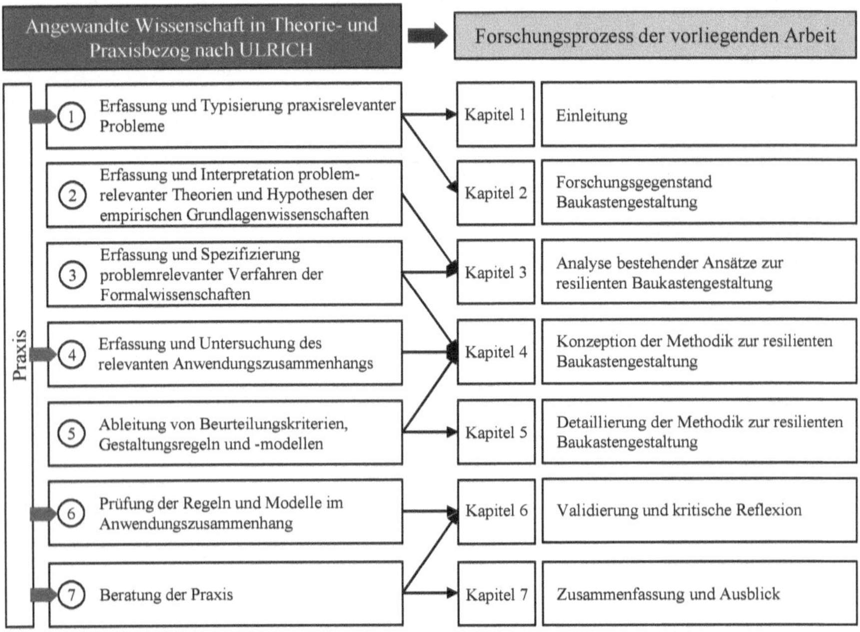

Abbildung 1-5: Aufbau der Arbeit

Das einleitende Kapitel dient der Einführung des Lesers in die Thematik. Dazu werden die Motivation und die Zielsetzung beschrieben, der zugrunde liegende Forschungsprozess definiert und der Aufbau der Arbeit dargelegt.

Im zweiten Kapitel werden die erfassten praxisrelevanten Probleme typisiert, indem das Verständnis der für diese Arbeit benötigten zentralen Begrifflichkeiten expliziert wird. Das Ziel ist das Schaffen der für das Verständnis dieser Arbeit benötigten Kenntnisse. Dazu werden die relevanten Grundlagen und Definitionen aus den Themenfeldern technische Systeme, Produktarchitekturen sowie Baukästen beschrieben. Abschließend werden hierzu die Herausforderungen aus Sicht der Praxis dargestellt und der entsprechende Handlungsbedarf herausgearbeitet.

Dieser Handlungsbedarf bildet die Grundlage zur Untersuchung bestehender Ansätze in Kapitel 3. Diesbezüglich werden zunächst die Grundlagen sowie die Vorgehensweise zum Risikomanagement aufbereitet und in den Kontext der vorliegenden Arbeit gesetzt. In diesem Zusammenhang werden Prinzipien erarbeitet, anhand derer der Status quo bestehender wissenschaftlicher Ansätze untersucht werden kann. Im Anschluss daran erfolgt eine Auswahl integrierbarer Bausteine für den modellbasierten Ansatz und damit eine Untersuchung, welche Bestandteile aus bereits bestehenden Ansätzen adaptiert und erweitert werden können, um Teile des zu entwickelnden modellbasierten Ansatzes zu bilden.

In Kapitel 4 werden zunächst die methodologischen Grundlagen erläutert und die Anforderungen aus der Zielsetzung, dem Objektbereich, der Praxis und der Theorie zusammengefasst. Diese werden in Form eines Anforderungsprofils für den modellbasierten Ansatz dargestellt und eine Lösungsthese formuliert. Darauf aufbauend wird ein Grobkonzept zur resilienten Baukastengestaltung konzipiert und die entsprechenden Erkenntnisse abgeleitet, die aus der Entwicklung des modellbasierten Ansatzes resultieren.

Im fünften Kapitel erfolgt die Detaillierung der resilienten Baukastengestaltung auf Basis der in Kapitel 4 abgeleiteten Teilmodelle.

In Kapitel 6 erfolgt die Validierung des entwickelten modellbasierten Ansatzes im Rahmen eines Fallbeispiels aus der Automobilindustrie. Die Ergebnisse werden anschließend zur kritischen Reflexion der resilienten Baukastengestaltung genutzt.

Das siebte Kapitel schließt die Dissertation mit einer Zusammenfassung der wichtigsten Erkenntnisse und gibt einen Ausblick auf den weiteren Forschungsbedarf im Themenfeld der resilienten Baukastengestaltung.

2 Forschungsgegenstand Baukastengestaltung

Im ersten Kapitel wurde der Bedarf eines modellbasierten Ansatzes zur resilienten Baukastengestaltung aufgezeigt. Darauf aufbauend werden im zweiten Kapitel die für das Verständnis der Dissertation benötigten Grundlagen und Begrifflichkeiten definiert und voneinander abgegrenzt. Kapitel 2.1 beschreibt technische Systeme im Verständnis der Systemtheorie. Hierzu werden zunächst die Begriffe Eigenschaften, Merkmale, Anforderungen und Systeme diskutiert sowie auf die Thematik von funktionalen und räumlichen Abhängigkeiten eingegangen. Produktarchitekturen sind technische Systeme und werden in Kapitel 2.2 näher erläutert. Der Begriff Produktarchitektur wird definiert, die Grundtypen von Produktarchitekturen werden vorgestellt und die Erzeugung produktübergreifender Kommunalitäten erörtert. In Kapitel 2.3 werden die Grundlagen der Baukästen als eine Möglichkeit zur Generierung produktübergreifender Kommunalitäten ausführlich behandelt. Ausgehend von einer grundlegenden Definition des Begriffes Baukästen sowie einer detaillierten Betrachtung des Baukastengestaltungsprozesses erfolgt eine Differenzierung der Gestaltungsansätze im Sinne einer Potenzialanalyse von Baukästen. Technische Änderungen reduzieren Baukastenpotenziale und werden aus diesem Grund ebenfalls definiert. In Kapitel 2.4 erfolgt eine Darstellung der Herausforderungen aus Sicht der Praxis, die eine resiliente Baukastengestaltung erfordern. Dies geschieht durch eine Schilderung von zwei konkreten Fallbeispielen aus der Automobilindustrie, woraus Besonderheiten bei der Gestaltung von Baukästen abgeleitet werden. Diese Besonderheiten werden im Anschluss durch eine unternehmensübergreifende Studie bestätigt, was den Handlungsbedarf der Arbeit darstellt und damit die Grundlage für das weitere Vorgehen bildet.

2.1 Technische Systeme

Auf der höchsten Aggregationsebene des Objektbereichs dieser Arbeit liegt die Gestaltung technischer Systeme in der frühen Phase des Entwicklungsprozesses. In dieser Phase stellen eine Vielzahl von Interessensgruppen Anforderungen an technische Systeme. Daher werden in Kapitel 2.1.1 die Begriffe Eigenschaften, Merkmale und Anforderungen behandelt. Wie allgemeine Systeme unterliegen auch technische Systeme grundlegenden Prinzipien, die im Rahmen der Systemtheorie beschrieben werden können. Basierend auf dieser Beschreibung erfolgt in Kapitel 2.1.2 die Definition des Begriffs System. Abschließend werden in Kapitel 2.1.3 die funktionalen und räumlichen Abhängigkeiten als ein wesentlicher Aspekt bei der Analyse und Gestaltung technischer Systeme vorgestellt.

2.1.1 Eigenschaften, Merkmale und Anforderungen

Laut HAHN ist es möglich, Produkte in ihrer Gesamtheit anhand von Eigenschaften darzustellen.[40] Die Autorin definiert Eigenschaften als „charakteristisch, wählbare Merkmale und Kennzeichen, die zu Produkten gehören und zum Beschreiben und Unterscheiden dieser behilflich sind."[41] Die Begriffe Eigen-

[40] Vgl. Hahn (2017), Eigenschaftsbasierte Fahrzeugkonzeption, S. 25
[41] Hahn (2017), Eigenschaftsbasierte Fahrzeugkonzeption, S. 25

schaften und Merkmale können entsprechend dieser Definition synonym verwendet werden. Ein Merkmal kann sowohl auf Kundenebene (Kunden-/Funktionsmerkmal) als auch auf Ebene technischer Lösungen (Sach-/Technikmerkmal) vorhanden sein.[42]

Anforderungen wiederum sind gewünschte Merkmale, die ein Produkt erfüllen oder besitzen soll und so gut wie möglich zu quantifizieren sind.[43] Viele Anforderungen sind jedoch nicht quantifizierbar und können daher nur qualitativ beschrieben werden.[44] Anforderungen bestehen folglich aus der qualitativen Formulierung eines Merkmals und der Definition einer qualitativen oder quantitativen Ausprägung. Dies veranschaulicht Abbildung 2-1.

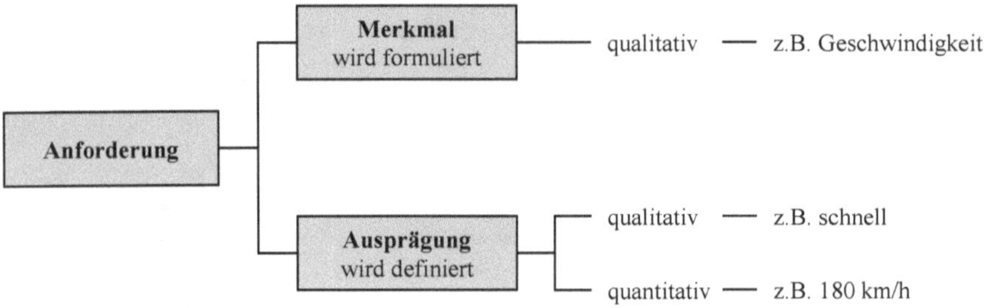

Abbildung 2-1: Aufbau einer Anforderung[45]

2.1.2 Definition System

Der Begriff System leitet sich vom altgriechischen Begriff „systema" ab und bedeutet übersetzt „Zusammensetzung" oder „Zusammenstellung".[46] Nach BLISS lassen sich Systeme anhand der folgenden vier Eigenschaften spezifizieren:[47]

- Vernetzung der Systemelemente
- Bildung einer umschlossenen Einheit
- Funktions- bzw. Zweckerfüllung
- Konstituierende Abgrenzung gegenüber der Umwelt

Ein System kann auf einer abstrakten Ebene durch die Begriffe „Element" und „Relation" beschrieben werden, die durch gegenseitige Beeinflussung Wechselwirkungen hervorrufen.[48] Ein System stellt somit eine geordnete Menge von untereinander verbundenen Elementen dar.[49] Die Elemente können innerhalb

---

[42] Vgl. Schiffer (2013), Szenariorobuste Produktarchitekturgestaltung, S. 16; Baldwin et al. (2000), Design rules, S. 2 ff.

[43] Vgl. Hahn (2017), Eigenschaftsbasierte Fahrzeugkonzeption, S. 25; Jung (2006), Anforderungsklärung in interdisziplinärer Entwicklungsumgebung, S. 68

[44] Vgl. Jung (2006), Anforderungsklärung in interdisziplinärer Entwicklungsumgebung, S. 68

[45] In Anlehnung an Hahn (2017), Eigenschaftsbasierte Fahrzeugkonzeption, S. 25; Jung (2006), Anforderungsklärung in interdisziplinärer Entwicklungsumgebung, S. 68

[46] Vgl. Hager et al. (2007), «System; Systematik; systematisch»

[47] Vgl. Bliss (2000), Management von Komplexität, S 81 f.

[48] Vgl. Ropohl (2009), Allgemeine Technologie, S. 76 ff.

[49] Vgl. Ulrich (1975), Der allgemeine Systembegriff, S. 33

des Systems ebenfalls in Subsystemen angeordnet sein.[50] Die Elemente des Systems lassen sich durch die ihnen zugeordneten Attribute eindeutig beschreiben.[51] Ein System besitzt immer eine Systemgrenze zur Umwelt, welche die zum System gehörenden Elemente definiert.[52] Anhand der Beziehungen eines Systems zu seiner Umwelt können Systeme in die Kategorien geschlossen und offen unterteilt werden. Geschlossene Systeme besitzen keine Verbindungen zu ihrer Umwelt. Offene Systeme hingegen stehen in Beziehungen zu ihrer Umwelt, beispielweise durch den Austausch von Material, Energie oder Informationen.[53] Abbildung 2-2 fasst die Grundlagen des Systemdenkens am Beispiel eines offenen Systems zusammen.

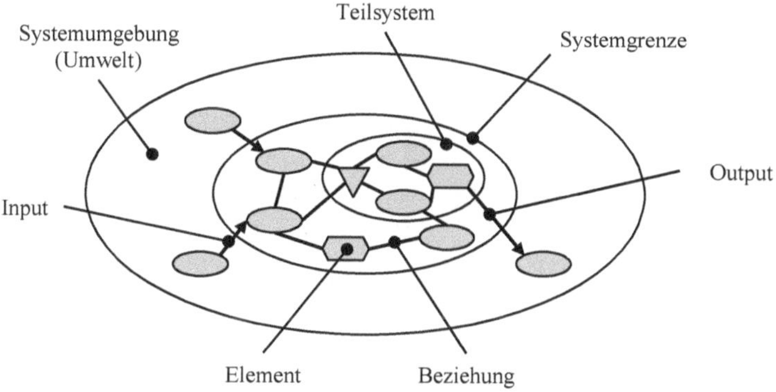

Abbildung 2-2: Grundlagen des Systemdenkens[54]

In der allgemeinen Systemtheorie existiert eine Vielzahl an unterschiedlichen Gegenstandsbereichen, wodurch sich über die Zeit unterschiedliche Systemdeutungen entwickelten. HUBKA ET AL. haben hierzu eine Klassifizierung von Systemen entwickelt, durch die eine Unterteilung des Systembegriffs vorgenommen werden kann.[55] So soll im Folgenden der Betrachtungsfokus rein auf technischen Systemen liegen. Nach ROPOHL umfasst der Systembegriff einzig drei Konzepte zur Interpretation eines technischen Systems. Dazu zählen das strukturale, funktionale und hierarchische Konzept.[56]

Das strukturale Konzept besteht aus einer bestimmten Anzahl an Elementen sowie einer bestimmten Anzahl an Relationen. Das Ziel ist es, ein System als ein Ganzes von miteinander verknüpften Elementen zu betrachten. Durch eine unterschiedliche Anzahl an Beziehungen sowie deren Beziehungsdimen-

---

50 Vgl. Ropohl (2009), Allgemeine Technologie, S. 76

51 Vgl. Schneeweiß (1991), Planung, S. 18 ff.

52 Vgl. Walther (2001), Systemtechnische Zusammenhänge zwischen Eigenschaften und Funktionen großer Systeme, S. 25 f.

53 Vgl. Herder-Dorneich (1972), Wirtschaftssysteme, S. 15

54 In Anlehnung an Ulrich et al. (1995), Anleitung zum ganzheitlichen Denken und Handeln; Daenzer et al. (2002), Systemdenken, S. 5

55 Vgl. Hubka et al. (1988), Theory of Technical Systems, S. 8

56 Vgl. Ropohl (2009), Allgemeine Technologie, S. 76

sionen, Beziehungsstärken und Wirkrichtungen entsteht folglich eine Vielfalt an möglichen Beziehungsgeflechten. Dadurch können unterschiedliche Systemeigenschaften hervorgerufen werden. Der Grundsatz des strukturalen Systemdenkens besagt, dass Elemente nicht losgelöst von ihrem Kontext betrachtet werden dürfen, sondern immer mit ihren Interdependenzen zu anderen Elementen des Systems.[57] Ein weiterer elementarer Bestandteil des strukturalen Konzeptes befasst sich mit der Beschaffenheit der Elemente, der „integralen Qualität". Von dieser hängt es ab, wie gut sich ein Element in ein System integrieren lässt.[58]

Das funktionale Konzept beschreibt ein System als einen schwarzen Kasten (Black Box), der abhängig von spezifischen Zuständen Eingangsgrößen (Inputs) in Ausgangsgrößen (Outputs) umwandelt.[59] Der Umwandlungsvorgang wird dabei als Funktion bezeichnet. Wichtig bei der Beschreibung von Eingangs- und Ausgangsgrößen sind klar definierte Systemgrenzen. CILLIERS sagt, dass erst mittels der Definition von Systemgrenzen, also die Abgrenzung des Systems zur Umwelt, ein System eindeutig als solches wahrgenommen werden kann.[60] Der tatsächliche innere Aufbau des Systems wird außer Acht gelassen und stellt das beobachtbare Systemverhalten in den Mittelpunkt.[61] Das funktionale Systemdenken beschränkt sich auf das Verhalten der Ganzheit in ihrer Umgebung und „fragt nicht: 'Was ist dieses Ding?', sondern: 'Was tut es?'".[62]

Das hierarchische Konzept beschreibt den Umstand, dass Systeme ihrerseits wiederum als Teil eines untergeordneten oder umfassenderen Systems (Subsystem – System – Supersystem) angesehen werden. Ein betrachtetes System kann folglich aus mehreren Stufen der Systemhierarchie bestehen. Dabei muss beachtet werden, dass je nach Betrachtungspunkt ein Element beispielsweise gleichzeitig Sub- sowie Supersystem sein kann. Eine eindeutige hierarchische Zuordnung der Elemente erfolgt über die Systemgrenzen.[63] „Bewegt man sich in der Hierarchie abwärts, so erhält man eine detailliertere Erklärung des Systems, während man, wenn man sich in der Hierarchie aufwärts bewegt, ein tieferes Verständnis seiner Bedeutung gewinnt."[64]

Diese drei Konzepte zur Interpretation eines Systems schließen einander nicht aus, sondern können miteinander kombiniert werden. Betrachtet man die Funktion eines Untersuchungsgegenstandes, so stellt sich die Frage nach dem inneren Aufbau der Funktion. In diesem Zusammenhang wird der größere Zusammenhang in Betracht gezogen, in dem sich die zu untersuchende Funktion befindet. Dies veranschaulicht Abbildung 2-3.

---

57 Vgl. Ropohl (2009), Allgemeine Technologie, S. 75

58 Vgl. Pfeiffer (1965), Absatzpolitik bei Investitionsgütern der Einzelfertigung, S. 43

59 Vgl. Ropohl (2009), Allgemeine Technologie, S. 75 f.

60 Vgl. Cilliers (2001), Boundaries, Hierarchies and Networks in Complex Systems, S. 138 ff.

61 Vgl. Ropohl (1999), Philosophy of Socio-Technical Systems, S. 62

62 Vgl. Ropohl (2009), Allgemeine Technologie, S. 76

63 Vgl. Ropohl (2009), Allgemeine Technologie, S. 77

64 Vgl. Mesarovic et al. (1968), Foundations for a Scientific Theory of Hierarchical Systems, S. 35

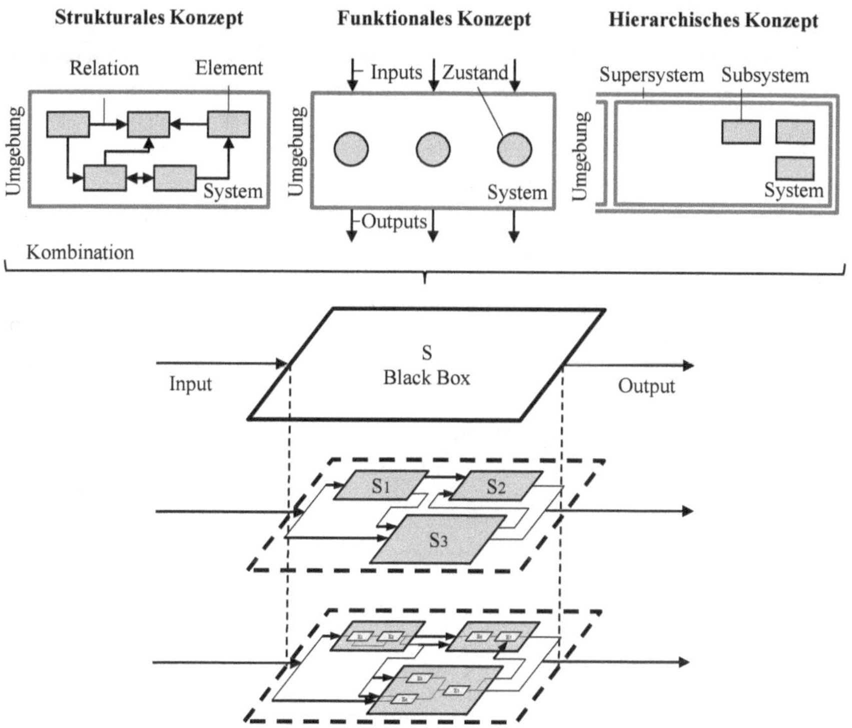

Abbildung 2-3: Kombination der Systemkonzepte[65]

Im Rahmen dieser Arbeit gilt nachfolgend die Systemdefinition nach ROPOHL, welcher Aspekte aus verschiedenen Systemdefinitionen[66] zu einer neuen Definition zusammengesetzt hat:

„Ein System ist das Modell einer Ganzheit, die Beziehungen zwischen Attributen (Inputs, Outputs, Zustände, etc.) aufweist, die aus miteinander verknüpften Teilen bzw. Subsystemen besteht, und die von ihrer Umgebung bzw. von einem Supersystem abgegrenzt wird."[67]

---

65 In Anlehnung an Ropohl (2009), Allgemeine Technologie, S. 76; Ehrlenspiel (2009), Integrierte Produktentwicklung, S. 21

66 Vgl. Hall et al. (2008), Definition of System, S. 149 (Erstveröffentlichung in 1956); Greniewski et al. (1966), Kybernetische Systemtheorie ohne Mathematik, S. 22 ff. ; Lange (1965), Wholes and Parts; Klir (1972), Trends in general systems theory; Wintgen (1970), Zur mengentheoretischen Definition und Klassifizierung kybernetischer Systeme

67 Ropohl (2009), Allgemeine Technologie, S. 77

2.1.3 Funktionale und räumliche Abhängigkeiten

Ein wesentlicher Aspekt bei der Analyse technischer Systeme ist die Betrachtung der Relationen auf der Ebene des strukturalen Konzepts. Die Relationen, die zwischen den Elementen eines Systems existieren, werden in dieser Arbeit als Abhängigkeiten bezeichnet. Detaillierte Kenntnisse über Abhängigkeiten sind besonders wichtig, weil sie Aufschluss darüber liefern, wie und wo die Elemente in ein System eingebaut werden können. Die Abhängigkeiten prägen somit stark die Struktur des Systems.[68] Im Kontext dieser Arbeit wird zwischen funktionalen und räumlichen Abhängigkeiten unterschieden.

Funktionale Abhängigkeiten treten in der Regel dann auf, wenn Energie, Informationen und Materialien zwischen Elementen eines Systems übertragen werden (vgl. Abbildung 2-4).[69] Beim Energietransfer wird die Energie elektrisch (Potenzial, Strom, Spannung, etc.), thermisch (Wärmestrom, Temperatur, etc.) oder per Kraftübertragung (Kraft, Drehmoment, etc.) zwischen den Elementen übertragen.[70] Eine Übertragung von Informationen erfolgt elektronisch über stromleitfähige Verbindungen oder durch elektromagnetische Wellen, z.B. per Funksignal.[71] Übertragene Informationen sind beispielsweise Kommunikationsprotokolle oder Spannungspegel von Sensoren. Eine Abhängigkeit zum Transfer von Material ist immer dann relevant, wenn im System ein Stoffumsatz stattfindet.[72] Der Materialtransfer zwischen Elementen eines Systems umfasst gasförmige, flüssige oder feste Stoffe.[73] Ein Beispiel für den Transfer von flüssigem Material im Produkt Automobil sind Kühlflüssigkeiten oder Kraftstoffe.

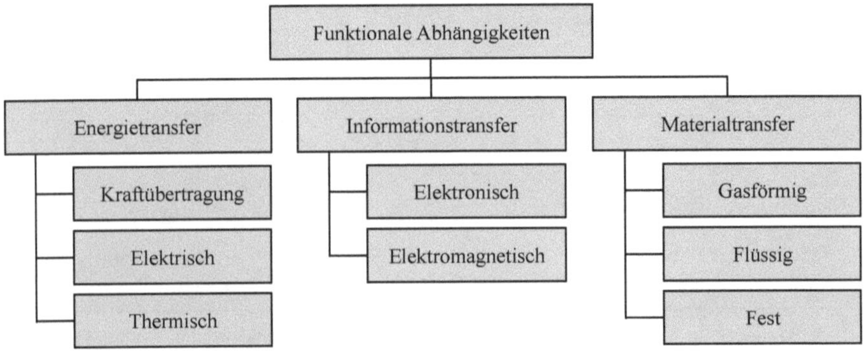

Abbildung 2-4: Funktionale Abhängigkeiten[74]

[68] Vgl. Arnoscht (2011), Beherrschung von Komplexität bei der Gestaltung von Baukastensystemen, S. 78

[69] Vgl. Göpfert (1998), Modulare Produktentwicklung, S. 97; Vietor et al. (2013), Produktarten zur Rationalisierung des Entwicklungs- und Konstruktionsprozesses, S. 862 ff.

[70] Vgl. Ehrlenspiel et al. (2014), Kostengünstig Entwickeln und Konstruieren, S. 316

[71] Vgl. Arnoscht (2011), Beherrschung von Komplexität bei der Gestaltung von Baukastensystemen, S. 84

[72] Vgl. Ehrlenspiel et al. (2014), Kostengünstig Entwickeln und Konstruieren, S. 316

[73] Vgl. Arnoscht (2011), Beherrschung von Komplexität bei der Gestaltung von Baukastensystemen, S. 84

[74] In Anlehnung an Arnoscht (2011), Beherrschung von Komplexität bei der Gestaltung von Baukastensystemen, S. 84

In der Literatur werden räumliche Abhängigkeiten oftmals mit geometrischen Abhängigkeiten gleichgesetzt.[75] Es existieren jedoch auch abstrakte räumliche Abhängigkeiten. Diese ergeben sich aus der physischen Präsenz des Elements im Zusammenspiel mit Raum und Zeit. So können beispielsweise zwei oder mehrere Elemente um den gleichen Bauraum konkurrieren oder weitere räumliche Abhängigkeiten, wie z.B. Wärmeübertragung durch die räumliche Nähe, entstehen. Zu den abstrakten räumlichen Abhängigkeiten gehören außerdem gestalterisch-ästhetische Abhängigkeiten zwischen Elementen, die Form und Aussehen dieser Elemente oder des Systems bestimmen.[76] Geometrische Abhängigkeiten zwischen zwei Elementen bestehen entweder aus einer festen Verbindung, einer Passfläche oder einer definierten Lagezuordnung (vgl. Abbildung 2-5). Feste Verbindungen werden entweder lösbar oder unlösbar gestaltet. Beispiele für lösbare Verbindungen sind Schraub- oder Schnappverbindungen, und als unlösbare Verbindungen gelten beispielsweise Schweiß-, Löt- oder Klebverbindungen. Elemente mit einer gemeinsamen Passfläche sind nicht fest miteinander verbundene, sondern aneinandergrenzende Elemente, die eine passgenaue Geometrie aufweisen müssen. Ein Beispiel hierfür ist der Übergang zwischen den Freiformflächen des Kotflügels zu den vorderen Türen eines Automobils, welche die Kontur des benachbarten Teils aufweisen bzw. einen stimmigen, fließenden Übergang besitzen. Eine definierte Lageordnung liegt vor, sobald Elemente in einem bestimmten Abstand positioniert werden müssen. Das Ziel ist meist die Erfüllung einer (gemeinsamen) Funktion. Dabei muss die räumliche Distanz in den zu betrachtenden Systemen nicht von Bedeutung sein. Beispiele hierfür sind Zahnradpaarungen in einem Getriebe sowie eine Trittleiter mit dem dazugehörigen Handgriff bei einem Traktor.[77]

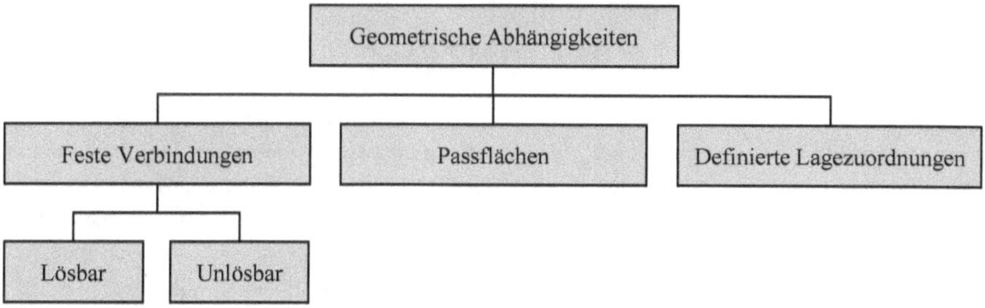

Abbildung 2-5: Geometrische Abhängigkeiten[78]

2.2 Produktarchitekturen

In Kapitel 2.2.1 werden die relevanten Begrifflichkeiten zum besseren Verständnis einer Produktarchitektur definiert. Darauf aufbauend werden die Grundtypen der Produktarchitektur vorgestellt (Kapitel 2.2.2). Das Kapitel 2.2.3 beschäftigt sich mit der Erzeugung produktübergreifender Kommunalitäten. In

75 Vgl. Arnoscht (2011), Beherrschung von Komplexität bei der Gestaltung von Baukastensystemen, S. 84; Ehrlenspiel et al. (2014), Kostengünstig Entwickeln und Konstruieren, S. 316

76 Vgl. Göpfert (1998), Modulare Produktentwicklung, S. 97

77 Vgl. Arnoscht (2011), Beherrschung von Komplexität bei der Gestaltung von Baukastensystemen, S. 84;

78 In Anlehnung an Arnoscht (2011), Beherrschung von Komplexität bei der Gestaltung von Baukastensystemen, S. 84

diesem Zusammenhang werden die Gestaltungsansätze der Produktarchitektur durch Produktplattformen und Module thematisiert. Der Gestaltungsansatz durch Baukästen wird in Kapitel 2.3 separat behandelt, da dieser Gestaltungsansatz die Grundlage für das Verständnis der folgenden Kapitel bildet.

2.2.1 Definition Produktarchitektur

Der Begriff Produktarchitektur wird von ULRICH definiert als „(1) the arrangement of functional elements; (2) the mapping from functional elements to physical components; (3) the specification of the interfaces among interacting physiscal components."[79] Nach MEIER ist eine Produktarchitektur die Summe aus der Produktstruktur und der Funktionsstruktur sowie deren Transformation. Dabei wird jedes Element bzw. jeder Baustein der Produktstruktur durch die Attribute Funktion, technologisches Konzept, Schnittstelle und Physis beschrieben.[80] Folglich besitzt eine Produktarchitektur eine funktionale sowie physische Sicht auf ein Produkt.[81] GÖPFERT charakterisiert eine Produktarchitektur anhand der folgenden Charakteristika:

- „Die Funktionsstruktur des Produkts, d.h. die Dekomposition der geforderten Funktion in Teilfunktionen und deren Beziehungen;
- die Baustruktur des Produktes, d.h. die physische Zusammensetzung der Komponenten eines Produktes und deren Beziehungen;
- die Transformation zwischen Funktions- und Baustruktur, d.h. der Zusammenhang zwischen funktionaler und physischer Beschreibung des Produktes."[82]

Die Funktionsstrukturierung ist ein wichtiges Hilfsmittel zur frühzeitigen und systematischen Analyse von Kommunalitätspotenzialen.[83] Hierzu beschreibt die Funktionsstruktur das Produkt aus Marktsicht.[84] So müssen die Produkte bestimmte Anforderungen der Kunden erfüllen, die für das Unternehmen in Form von Funktionen beschreibbar sind. Die Gesamtfunktion lässt sich durch eine Dekomposition in verknüpfte Funktionen und Teilfunktionen unterteilen.[85] Die Dekomposition der Gesamtfunktion als den hierarchischen Aspekt der Funktionsstruktur spielt für die Produktarchitektur eine zentrale Rolle.[86] Laut GÖPFERT ist der Detaillierungsgrad der funktionalen Dekomposition nahezu beliebig wählbar. Ein Abbruchkriterium für die Dekomposition ist erreicht, wenn sich den Teilfunktionen physische Komponenten zur Erfüllung der Funktion zuordnen lassen. So hängt das Erreichen dieses Abbruchkriteriums stark von der Neuartigkeit der Entwicklungsaufgabe ab und kann deswegen nicht allgemein beschrieben werden.[87]

---

79 Ulrich (1995), The role of product architecture in the manufacturing firm, S. 420
80 Vgl. Meier (2007), Produktarchitekturtypen globalisierter Unternehmen, S. 44
81 Vgl. Feldhusen et al. (2013), Technische Systeme, S. 255
82 Göpfert (1998), Modulare Produktentwicklung, S. 91 f.
83 Vgl. Schuh et al. (2012), Produktarchitekturgestaltung, S. 127
84 Vgl. Dellanoi (2006), Kommunalitäten bei der Entwicklung variantenreicher Produktfamilien, S. 39
85 Vgl. Feldhusen et al. (2013), Technische Systeme, S. 243 ff.
86 Vgl. Göpfert (1998), Modulare Produktentwicklung, S. 91ff.
87 Vgl. Göpfert (1998), Modulare Produktentwicklung, S. 92 f.

Die Produktstruktur, auch Baustruktur genannt, beschreibt die physische Zusammensetzung der Komponenten des Erzeugnisses sowie deren Beziehungen zwischen den Komponenten.[88] Nach SCHUH liegt die Aufgabe der Produktstruktur in der Konkretisierung der physischen Bausteine eines Produkts oder Bauteils hinsichtlich ihrer Funktion und ihrer Schnittstellen zum restlichen Bauteil.[89] Wie auch bei der Funktionsstruktur wird bei der Produktstruktur zwischen einer hierarchischen Gliederung und dem Beziehungsaspekt unterschieden. An der Spitze der Hierarchie steht das Gesamtprodukt, das durch eine Dekomposition schrittweise in Baugruppen und schließlich in Einzelteile untergliedert wird. [90] Bei mechatronischen Komponenten müssen auch nichtphysische Elemente wie Elektronik- und Softwarebausteine in der Produktstruktur berücksichtigt werden.[91] Die Beziehungsaspekte beschreiben die physischen Beziehungen zwischen den Komponenten eines Produktes und werden Schnittstellen genannt. Hierbei sei auf die Erläuterungen zu den räumlichen und funktionalen Abhängigkeiten in Kapitel 2.1.3 verwiesen.

Neben dem Aufbau der Produktstruktur verfolgt die Produktstrukturierung noch weitere Ziele. So wird nach SCHUH die strukturelle Gliederung der in einem Erzeugnis enthaltenen Bauteile sowie die Strukturierung des Konstruktionsprozesses gefördert. Weiterhin wird sowohl das Ziel eines einheitlichen Zeichnungs- und Stücklistenaufbaus als auch die Vereinfachung der Informationsverarbeitung und Optimierung der Materialdisposition verfolgt. Die Produktstruktur ermöglicht außerdem die Steigerung der Mehrfachverwendung von Baugruppen und Einzelteilen wie auch die Reduzierung der Produktionsdaten und Unterstützung des Informationsflusses.[92]

Der letzte Bestandteil der Defintion der Produktarchitektur ist die Transformation der funktionalen in die physische Beschreibung.[93] Die Transformation ist laut GÖPFERT ein iterativer Such- und Entscheidungsprozess, in dessen Verlauf eine Vielzahl an Lösungskonzepten erarbeitet wird. Die Funktions- und Produktstruktur werden parallel zueinander entwickelt, wobei sich beide zunehmend präzisieren. Dafür wird kontinuierlich zwischen der funktionalen und physischen Perspektive gewechselt und damit eine akzeptable Lösung erzielt.[94]

---

88 Vgl. Göpfert (1998), Modulare Produktentwicklung, S. 96; Dellanoi (2006), Kommunalitäten bei der Entwicklung variantenreicher Produktfamilien, S. 39

89 Vgl. Schuh (2005), Produktkomplexität managen, S. 120

90 Vgl. Göpfert (1998), Modulare Produktentwicklung, S. 96

91 Vgl. Feldhusen et al. (2013), Technische Systeme, S. 265

92 Vgl. Schuh (2005), Produktkomplexität managen, S. 119

93 Vgl. Ulrich (1995), The role of product architecture in the manufacturing firm, S. 421; Göpfert (1998), Modulare Produktentwicklung, S. 75

94 Vgl. Göpfert (1998), Modulare Produktentwicklung, S. 100 f.

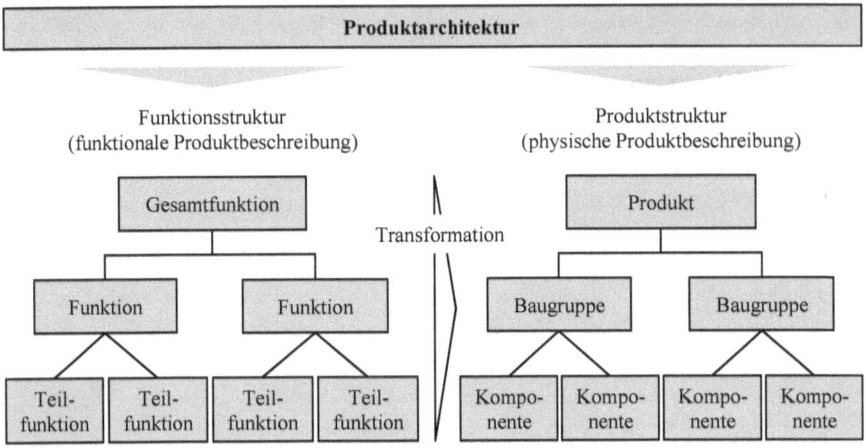

Abbildung 2-6: Aufbau von Produktarchitekturen[95]

Im Rahmen der vorliegenden Arbeit wird der Begriff Produktarchitektur wie folgt definiert:

> Die Produktarchitektur beschreibt die systematische Gliederung, Transformation und Zuordnung von Funktionen zu deren physischen Komponenten auf mehreren Hierarchieebenen.

2.2.2 Grundtypen von Produktarchitekturen

Im vorherigen Kapitel wurde der Begriff Produktarchitektur definiert. Nachfolgend werden die Grundtypen von Produktarchitekturen und deren Merkmale vorgestellt. Hinsichtlich einer Zuordnung von funktionalen Elementen zu physischen Komponenten unterscheidet ULRICH in integrale und modulare Produktarchitekturen. Eine modulare Produktarchitektur weist sämtlichen Funktionen beziehungsweise Teilfunktionen exakt einer Komponente zu. Die Komponenten sind untereinander durch detailliert beschriebene Schnittstellen verbunden. Integrale Produktarchitekturen hingegen zeichnen sich durch eine mehrdeutige Zuordnung von Funktionen zu Komponenten aus. Dadurch können sich untrennbar gekoppelte Komponenten ergeben.[96] Nach SCHUH wird durch die Integralbauweise die Teilevielfalt reduziert, indem mehrere Funktionen in einer Komponente zusammengefasst werden.[97] Weitere Vorteile einer integralen Produktarchitektur sind eine geringere Baugröße und ein geringeres Gewicht sowie die Einsparung von Fertigungs- und Montageschritten, da mehrere Funktionen von einer Komponente realisiert werden.[98] Ein Nachteil ist der Aufwand bei einer Funktionsänderung, von der tendenziell mehrere Komponenten betroffen sind.[99] Für modulare Produktarchitekturen spricht RAPP in diesem Zusammenhang von einer Differenzialbauweise und für integrale Produktarchitekturen von einer Integralbauweise.[100]

---

95 In Anlehnung an Göpfert (1998), Modulare Produktentwicklung, S. 75
96 Vgl. Ulrich (1995), The role of product architecture in the manufacturing firm, S. 422
97 Vgl. Schuh (2005), Produktkomplexität managen, S. 126; Schuh et al. (2012), Produktarchitekturgestaltung, S. 151
98 Vgl. Sommer (2016), Produktbaukastengerechte Organisationsstrukturen, S. 13
99 Vgl. Ulrich (1995), The role of product architecture in the manufacturing firm, S. 426
100 Vgl. Rapp (1999), Produktstrukturierung, S. 63

Nach SCHIFFER treten die Differenzial- und Integralbauweise bei Produktarchitekturen oftmals in Kombination auf.[101] Die geplante Stückzahl und der damit zu erzielende Einkaufspreis ist für Unternehmen oftmals ein entscheidendes Kriterium zur Auswahl der zu verfolgenden Bauweisen in Produktarchitekturen. Bei hohen Stückzahlen überwiegen die Vorteile einer Integralbauweise und bei Einzel- und Kleinfertigungen empfiehlt sich die Differenzialbauweise. Bei der Integralbauweise haben die indirekten Kosten geringere Auswirkung auf die Herstellkosten. Der Vorteil der Differenzialbauweise liegt vor allem in einer hohen Austauschflexibilität. [102]

GÖPFERT erweitert die Klassifikation von ULRICH um die Begrifflichkeiten der funktionalen bzw. physischen Unabhängigkeit. Eine maximal funktionale Unabhängigkeit liegt dann vor, wenn eine Teilfunktion von exakt einer Komponente der Produktstruktur erfüllt wird. In diesem Fall liegt eine eindeutige Transformationsbeziehung von der Funktions- in die Produktstruktur vor. Werden mehrere Teilfunktionen von einer Komponente erfüllt, so liegt hingegen eine funktionale Abhängigkeit vor.[103] Als Beispiel für eine funktionale Abhängigkeit im Produkt Automobil kann die USB-Schnittstelle für Smartphones angeführt werden. Diese kann für einen Austausch von Daten zwischen dem Multimediasystem des Automobils und dem Smartphone, zum Beispiel zum Abspielen von Musik, genutzt werden. Parallel hierzu kann der Akkumulator des Smartphones geladen werden. Eine physische Unabhängigkeit liegt dann vor, wenn die einzelnen Komponenten nach dem Zusammenbau wieder vollständig und lösbar (z.B.: Schraub- und Steckverbindungen) voneinander getrennt werden können. Von einer physischen Abhängigkeit spricht man, wenn die Komponenten unlösbar miteinander verbunden sind, beispielsweise über Schweiß- oder Klebverbindungen.[104] Die Anzahl und Stärke der Beziehungen zwischen den Elementen sind ein elementarer Faktor zur Einordnung der physischen und funktionalen Unabhängigkeit.[105]

Auf Basis dieser Klassifizierungen definiert GÖPFERT vier unterschiedliche Grundtypen von Produktarchitekturen. In Abbildung 2-7 werden die integrale, die funktional-modulare, die physisch-modulare und die modulare Produktarchitektur zusammengefasst und dargestellt.[106] Eine funktional-modulare Produktarchitektur besitzt eine Eins-zu-eins-Transformationsbeziehung zwischen Funktionen und Komponenten und besteht aus physisch nicht oder schwer voneinander trennbaren Komponenten. Eine physisch-modulare Produktarchitektur besitzt eine mehrdeutige Zuordnung zwischen Funktionen zu Komponenten. Eine physische Trennung der Komponenten ist wiederum mit geringem Aufwand möglich.[107]

---

101 Vgl. Schiffer (2013), Szenariorobuste Produktarchitekturgestaltung, S. 22

102 Vgl. Firchau et al. (2002), Methoden zur Variantenbeherrschung in der Produktentwicklung, S. 72 f.; Schiffer (2013), Szenariorobuste Produktarchitekturgestaltung, S. 22 ff.

103 Vgl. Göpfert (1998), Modulare Produktentwicklung, S. 104 ff.

104 Vgl. Göpfert (1998), Modulare Produktentwicklung, S. 106 f.

105 Vgl. Ropohl (1999), Philosophy of Socio-Technical Systems, S. 62 f.

106 Vgl. Göpfert (1998), Modulare Produktentwicklung, S. 107

107 Vgl. Göpfert (1998), Modulare Produktentwicklung, S. 108

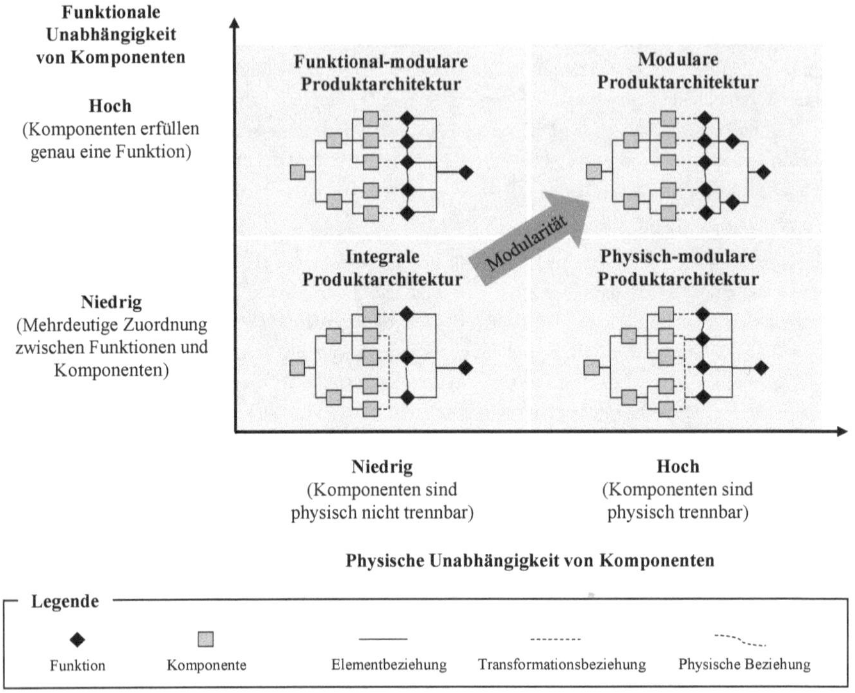

Abbildung 2-7: Klassifizierung von Produktarchitekturen[108]

2.2.3 Erzeugung produktübergreifender Kommunalitäten

Bei der Übertragung des Gedankens der Grundtypen von Produktarchitekturen auf mehrere Produkte konzentriert sich die Strukturierung von Produkten in Architekturen insbesondere auf das produktseitige Komplexitätsmanagement. Dies umfasst die Gestaltung, Steuerung und Entwicklung der Vielfalt des Leistungsspektrums.[109] Um diese Art von Komplexität in den Griff zu bekommen, wird eine größtmögliche Kommunalität angestrebt, die produktübergreifend zu erzeugen ist.[110] Kommunalität hat den Ursprung im lateinischen Wort „communis“ und kann mit „allen“ bzw. „mehreren gemeinsam“ übersetzt werden.[111] STEGEMANN beschreibt Kommunalität als „das Vorliegen von Gemeinsamkeiten von Merk-

[108] In Anlehnung an Göpfert (1998), Modulare Produktentwicklung, S. 107 f.

[109] Vgl. Barg (2018), Kontextbezogene Auslegung von Produktbaukästen, S. 19; Schuh (2005), Produktkomplexität managen, S. 36

[110] Vgl. Barg (2018), Kontextbezogene Auslegung von Produktbaukästen, S. 19; Arnoscht (2011), Beherrschung von Komplexität bei der Gestaltung von Baukastensystemen, S. 22

[111] Vgl. Dellanoi (2006), Kommunalitäten bei der Entwicklung variantenreicher Produktfamilien, S. 30 f.

malen und Merkmalsausprägungen zwischen einer Menge von Produkten, Prozessen oder anderen Objekten."[112] In der vorliegenden Arbeit wird der Begriff Kommunalität synonym mit „Gleichteil" verwendet.

Im Folgenden werden zur Erzeugung von produktübergreifenden Kommunalitäten drei Gestaltungsansätze vorgestellt. Dazu gehören in dieser Arbeit die Produktplattformen, Module und Baukästen. Letztgenannte Form wird in Kapitel 2.3 gesondert behandelt, da dieser Gestaltungsansatz die Grundlage für das Verständnis der folgenden Kapitel bildet.

Produktplattformen

Der in der Literatur am weitesten verbreitete Ansatz zur Erzeugung produktübergreifender Kommunalitäten ist die Strukturierung von Produkten durch Produktplattformen. Nach MEYER UND LEHNERD ist eine Produktplattform ein Satz von Subsystemen und Schnittstellen, die eine gemeinsame Struktur bilden, aus der Produkte abgeleitet und produziert werden können.[113] Ein ähnliches Verständnis des Begriffs existiert bei SCHUH. Demnach besteht eine Produktplattform aus der Zusammenfassung derjenigen Komponenten, Schnittstellen und Funktionen, die über eine ganze Produktfamilie vereinheitlichbar und demnach zeitlich stabil sind.[114] ROBERTSON UND ULRICH definieren eine Produktplattform als Ansammlung von Werten, die durch einen Satz von Produkten gemeinsam genutzt werden. Diese Werte können in die Kategorien Komponenten, Wissen sowie Menschen und Beziehungen eingeteilt werden.[115] Auch MÜLLER definiert die Produktplattform in einer ähnlichen Weise, als ein Bündel gemeinsamer Elemente und Strukturen, das in mehreren Einzelprodukten eingesetzt wird und so eine gemeinsame Grundlage für eine bestimmte Anzahl an Produkten bildet.[116]

Speziell in den 1990er und 2000er Jahren wurde der Begriff stark durch die Automobilindustrie geprägt. Vor dem Hintergrund, eine Vielzahl von Fahrzeugderivaten wirtschaftlich entwickeln und produzieren zu können, wurden verstärkt Produktplattformen eingesetzt.[117] MACDUFFIE ET AL. definieren die Produktplattform in diesem Zusammenhang als Umfänge der Unterbodenstruktur der Karosserie und des Fahrwerks, da diese Komponenten den produktübergreifend nutzbaren Teil der Produktstruktur darstellen.[118] Für den individuell konfigurierbaren Teil des Produkts wird der Begriff Hut verwendet. Diese Aussagen werden von VIETOR ET AL. bestätigt, die ein Plattformprodukt definieren als ein Produkt „aus einer ausführungsneutralen Produktplattform mit standardisierten Elementen. Diese bilden eine einheitliche Basis für alle Varianten des Produktprogramms. Zur Variantenerzeugung werden der Plattform individualisierte Elemente ('Produktgestaltungselemente') aufgesetzt."[119]

Zusammenfassend lässt sich festhalten, dass fast alle Definitionen Produktplattformen als eine Gruppierung von Elementen beschreiben, die von allen Produkten verwendet werden, die die Plattform nutzen.

---

[112] Vgl. Stegemann (2010), Integrierte Komplexitätsbeherrschung in der Produktentwicklung durch Produktkommunalitäten, S. 21

[113] Vgl. Meyer et al. (1997), The power of product platforms, S. 39

[114] Vgl. Schuh (2005), Produktkomplexität managen, S. 133

[115] Vgl. Robertson et al. (1998), Planning for Product Platforms, S. 20

[116] Vgl. Müller (2000), Modularisierung von Produkten, S. 59

[117] Vgl. Arnoscht (2011), Beherrschung von Komplexität bei der Gestaltung von Baukastensystemen, S. 139

[118] Vgl. MacDuffie et al. (1996), Product Variety and Manufacturing Performance, S. 356

[119] Vgl. Vietor et al. (2013), Produktarten zur Rationalisierung des Entwicklungs- und Konstruktionsprozesses, S. 856

Basierend auf den vorgestellten Definitionen und nach SCHUH[120] soll der Begriff Produktplattform wie folgt definiert sein:

Eine Produktplattform ist eine Gruppierung von einheitlichen und zeitlich stabilen Komponenten, Schnittstellen und Funktionen, die eine gemeinsame Grundlage für eine bestimmte Anzahl an Produkten bildet.

Modularität, Modularisierung, Module

Im Rahmen der Erzeugung produktübergreifender Kommunalitäten spielt insbesondere die Modularität eine bedeutsame Rolle, wie Ausführungen im Kapitel 2.2.2 zur Produktarchitektur gezeigt haben (vgl. Abbildung 2-7). Modularität beschreibt die Eigenschaft eines Produktes, aus Modulen aufgebaut zu sein,[121] und Modularisierung beschreibt folglich das Vorgehen zur Gliederung des Produktes in relativ unabhängige Subsysteme, die Module.[122] Das Ziel der Modularisierung ist die Realisierung einer hohen Endproduktevielfalt mit geringen Störungen im Fertigungsprozess, die Trennung von kundenspezifischen und Standard-Modulen, die Erzeugung einer großen Anzahl an Produktvarianten aus einer gegebenen Anzahl an Elementvarianten sowie die Realisierung variantengerechter Produktstrukturen.[123] Nach ERICSSON UND ERIXON wird eine Modularisierung durch eine Kombination der Module untereinander über standardisierte Schnittstellen realisiert.[124] Anhand der standardisierten Schnittstellen können unbeabsichtigte Wechselwirkungen minimiert und eine physische Unabhängigkeit von Komponenten erreicht werden.[125] Des Weiteren sind die Abhängigkeiten zwischen den Modulen deutlich schwächer ausgeprägt als die Abhängigkeiten innerhalb der Module.[126] Die grundlegende Idee der Modularisierung ist die Unterteilung des Gesamtprodukts in Untereinheiten, die Module. Nachfolgend soll der Begriff des Moduls definiert werden, um eine für das Verständnis der vorliegenden Arbeit gültige Begriffsabgrenzung zu erarbeiten.

Nach SCHUH sind Module „Anbauteile, die mit unterschiedlichen Funktionen, aber einheitlichen Schnittstellen eine vielfältige Kombinierbarkeit der Komponenten und effiziente Vielfaltserzeugung ermöglichen. Das Modularprinzip ist in besonderem Maße dazu geeignet, durch Nutzung des Kombinatorik-Effekts eine außerordentliche Vielfalt bei nur begrenzten Innenwirkungen darzustellen."[127] ERICSSON UND ERIXON definieren in ihren Ausführungen Module als standardisierte und kombinierbare Einheiten oder Bauteile. In diesem Zusammenhang grenzen sie die Begriffe Module und Baugrup-

120 Vgl. Schuh (2005), Produktkomplexität managen, S. 133

121 Vgl. Arnoscht (2011), Beherrschung von Komplexität bei der Gestaltung von Baukastensystemen, S. 20; Sommer (2016), Produktbaukastengerechte Organisationsstrukturen, S. 15

122 Vgl. Gershenson et al. (2003), Product modularity, S. 295; Schuh (2005), Produktkomplexität managen, S. 130

123 Vgl. Schuh (2005), Produktkomplexität managen, S. 130

124 Vgl. Ericsson et al. (1999), Controlling Design Variants, S. 19; Sanchez et al. (1996), Modularity, flexibility, and knowledge management in product and organization design, S. 65

125 Vgl. Baldwin et al. (1994), Modularity-In-Design, S. 1; Göpfert (1998), Modulare Produktentwicklung, S. 106

126 Vgl. Göpfert (1998), Modulare Produktentwicklung, S. 267

127 Vgl. Schuh (2005), Produktkomplexität managen, S. 128

pen voneinander ab. So sind Baugruppen nicht zwingend Module, aber Module sind oftmals Baugruppen.[128] SEKOLEC zählt in Anlehnung an RIEPE[129] in seiner Definition sieben charakterisierende Eigenschaften von Modulen nacheinander auf. Demnach können Module als Subsysteme eines Produkts aufgefasst werden, die in ihrer idealen Ausprägung eine oder mehrere abgegrenzte Funktionen beinhalten, durch definierte Schnittstellen miteinander kombinierbar sowie austauschbar, leicht überschaubar und handhabbar, ohne Kenntnis des inneren Aufbaus einsetzbar, von Veränderungen auf höheren und niedrigen Systemen weitgehend unabhängig und unabhängig überprüfbar sind.[130]

In Anlehnung an die vorgestellten Definitionen und nach RUDOLF[131] soll der Begriff Modul wie folgt definiert sein:

> Ein Modul ist ein funktional und physisch beschreibbares technisches System, das unabhängig von den restlichen Modulen entwickelt, gefertigt und geprüft werden kann. Anhand standardisierter Schnittstellen können Module flexibel kombiniert werden, was die Bildung von Produktvarianten signifikant erleichtert.

Nach PINE existieren sechs Arten von Modularität, die im Folgenden erläutert werden sowie in Abbildung 2-8 schematisch dargestellt sind.[132] Bei der Modularität durch Gemeinsamkeit von Bestandteilen werden Gleichteile in unterschiedlichen Produkten verwendet. Modularität durch den Austausch von Bestandteilen ähnelt der Modularität durch Gemeinsamkeit von Bestandteilen und unterscheidet sich einzig dadurch, dass das Produkt in einem größeren Umfang aus Gleichteilen besteht. Es werden lediglich unterschiedliche Austausch- bzw. Anbauteile ergänzt. Modularität durch passenden Zuschnitt bedeutet, dass eine Änderung der Dimensionierung der Elemente keinen Einfluss auf weitere Elemente besitzt. Die Struktur sowie die Anzahl der Komponenten und die Schnittstellen sind somit unabhängig von den Produktvarianten. Bei der Misch-Modularität wird eine schnittstellenunabhängige Produktvielfalt gebildet und setzt voraus, dass keine Schnittstellen existieren. Beispiele hierfür sind chemische Substanzen oder Flüssigkeiten. Charakterisierend für die Bus-Modularität ist eine Grundstruktur mit standardisierten Schnittstellen, an die weitere Module hinzugefügt werden können. Die Bus-Modularität gilt im engeren Sinne als eine Erweiterung der Modularität durch Austausch von Bestandteilen. Der letzte Modularitätstyp nach PINE ist die Teil-Modularität, die eine große Produktvarianz aufgrund einer freien Kombinatorik erzeugen kann. Eine freie Kombinatorik erfolgt jedoch nur durch standardisierte Schnittstellen.[133]

---

128 Vgl. Ericsson et al. (1999), Controlling Design Variants, S. 19 f.

129 Vgl. Riepe (2003), Integrierte Produktstrukturmodellierung in den frühen Phasen der Produktentstehung, S.36

130 Vgl. Sekolec (2005), Produktstrukturierung als Instrument des Variantenmanagements in der methodischen Entwicklung modularer Produktfamilien, S. 63

131 Vgl. Rudolf (2013), Produktionsgerechte Baukastengestaltung, S. 17

132 Vgl. Pine (1994), Maßgeschneiderte Massenfertigung, S. 273

133 Vgl. Pine (1994), Maßgeschneiderte Massenfertigung, S. 272 ff.; Kampker et al. (2018), Grundlagen, S. 72

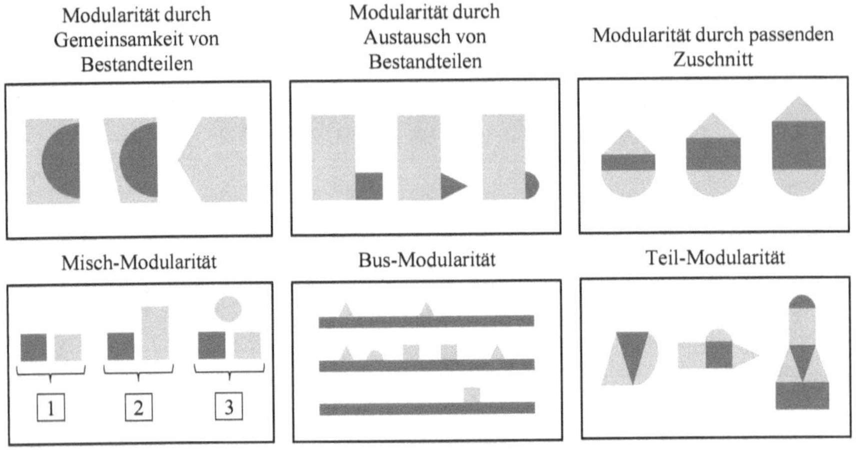

Abbildung 2-8: Arten der Modularität[134]

Innerhalb eines Produktes sind oftmals unterschiedliche Modultypen zu finden. Dadurch ist eine eindeutige Zuordnung eines modular aufgebauten Produkts zu exakt einer Modularitätsart nach PINE[135] nicht möglich. Dies liegt zu einem gewissen Teil daran, dass die Modularitätsarten nicht disjunkt und somit nicht klar voneinander abgrenzbar sind.[136]

2.3 Baukästen und deren Gestaltung

Die Erzeugung von produktübergreifender Kommunalität wurde bereits im vorherigen Kapitel teilweise erörtert. In diesem Kontext wurden bereits Baukästen als ein möglicher Gestaltungsansatz aufgeführt. Im Folgenden wird dieser Gestaltungsansatz ausführlich beschrieben, beginnend mit der Definition des Begriffs Baukasten (Kapitel 2.3.1). Die Phasen des Baukastenentwicklungsprozesses werden in Kapitel 2.3.2 vorgestellt. Auf Basis dieser Informationen werden die Potenziale durch Baukästen herausgearbeitet, indem die Plattformstrategie, die Modulstrategie und die Baukastenstrategie gegenübergestellt und verglichen werden. In Kapitel 2.3.4 wird der Begriff technische Änderung als eine Form der Reduzierung der Potenziale von Baukästen beschrieben.

---

134 In Anlehnung an Pine (1994), Maßgeschneiderte Massenfertigung; Pine (1994), Maßgeschneiderte Massenfertigung, S. 273

135 Vgl. Pine (1994), Maßgeschneiderte Massenfertigung, S. 272 ff.

136 Vgl. Aleksic (2016), Nachhaltige Weiterentwicklung von modularen Produktarchitekturen durch Release-Management, S. 32; Pine (1994), Maßgeschneiderte Massenfertigung, S. 272 ff.

2.3.1 Definition Baukasten

Nach NASVYTIS ist die Baukastenbauweise ein Verfahren zur Herstellung verschiedener, zusammengesetzter Elemente bzw. Bausteine aus dem Elementvorrat, um mit einer möglichst kleinen Anzahl verschiedener Elemente eine möglichst große Anzahl an Kombinationsmöglichkeiten zu bilden.[137] Der Begriff des Baukastens bzw. des Baukastensystems ist ursprünglich angelehnt an den Baukasten eines spielenden Kindes.[138] Ein populäres Beispiel eines Baukastensystems ist das LEGO-System des gleichnamigen Herstellers. Auf Basis eines definierten Grundkörpers kann durch eine lösbare Steckverbindung eine weitestgehend freie Kombinatorik gewährleistet werden. Damit können unterschiedlichste Spielzeugvarianten durch die Baukästen erzeugt werden.[139] Die Literatur verwendet parallel zu dem Begriff Baukasten weitere Begriffe als Synonym. Dazu zählen Baukastenprinzip, Baukastenkonstruktion, Kombinationstechnik, Baukastenfertigung, Baukastenbauweise, modulare Bauweise und Baukastensystem. In der vorliegenden Arbeit wird der Begriff Baukasten verwendet. Nachfolgend werden mehrere gängige Definitionen der Literatur aufgeführt, um anschließend eine für die vorliegende Arbeit anwendbare Definition abzuleiten.

Für BOROWSKI ist ein Baukastensystem „ein Ordnungsprinzip, das den Aufbau einer begrenzten oder unbegrenzten Zahl verschiedener Dinge, aus einer Sammlung genormter Bausteine auf Grund eines Programmes oder Baumusterplanes in einem bestimmten Anwendungsbereich darstellt."[140]

KOHLHASE beschreibt ein Baukastensystem als eine „Anzahl von Bausteinen, die anwendungsspezifisch ausgewählt und unter Beachtung von Verträglichkeit miteinander kombiniert werden, um in einem begrenzten Anwendungsbereich Baukastenprodukte zu konfigurieren."[141]

Nach FIRCHAU ET AL. werden in Baukastensystemen „Produktvarianten unterschiedlichster Gestalt und Funktion durch Kombination aus einer möglichst geringen Anzahl von Bausteinen unterschiedlicher Gestalt und Funktion zusammengesetzt."[142]

Laut JESCHKE werden in Baukastensystemen „Produktvarianten durch Kombination aus einer möglichst geringen Anzahl von Bausteinen zusammengesetzt. Bausteine können Einzelteile, Baugruppen oder selbst Baukastensysteme einer unteren Rangordnung sein. Ein Baukastensystem stellt das gestalterische Ergebnis der Baukastenbauweise dar. Wesentliches Kennzeichen der Baukastenbauweise ist die planerische Absicht bei der Entwicklung des Systems und seiner Bausteine, die systematische, standardisierende Elementarisierung, Definition von Bausteinen und Schnittstellen für eine sinnvolle Kombination zu Endprodukten."[143]

---

137 Vgl. Nasvytis (1953), Die Gesetzmäßigkeiten kombinatorischer Technik, S. 86

138 Vgl. Borowski (1961), Das Baukastensystem in der Technik, S. 1

139 Vgl. Lauwaert (2008), Playing outside the box – on LEGO toys and the changing world of construction play, S. 224

140 Borowski (1961), Das Baukastensystem in der Technik, S. 18

141 Kohlhase (1997), Strukturieren und Beurteilen von Baukastensystemen, S. 8

142 Firchau (2003), Variantenoptimierende Produktgestaltung, S. 97

143 Jeschke (1997), Beitrag zur wirtschaftlichen Bewertung von Standardisierungs-Maßnahmen in der Einzel- und Kleinserienfertigung durch die Konstruktion, S. 27

Für ARNOSCHT besteht ein Baukastensystem „aus Bausteinen, bei denen es sich um Baugruppen oder Bauteile handeln kann. Durch die Definition standardisierter Schnittstellen ist eine vielfältige Kombinierbarkeit möglich, so dass Varianten effizient erzeugt werden können."[144]

VIETOR ET AL. verstehen unter einem Baukasten „Maschinen, Baugruppen und Einzelteile, die als Bausteine mit oft unterschiedlichen Lösungen durch Kombination verschiedene Gesamtfunktionen erfüllen."[145]

Bei RUDOLF bestehen Baukastensysteme aus „Baukastenelementen, bei denen es sich um Module, Baugruppen oder Bauteile handeln kann. Durch die Definition standardisierter Schnittstellen und ausgewählter geometrischer Maße (z.B. Bauräume) wird eine vielfältige Kombinierbarkeit der Elemente möglich, sodass variantenreiche Produktprogramme erzeugt und gleichzeitig Skaleneffekte realisiert werden können."[146]

Basierend auf den vorgestellten Definitionen wurde die für die vorliegende Arbeit gültige Definition des Begriffes Baukasten erstellt:

Ein Baukasten ist eine vereinheitlichte Komponente in Baugruppen bzw. Systemen, die in Kombination mit weiteren Anpasselementen die vom Produktportfolio geforderten Anforderungen erfüllen. Ihre Zielsetzung ist ein übergreifender Einsatz bei gleichzeitig kundenwertiger Differenzierung zur Reduzierung des Entwicklungsaufwandes hinsichtlich Zeit, Qualität und Kosten, sowie der Erzielung von Skaleneffekten.

2.3.2 Phasen des Baukastenentwicklungsprozesses

Die Grundlage für eine effektive, zielbewusste und erfolgreiche Produktentwicklung stellt der Produktentwicklungsprozess dar.[147] Dieser verläuft von der Idee eines Produktes über die Anforderungskonsolidierung sowie Entwicklung bis hin zu dessen Serienproduktion[148] und ist der Kernprozess eines jeden Unternehmens. Der Produktentwicklungsprozess besteht folglich aus einer Vielzahl an Arbeitsschritten und beteiligten Schnittstellenpartnern, um zu definierten Meilensteinen zu festgeschriebenen Ergebnissen zu gelangen.[149] Die Definition des Begriffes Baukasten beschreibt (vgl. Kapitel 2.3.1) einen Baukasten als „vereinheitlichte Komponente in Baugruppen bzw. Systemen"[150] und somit als einen Teil des Produktes. Aufgrund dieser Tatsache ist eine Adaption der Entwicklungsphasen eines Produktes auf Baukästen möglich, da in festgelegten Zeitabständen eine Synchronisation zu bestimmten Meilensteinen zwischen dem Produkt und den verwendeten Baukästen erfolgen muss.[151] Abbildung 2-9 veranschaulicht den Ablauf des idealisierten Baukastenentwicklungsprozesses mit dessen Entwicklungsphasen. In

---

144 Arnoscht (2011), Beherrschung von Komplexität bei der Gestaltung von Baukastensystemen, S. 28

145 Vietor et al. (2013), Produktarten zur Rationalisierung des Entwicklungs- und Konstruktionsprozesses, S. 839

146 Rudolf (2013), Produktionsgerechte Baukastengestaltung, S. 21

147 Vgl. Müller (2007), Intelligente Unterstützung für ein aufgabenorientiertes Anforderungsmanagement in der Integrierten Produktentwicklung, S. 17

148 Vgl. Ehrlenspiel et al. (2013), Integrierte Produktentwicklung, S. 163

149 Vgl. Feldhusen et al. (2013), Der Produktentstehungsprozess, S. 11; Ehrlenspiel et al. (2013), Integrierte Produktentwicklung, S. 162 ff.

150 Definition des Begriffes Baukästen des Autors in Kapitel 2.3.1

151 Vgl. Cooper (2002), Top oder Flop in der Produktentwicklung, S. 147 ff.

der Praxis gestaltet sich der Baukastenentwicklungsprozess um ein Vielfaches komplexer mit sich überschneidenden Entwicklungsphasen und diversen Iterationsschleifen sowie flankierenden Aktivitäten weiterer Geschäftsbereiche (z.B.: Finanzen, Einkauf, etc.).[152]

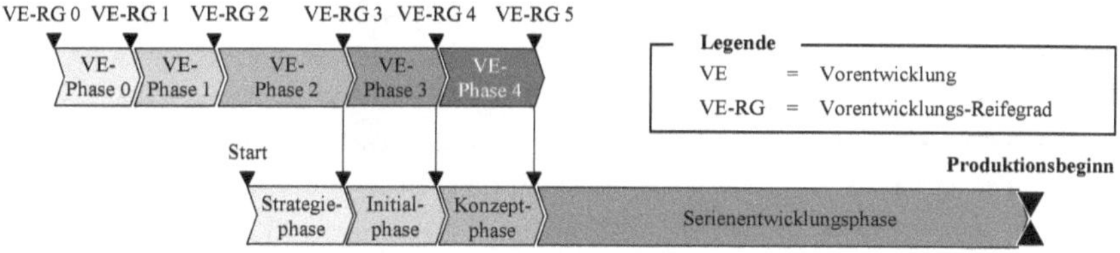

Abbildung 2-9: Baukastenentwicklungsprozess[153]

Dem eigentlichen Start des Baukastenentwicklungsprozesses vorgelagert befindet sich ein Teil der Vorentwicklungsphasen, in denen Scouting-Tätigkeiten durchgeführt, Ideen generiert sowie evolutionäre bzw. revolutionäre Baukastenimpulse ausgearbeitet werden. Die Vorentwicklungsphase ist an den Stage-Gate-Prozess nach COOPER angelehnt, dessen zentraler Bestandteil Tore (engl.: Gates) sind, an denen vorab festgelegte Kriterien nachgewiesen werden müssen, bevor diese durchschritten und die nächste Phase (engl.: Stage) bearbeitet werden kann. Bei dieser Form der Entwicklungsphasen spricht man von Gate-orientierten Ablaufplänen.[154] In der vorliegenden Abbildung 2-9 entsprechen die Vorentwicklungsreifegrade den Toren nach COOPER. Parallel zu den Vorentwicklungsphasen startet der eigentliche Baukastenentwicklungsprozess mit der Strategiephase. In dieser werden die ersten Baukastenprojektziele aus den Produktanforderungen abgeleitet und die ersten konzeptrelevanten Kundenanforderungen erarbeitet.[155] Darüber hinaus werden erste Konzeptalternativen zur weiteren Bewertung generiert und festgelegt.[156] Diese Konzeptalternativen beinhalten bereits erste Erkenntnisse und Ergebnisse des Vorentwicklungsprozesses. In der Initialphase werden die Anforderungen der den Baukasten verwendenden Produkte konsolidiert, in das Lastenhaft übertragen, an sich bewerbende interne und externe Lieferanten verschickt und von diesen auf Verständnis hin überprüft.[157] Mit Abschluss dieser Phase liegt ein Konzeptentscheid, unter Berücksichtigung der Vorentwicklungsergebnisse, inkl. der Bewertung der Integrationsbedingungen vor. In der Konzeptphase erfolgt eine weitere Konzeptdetaillierung mit dem Ziel eines widerspruchfreien Lastenheftes auf Basis der Rückmeldungen der internen und externen Lieferanten, an dessen Ende ein Entwicklungsvertrag, in Form eines Projektentscheids, geschlossen wird.[158] In diesem sind die Anforderungen, wie zum Beispiel die zu erreichende Heizleistung eines Heiz-Klimageräts, detailliert beschrieben und vertraglich vereinbart. Des Weiteren wird auch bestimmt, wie hoch die Stückzahl über die Laufzeit des Entwicklungsvertrages sowie der Preis von einem ausgewählten

[152] Vgl. Hahn (2017), Eigenschaftsbasierte Fahrzeugkonzeption, S. 17
[153] Eigene Darstellung in Anlehnung an Raabe (2013), Ein rechnergestütztes Werkzeug zur Generierung konsistenter PKW-Maßkonzepte und parametrischer Designvorgaben, S. 25
[154] Vgl. Seidel (2005), Methodische Produktplanung, S. 35 ff.
[155] Vgl. Lührig (2006), Risikomanagement in der Produktentwicklung der deutschen Automobilindustrie, S. 28
[156] Vgl. Rasenack (1998), Parametervariationen als Hilfsmittel bei der Entwicklung des Fahrzeug-Package, S. 1; Weber (2009), Automotive Development Processes, S. 30 ff.
[157] Vgl. Feldhusen et al. (2013), Produktplanung, S. 319
[158] Vgl. Schönmann (2012), Produktentwicklung in der Automobilindustrie, S. 87 f.

Lieferanten produziert und geliefert wird. Die Industrialisierung des vertraglich an einen internen oder externen Lieferanten vergebenen Baukastens erfolgt in der Serienentwicklung unter enger Abstimmung mit dem Unternehmen. Dazu zählen neben Absicherungen ebenso Erprobungen des Baukastens im Produkt, um eine funktionale Stimmigkeit des Produktes für den Kunden zu gewährleisten. [159] Nach Fertigung einer erfolgreichen Nullserie startet die Produktion.[160]

2.3.3 Potenziale durch Baukästen

Nachdem in den vorherigen Kapiteln der Begriff Baukasten und die Phasen des Baukastenentwicklungsprozesses definiert wurden, werden im Folgenden die Vorteile herausgearbeitet, die sich durch den Einsatz von Baukästen ergeben.

In einem ersten Schritt wird hierfür die Baukastenstrategie von der Plattform- und Modulstrategie abgegrenzt, indem die entsprechenden Charakteristika der Gestaltungsansätze herausgestellt werden. Dies erfolgt anhand Abbildung 2-10. Demzufolge generiert die Plattformstrategie ausschließlich Synergien innerhalb einer Baureihe[161] und die Modulstrategie Synergien teilweise baureihenübergreifend, wohingegen bei der Baukastenstrategie Synergien vollständig baureihenübergreifend erhoben werden können.[162] Bei der Modulstrategie ist dieser Umstand darauf zurückzuführen, dass Module in der Systemhierarchie als Subsysteme[163] gelten und damit als Baugruppen eines Produktes angesehen werden können (vgl. Kapitel 2.2.3).[164] Folglich können Module aufgrund deren Größe, Gewicht und Kosten nur teilweise baureihenübergreifend eingesetzt werden. So ist es technisch nur in Ausnahmen möglich, Module aus großen Baureihen geometrisch, gewichtstechnisch und unter betriebswirtschaftlichen Gesichtspunkten in kleine Baureihen zu integrieren. Entgegengesetzt betrachtet wird die Leistungspositionierung der Module aus kleinen Baureihen in den meisten Umfängen nicht ausreichend sein, um durch die großen Baureihen umfänglich Synergien zu heben. Da die Plattformstrategie mehrere Subsysteme kombiniert, zu denen auch Module gehören können,[165] werden die beschriebenen Herausforderungen der Modulstrategie weiter verstärkt. Dies führt folglich zu einer rein baureihenimmanenten Nutzung von Synergien. Baukästen hingegen befinden sich in der Systemhierarchie auf der Komponentenebene.[166] Anhand eines geeigneten Konzeptes hinsichtlich einer sinnvollen und kommerziellen Spreizung können Baukästen baureihenübergreifend agieren und damit umfassend Synergien heben.[167]

---

159 Vgl. Lührig (2006), Risikomanagement in der Produktentwicklung der deutschen Automobilindustrie, S. 30 f.

160 Vgl. Hahn (2017), Eigenschaftsbasierte Fahrzeugkonzeption, S. 17

161 Baureihen sind Produkte mit gleichen bzw. sich stark ähnelnden funktionalen und geometrischen Spreizungen. Beispiele in der Automobilindustrie sind die 3er und 5er Baureihen der BMW AG, die innerhalb der Baureihe jeweils in die Produktformen Limousine und Touring unterteilt werden können.

162 Vgl. Lemke (2013), MQB, S. 6

163 Vgl. Sekolec (2005), Produktstrukturierung als Instrument des Variantenmanagements in der methodischen Entwicklung modularer Produktfamilien, S. 63

164 Vgl. Ropohl (2009), Allgemeine Technologie, S. 122; Ericsson et al. (1999), Controlling Design Variants, S. 19 f.

165 Vgl. Kapitel 2.2.3

166 Vgl. Baukastendefinition der vorliegenden Arbeit in Kapitel 2.3.1

167 Vgl. Renner (2007), Methodische Unterstützung funktionsorientierter Baukastenentwicklung am Beispiel Automobil, S. 135 f.

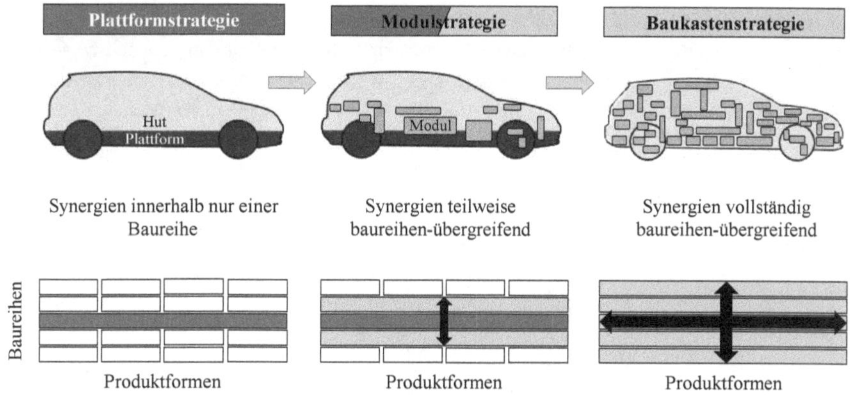

Abbildung 2-10: Differenzierung der Gestaltungsstrategien[168]

Nach RENNER existiert für die Baukastengestaltung eine Vielzahl an Stoßrichtungen.[169] Je nachdem, welche Potenziale durch die Baukastenentwicklung erzielt werden sollen, verändert sich der Gestaltungsfokus und damit die Zielsetzung für das jeweilige Baukastenentwicklungsteam hinsichtlich der zu verfolgenden Potenziale. Nachfolgend werden die wichtigsten Potenziale durch den Einsatz von Baukästen wiedergegeben.

Durch den Einsatz von Baukästen ergibt sich der Vorteil, dass durch Skaleneffekte die Herstellkosten reduziert werden. Die Auflagenerhöhung durch Mehrfachverwendung gleicher Teile und Variantenreduktion führt in der Fertigung zu großen Losgrößen und damit zu Kostendegressionseffekten.[170] Ebenso verteilt sich der Entwicklungsaufwand bei den Baukästen auf die den Baukasten verwendenden Produkte und die dazugehörigen Produktvolumina.[171] Im Vergleich zur Summe der produktspezifischen Entwicklungen werden die Entwicklungsaufwände erheblich reduziert. Damit kann ebenfalls für Randderivate eine Leistbarkeit hinsichtlich des Entwicklungsaufwandes gewährleistet werden.[172] Weiterhin wird durch Baukästen die Entwicklungs- und Steuerungskomplexität reduziert. Dies geschieht beispielsweise durch die Reduzierung bereits vorhandener Varianten.[173] Der Einsatz von Baukästen hat des Weiteren Einfluss auf die Qualität der Produkte. Durch standardisierte Prozessschritte in der Fertigung und

---

168 In Anlehnung an Lemke (2013), MQB, S. 6

169 Vgl. Renner (2007), Methodische Unterstützung funktionsorientierter Baukastenentwicklung am Beispiel Automobil, S. 118

170 Vgl. Piller et al. (1999), Modularisierung in der Automobilindustrie, S. 79 ff.; Kohlhase (1997), Strukturieren und Beurteilen von Baukastensystemen, S. 45 ff.

171 Vgl. Meffert (2005), Marketing, S. 1332

172 Vgl. Renner (2007), Methodische Unterstützung funktionsorientierter Baukastenentwicklung am Beispiel Automobil, S. 62

173 Vgl. Hesselbach et al. (2002), Methoden zur Variantenbeherrschung in der Produktion, S. 99 ff.; Piller et al. (1999), Modularisierung in der Automobilindustrie, S. 79 ff.

Montage, wie ähnliche Fügefolgen, erhöhen sich die Regelmäßigkeit und die Genauigkeit der durchgeführten Arbeitsschritte und damit die Qualität der Produkte.[174] In diesem Zusammenhang ist eine effektive Weiterentwicklung von Baukästen möglich, ohne auf Grundsatzdiskussionen zurückzufallen. Die geschaffenen Standards, wie zum Beispiel die Übernahme von bereits vorhandenen Montagekonzepten, erleichtern die Arbeit in den Baukastenentwicklungsteams, und die vorhandenen Ressourcen können effizient eingesetzt werden.[175] Der wesentliche Vorteil von Baukästen liegt folglich in der Mehrfachverwendung über mehrere Baureihen hinweg.

Für die Beschreibung der Herausforderungen von Baukästen, wie den hohen Änderungsaufwand in der Entwicklung und beim Lieferanten sowie ein verzögertes bzw. kein Endkundenangebot bestimmter Funktionen wird an dieser Stelle auf die Ausführungen in der Motivation in Kapitel 1.1 bzw. auf den Handlungsbedarf bei der Baukastengestaltung in Kapitel 2.4 verwiesen.

2.3.4 Technische Änderungen

Technische Änderungen reduzieren Potenziale von Baukästen.[176] Diese treten sowohl während der Produktentwicklung als auch im Serieneinsatz auf[177] und können als Abweichungen zwischen Soll- und Ist-Zuständen beschrieben werden.[178] Für ein gemeinsames Verständnis und Bedeutung des Begriffs wird nachfolgend auf mehrere gängige Definitionen der Literatur eingegangen, um anschließend eine für die vorliegende Arbeit anwendbare Definition abzuleiten.

Nach DIN 6789-2 ist eine Änderung die „vereinbarte Festlegung eines neuen anstelle des bisherigen Zustandes."[179] Für CONRAT sind technische Änderungen sämtliche nachträglichen Änderungen an verbindlich festgelegten Arbeitsergebnissen eines zusammenhängenden technischen Entwicklungsprozesses. Die technischen Änderungen sind prüfungs-, genehmigungs- und dokumentationspflichtig und beinhalten zudem zusammenhängende Produkt- und Prozessänderungen.[180] Nach SAYNISCH werden technische Änderungen daher als „Modifikationen an Geräten, Produkten oder Teilen und ihren Dokumenten bezeichnet, die nach Festlegung einer Referenzkonfiguration vorgenommen werden."[181] KÖHLER ergänzt den Begriff um den Aspekt der mit der Durchführung technischer Änderungen verfolgten Zielsetzungen. Technische Änderungen werden demnach nicht aus reinem Selbstzweck, sondern „[…] mit dem Ziel der Sicherstellung beziehungsweise Verbesserung der Verkaufsfähigkeit eines Erzeugnisses oder der Erhöhung des Verkaufserlöses"[182] durchgeführt. In Anlehnung an CONRAT soll im Rahmen der Arbeit der Begriff „technische Änderungen" wie folgt definiert werden:

---

174 Vgl. Renner (2007), Methodische Unterstützung funktionsorientierter Baukastenentwicklung am Beispiel Automobil, S. 65

175 Vgl. Meffert (2005), Marketing, S. 1332

176 Vgl. Arnoscht (2011), Beherrschung von Komplexität bei der Gestaltung von Baukastensystemen, S. 122

177 Vgl. Belener (2008), Technisches Änderungsmanagement modularer Produkte und Prozesse, S. 35

178 Vgl. Sonderforschungsbereich 768 (2012), Änderungsmanagement-Report, S. 5 f.

179 DIN 6789-3: 1990, Dokumentationssystematik, S. 1

180 Vgl. Conrat Niemberg (1997), Änderungskosten in der Produktentwicklung, S. 47

181 Saynisch (1989), Konfigurationsmanagement, S. 570

182 Köhler (2009), Technische Produktänderungen, S. 11

> Als technische Änderungen gelten sämtliche nachträglichen Änderungen an freigegebenen, also verbindlich festgelegten Erzeugnissen. Sie sind nach den gültigen Normen prüfungs-, genehmigungs- und dokumentationspflichtig und beinhalten damit auch sämtliche notwendigen Produkt- und Prozessänderungen.

Zur Klärung der Frage nach dem Eintreten einer technischen Änderung wird zwischen Initiatoren und den tatsächlichen Ursachen von Änderungen unterschieden. Initiatoren sind dabei die Verursacher der Entstehung von Änderungsbedarf im Sinne von „wer oder was aktiv Änderungen initiiert oder erfordert“[183]. Ursachen hingegen beschreiben die kausalen Zusammenhänge, die zur Entstehung von technischen Änderungen führen, also warum ein Änderungsbedarf auftritt.[184]

2.4 Handlungsbedarf aus der Praxis

Der Objektbereich der vorliegenden Arbeit wurde in den vorangegangenen Kapiteln ausführlich beschrieben und abgegrenzt. Darauf aufbauend schließt sich nun eine Betrachtung der Praxis an. Ziel dieses Kapitels ist es, Herausforderungen bei der Baukastengestaltung aus Sicht der Praxis darzustellen. Hierfür werden basierend auf der praktischen Erfahrung des Autors zwei Fallbeispiele aus der Automobilindustrie vorgestellt, aus deren exemplarischer Betrachtung Herausforderungen für die Baukastengestaltung beschrieben werden können. Im Anschluss daran werden diese Herausforderungen anhand einer 2019 veröffentlichten, deutschlandweiten Studie[185] aus Sicht der industriellen Praxis bestätigt, um eine industrieweite Gültigkeit der ermittelten Herausforderungen attestieren zu können. Auf Basis dieser Studie erfolgt die Formulierung des Handlungsbedarfs einer resilienten Baukastengestaltung, anhand derer geeignete Theorieansätze in Kapitel 3.2.2 bewertet werden können.

2.4.1 Herausforderungen bei der Baukastengestaltung in der Automobilindustrie

Die im Folgenden vorgestellten zwei Fallbeispiele basieren auf der praktischen Erfahrung des Autors und beschreiben konkrete Beispiele aus Industrieprojekten bei der „Automobile AG“[186]. Das ist ein weltweit agierender Premium-Automobilhersteller, der gezielt auf Premium-Qualität setzt. Dieser Anspruch prägt die Unternehmenskultur und bestimmt jeden Prozess im Unternehmen von der Entwicklung über die Produktion bis hin zur Vermarktung.

Fallbeispiel A: Bereich des autonomen Fahrens

Gegenstand dieses Fallbeispiels ist die Beschreibung von Herausforderungen bei der Gestaltung eines Baukastens aus dem Bereich des autonomen Fahrens[187]. Die Kernherausforderung im Projekt war die hohe Unsicherheit hinsichtlich einer strukturierten Beurteilung und Behandlung von Risiken. Zum einen

[183] Sonderforschungsbereich 768 (2012), Änderungsmanagement-Report, S. 9

[184] Vgl. Jarratt et al. (2011), Engineering change; Sonderforschungsbereich 768 (2012), Änderungsmanagement-Report, S. 9

[185] Vgl. Burggräf et al. (2019), Data on the current state of modular systems in a highly dynamic environment

[186] Der Unternehmensname „Automobile AG“ ist frei erfunden. Der tatsächliche Unternehmensname wird aus wettbewerbsrelevanten Gründen nicht genannt.

[187] Autonomes Fahren wird definiert als „das selbstständige, zielgerichtete Fahren eines Fahrzeugs im realen Verkehr, ohne Eingriff des Fahrers.“ Daimler AG Definition Autonomes Fahren

waren die künftig zu erfüllenden Kundenanforderungen (Market-Pull[188]) schwer abschätzbar. Zum anderen waren die Technologiezyklen am Markt (Technology-Push[189]) kürzer als die in dem Unternehmen existierenden Baukastenentwicklungsprozesse, was eine erschwerte Prognosefähigkeit hinsichtlich zukünftiger technologischer Fähigkeiten zur Folge hatte. Ungenaue Planungsdaten und die daraus resultierenden Unsicherheiten besitzen unter Umständen erhebliche Auswirkungen auf beispielsweise das Baukastenkonzept, die Leistungsfähigkeit des Baukastens, dessen Elementgestalt oder das Produktionskonzept aufgrund von Stückzahlschwankungen. Folglich war bereits in den frühen Phasen des Baukastenentwicklungsprozesses klar, dass das Entwicklungsumfeld hochdynamisch ist und dies den Gestaltungsprozess des Baukastens erschweren wird.

Des Weiteren zählte der Bereich des autonomen Fahrens zu einem strategisch relevanten Entwicklungsfeld im Unternehmen, zu dem ebenfalls der hier beschriebene Baukasten gehörte. Der Grund hierfür ist der innovative Charakter des autonomen Fahrens aus Sicht der Gesellschaft.[190] Durch die Entwicklung von originellen Funktionen konnten seitens des Unternehmens beim Endkunden Begehrlichkeiten geweckt sowie das Ansehen des Unternehmens durch eine nach außen hin sichtbare und damit repräsentative Entwicklungskompetenz weiter gesteigert werden. Als Hersteller von Premium-Automobilen folgte demnach der Anspruch des Unternehmens an sich selbst, den Endkunden ein Angebot zur Verfügung zu stellen, das dem Premium-Gedanken im Sinne eines Technologievorreiters vollumfänglich entspricht. Dies hatte zur Folge, dass oftmals für den Baukasten bereits getroffene Entscheidungen hinsichtlich des Berücksichtigungsumfanges von Risiken wieder verworfen wurden und eine Vielzahl an technischen Änderungen durchgeführt werden musste, um dem Endkunden ein optimales Angebot bereitstellen zu können. Aufgrund der hohen Vernetzung des Baukastens mit weiteren Baukästen in der Produktarchitektur, die zusätzlich unterschiedliche Lebenszyklen sowie Produktionsstarts besaßen, waren technische Änderungen aufgrund des Sachverhaltes der Verblockung teils sehr kostspielig oder integrativ nur unter erschwerten Umständen bzw. nicht durchführbar.

Aufgrund des innovativen Charakters dieses Baukastens fehlte weiterhin Erfahrungswissen und Expertise aus Vorgängerprojekten. Folglich wurden die benötigten Informationen und Prozesse aus ähnlichen, vergangenen Projekten in dieses Projekt transferiert bzw. dort neu aufgebaut. Aufgrund der zu diesem Zeitpunkt noch fehlenden Erfahrung waren die aus vergangenen Projekten übernommenen Prozesse für den hier geschilderten Anwendungsfall nicht geeignet. Die Prozesse waren weitgehend statisch und integrierten die Risiken eines hochdynamischen Umfelds nicht ausreichend. Für eine schnelle Umsetzung einer Aktion bzw. Reaktion auf Risiken fehlte demnach Flexibilität. Dies stellte eine zusätzliche Herausforderung für den Baukastenentwicklungsprozess dar.

---

188 Beim „Market-Pull" wird das Ziel verfolgt, bisher nicht befriedigte Nachfragebedürfnisse zu entdecken und Produkte sowie Funktionen zu entwickeln, die diese Bedürfnisse erfüllen. Vgl. Meffert et al. (2012), Marketing, S. 401

189 Beim „Technology-Push" wird versucht, über das Erkennen und Weiterentwickeln technologischer Trends neue Bedürfnisse bei den Nachfragern zu wecken. Vgl. Meffert et al. (2012), Marketing, S. 401

190 Vgl. Schreurs et al. (2015), Autonomous Driving, S. 152 ff.

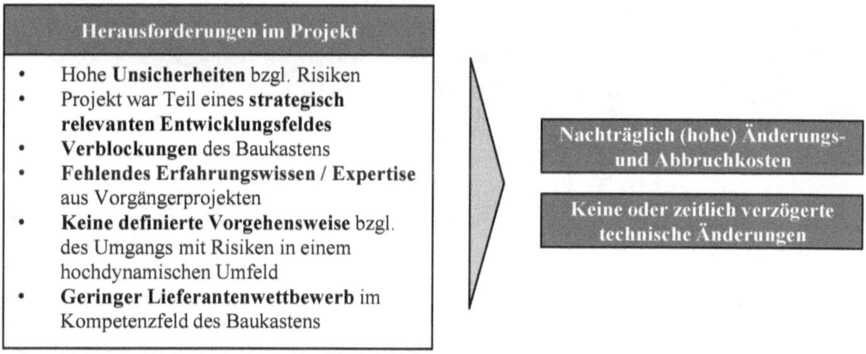

Abbildung 2-11: Herausforderungen im Fallbeispiel A

Eine weitere Herausforderung im Projekt war die Problematik, dass zum Zeitpunkt der Baukastengestaltung in diesem Kompetenzfeld nur eine geringe Anzahl an Lieferanten am Markt verfügbar waren. Es konnten folglich nur wenige Lieferanten bereits industrialisierte Baukästen anbieten bzw. waren im Besitz der notwendigen technischen Kompetenzen hinsichtlich einer Industrialisierung der an den Baukasten gestellten Anforderungen. Es existierte damit kein breiter Lieferantenwettbewerb. Dies führte einerseits dazu, dass die Lieferanten hohe Preise für die Entwicklung und Produktion des Baukastens verlangen konnten. Zusätzlich konnten im Falle von technischen Änderungen hohe Änderungs- und Abbruchkosten verlangt werden. Dies lag an teils monopolistisch geprägten Lieferantenbeziehungen, da technische Änderungen, anders als zur Vergabe, oftmals nicht unter Wettbewerbsbedingungen verhandelt werden konnten.

Fallbeispiel B: Bereich der Elektrifizierung des Antriebs

In diesem Fallbeispiel werden Herausforderungen bei der Gestaltung eines Baukastens aus dem Bereich der Elektrifizierung des Antriebs beschrieben. In den Fahrzeugsegmenten der Ober- und Luxusklassen wurden seit Anfang der 2010er Jahre bereits mehrere hochpreisige Elektroautos angeboten, wie das Model S von Tesla[191] oder der BMW i8[192]. Die Kernherausforderung im Projekt war, dass der Durchbruchszeitpunkt für eine Marktdurchdringung in niedrigere Fahrzeugklassen nur schwer prognostiziert werden konnte. Gründe hierfür waren die hohen Kosten bei der Batterieherstellung sowie eine fehlende öffentlich zugängliche Ladeinfrastruktur. Gleichzeitig bestand ein großes öffentliches Interesse an der Elektromobilität und damit der Elektrifizierung der Antriebe, besonders im Kontext von Emissionsreduzierungen in den urbanen Gebieten Europas und Chinas[193]. Hinzu kommen geringere Betriebskosten im Vergleich zu konventionellen Antriebssystemen.[194] Daraus ergibt sich eine hohe Unsicherheit hinsichtlich des zeitlichen Übergangs von konventionellen zu elektrischen Antrieben und damit hinsichtlich der zukünftigen Stückzahlentwicklung des betrachteten Baukastens. Der betrachtete Baukasten kann als

---

191 Vgl. Tesla Motors Model S

192 Vgl. BMW Group i8

193 Vgl. Buekers et al. (2014), Health and environmental benefits related to electric vehicle introduction in EU countries, S. 26; Wu et al. (2017), On-road vehicle emissions and their control in China, S. 333

194 Vgl. Bollmann et al. (2019), Alternative fuels and powertrains, S. 11

eine hochvernetzte, essenzielle Komponente der Elektrifizierungsstrategie der Automobile AG beschrieben werden und war aus diesem Grund maßgeblich von dieser Herausforderung betroffen.

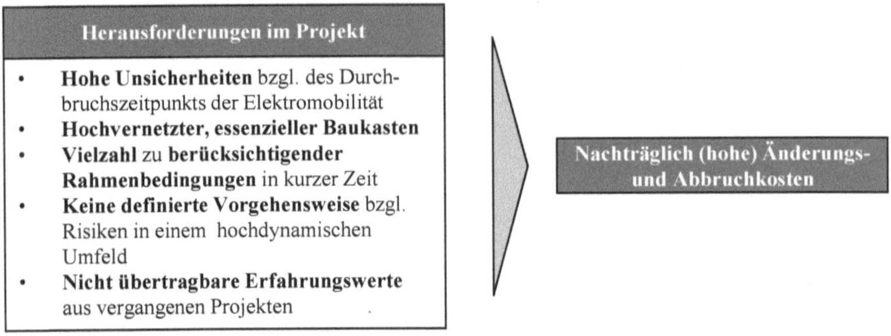

Abbildung 2-12: Herausforderungen im Fallbeispiel B

Der Durchbruch für die Elektrifizierung des Antriebs kam früher als vom Unternehmen prognostiziert, und in dem angenommenen Marktdurchdringungsszenario waren nur einzelne Produkte berücksichtigt, die mit dem betrachteten Baukasten ausgestattet wurden. Im Sinne des Prinzips einer umgedrehten Ketchup-Flasche[195] stieg damit die Anzahl der vom Baukasten zu berücksichtigenden Produkte sprunghaft von drei auf eine niedrige zweistellige Zahl an. Aufgrund der internationalen Ausweitung des elektrifizierten Produktangebots der Automobile AG mussten vom betrachteten Baukasten innerhalb kurzer Zeitabstände immer mehr internationale, regulatorische Anforderungen berücksichtigt sowie Leistungsabstufungen angeboten werden. Für den Umgang mit einem solch hochdynamischen Umfeld war wie auch im vorherigen Fallbeispiel keine definierte Vorgehensweise vorhanden. Dies stellte eine weitere Herausforderung in dem Fallbeispiel dar. Es wurde sich letztlich auf Erfahrungswerte vergangener Projekte und einzelner Mitarbeiter gestützt, die für einen so gravierenden Wandel in der Automobilindustrie nicht bzw. nicht ausreichend übertragbar waren.

Die Auswirkungen der beschriebenen Herausforderungen lassen sich beispielhaft wie folgt zusammenfassen. Die Ausgangslage stellt die Berücksichtigung von immer mehr internationalen, regulatorischen Anforderungen sowie Leistungsabstufungen in unserem betrachteten Baukasten dar. Aus Sicht der damaligen Baukastenkonfiguration hat diese zusätzliche Vielfalt an zu berücksichtigenden Rahmenbedingungen weitere Baukasten- inklusive Peripherievarianten erforderlich gemacht, um den Kundenanforderungen gerecht zu werden. Zur Peripherie zählen in der vorliegenden Arbeit sämtliche am Baukasten vorhandene Schnittstellen wie beispielsweise Kühlmittelschläuche, Niedervoltleitungen, Hochvoltleitungen oder Halterungen. Die nachträgliche Integration der entsprechenden Baukastenvarianten in Produkte, die sich zum Teil bereits in einem fortgeschrittenen Entwicklungsstadium befanden, hat zu einer Vielzahl an unterschiedlichen Schnittstellen sowie Bauräumen und damit zu teils sehr unterschiedlichen Umgebungsbedingungen geführt. Neben den Entwicklungsaufwänden für die zusätzlich zu entwickelnden Varianten wurden weitere Integrations- und Absicherungsaufwände benötigt sowie Variantenkosten

195 Wenn Sie auf das Ende einer Ketchupflasche schlagen, wissen Sie, dass irgendwann etwas herauskommen wird. Allerdings wissen Sie nicht genau wann, aber wenn es herauskommt, wird es in großer Menge herauskommen.

zur Pflege der unternehmensinternen IT-Systeme. Da die Automobile AG ein globales Produktionssystem unterhält, mussten die entsprechenden internationalen Fabrikstandorte ebenfalls für diese neue Variantenvielfalt befähigt werden. Zu dieser Befähigung von Fabriken zählen unter anderem die erforderlichen Produktionsanlagen, Werkzeuge als auch Mitarbeiterschulungen. Aufgrund dieser Auswirkungen waren außerordentlich hohe nachträgliche monetäre Investitionen zu erwarten, weswegen der bestehende Lieferantenvertrag aufgehoben und Abbruchkosten an den Lieferanten bezahlt wurden. Parallel dazu wurde der Baukasten essenziell überarbeitet und den entsprechenden neuen Anforderungen angepasst.

2.4.2 Präzisierung der Herausforderungen durch Studienergebnisse

Die wesentlichen Herausforderungen, die für eine resiliente Baukastengestaltung überwunden werden müssen, wurden im letzten Kapitel vorgestellt und werden nun aus Sicht der industriellen Praxis weiter präzisiert. Die Ergebnisse basieren auf einer im Rahmen der Dissertation durchgeführten Studie und dienen der Analyse des Status quo in der industriellen Praxis. Hierzu wurde im Jahr 2019 die Studie „Data on the current state of modular systems in a highly dynamic environment: Empirical analyses in the manufacturing industry and automotive industry of Germany“ durchgeführt.[196] An der Studie haben deutschlandweit 39 Experten und Führungskräfte aus der produzierenden Industrie teilgenommen. Der Großteil der befragten Personen stammt aus der Automobilindustrie. Rund 70% der Teilnehmer arbeiten in der Entwicklung und sind in den Themenbereichen Elektrik/Elektronik, Autonomes Fahren/Fahrerassistenz, Fahrdynamik, Antrieb, Karosserie/Exterieur und Interieur tätig.[197] Die bereits identifizierten Herausforderungen werden im Folgenden anhand von fünf Abbildungen aus der Studie bestätigt und weiter konkretisiert. Diese Ergebnisse dienen darüber hinaus als praxisseitige Motivation für eine resiliente Baukastengestaltung.

Baukästen erzielen betriebswirtschaftliche Vorteile auf der Produkt- sowie der Prozessebene anhand von Skaleneffekten, wie die Teilnehmer der Studie in Abbildung 2-13 bestätigen. Die Prozessebene beschreibt die Ersparnis durch die Reduzierung des Arbeitsaufwandes bei der Baukastenentwicklung für mehrere Produkte, im Vergleich zur Entwicklung für einzelne Produkte. Die Produktebene beschreibt die Kostendegressionseffekte, die durch ein hohes Einkaufsvolumen erzielt werden. Das hohe Einkaufsvolumen auf der Produktebene resultiert aus einer möglichst breiten und langen Vergabe der Baukästen an Lieferanten. Die Breite der Vergabe beschreibt die Anzahl an Produkten, welche die Baukästen verwenden. Die Länge der Vergabe kennzeichnet die zeitliche Dauer, für welche die Baukästen in den jeweiligen Produkten verbaut und in diesem Zeitraum von einem Lieferanten hergestellt werden.

---

[196] Vgl. Burggräf et al. (2019), Data on the current state of modular systems in a highly dynamic environment

[197] Vgl. Burggräf et al. (2019), Data on the current state of modular systems in a highly dynamic environment, S. 5 ff.

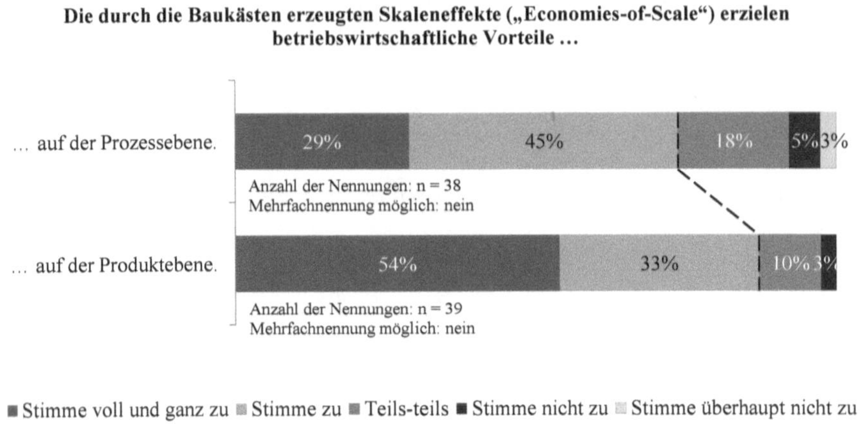

Abbildung 2-13: Erzielung betriebswirtschaftlicher Vorteile durch Skaleneffekte[198]

Die Teilnehmer der Studie bestätigen in Abbildung 2-13 die Bedeutung der Baukästen zur Erzielung von betriebswirtschaftlichen Vorteilen durch Skaleneffekte. Die Ergebnisse zeigen, dass die Zustimmung der Teilnehmer auf der Produktebene mit 87% und auf der Prozessebene mit 74% jeweils sehr hoch ausfällt. Neben der Relevanz belegen die Studienteilnehmer damit die Aktualität der Baukastenentwicklung zur Darstellung von wettbewerbsfähigen Produkten.[199]

Das 13-prozentige Zustimmungsdelta zwischen der Prozess- und Produktebene lässt sich mit komplexen Abstimmungen im Baukastenentwicklungsprozess zwischen den Baukästen und den betroffenen Produkten erklären. Ein Beispiel für eine komplexe Abstimmung auf der Prozessebene ist die Anforderungskonsolidierung in einer frühen Phase des Baukastenentwicklungsprozesses. Die Baukastenentwicklungsteams fassen in diesem Prozessschritt die zu berücksichtigenden Anforderungen für sämtliche Produkte, die den Baukasten zukünftig verwenden sollen, zusammen. Diese Konsolidierung ist langwierig und besitzt, im Vergleich zur Entwicklung für einzelne Produkte, einen höheren Arbeitsaufwand. Daraus lässt sich schlussfolgern, dass die Studienteilnehmer diese komplexen Abstimmungen in ihrer täglichen Arbeit erleben und aus diesem Grund Vereinfachungen durch klar definierte Prozesse nicht in einem größeren Umfang wahrnehmen. Aus diesem Grund fällt die Zustimmung der Studienteilnehmer hinsichtlich der Erzielung von betriebswirtschaftlichen Vorteilen durch Baukästen auf der Prozessebene hoch, aber dennoch geringer aus als auf der Produktebene.

---

198 In Anlehnung an Burggräf et al. (2019), Data on the current state of modular systems in a highly dynamic environment, S. 6

199 Vgl. Kampker et al. (2014), Integrated Product and Process Development: Modular Production Architectures based on Process Requirements, S. 109 f.; Seyoum et al. (2018), Market performance implications of modularization, S. 1; Kashkoush et al. (2016), Optimum Overall Product Modularity, S. 55; Lampón et al. (2017), The new automobile modular platforms, S. 14; Meyer et al. (2018), Does Product Platforming Pay Off?, S. 66

Eine wesentliche Herausforderung bei der Realisierung von betriebswirtschaftlichen Vorteilen durch die von Baukästen erzeugten Skaleneffekte sind Änderungen während der Vergabedauer von Baukästen.[200] Die Vergabedauer beschreibt in der vorliegenden Arbeit die vertraglich festgelegte Dauer, über die anforderungstechnisch detailliert beschriebene Baukästen unter klar definierten Kriterien, wie zum Beispiel der Stückzahl über die Laufzeit und dem Preis von einem ausgewählten Lieferanten produziert und geliefert werden. Änderungen während der Vergabedauer reduzieren oftmals die betriebswirtschaftlichen Vorteile und führen dazu, dass die in der Vergabe geplanten Einmalaufwände und Herstellkosten nicht realisiert werden können (vgl. Abbildung 2-14). Der Anstieg der geplanten Einmalaufwände ist darauf zurückzuführen, dass eine nachträgliche Entwicklung einen zusätzlichen Ressourcenverbrauch, wie beispielsweise Arbeitszeit oder monetäre Mittel, auslöst.[201] Die geplanten Herstellkosten steigen nachträglich durch die vom Lieferanten in die Baukästen zu integrierenden Mehrinhalte bzw. -umfänge.[202]

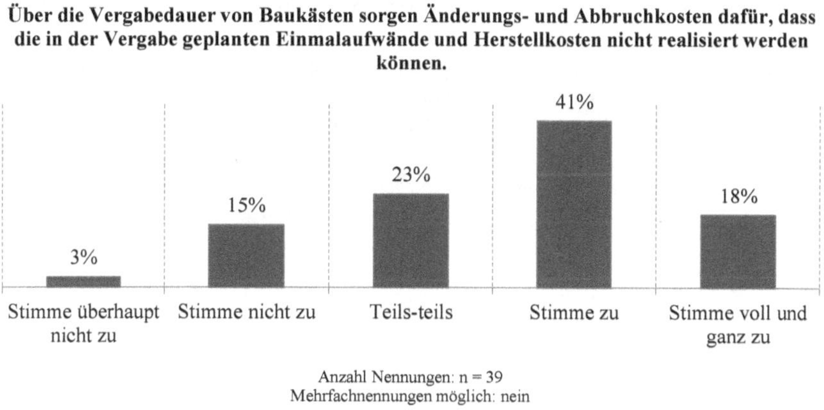

Abbildung 2-14: Änderungskosten über den Lebenszyklus[203]

Mehr als die Hälfte der befragten Studienteilnehmer bestätigen die Aussage, dass über die Vergabedauer von Baukästen Änderungs- und Abbruchkosten dafür sorgen, dass die in der Vergabe geplanten Einmalaufwände und Herstellkosten nicht realisiert werden können. Dies ist darauf zurückzuführen, dass die zur Gestaltung von wettbewerbsadäquaten Baukästen zu berücksichtigenden Anforderungen jeweils in einer frühen Phase des Baukastenentwicklungsprozesses, im bereits erwähnten Anforderungskonsolidierungsprozess, mit einem entsprechenden Weitblick ausgewählt werden. Dieser Weitblick ist mit Unsicherheiten hinsichtlich der Identifikation, Beurteilung und Behandlung von zukünftigen Rahmenbedingungen belegt. Zukünftige Rahmenbedingungen sind neue oder erweiterte Anforderungen, wie

200 Vgl. Bauer et al. (2015), Determination of the required product platform flexibility from a change perspective, S. 20
201 Vgl. Ross et al. (2008), Defining changeability, S. 247
202 Vgl. Gille (2013), Gestaltung von Produktänderungen im Kontext hybrider Produkte, S. 124
203 In Anlehnung an Burggräf et al. (2019), Data on the current state of modular systems in a highly dynamic environment, S. 8

zum Beispiel aus neuen Gesetzen oder Funktionen von Wettbewerbern, die an die betroffenen Baukästen über deren Vergabedauer herangetragen werden. Die Konsequenz daraus ist, dass die Baukästen teilweise schon in der Entwicklung oder über die Vergabedauer nicht mehr dem Stand der Technik entsprechen. Diese Unsicherheiten bedingen das Risiko von nachträglichen Änderungen an Baukästen. Aus diesem Grund werden die in der Vergabe geplanten Einmalaufwände und Herstellkosten nicht umfassend realisiert und die durch die Skaleneffekte angestrebten betriebswirtschaftlichen Vorteile für Baukästen nicht umfassend erschlossen. Zukünftige Rahmenbedingungen können in der vorliegenden Studie mit Risiken gleichgesetzt werden. In diesem Kapitel wird jedoch der Wortlaut zukünftige Rahmenbedingungen beibehalten, um die Aussagen dieser Studie nicht zu verändern.

Diese soeben aufgeführten Folgen von nachträglichen Änderungen an Baukästen werden aufgrund des in Kapitel 1.1 bereits beschriebenen Sachverhalts der Verblockung verstärkt. Durch die Verblockung und damit eine vielfältige Überlagerung von nicht aufeinander abgestimmten Baukastenlebenszyklen, die sich in räumlicher und funktionaler Wechselwirkung mit weiteren Baukästen befinden, werden Änderungen oftmals über Schnittstellen hinweg übertragen. Auf diese Weise sind weitere Baukästen von diesen Änderungen betroffen, was zu einem überproportionalen Anstieg der Änderungs- und/oder Abbruchkosten führt. Infolgedessen werden die betriebswirtschaftlichen Vorteile ebenfalls überproportional reduziert. Des Weiteren besteht durch die Verblockung ebenfalls das Risiko, dass Änderungen zeitlich verzögert oder gar nicht umgesetzt werden. Dieser Fall tritt überwiegend dann ein, wenn die Änderungsaufwände den monetären Nutzen der Änderungen übersteigen. Die Konsequenz daraus ist, dass eine schnelle Reaktion auf zukünftige Rahmenbedingungen durch Baukästen bzw. Änderungen nicht mehr möglich ist.

Des Weiteren sind Baukästen, die sich in einem hochdynamischen Umfeld befinden, verstärkt von Änderungen über deren Vergabedauer betroffen.[204] Ein hochdynamisches Umfeld kennzeichnet sich im Kontext der vorliegenden Arbeit durch eine hohe Veränderlichkeit der betroffenen Baukästen, deren Abhängigkeiten zu weiteren Baukästen und zu erfüllende Anforderungen über die Vergabedauer.[205] Für Baukästen, die sich in einem hochdynamischen Umfeld befinden, erhöht diese große Veränderlichkeit das Risiko von Änderungs- und Abbruchkosten über die Vergabedauer und damit die Wahrscheinlichkeit des Verlustes von betriebswirtschaftlichen Vorteilen durch Skaleneffekte. Die Ursache dieser hohen Veränderlichkeit liegt in einer Vielzahl an zukünftigen Rahmenbedingungen begründet, die über die Vergabedauer der betroffenen Baukästen zu neuen bzw. erweiterten Anforderungen und somit zu Änderungen führen. Folglich müssen die zukünftigen Rahmenbedingungen, sofern zu identifizieren, systematisch in den Entwicklungsprozessen für Baukästen, die sich in einem hochdynamischen Umfeld befinden, beurteilt und behandelt werden. Dieser Aussage stimmen 76% der Teilnehmer zu, wie Abbildung 2-15 zeigt.

---

204 Vgl. Burggräf et al. (2019), Data on the current state of problem solving and improvement during physical product development within complex (manufacturing) systems, S. 4; Schuh et al. (2009), Szenariorobuste Produktarchitekturen, S. 99

205 Vgl. Kapitel 1.1

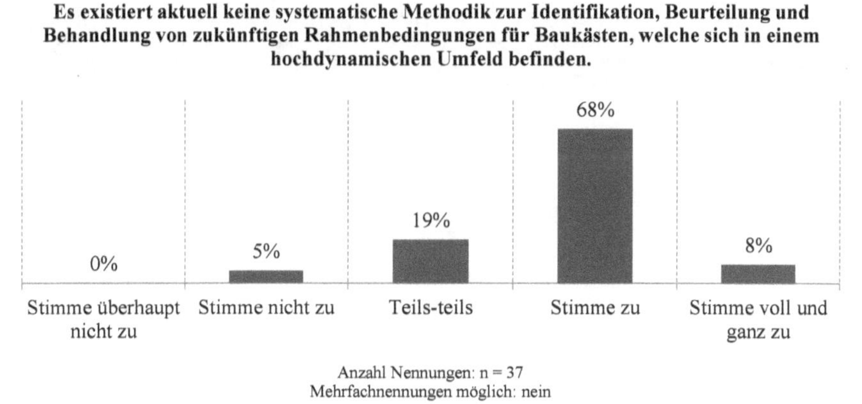

Abbildung 2-15: Systematische Methodik für zukünftige Rahmenbedingungen[206]

Basierend auf den Erfahrungen des Autors aus Industrieprojekten zum Thema der Baukastengestaltung und -steuerung geht ein hochdynamisches Umfeld oftmals direkt einher mit einem hohen Neuheitsgrad der Baukästen. Dieser hohe Neuheitsgrad von Baukästen kennzeichnet sich vor allem durch eine Vielzahl an Innovationen in diesem Bereich.[207] Wie schon in Kapitel 1.1 belegt, sind Innovationen und rechtzeitiges Reagieren auf zukünftige Rahmenbedingungen entscheidend für den Erfolg und das Überleben eines Unternehmens. Die Schlussfolgerung daraus ist, dass für Baukästen, die sich in einem hochdynamischen Umfeld befinden, eine gewisse Flexibilität hinsichtlich zukünftiger Rahmenbedingungen eingeplant werden muss. In diese Baukästen bzw. in die betroffenen Produkte sind dementsprechend Mehrinhalte bzw. -umfänge zu integrieren, damit beim Eintreten der zukünftigen Rahmenbedingungen schnell darauf reagiert werden kann. Durch die Einplanung von Flexibilität hinsichtlich zukünftiger Rahmenbedingungen werden die Baukästen robuster gegenüber Änderungen und Neuentwicklungen, was im Folgenden unter Planungssicherheit verstanden wird. Das Risiko bei der Einplanung von Flexibilität hinsichtlich zukünftiger Rahmenbedingungen ist der Umstand, dass Unternehmen über die Vergabedauer der Baukästen mit monetären Einbußen zu rechnen haben, wenn die Kunden nicht für die berücksichtigten Mehrinhalte bzw. -umfänge bezahlen. Abbildung 2-16 verdeutlicht die Bedeutung der Auflösung des beschriebenen Spannungsfeldes zwischen der Planungssicherheit und Flexibilität hinsichtlich zukünftiger Rahmenbedingungen für Baukästen, die sich in einem hochdynamischen Umfeld befinden.[208]

---

206 In Anlehnung an Burggräf et al. (2019), Data on the current state of modular systems in a highly dynamic environment, S. 10

207 Vgl. Jayaram et al. (2013), The antecedents and consequences of product and process innovation strategy implementation in Australian manufacturing firms, S. 4426

208 Vgl. Kampker et al. (2012), Cost innovations by integrative product and production development, S. 431; Kampker et al. (2014), Standardization and innovation, S. 1

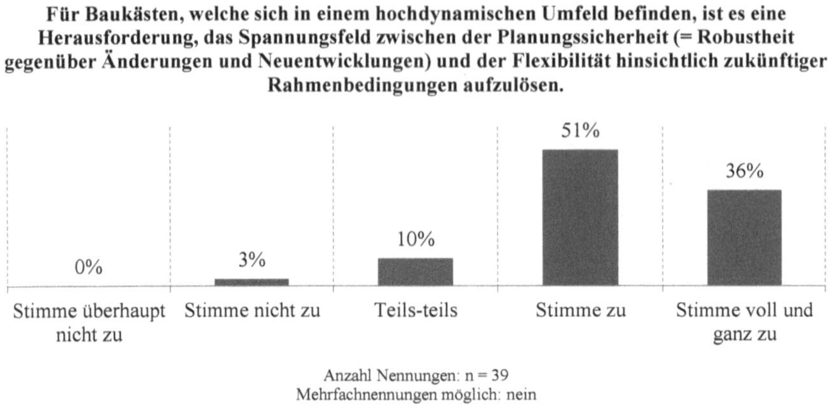

Abbildung 2-16: Spannungsfeld zwischen Planungssicherheit und Flexibilität[209]

Aufgrund der hohen Zustimmung von 87% durch die Studienteilnehmer stellt sich die Frage nach den Ursachen des Spannungsfeldes. In der Praxis lassen sich grundsätzlich drei unterschiedliche Kategorien von Ursachen zur Auflösung des soeben beschriebenen Spannungsfeldes identifizieren und beschreiben:

Die Nichtberücksichtigung der Auswirkungen von zukünftigen Rahmenbedingungen auf die betroffenen Baukästen

1. in der Konzeptauslegungsphase des Baukastenentwicklungsprozesses in Verbindung mit dem Produkt bzw. dessen Architektur.
2. im Business Case. So müssen positive und negative Beeinflussungen des Business Case über den Lebenszyklus der betroffenen Baukästen zukünftig stärker berücksichtigt werden.
3. im Einkauf anhand von bei der Vergabe bereits präventiv mitverhandelten Optionen. Optionen sind mögliche zukünftige Änderungsumfänge, die mit den Lieferanten bereits im Vorfeld unter Wettbewerbsbedingungen verhandelbar sind.

Eine weitere Eingrenzung für die vorliegende Arbeit erfolgt über die Priorisierung der drei Ursachenkategorien. Die entsprechende Auswertung der Studienergebnisse je Ursachenkategorie zeigt Abbildung 2-17.

[209] In Anlehnung an Burggräf et al. (2019), Data on the current state of modular systems in a highly dynamic environment, S. 9

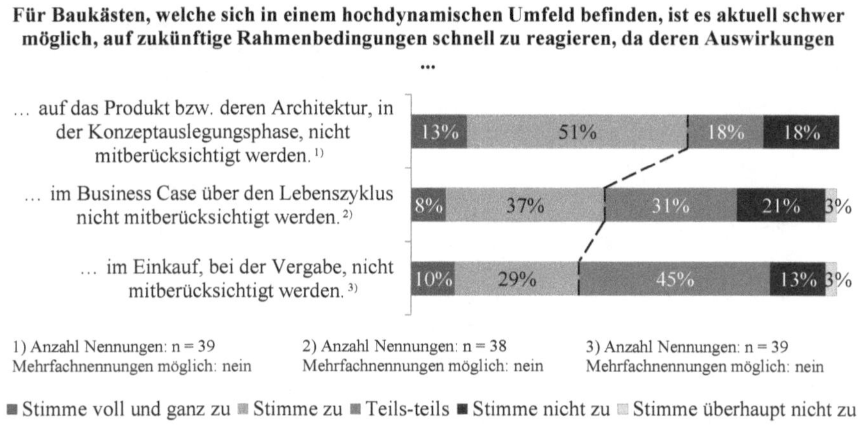

Abbildung 2-17: Herausforderungen von Baukästen in einem hochdynamischen Umfeld[210]

Hinsichtlich einer Priorisierung der Ursachenkategorien ist Abbildung 2-17 zu entnehmen, dass die Berücksichtigung der Auswirkungen von zukünftigen Rahmenbedingungen auf die betroffenen Baukästen im Einkauf, bei der Vergabe, mit einer Zustimmung von 39% an dritter Stelle liegt. Mit einer Zustimmung von 45% folgt an zweiter Stelle die Berücksichtigung der Auswirkungen von zukünftigen Rahmenbedingungen auf die betroffenen Baukästen im Business Case über den Lebenszyklus. An erster Stelle liegt die Berücksichtigung der Auswirkungen von zukünftigen Rahmenbedingungen auf die betroffenen Baukästen in der Konzeptauslegungsphase des Baukastenentwicklungsprozesses in Verbindung mit dem Produkt bzw. dessen Architektur. Dieser Ursachenkategorie wird von 64% der Studienteilnehmer eine besonders hohe Relevanz zugesprochen. Aus diesem Grund liegt nachfolgend der Fokus der Dissertation verstärkt auf der Bearbeitung dieser Ursachenkategorie.

2.4.3 Handlungsbedarf zum Umgang mit Risiken in der Baukastengestaltung

Den Abschluss dieses Kapitels bildet die Formulierung des Handlungsbedarfs zum Umgang mit Risiken in der Baukastengestaltung. Anfangs wurden anhand von zwei Fallbeispielen aus der Automobilindustrie in den Bereichen autonomes Fahren und Elektrifizierung des Antriebes bereits grundlegende Herausforderungen für den Einsatz von Baukästen in hochdynamischen Umfeldern identifiziert. Diese Herausforderungen wurden anschließend durch eine deutschlandweite Studie präzisiert, um eine industrieweite Validität der ermittelten Herausforderungen belegen zu können. Die Fallbeispiele sowie die Ergebnisse der Studie zeigen, dass Baukastenprojekte in hochdynamischen Umfeldern mit großer Unsicherheit verbunden sind. Diese Unsicherheit birgt die Gefahr von Fehlentscheidungen und führt zu einer Überforderung der vorhandenen Baukastengestaltungsexpertise. Insbesondere bei stark vernetzten, verblockungskritischen Baukästen wird eine Vorgehensweise benötigt, um das Spannungsfeld zwischen der Planungssicherheit und der Flexibilität hinsichtlich Risiken auflösen zu können. Dies liegt darin

[210] In Anlehnung an Burggräf et al. (2019), Data on the current state of modular systems in a highly dynamic environment, S. 9

begründet, dass die Auswirkungen von Risiken nicht systematisch identifiziert, analysiert, bewertet und in Abstimmung mit den betroffenen Produkten bzw. deren Architekturen, im Business Case über den Lebenszyklus oder im Einkauf bei der Vergabe behandelt werden können. Für verblockungskritische Baukästen führt dieser Umstand oft zu hohen Änderungs- und Abbruchkosten über die Vergabedauer. Darüber hinaus ist es ebenfalls möglich, dass technische Änderungen aufgrund der Verblockungsthematik nicht bzw. lediglich mit zeitlicher Verzögerung erfolgen. Die gegenwärtigen Prozesse können diese Herausforderungen nicht lösen. Sie sind weitgehend statisch und integrieren die Risiken eines hochdynamischen Umfelds nicht ausreichend.[211]

Ein erfolgversprechender Beitrag zur resilienten Baukastengestaltung ist daher die Adaption des Risikomanagements für verblockungskritische Baukästen, die sich in einem hochdynamischen Umfeld befinden. Dadurch soll es möglich werden, in dem zu entwickelnden modellbasierten Ansatz eine Vielzahl unterschiedlicher Ansätze der strategischen Vorausschau zu berücksichtigen und somit einen ganzheitlichen Ansatz für die beschriebenen Herausforderungen entwickeln zu können. Auf diese Weise können die Baukästen im Hinblick auf Risiken flexibler gestaltet oder eine schnelle Reaktion darauf ermöglicht werden. Neben der Reduzierung der Änderungs- und Abbruchkosten kann damit ebenfalls die Grundlage für die Abbildung weiterer kundenrelevanter Funktionen über die Vergabedauer geschaffen werden. Dies trägt entscheidend dazu bei, auch in hochdynamischen Umgebungen mithilfe von Baukästen wirtschaftlich wettbewerbsfähige Produkte herstellen zu können.

---

[211] In diesem Zusammenhang wird noch einmal auf Kapitel 1.2 verwiesen, in dem bereits darauf hingewiesen wurde, dass der Begriff Risiko im Folgenden als Synonym für nicht berücksichtigte zukünftige Rahmenbedingungen verwendet wird.

3 Analyse bestehender Ansätze zur resilienten Baukastengestaltung

Auf Grundlage der vorangegangenen Ausführungen zur Zielsetzung der Arbeit, des betrachteten Objektbereichs und des identifizierten Handlungsbedarfs aus Sicht der Praxis werden in diesem Kapitel problemrelevante Theorien analysiert und interpretiert. Im ersten Teil (Kapitel 3.1) wird zunächst der Ansatz des Risikomanagements für Baukästen für diese Arbeit mit seinen relevanten Grundlagen behandelt, da für diese Arbeit ein einheitliches Begriffsverständnis von zentraler Bedeutung ist. In Kapitel 3.2 werden daraufhin die relevanten Literaturansätze für eine resiliente Baukastengestaltung vorgestellt und kritisch beleuchtet. Schließlich werden die Ansätze zusammenfassend bewertet und der Forschungsbedarf abgeleitet (Kapitel 3.3).

3.1 Risikomanagement für Baukästen

Das Kapitel 3.1 befasst sich mit dem Wesen des Risikos und dem Management von Risiken. Diese Ausführungen stellen die theoretische Grundlage für eine resiliente Baukastengestaltung dar. Als Grundlage für das Verständnis des Risikomanagements werden daher zunächst die Prinzipien des Risikos (vgl. Kapitel 3.1.1) definiert. Dazu werden Zusammenhänge zwischen Unsicherheitssituationen, Entscheidungen und Risiken aufbereitet, die relevanten Perspektiven der Risikowahrnehmung beschrieben und der Begriff Risiko definiert. In Kapitel 3.1.2 werden die Grundsätze des Risikomanagements erläutert. Dies umfasst die Ziele, Aufgaben und Prozessschritte des Risikomanagements, woraufhin der Begriff Risikomanagement definiert werden kann. Das Zwischenfazit zum Risikomanagement für Baukästen (vgl. Kapitel 3.1.3) beschreibt den Lösungsraum, in dem eine resiliente Baukastengestaltung konzipiert werden kann. Auf Basis dieser Hintergründe erfolgt die Bewertung der in der Literatur existierenden Ansätze und Defizite.

3.1.1 Begriff des Risikos

Wirtschaftliches Handeln ist untrennbar mit dem Treffen zukunftsweisender Entscheidungen verbunden. Die Realisierung von zukünftigen Chancen im Sinne einer Entwicklung von Produkten oder Dienstleistungen erfordert daher immer eine gewisse Risikobereitschaft. Unternehmen agieren daher seit jeher unter Unsicherheit.[212] Der Begriff Risiko ist in vielen wissenschaftlichen Disziplinen weit verbreitet. Die Ingenieurwissenschaften als eine Kombination aus Natur- und Sozialwissenschaften[213] befassen sich seit Langem mit den Themen Unsicherheit und Risiko.[214] Dies hat bisher jedoch nicht zu einer Präzisierung oder mehrheitlich verwendeten Abgrenzung des Risikobegriffs geführt. Der Risikobegriff

---

212 Vgl. Meierbeck (2010), Strategisches Risikomanagement der Beschaffung, S. 9; Weber et al. (1999), Risk Tracing and Reporting, S. 9

213 Vgl. Ulrich et al. (1976), Wissenschaftstheoretische Grundlagen der Betriebswirtschaftslehre (Teil I), S. 305

214 Vgl. Brenig et al. (2014), Sicherheitskultur in den Ingenieurwissenschaften, S. 145; Hasenmüller (2009), Unternehmensrisiko Klimawandel, S. 17 f.

wird je nach Anwendungsgebiet unterschiedlich eingesetzt, indem abhängig vom Sachverhalt unterschiedliche Aspekte hervorgehoben werden.[215] Aus diesem Grund erweist sich eine umfassende Behandlung aller in der Literatur vorhandenen Auffassungen des Begriffs Risiko als nicht zielführend und im folgenden Kapitel werden nur die relevanten Definitionsansätze für den vorliegenden Untersuchungsgegenstand beschrieben.

Unsicherheitssituation, Entscheidung und Risiko

Der Begriff Risiko wird in der Literatur häufig mit zwei Bedingungen in Verbindung gebracht. Einerseits sind die betrachteten Ereignisse zukunftsweisend, andererseits kann das Ergebnis des wirtschaftlichen Handelns nie mit Sicherheit vorhergesagt werden.[216] Eine Sicherheit kann in diesem Zusammenhang nur existieren, wenn kein Zweifel am Eintreten eines zukünftigen Ereignisses besteht oder wenn das Eintreten nur eines einzigen zukünftigen Ereignisses für möglich erachtet wird.[217] Die Begriffe Risiko und Sicherheit werden verwendet, um zwei polarisierende Größen zu beschreiben.[218] Im Rahmen der wissenschaftlichen Erörterung dieser Arbeit ist der Begriff Unsicherheit als Inversion des Begriffes Sicherheit klar vom Risikobegriff zu unterscheiden.[219] MUGLER beschreibt Unsicherheit als die Charakterisierung objektiver Situationen. In diesem Zusammenhang kann der Begriff der Unsicherheit klar vom Begriff der Ungewissheit abgegrenzt werden, der subjektive Variablen wie die Empfindungen und Meinungen des Planenden miteinbezieht. Folglich kann eine Situation (objektiv) unsicher, aber (subjektiv) gewiss oder (objektiv) sicher, aber (subjektiv) ungewiss sein.[220] Nach MAG umfasst der Unsicherheitsbereich mehrere Handlungsalternativen sowie prognostizierte Umweltzustände, aus denen der Entscheidungsträger eine Entscheidung zu treffen hat. Mit der Festlegung auf eine Handlungsalternative im Rahmen der Entscheidung des Entscheidungsträgers verschwindet die Unsicherheit der Planungsphase und es steigt die Gefahr, die falsche Handlungsmöglichkeit ausgewählt zu haben und damit einen Schaden zu erleiden.[221] Das Risiko wird folglich durch die Entscheidung maßgeblich bestimmt. Der Zusammenhang zwischen Unsicherheit, Entscheidung und Risiko wird in Abbildung 3-1 dargestellt.

---

215 Vgl. Holzheu et al. (1993), Perspektiven der Risikowahrnehmung, S. 9 f.

216 Vgl. Meierbeck (2010), Strategisches Risikomanagement der Beschaffung, S. 12; Gutmannsthal-Krizanits (1994), Risikomanagement von Anlagenprojekten, S. 209

217 Vgl. Meierbeck (2010), Strategisches Risikomanagement der Beschaffung, S. 12; Mugler (1979), Risk Management in der Unternehmung, S. 22

218 Vgl. Gutmannsthal-Krizanits (1994), Risikomanagement von Anlagenprojekten, S. 210

219 Vgl. Meierbeck (2010), Strategisches Risikomanagement der Beschaffung, S. 10

220 Vgl. Meierbeck (2010), Strategisches Risikomanagement der Beschaffung, S. 10; Mugler (1979), Risk Management in der Unternehmung, S. 22

221 Vgl. Mikus (1998), Make-or-buy-Entscheidungen in der Produktion, S. 171; Mag (1993), Planung und Unsicherheit, S. 3204 f.; Mag (1981), Risiko und Ungewissheit, S. 480

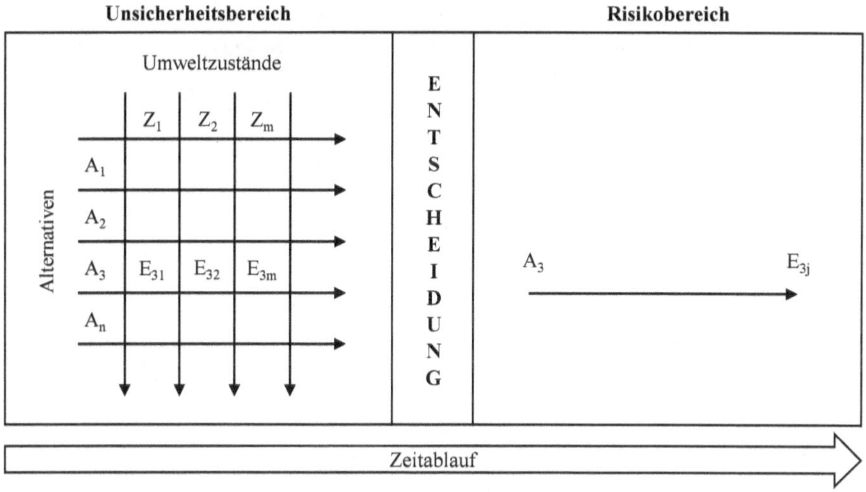

Abbildung 3-1: Entscheidungsbezug von Unsicherheit und Risiko[222]

Kennzeichnend für solche Entscheidungssituationen sind eine endliche Anzahl an Handlungsalternativen (A_1, A_2, A_3, A_n) in Kombination mit unterschiedlichen Umweltzuständen (Z_1, Z_2, Z_m), die zu entsprechenden Ergebnissen (E_{11}, E_{21}, E_{3m}) führen.[223] Unsicherheiten ergeben sich folglich aus der Unvollkommenheit der verfügbaren Informationen hinsichtlich möglicher Umweltzustände, möglicher Alternativen sowie der Handlungsergebnisse. Darüber hinaus besteht zum Zeitpunkt der Entscheidung keine Gewissheit darüber, welche Umweltbedingung in der Zukunft wirklich eintritt und wie der logische Zusammenhang zwischen Entscheidung und eintretendem Ergebnis tatsächlich aussehen wird.[224] Der auf die Entscheidung folgende Risikobereich (hier A_3), kann sich folglich aufgrund zukünftiger Entwicklungen als Fehlentscheidung herausstellen.[225] Der Risikobegriff kann demzufolge dadurch charakterisiert werden, dass die zum Zeitpunkt der Entscheidung verfügbaren Informationen über mögliche zukünftige Ereignisse und deren Eintrittswahrscheinlichkeiten unvollkommen sind.[226]

Der informationstheoretische Ansatz unterscheidet hierbei drei unterschiedliche Informationszustände (vgl. Abbildung 3-2).[227] Zur Erklärung dieser Informationszustände kann der Informationsgrad heran-

---

[222] In Anlehnung an Mikus (1998), Make-or-buy-Entscheidungen in der Produktion, S. 171; Mag (1993), Planung und Unsicherheit, S. 3205; Mag (1995), Unternehmungsplanung, S. 12

[223] Vgl. Mikus (1998), Make-or-buy-Entscheidungen in der Produktion, S. 171

[224] Vgl. Meierbeck (2010), Strategisches Risikomanagement der Beschaffung, S. 12; Philipp (1967), Risiko und Risikopolitik, S. 53 f.; Mikus (1998), Make-or-buy-Entscheidungen in der Produktion, S. 168 f.

[225] Vgl. Mikus (1998), Make-or-buy-Entscheidungen in der Produktion, S. 171

[226] Vgl. Braun (1984), Risikomanagement - eine spezifische Controllingaufgabe, S. 31 ff.

[227] Vgl. Braun (1984), Risikomanagement - eine spezifische Controllingaufgabe, S. 32

gezogen werden. Dieser wird durch das Verhältnis zwischen den tatsächlich vorhandenen Informationen, auch Informationsbestand genannt[228], und den sachlich notwendigen Informationen, auch als situationsbedingter Informationsbedarf bezeichnet[229], bestimmt. Die vollkommene Information ist der erste zu beschreibende Informationszustand. Wenn der Informationsgrad den Wert 1 erreicht, wird von vollkommener Information gesprochen.[230] Dieser Informationszustand setzt die Kenntnis der Zukunft voraus[231] und ist daher in der Realität nicht erreichbar. MUGLER bezeichnet diesen Informationszustand deswegen als Grenzwert des Realen.[232] Nimmt der Informationsgrad den Wert 0 an, was dem entgegengesetzten Extrem der Informationszustände entspricht, wird von vollkommener Ignoranz gesprochen.[233] Voraussetzung dafür ist, dass keine Informationen vorliegen. Der Informationszustand, der graduell zwischen den beiden Extremen der vollkommenen Information und Ignoranz liegt, wird als Unvollkommenheit der Information bezeichnet. Dem Informationsbedarf des Entscheidungsträgers wird hierbei durch einen nicht ausreichenden Informationsstand begegnet, der nicht dem Entscheidungsproblem entspricht. [234] Je kleiner das Verhältnis zwischen Informationsbestand und -bedarf ist, desto höher ist der Grad der Unvollkommenheit einer Information und umgekehrt.[235]

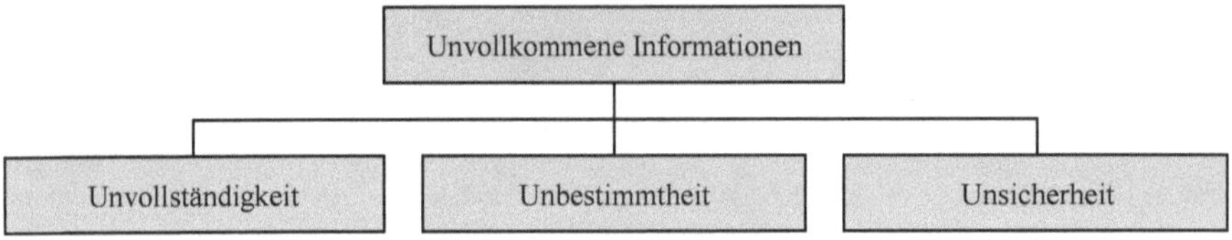

Abbildung 3-2: Aspekte der unvollkommenen Information

Unvollkommene Informationen lassen sich in die Aspekte Unvollständigkeit, Unbestimmtheit und Unsicherheit unterteilen.[236] Die Unvollständigkeit der Informationen besagt, dass die für ein zukünftiges Ereignis relevanten Informationen vollständig oder teilweise fehlen.[237] Die sachbezogene Bedeutung solcher quantitativer Informationslücken wird durch die Adäquanz der fehlenden Informationen reduziert bzw. vergrößert.[238] Die fehlenden Informationen können sich sowohl auf die Beschreibung der Umweltzustände als auch auf Handlungsalternativen beziehen. Die Entscheidungssituation aus Sicht des Entscheidungssubjekts kann als Ausschnitt aus der realen Entscheidungssituation beschrieben werden.[239] Aufgrund der Komplexität einer realen Entscheidungssituation können Informationen nicht vollständig erfasst und Entscheidungen müssen unter unvollständigen Informationen getroffen werden.[240]

---

228 Vgl. Braun (1984), Risikomanagement - eine spezifische Controllingaufgabe, S. 188
229 Vgl. Braun (1984), Risikomanagement - eine spezifische Controllingaufgabe, S. 189
230 Vgl. Kosiol (1968), Einführung in die Betriebswirtschaftslehre, S. 243
231 Vgl. Szyperski et al. (1974), Entscheidungstheorie, S. 42
232 Vgl. Mugler (1979), Risk Management in der Unternehmung, S. 22
233 Vgl. Kosiol (1968), Einführung in die Betriebswirtschaftslehre, S. 243
234 Vgl. Braun (1984), Risikomanagement - eine spezifische Controllingaufgabe, S. 32
235 Vgl. Neubürger (1989), Chancen- und Risikobeurteilung im strategischen Management, S. 32 f.
236 Vgl. Kosiol (1968), Einführung in die Betriebswirtschaftslehre, S. 244 ff.
237 Vgl. Braun (1984), Risikomanagement - eine spezifische Controllingaufgabe, S. 37 f.
238 Vgl. Kosiol (1968), Einführung in die Betriebswirtschaftslehre, S. 244 f.
239 Vgl. Braun (1984), Risikomanagement - eine spezifische Controllingaufgabe, S. 37 f.
240 Vgl. Braun (1984), Risikomanagement - eine spezifische Controllingaufgabe, S. 38

Die Unbestimmtheit von Informationen hat ihren Ursprung in einem geringen Informationsgehalt und äußert sich in einer mangelnden Genauigkeit der Informationen. Die Unbestimmtheit betrifft die Beschreibung der Umweltzustände, verstärkt jedoch die Prognosen der jeweils möglichen Ergebnisse. Diese können nicht präzise definiert werden. Die Unbestimmtheit kann jedoch durch die Angabe von Schwankungsintervallen formell dargestellt werden.[241] Die Unbestimmtheit ist nicht ausschließlich eine Eigenschaft von Zukunftsinformationen. Sie charakterisiert ebenfalls Vergangenheits- und Gegenwartsinformationen. Eine Verringerung der Unbestimmtheit auf der Grundlage von Vergangenheits- und Gegenwartsinformationen ist in der Regel unproblematisch. Im Gegensatz zur Verringerung der Unbestimmtheit bei zukünftigen Informationen hat dies keine negativen Auswirkungen auf die Sicherheit der Informationen.[242]

Die Unsicherheit der Information zeigt sich in der mangelnden Übereinstimmung zwischen den Annahmen hinsichtlich des Eintritts eines zukünftigen Ereignisses und der Realität.[243] Informationen liefern nur dann ein wirklichkeitsgetreues Abbild der Realität, wenn sie empirisch wahr sind. Dies ist in der Realität nicht erreichbar. Daher ist es nicht möglich, eine eindeutige Aussage über die Entwicklung zukünftiger Ereignisse und die für die Entscheidungen erforderlichen Informationen vorherzusagen. Mit der Unsicherheit der Information wird folglich der empirische Wahrheitsgehalt der Information angesprochen.[244] Die Unsicherheit äußert sich folglich in einem Auswahlproblem unter den verschiedenen, angenommenen Alternativen.[245]

Perspektiven der Risikowahrnehmung

In Hinblick auf eine inhaltliche Auseinandersetzung mit dem Risikomanagement muss für diese Arbeit eine geeignete Definition des Risikobegriffs erarbeitet werden. Dazu werden zunächst die Perspektiven der Risikowahrnehmung näher betrachtet. Trotz der Heterogenität der Terminologie des Risikoverständnisses lassen sich die verschiedenen Ansätze weitgehend auf zwei Grundrichtungen zurückführen. Die Gemeinsamkeit einer Vielzahl an Definitionen beschreibt eine ursachen- und wirkungsbezogene Sichtweise auf den Risikobegriff.[246] Im Folgenden werden beide Ansätze vorgestellt.

Die ursachenbezogene Sichtweise auf den Risikobegriff ist in der Regel mit einer unternehmerischen Entscheidungssituation verbunden.[247] Entscheidungen stellen nach SCHEUCH „Auswahlprobleme dar. Zielabhängig ist aus einer zum Zeitpunkt der Entscheidung verfügbaren Menge an Möglichkeiten eine Variante zu wählen. Den Entscheidungskriterien und Zielen (z.B. Marktanteil, Ertragsziel) liegen Präferenzen, d.h. Prioritäten in den Absichten des Entscheidungsträgers zugrunde."[248] Daraus lässt sich zum einen schlussfolgern, dass das Risiko auf Informationsdefizite, sprich auf das Resultat unvollkommener

---

241 Vgl. Braun (1984), Risikomanagement - eine spezifische Controllingaufgabe, S. 38

242 Vgl. Braun (1984), Risikomanagement - eine spezifische Controllingaufgabe, S. 194

243 Vgl. Braun (1984), Risikomanagement - eine spezifische Controllingaufgabe, S. 38; Griem (1968), Der Prozess der Unternehmensentscheidung bei unvollkommener Information, S. 50

244 Vgl. Griem (1968), Der Prozess der Unternehmensentscheidung bei unvollkommener Information, S. 50

245 Vgl. Gäfgen (1968), Theorie der wirtschaftlichen Entscheidungen, S. 130 f.

246 Vgl. Schulte (1996), Bank-Controlling II, S. 11; Brünger (2011), Nutzenkonsistente Risikopriorisierung, S. 16 f.; Thiemt (2003), Risikomanagement im Beschaffungsbereich, S. 5 ff.; Schumacher (2016), Risikomanagement für die qualitätsorientierte Entwicklung industrieller Dienstleistungen, S. 31 ff.

247 Vgl. Fiege (2006), Risikomanagement- und Überwachungssystem nach KonTraG, S. 38

248 Scheuch (2007), Marketing, S. 39

Informationen, zurückzuführen ist.[249] Darüber hinaus werden Entscheidungen auf Basis einer Präferenzordnung getroffen, wodurch der Risikobegriff als Möglichkeit bzw. Gefahr einer Fehlentscheidung interpretiert werden kann. [250] Des Weiteren können Entscheidungen auch unbewusst – aus dem Bauch heraus – getroffen oder zurückgestellt werden. Dabei werden keine rationalen Entscheidungen auf Basis einer Präferenzordnung getroffen. Dem letztgenannten Problem liegt der verhaltenswissenschaftliche Ansatz zugrunde. Die Risikoursache beim verhaltenswissenschaftlichen Ansatz liegt im individuellen kognitiven Risikoverhalten des Entscheidungsträgers.[251] Der Mensch steht hierbei im Mittelpunkt der Betrachtung und konzentriert sich auf den intersubjektiven Aspekt des Informationszustands.[252] Das Risiko ist folglich auf die subjektive Einschätzung einer Risikosituation durch den Entscheidungsträger bezüglich seines Wissens von den Folgen seiner Handlung bzw. Entscheidung zurückzuführen.[253] Der Entscheidungsträger ist nicht für alle Veränderungen im Unternehmensumfeld verantwortlich.[254] Risiken können ebenfalls unabhängig von betrieblichen Entscheidungssituationen auftreten, beispielsweise im Falle eines Diebstahls oder von Naturkatastrophen, wobei das Risiko in fast allen ökonomischen Entscheidungen enthalten ist.[255] Aus ursachenbezogener Sichtweise lässt sich feststellen, dass das Risiko sowohl beim entscheidungsorientierten als auch beim verhaltenswissenschaftlichen Ansatz aus unvollkommenen Informationen abgeleitet werden kann. SIEPERMANN schlägt daher vor, die ursachenbezogenen Risiken in endogene (unternehmensinterne) und exogene (unternehmensexterne) Risiken zu unterteilen.[256] Endogene Risiken sind Risiken, die aus Handlungen oder Entscheidungen innerhalb des Unternehmens resultieren.[257] Ein Beispiel hierfür ist die Nichtberücksichtigung einer unternehmenseigenen Innovation, die aufgrund einer Bauchentscheidung nicht in den Funktionsumfang eines Baukastens aufgenommen wird. Exogene Risiken sind Risiken, deren Ursachen außerhalb der unternehmerischen Entscheidungsgewalt zu finden sind.[258] In der Regel sind exogene Risiken schwieriger zu identifizieren und zu beeinflussen.[259] So besitzen große Unternehmen oft eigene Abteilungen, die beispielsweise die Aktivitäten des Wettbewerbs genauestens überwachen, um dessen Innovationen frühzeitig erkennen und darauf reagieren zu können.

---

249 Vgl. Thiemt (2003), Risikomanagement im Beschaffungsbereich, S. 9

250 Vgl. Philipp (1967), Risiko und Risikopolitik, S. 37 f.

251 Vgl. Wolf (2003), Risikomanagement im Kontext der wertorientierten Unternehmensführung, S. 38

252 Vgl. Wall (2012), Betriebswirtschaftliches Risikomanagement und gesetzliche Anforderungen an das Risikomanagement, S. 382

253 Vgl. Gäfgen (1968), Theorie der wirtschaftlichen Entscheidungen, S. 134

254 Vgl. Wolf (2003), Risikomanagement im Kontext der wertorientierten Unternehmensführung, S. 38

255 Vgl. Braun (1984), Risikomanagement - eine spezifische Controllingaufgabe, S. 25

256 Vgl. Siepermann (2008), Risikokostenrechnung, S. 20

257 Vgl. Reichmann et al. (2000), Balanced Chance- and Risk-Management, S. 192

258 Vgl. Reichmann et al. (2000), Balanced Chance- and Risk-Management, S. 192

259 Vgl. Meierbeck (2010), Strategisches Risikomanagement der Beschaffung, S. 21

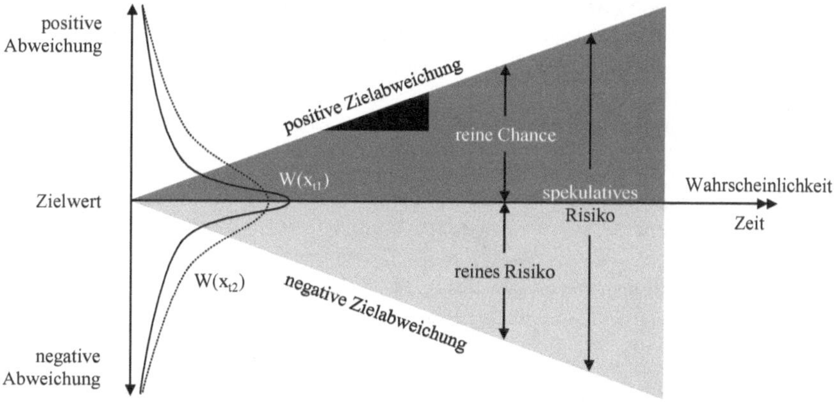

Abbildung 3-3: Begriffe von Chance und Risiko als mögliche zukünftige Zielabweichung[260]

Anhand Abbildung 3-3 werden die Begriffe von Chance und Risiko als mögliche zukünftige Zielabweichung näher erläutert. Bei der wirkungsbezogenen Risikodefinition zielt der Risikobegriff auf die materiellen Konsequenzen als Folge betrieblicher (Fehl-)Entscheidungen ab.[261] Dies beschreibt die Möglichkeit, dass das tatsächliche Ergebnis einer unternehmerischen Tätigkeit vom erwarteten Ergebnis abweichen kann.[262] HALLER spricht hier von der „Summe der Möglichkeiten, dass sich Erwartungen des Systems Unternehmung aufgrund von Störprozessen nicht erfüllen".[263] Das Risiko kann folglich als Gefahr eines Verlustes oder eines Schadens definiert werden.[264] Dies setzt die Existenz von Zielen voraus[265], wobei die Höhe des Risikos auf diese Weise auch vom zugrundeliegenden Ziel abhängt.[266] Laut FRIEDERICI ist ein Ziel „ein festgelegter, in der Zukunft liegender Zustand".[267] Für den Entscheidungsträger bedeutet die Interpretation eines Risikos als Gefahr einer Zielabweichung in der Regel eine negative Situation. Eine mögliche Zielabweichung kann auch positiv sein. Deshalb ist das Risiko nicht nur als Gefahr eines Verlustes oder Schadens zu verstehen, sondern umfasst auch potenzielle Gewinnchan-

---

260 In Anlehnung an Schumacher (2016), Risikomanagement für die qualitätsorientierte Entwicklung industrieller Dienstleistungen, S. 31

261 Vgl. Härterich (1987), Risk management von industriellen Produktions- und Produktrisiken, S. 9; Haller (1975), Sicherheit durch Versicherung?, S. 30 ff.

262 Vgl. Meierbeck (2010), Strategisches Risikomanagement der Beschaffung, S. 17; Lück (2000), Managementrisiken, S. 315

263 Haller (1986), Risiko-Management - Eckpunkte eines integrierten Konzepts, S. 18

264 Vgl. Philipp (1967), Risiko und Risikopolitik, S. 35

265 Vgl. Fürer (1990), Risk management im internationalen Bankgeschäft, S. 43 f.

266 Vgl. Kupsch (1995), Risikomanagement, S. 530

267 Friederici (2000), Die strategischen Instrumente des Managementsystems, S. 32

cen. Die Begriffe Risiko und Chance kennzeichnen somit eine günstige und eine ungünstige Abweichung von gesetzten Zielen und stehen damit im Gegensatz zueinander.[268] In diesem Kontext wird beim wirkungsbezogenen Risikobegriff zwischen reinen und spekulativen Risiken unterschieden.[269] Reine Risiken, auch Risiken im engeren Sinne genannt, resultieren in ausschließlich negativen Zielabweichungen und beinhalten damit nur die Gefahr eines Verlustes oder eines Schadens. [270] Positive Zielabweichungen – also Chancen – werden ausgeklammert.[271] Spekulative Risiken, auch als Risiken im weiteren Sinne bezeichnet, können zu negativen oder positiven Zielabweichungen führen.[272]

Bei der Betrachtungsweise in Abbildung 3-3 ist allerdings zu berücksichtigen, dass die Festlegung des Zielwertes einen maßgeblichen Einfluss auf das Ausmaß des jeweiligen Risikos bzw. der jeweiligen Chance hat. Wird der Zielwert zu niedrig angesetzt, erweist sich das Risiko wahrscheinlich als Chance im Sinne einer positiven Zielabweichung. Wird der Zielwert hingegen zu hoch angesetzt, steigt die Wahrscheinlichkeit einer negativen Zielabweichung für das Risiko. Eine objektive und realistische Einschätzung und Festlegung des Zielwertes (Nullpunkt) ist daher von außerordentlicher Bedeutung.[273]

Definition Risiko

Ausgehend von der Beschreibung der Risikoperspektiven ist anzumerken, dass sich für diese Arbeit die ursachen- und wirkungsbezogenen Sichtweisen auf den Risikobegriff nicht gegenseitig ausschließen lassen. Der Risikobegriff wird sowohl zur Beschreibung der Ursache als auch der Wirkung verwendet und kann sich daher auf jede Stufe des Ursache-Wirkungs-Zusammenhangs beziehen.[274] Die ursachenbezogene Sichtweise wird maßgeblich durch die Unsicherheit bestimmt.[275] Unsicherheit bezieht sich einerseits auf das Eintreten eines zukünftigen Ereignisses, das nicht zuverlässig vorhergesagt werden kann, es bestehen nur (Eintritts-) Wahrscheinlichkeiten, und zum anderen auf Entscheidungen, deren Prämissen unklar sind.[276] In Hinblick auf die Praxistauglichkeit dieser Arbeit sind neben objektiven Wahrscheinlichkeiten ausdrücklich auch subjektive Wahrscheinlichkeiten zulässig.[277] Das bloße Vorhandensein einer Wahrscheinlichkeit führt jedoch nicht zu einer Risikosituation. Ein Risiko entsteht erst in Kombination von einer Unsicherheitssituation mit einer wirkungsbezogenen Perspektive oder einer

268 Vgl. Meierbeck (2010), Strategisches Risikomanagement der Beschaffung, S. 17 f.; Werners et al. (1989), Risk Management und Planung, S. 1751

269 Vgl. Wolf (2003), Risikomanagement im Kontext der wertorientierten Unternehmensführung, S. 39

270 Vgl. Schumacher (2016), Risikomanagement für die qualitätsorientierte Entwicklung industrieller Dienstleistungen, S. 31; Meyer (2008), Die Entwicklung des betriebswirtschaftlichen Risiko- und Chancenmanagements, S. 24f.

271 Vgl. Meyer (2008), Die Entwicklung des betriebswirtschaftlichen Risiko- und Chancenmanagements, S.24 f.

272 Vgl. Diederichs (2012), Risikomanagement und Risikocontrolling, S. 9

273 Vgl. Schumacher (2016), Risikomanagement für die qualitätsorientierte Entwicklung industrieller Dienstleistungen, S. 32; Jonen (2007), Semantische Analyse des Risikobegriffs, S. 27; Braun (1984), Risikomanagement - eine spezifische Controllingaufgabe, S. 29 f.

274 Vgl. Schumacher (2016), Risikomanagement für die qualitätsorientierte Entwicklung industrieller Dienstleistungen, S. 32; Meyer (2008), Die Entwicklung des betriebswirtschaftlichen Risiko- und Chancenmanagements, S. 26

275 Vgl. Thiemt (2003), Risikomanagement im Beschaffungsbereich, S. 11

276 Vgl. Schumacher (2016), Risikomanagement für die qualitätsorientierte Entwicklung industrieller Dienstleistungen, S. 32

277 Vgl. Schnorrenberg et al. (1997), Risikomanagement in Projekten, S. 5

subjektiven Zielsetzung.[278] Hierbei stellt sich jedoch die Frage, ob die eng oder weit gefasste Definition der wirkungsbezogenen Risikoperspektive verwendet werden soll. Beschränkt sich das Risiko auf reine Risiken, die nur zu einer negativen Zielabweichung führen, besteht die Gefahr, dass bestimmte Aspekte ausgeschlossen werden. Bei der weitgefassten Risikodefinition, die auch eine positive Zielabweichung beinhaltet, besteht die Gefahr, dass sich das Risikomanagement auf diese Weise nicht ausreichend von anderen Themenbereichen unterscheiden lässt. Darüber hinaus gibt es in bestimmten Gebieten des Risikomanagements, wie beispielsweise der technischen Sicherheit von Produkten, per Definition keine Chancen. Der Fokus liegt hier rein auf der Vermeidung bzw. Verminderung von Schäden.[279]

Der Handlungsbedarf einer resilienten Baukastengestaltung (Kapitel 2.4.3) besagt, dass für verblockungskritische Baukästen in einem hochdynamischen Umfeld Änderungs- und Abbruchkosten reduziert sowie die Grundlage für die Abbildung weiterer kundenrelevanter Funktionen über die Vergabedauer geschaffen werden müssen. Im Rahmen des Risikomanagements können der drohende Schaden einer technischen Änderung sowie eine Gestaltung und schnelle Reaktion auf Risiken als Risiko und Chance verstanden werden. Aus diesem Grund verwendet diese Arbeit hinsichtlich der wirkungsbezogenen Risikoperspektive die weitgefasste Interpretation des Risikobegriffs. Unter dem Begriff Risiko wird daher eine vermeidbare oder zu vermindernde negative Zielabweichung oder die Chance einer positiven Zielabweichung verstanden, die durch gezieltes Handeln erreicht werden kann. Wird ein Risiko im Sinne einer Chance im Hinblick auf eine positive Zielabweichung nicht erkannt bzw. nicht berücksichtigt, führt dies zu einem entgangenen Gewinn.

Ausgehend von der Risikodefinition nach SCHULTE[280] und den erläuterten Perspektiven des Risikobegriffs sowie dem thematischen Bezug der Arbeit ist der Begriff Risiko wie folgt zu definieren:

> Ein Risiko resultiert ursachenbezogen aus der Unsicherheit von Entscheidungen sowie zukünftiger Ereignisse, wobei dies regelmäßig mit einem unvollständigen Informationsstand einhergeht, und schlägt sich wirkungsbezogen in einer negativen Abweichung von einer festgelegten Zielgröße, wie zum Beispiel dem Gewicht, oder einem entgangenen Gewinn nieder.

3.1.2 Grundlagen des Risikomanagements

Analog zum Risikobegriff existieren unterschiedliche Interpretationen des Begriffs Risikomanagement. Dies ist darauf zurückzuführen, dass neben den unterschiedlichen Risikobegrifflichkeiten die etymologischen Wurzeln des Teilbegriffs Management aus dem Begriff Risikomanagement nicht eindeutig geklärt sind. Laut STAEHLE lässt sich der Begriff Management auf die lateinischen Verben „manus agere“ (an der Hand führen) oder „mansionem agere“ (das Haus bestellen) zurückführen.[281] Über die Jahre

---

[278] Vgl. Schumacher (2016), Risikomanagement für die qualitätsorientierte Entwicklung industrieller Dienstleistungen, S. 32; Hein (2007), Strategisches Risikomanagement im Maschinen- und Anlagenbau, S.41; Braun (1984), Risikomanagement - eine spezifische Controllingaufgabe, S. 23 f.

[279] Vgl. Schumacher (2016), Risikomanagement für die qualitätsorientierte Entwicklung industrieller Dienstleistungen, S. 32 f.

[280] „Risiko resultiert ursachenbezogen aus der Unsicherheit zukünftiger Ereignisse, wobei dies regelmäßig mit einem unvollständigen Informationsstand einhergeht, und schlägt sich wirkungsbezogen in einer negativen Abweichung von einer festgelegten Zielgröße nieder.“ Schulte (1996), Bank-Controlling II, S. 12

[281] Vgl. Staehle (1999), Management, S. 71

wurden die beiden Aspekte der Verben zusammengeführt und charakterisieren damit den Manager in seinem heutigen Rollenverständnis als Kontroll- und Disziplinarfunktion.[282] Damit umfasst der Begriff Management nicht nur den Prozess der Unternehmensführung, sondern auch die Führung als Institution an sich. Management wird daher als Synonym für Unternehmensleitung bzw. -führung verstanden und bezieht sich auf die zielorientierte Gestaltung und Steuerung operativer Aktivitäten.[283] Es ist daher die Pflicht eines jeden Managers, eine Unternehmensphilosophie und -strategie zu entwickeln und zu verfolgen, mit dem Ziel, den Unternehmenswert langfristig zu steigern, indem Erfolgspotenziale aufgebaut und erhalten werden.[284] In dieser Arbeit ist ein Manager der Baukastenentwicklungsteamleiter oder eine übergeordnete Führungskraft. Als Verantwortlicher hat dieser Entscheidungen für die von ihm betreuten Baukästen zu treffen, um Marktchancen zu nutzen und vorgegebene Ziele zu erreichen. Wie in Kapitel 3.1.1 bereits erläutert, werden Entscheidungen immer unter Unsicherheit getroffen und gelten als wesentliche Voraussetzung für das Auftreten von Risiken. Risiken schlagen sich wirkungsbezogen in einer negativen Abweichung von einer festgelegten Zielgröße oder einem entgangenen Gewinn nieder[285] und können daher unter Umständen die Existenz des Unternehmens gefährden.[286] Um Risiken adäquat zu begegnen, haben Manager unter dem Einsatz geeigneter Methoden und Werkzeuge systematisch vorzugehen.[287] Das Risikomanagement unterstützt die Manager in ihrem Bestreben, die Rentabilität ihres verantwortlichen Umfangs durch den zielgerichteten Umfang mit betrieblichen Risiken zu sichern.

Ziele und Aufgaben des Risikomanagements

Die Ziele des Risikomanagements stellen die Grundlage für den Aufbau eines jeden Risikomanagementsystems dar. Da das Risikomanagement ein unterstützendes Subsystem des Managements ist, müssen die Ziele des Risikomanagements in die übergeordneten unternehmerischen Hauptziele integriert werden können.[288] Die Existenzsicherung ist eine notwendige Voraussetzung für die Erreichung sämtlicher anderer Unternehmensziele[289] und damit auch kardinales Ziel des Risikomanagements. Das Hauptziel des Risikomanagements ist demnach eine systematische Bewältigung existenzbedrohender Abweichungen von geplanten Zielen.[290] Ein weiterer wesentlicher Einflussfaktor für die Definition von Zielen des Risikomanagements, die der Existenzsicherung des Unternehmens untergeordnet sind, ist die Auffassung des Risikobegriffs. In dieser Arbeit umfasst das Verständnis von Risiken nicht nur eine negative Zielabweichung, sondern auch Chancen im Hinblick auf eine positive Zielabweichung durch gezieltes Handeln.[291] Folglich sind Risiken entsprechend zu steuern, um sicherzustellen, dass Chancen gezielt genutzt werden können[292] und sich diese positiv auf den Unternehmenswert auswirken.

---

282 Vgl. Diederichs (2012), Risikomanagement und Risikocontrolling, S. 10

283 Vgl. Schuy (1989), Risiko-Management, S. 31 f.; Macharzina et al. (2018), Unternehmensführung - Das internationale Managementwissen, S. 9 ff.

284 Vgl. Diederichs (2012), Risikomanagement und Risikocontrolling, S. 10

285 Vgl. Kapitel 3.1.1

286 Vgl. Wolf et al. (2000), Risikomanagement und KonTraG, S. 25

287 Vgl. Diederichs (2012), Risikomanagement und Risikocontrolling, S. 10

288 Vgl. Braun (1984), Risikomanagement - eine spezifische Controllingaufgabe, S. 43

289 Vgl. Diederichs (2012), Risikomanagement und Risikocontrolling, S. 11

290 Vgl. Neubürger (1989), Chancen- und Risikobeurteilung im strategischen Management, S. 37

291 Vgl. Kapitel 3.1.1

292 Vgl. Braun (1984), Risikomanagement - eine spezifische Controllingaufgabe, S. 44

Das Risikomanagement soll nicht dazu dienen, alle Risiken zu identifizieren und zu eliminieren, sondern sie zu besser verstehen und sie damit besser kontrollieren und kalkulieren zu können.[293] Dies eröffnet dem Management Handlungsspielräume und ermöglicht damit der Organisation, sich an verändernde Umweltbedingungen anzupassen, neue Erfolgspotenziale zu erschließen[294] und damit den Unternehmenswert kontinuierlich zu steigern. Unter Berücksichtigung der spezifischen Ziele eines jeden Unternehmens kann das Risikomanagement durch vier prioritäre Ziele konkretisiert werden:[295]

- Existenzsicherung des Unternehmens
- Sicherstellung des zukünftigen Unternehmenserfolgs
- Vermeidung oder Reduzierung von Risikofolgekosten
- Steigerung des Unternehmenswertes

Um die Ziele des Risikomanagements zu erreichen, sind bestimmte Aufgaben zu erfüllen. Diese Aufgaben müssen sicherstellen, dass alle vom Baukastenentwicklungsteam bzw. vom Unternehmen eingegangenen Risiken deren Risikotragfähigkeit nicht überschreiten oder auf ein akzeptables Maß begrenzt werden.[296] Dazu werden die entsprechenden Risiken transparent aufbereitet, und auf dieser Grundlage können Managemententscheidungen getroffen werden. Zu diesem Zweck benötigt das Unternehmen zunächst ein entsprechendes Risikobewusstsein.[297] Nur wenn ein solches Risikobewusstsein existiert und gelebt wird, kann der Umgang mit Risiken erfolgreich sein. Nicht rechtzeitig erkannte und kontrollierte Risiken gefährden die erfolgreiche Weiterentwicklung des Unternehmens.[298] Die Erfüllung von Aufgaben im Umgang mit Risiken kann daher den Managementaktivitäten im Sinne einer Kontroll- und Disziplinarfunktion[299] zugeordnet werden. Die Aufgaben des Risikomanagements dieser Arbeit lassen sich wie folgt beschreiben:[300]

- Bereitstellung einer Systematik zur Suche nach Risiken im Umfeld eines Baukastens.
- Analyse und Bewertung von Risiken hinsichtlich deren Auswirkungen.
- Vermeidung bzw. Reduzierung der negativen Auswirkungen von Risiken und das Ermöglichen von positiven Auswirkungen auf die Unternehmensziele.

---

293 Vgl. Wolf et al. (2000), Risikomanagement und KonTraG, S. 25

294 Vgl. Diederichs (2012), Risikomanagement und Risikocontrolling, S. 11; Fasse (1995), Risk-Management im strategischen internationalen Marketing, S. 73

295 Vgl. Schumacher (2016), Risikomanagement für die qualitätsorientierte Entwicklung industrieller Dienstleistungen, S. 36; Diederichs (2012), Risikomanagement und Risikocontrolling, S. 12; Grundmann (2008), Ein anwendungsorientiertes System für das Management von Produkt- und Prozessrisiken, S. 14 f; Dahmen (2002), Prozessorientiertes Risikomanagement zur Handhabung von Produktrisiken, S. 17 f.; Braun (1984), Risikomanagement - eine spezifische Controllingaufgabe, S. 43 ff.

296 Vgl. Seibold (2006), IT-Risikomanagement, S. 138

297 Vgl. Risak (2012), Überlegene Unternehmensqualität schaffen, S. 97 ff.

298 Vgl. Braun (1984), Risikomanagement - eine spezifische Controllingaufgabe, S. 44

299 Vgl. Kapitel 3.1.2

300 Vgl. Wolf (2003), Risikomanagement im Kontext der wertorientierten Unternehmensführung, S. 50 ff.; Schumacher (2016), Risikomanagement für die qualitätsorientierte Entwicklung industrieller Dienstleistungen, S. 36; Meier (2005), Risikomanagement in Technologieunternehmen, S. 15 f.; Schorcht (2004), Risikomanagement und Risikocontrolling junger Unternehmen in Wachstumsbranchen, S. 37 ff.

- Unterstützung von Managemententscheidungen durch objektive und transparente Aufbereitung der erforderlichen Informationen über Risiken.

Auf der Grundlage dieser Ziele und Aufgaben können im Folgenden die Phasen des Risikomanagementprozesses näher beschrieben werden.

Prozessschritte des Risikomanagements

Das Ziel des Risikomanagementprozesses ist die systematische Umsetzung des Risikomanagements im jeweiligen Unternehmen. Darunter wird eine Reihe an Elementen zusammengefasst, die für den Umgang mit Risiken von Bedeutung sind.[301] Dieser Prozess darf jedoch nicht isoliert im Unternehmen etabliert werden, sondern ist in die bereits bestehenden Planungs- und Controllingprozesse einzubinden.[302] Für die vorliegende Arbeit wird der international gültige Risikomanagementstandard DIN ISO 31000[303], der nicht industrie- oder sektorspezifisch orientiert ist, als Richtlinie herangezogen. Diese Richtlinie kann an jede Organisation und ihren Kontext angepasst werden[304] und legt dafür eine Reihe von Grundsätzen fest, die für eine effiziente Umsetzung bei der Gestaltung von Baukästen zu beachten sind. Der Vollständigkeit wegen ist zu beachten, dass die Strukturen und Prozesse des Risikomanagements für jedes Unternehmen so gestaltet sein müssen, dass sie sich bei einer Veränderung des Geschäftsumfelds anpassen können.[305] Das Prozessmodell der DIN ISO 31000 umfasst die „systematische Anwendung von Grundsätzen, Verfahren und Prozessen auf die Aktivitäten der Kommunikation und Konsultation, das Einrichten des Kontextes sowie das Beurteilen, Behandeln, Überwachen, Überprüfen, Aufzeichnen und Berichten."[306] Diese sieben Hauptschritte werden im Folgenden anhand von Abbildung 3-4 vorgestellt und mit entsprechender Literatur ergänzt.

---

301 Vgl. ISO/IEC Guide 73: 2002, Risk management, S. 4

302 Vgl. Wittmann (2000), Risikomanagement im internationalen Konzern, S. 808; Kirchner (2002), Risikomanagement, S. 37 ff.

303 DIN ISO 31000: 2018, Risikomanagement

304 Vgl. DIN ISO 31000: 2018, Risikomanagement, S. 7

305 Vgl. Diederichs (2012), Risikomanagement und Risikocontrolling, S.13

306 DIN ISO 31000: 2018, Risikomanagement, S. 16

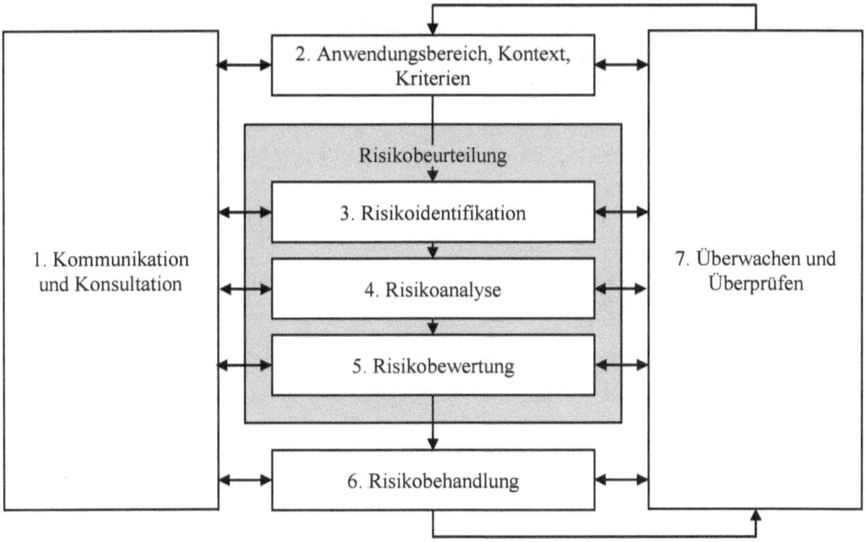

Abbildung 3-4: Risikomanagementprozess[307]

Der Risikomanagementprozess beginnt im ersten Schritt mit der Kommunikation und Konsultation. Die Kommunikation und Konsultation mit den am Risikomanagementprozess beteiligten Stakeholdern findet in allen Phasen statt,[308] um die Entscheidungsgrundlagen und jeweiligen Beweggründe für bestimmte Handlungen nachvollziehen zu können. Ziel der Kommunikation ist es, das Risikobewusstsein und -verständnis durch den Austausch relevanter Informationen zu erhöhen, während die Konsultation dazu dient, Feedback und Informationen zur Unterstützung der Entscheidungsfindung zur Verfügung zu stellen. Die Kommunikation und Konsultation zwischen den beteiligten Stakeholdern sollte sich daher darauf konzentrieren, die Informationen aus den verschiedenen Unternehmens- und Fachbereichen in jedem Schritt des Risikomanagementprozesses zusammenzuführen. Des Weiteren sollen sie sicherstellen, dass die unterschiedlichen Unternehmens- und Fachbereichssichten bei der Risikobewertung angemessen berücksichtigt werden. Die Kommunikation und Konsultation soll zudem darauf abzielen, ausreichend Informationen bereitzustellen, damit Risiken überwacht und bei Zielabweichungen korrektive Entscheidungen getroffen werden können. Dazu ist es notwendig, dass den von den Risiken betroffenen Fachbereichen ein Eindruck von Betroffenheit und Eingebunden-Seins vermittelt wird.[309] Nach Ansicht von OEHMEN soll sich die Kommunikation und Konsultation insbesondere auf die Umfänge Ziele, Umfang und Kriterien (2. Anwendung, Kontext, Kriterien); Risikoquellen, Folgen und damit zusammen-

307 In Anlehnung an DIN ISO 31000: 2018, Risikomanagement, S. 16
308 Vgl. Oehmen et al. (2010), Risk Management in Product Design, S. 3
309 Vgl. DIN ISO 31000: 2018, Risikomanagement, S. 17

hängende Ereignisse (3. Risikoidentifizierung); Analysemethode und Datengenerierung (4. Risikoanalyse); Beurteilung der Auswirkungskriterien (5. Risikobewertung); und geeignete Behandlungsmaßnahmen (6. Risikobehandlung) fokussieren.[310]

Der zweite Schritt beschreibt die Bestimmung des Anwendungsbereiches, des Kontexts und der Kriterien. Damit werden die Ziele, der Umfang und die Kriterien für den weiteren Risikomanagementprozess festgelegt,[311] um eine wirksame Risikobeurteilung und eine angemessene Risikobehandlung zu ermöglichen. Der Anwendungsbereich des Risikomanagementprozesses muss dabei von der Organisation genau definiert werden, da das Risikomanagement auf mehreren Ebenen verankert werden kann und auf jeder Ebene teilweise unterschiedlichen Anforderungen zu entsprechen hat. Es ist daher wichtig, die kontextspezifischen Ziele des Risikomanagementprozesses in einen Zusammenhang mit den Unternehmenszielen stellen zu können.[312] Dadurch wird sichergestellt, dass der Risikomanagementprozess zu einem integralen Bestandteil des Entwicklungsprozess und nicht zu einem künstlichen Anhang wird.[313] Der Kontext beschreibt das spezifische Umfeld der Tätigkeit, in dem die Organisation den Risikomanagementprozess zur Erreichung der definierten Ziele anwendet.[314] In dieser Arbeit beschreibt der Begriff Organisation das jeweilige interdisziplinäre Baukastenentwicklungsteam. Für die Festlegung von Risikokriterien sollten die Ziele des Risikomanagementprozesses in messbare Einheiten unterteilt und deren Verhältnis zu den beschriebenen übergeordneten Unternehmenszielen beschrieben werden.[315] Dadurch wird sichergestellt, dass die Risikokriterien unter Berücksichtigung der Verpflichtungen des Unternehmens, z.B. gegenüber deren Aktionären, definiert werden. Die Risikokriterien sollten jedoch nicht als starr, sondern als dynamisch angesehen werden und aus diesem Grund laufend überprüft und gegebenenfalls angepasst werden.[316]

Die Risikobeurteilung ist der Dachbegriff für die Prozessschritte Risikoidentifikation, Risikoanalyse und Risikobewertung. Die Risikoidentifikation beschreibt im Kern die vollumfängliche Erfassung, Beschreibung und kontinuierliche Zusammenstellung potenzieller endogener als auch exogener Risiken, die den Anwendungsbereich des Risikomanagementprozesses betreffen bzw. gefährden.[317] Dazu gehört ebenfalls das Verständnis über die tatsächlichen Ursache-Wirkungsketten von Ereignissen, die das Risiko beschreiben.[318] Die Risikoidentifikation stellt somit ein Frühwarnsystem für potenzielle Schäden sowie entgangene Gewinne dar und schafft damit die Voraussetzungen für ein einheitliches Verständnis der identifizierten Risikosituation.[319] Die Güte der Ergebnisse dieses Schrittes beeinflusst maßgeblich die Effektivität des gesamten weiteren Risikomanagementprozesses, da nur die identifizierten Risiken

---

310 Vgl. Oehmen et al. (2010), Risk Management in Product Design, S. 3

311 Vgl. Oehmen et al. (2010), Risk Management in Product Design, S. 3

312 Vgl. DIN ISO 31000: 2018, Risikomanagement, S. 18

313 Vgl. Oehmen et al. (2010), Risk Management in Product Design, S. 3

314 Vgl. DIN ISO 31000: 2018, Risikomanagement, S. 17 f.

315 Vgl. Oehmen et al. (2010), Risk Management in Product Design, S. 5

316 Vgl. DIN ISO 31000: 2018, Risikomanagement, S. 18

317 Vgl. Fiege (2006), Risikomanagement- und Überwachungssystem nach KonTraG, S. 101 f.

318 Vgl. Oehmen et al. (2010), Risk Management in Product Design, S. 5

319 Vgl. Zentis (2013), Modell zur Bewertung und Kontrolle technischer Risiken, S. 24; Tuncel et al. (2010), Risk assessment and management for supply chain networks, S. 251; Gietl et al. (2005), Risikomanagement für Geschäftsprozesse, S. 40 ff.

in die weiteren Schritte des Risikomanagementprozesses einbezogen werden. Es können nur die potenziell drohenden Verluste oder entgangenen Gewinne von identifizierten Risiken behandelt werden.[320] Die möglichst vollständige Erfassung aller relevanten Risiken steht dabei im Widerspruch zur Wirtschaftlichkeit, die den Grad der Akzeptanz und Bereitschaft des Managements bestimmt.[321] Theoretisch liegt die optimale Risikoidentifikationsposition dort, wo der Grenzpreis für die Informationsbeschaffung seinem Grenznutzen entspricht. In der Praxis ist dieser Grenznutzen nicht bestimmbar, und in diesem Schritt des Risikomanagementprozesses kann es gefährlich sein, Risiken von vornherein auszuschließen.[322] Werden Risiken nicht umfassend identifiziert, ist ein steuernder Eingriff oftmals nur eingeschränkt möglich.[323] Im schlimmsten Fall ist es nicht mehr möglich, durch korrektive Maßnahmen rechtzeitig oder nur mit erheblichem Aufwand auf das Problem[324] zu reagieren, was im schlimmsten Fall sogar den Fortbestand eines Unternehmens gefährden kann.[325] Aus diesem Grund ist es sinnvoll, systematisch vorzugehen, Risikofelder zu bilden und diese nacheinander gezielt auf potenzielle Risiken zu untersuchen.[326]

Die Risikoanalyse führt zu einem detaillierten Verständnis der identifizierten Risiken, deren Eigenschaften und gegebenenfalls einer ersten Indikation hinsichtlich der Risikohöhe.[327] Dazu ist eine detaillierte Betrachtung der identifizierten Risiken im Hinblick auf Auswirkungen zu erarbeiten.[328] Hierfür müssen basierend auf den Informationen der Risikoidentifikation die Auswirkungen mit dem Ausmaß der (negativen) Zielabweichung ermittelt bzw. abgeschätzt werden.[329] Bei der Risikoanalyse spricht man auch davon, sich einer bestehenden Unsicherheitssituation bewusst zu werden. Für die anschließende Risikobewertung werden in diesem Schritt die erforderlichen Informationen durch empirische (statistische) oder kasuistisch-analytische Methoden ermittelt.[330] Die komplexen Kausalstrukturen und Interdependenzen der Gefährdungspotenziale sowie deren Folgen und Auswirkungen nach Ereigniseintritt werden für beide Methoden qualitativ und ggf. quantitativ dargestellt.[331] Bei empirischen Methoden werden vergangenheitsbezogene Informationen für die Risikoanalyse herangezogen. Die Voraussetzung dafür ist eine ausreichende Anzahl von Beobachtungen, sodass empirisch aussagekräftige Aussagen möglich sind und die in der Statistik erfassten Fakten und die zu analysierende Situation die gleichen oder zumindest ähnliche Bedingungen aufweisen.[332] Insbesondere bei technischen Risiken können statistische Aufzeichnungen über die Häufigkeit des Auftretens und über die Auswirkungen (Schadenshöhe bzw.

---

320 Vgl. Diederichs (2012), Risikomanagement und Risikocontrolling, S. 92 f.

321 Vgl. Wolf (2003), Risikomanagement im Kontext der wertorientierten Unternehmensführung, S. 55

322 Vgl. Thiemt (2003), Risikomanagement im Beschaffungsbereich, S. 34

323 Vgl. Diederichs (2012), Risikomanagement und Risikocontrolling, S. 92 f.

324 Wenn das Risiko eintritt, wird das Risiko zu einem Problem.

325 Vgl. Diederichs (2012), Risikomanagement und Risikocontrolling, S. 92 f.

326 Vgl. Brünger (2011), Nutzenkonsistente Risikopriorisierung, S. 23

327 Vgl. DIN ISO 31000: 2018, Risikomanagement, S. 20; Oehmen et al. (2010), Risk Management in Product Design, S. 4

328 Vgl. Lück (1999), Risikomanagementsystem und Überwachungssystem nach KonTraG, S. 24; Mikus (1998), Make-or-buy-Entscheidungen in der Produktion, S. 203 ff.; Ehrmann (2005), Kompakt-Training Risikomanagement, S. 77

329 Vgl. Bruehwiler (1980), Risk Management, S. 80 f.

330 Vgl. Braun (1984), Risikomanagement - eine spezifische Controllingaufgabe, S. 230

331 Vgl. Fasse (1995), Risk-Management im strategischen internationalen Marketing, S. 80 f.; Oehmen et al. (2010), Risk Management in Product Design, S. 5

332 Vgl. Braun (1984), Risikomanagement - eine spezifische Controllingaufgabe, S. 229 f.

entgangener Gewinn) wertvolle Hilfe bei der Analyse ähnlicher Risiken leisten. Im ökonomischen Bereich sind die Risikosituationen jedoch durch eine gewisse Einzigartigkeit gekennzeichnet. Da sowohl technische Risiken als auch Risiken im ökonomischen Bereich die aufgeführten Bedingungen oftmals nicht ausreichend erfüllen, sollten die empirischen Methoden durch kasuistisch-analytische Methoden ergänzt werden.[333] Kasuistisch-analytische Methoden sind nicht an die stark einschränkenden Bedingungen von empirischen Methoden gebunden und erfordern keinen großen Stichprobenumfang an Vergangenheitsdaten. Damit sind diese Methoden für verschiedenste Risiken und damit auch für komplexe Risikosituationen geeignet, die aufgrund sich verändernder Risiken ein hohes Maß an Einzigartigkeit aufweisen. Kasuistisch-analytische Methoden besitzen in der Regel die Charakteristika von Kausalanalysen. Bei Kausalanalysen wird entweder von der Auswirkung auf die Ursache(n) oder umgekehrt aus der bzw. den Ursache(n) auf die Auswirkung(en) abgeleitet.[334] Der Vollständigkeit halber ist anzumerken, dass die Einzigartigkeit der Risiken und damit die Schwierigkeit der Risikoeinschätzung in der Regel zu Ungenauigkeiten bei der Risikoanalyse führt.[335]

Bei der Risikobewertung werden auf Grundlage der in der Risikoanalyse gesammelten Informationen Entscheidungen darüber getroffen, welche Risiken behandelt werden müssen und welche Priorität die Risikobehandlungen haben. Die Risikopriorisierungsliste wird dann in den Prozessschritt der Risikobehandlung übertragen.[336] Dazu werden zunächst Kriterien festgelegt, anhand derer die analysierten Risiken bewertet werden können. Die Risikobewertung basiert analog zur Definition des Risikos (vgl. Kapitel 3.1.1) auf einer ursachen- und wirkungsbezogenen Differenzierung des Risikos.[337] Die am häufigsten verwendeten Kriterien sind die Eintrittswahrscheinlichkeit in Bezug auf die Ursache und das Ausmaß des Schadens bzw. des entgangenen Gewinns in Bezug auf die Wirkung.[338] Dabei können die Einzelkriterien zu einer Kennzahl aggregiert werden, indem beispielsweise die Eintrittswahrscheinlichkeit mit der möglichen Schadenshöhe multipliziert wird.[339] Alternativ können die Kriterien in einer multidimensionalen Bewertung differenziert betrachtet werden. Der Vorteil einer multidimensionalen Bewertung liegt in der Möglichkeit, diese grafisch darstellen, im Gegensatz zu einer eindimensionalen Kennzahl auf Basis einer Berechnung. Für beide Darstellungsarten der Risikobewertung ist zu beachten, dass Risiken immer in Bezug auf die betroffenen Auswirkungskategorien bewertet werden sollten, z.B. Kostenrisiken in Euro. Dadurch wird sichergestellt, dass die Risikobewertung so genau wie möglich durchgeführt werden kann. Darüber hinaus ist es oftmals notwendig, Risiken aus verschiedenen Auswirkungskategorien zu vergleichen, da mehrere Auswirkungskategorien von einem Risiko betroffen sind.[340] Dies

---

333 Vgl. Braun (1984), Risikomanagement - eine spezifische Controllingaufgabe, S. 229 f.

334 Vgl. Braun (1984), Risikomanagement - eine spezifische Controllingaufgabe, S. 231 f.; Vorath (1982), Kausalanalysen und Differentialdiagnosen zur Risiko-Qualifikation, S. 147 ff.

335 Vgl. Braun (1984), Risikomanagement - eine spezifische Controllingaufgabe, S. 232; DIN ISO 31000: 2018, Risikomanagement, S. 20

336 Vgl. DIN ISO 31000: 2018, Risikomanagement, S. 21; Oehmen et al. (2010), Risk Management in Product Design, S. 4

337 Vgl. Meierbeck (2010), Strategisches Risikomanagement der Beschaffung, S. 3; Bruehwiler (1980), Risk Management, S. 80 f.

338 Vgl. Schumacher (2016), Risikomanagement für die qualitätsorientierte Entwicklung industrieller Dienstleistungen, S. 39; Dahmen (2002), Prozessorientiertes Risikomanagement zur Handhabung von Produktrisiken, S. 69; Bruehwiler (1980), Risk Management, S. 80 f.

339 Vgl. Teichmann et al. (2000), Controllingorientiertes Risikomanagement nach KonTraG mit der Balanced Scorecard, S. 12

340 Vgl. Oehmen (2016), Risiko- und Chancenmanagement in der Produktentwicklung, S. 77

erfolgt durch eine unternehmensindividuelle Festlegung von Ausprägungsstufen für die einzelnen Kriterien, sodass dieselben Auswirkungsstufen in unterschiedlichen Dimensionen in etwa die gleiche Bedeutung für das Unternehmen haben. Das kann in Abhängigkeit von den verfügbaren Informationen und dem zumutbaren Aufwand durch Schätzungen, Extrapolationen mit Vergangenheitsdaten, Berechnungen oder auf Basis der vorhergehenden Risikoanalyse erfolgen.[341] Auf diese Weise können auch Risiken aus verschiedenen Auswirkungskategorien auf eine andere Auswirkungskategorie übertragen werden, um z.B. ein qualitatives Risiko quantifizierbar zu machen.[342] Parallel zu diesem Schritt sollten mit der Organisation Schwellenwerte im Hinblick auf die Risikobehandlung definiert werden.[343] Dadurch wird sofort deutlich, welche Risiken in den entsprechenden Wertebereichen liegen und somit spezifischen Risikobehandlungsstrategien zugeordnet werden können.[344] Dies ermöglicht es, die Risiken zu priorisieren und die Voraussetzungen für die Auswahl risikopolitischer Alternativen im nächsten Schritt zu schaffen.[345]

Die eigentliche Gestaltungsaufgabe des Risikomanagements beginnt mit der Risikobehandlung. Das Ziel dieses Prozessschrittes ist es, die im Rahmen des Risikomanagements bewerteten Risiken durch gezielte Risikobehandlungsstrategien bestmöglich zu steuern.[346] Existenzbedrohende Risiken müssen vermieden und unvermeidbare Risiken auf ein akzeptables Maß reduziert werden.[347] Die Risikobehandlung erfolgt in einem iterativen Prozess durch die Formulierung von entsprechenden Risikobehandlungsstrategien, eine Bewertung der Wirksamkeit dieser Risikobehandlungsstrategien im Hinblick auf ein akzeptables Restrisiko und eine Umsetzung der geeignetsten Risikobehandlungsstrategie auf Basis einer objektiven Managemententscheidung.[348] Entspricht das Restrisiko nicht dem gewünschten Soll-Zustand, wird eine weitere Iterationsschleife durchgeführt.[349] Die folgenden Risikobehandlungsstrategien können situationsabhängig einzeln oder in Kombination angewendet werden:[350]

- Risikovermeidung durch Einstellen oder Unterlassen der Aktivität, die das Risiko verursacht;
- Risikoübernahme bzw. Erhöhung der Risikobereitschaft zur Nutzung sich bietender Chancen;
- Beseitigung der Ursache(n) des Risikos;
- Veränderung der Eintrittswahrscheinlichkeit des Risikos;
- Veränderung der Auswirkung(en) des Risikos;

341 Vgl. Schumacher (2016), Risikomanagement für die qualitätsorientierte Entwicklung industrieller Dienstleistungen, S. 39

342 Vgl. Oehmen (2016), Risiko- und Chancenmanagement in der Produktentwicklung, S. 77

343 Vgl. Oehmen et al. (2010), Risk Management in Product Design, S. 6

344 Vgl. Schumacher (2016), Risikomanagement für die qualitätsorientierte Entwicklung industrieller Dienstleistungen, S. 39

345 Vgl. Meierbeck (2010), Strategisches Risikomanagement der Beschaffung S. 32

346 Vgl. Hornung et al. (1999), Controlling-Wissen - Risikomanagement - Teil 1, S. 321

347 Vgl. Gebler (2005), Risikomanagement und Rating für Unternehmer, S. 15

348 Vgl. DIN ISO 31000: 2018, Risikomanagement, S. 21; Oehmen et al. (2010), Risk Management in Product Design, S. 6

349 Vgl. DIN ISO 31000: 2018, Risikomanagement, S. 21

350 Vgl. DIN ISO 31000: 2018, Risikomanagement, S. 21 f.; Philipp (1967), Risiko und Risikopolitik, S. 72 ff.; Fasse (1995), Risk-Management im strategischen internationalen Marketing, S. 86 ff.; Schuy (1989), Risiko-Management, S. 132 ff.; Hänggi (1996), Risikomanagement und Simultaneous Engineering, S. 103 f.

- Risikoüberwälzung (z.B. durch Abschluss einer Versicherung);
- Risikoakzeptanz

Für die Umsetzung einer Risikobehandlungsstrategie müssen Entscheidungen durch das für den betrachteten Umfang verantwortliche Management getroffen werden. Die Entscheidung, ob und in welche Alternative zu investieren ist, bleibt den Entscheidungsträgern vorbehalten.[351] Zur Auswahl der geeignetsten Alternative muss der zu erwartende Nutzen bewertet werden können.[352] Auf der Grundlage von monetären Größen und einer entsprechenden Berechnungslogik kann eine solche objektive und transparente Entscheidung bezüglich der weiteren Vorgehensweise des Risikos getroffen werden.[353] Darüber hinaus sind Beschränkungen zu ermitteln und ein Plan zu erstellen, wann die Maßnahmen voraussichtlich durchgeführt und abgeschlossen werden können.[354]

Die Risikostruktur[355] verändert sich aufgrund der Komplexität und Dynamik des Geschäftsumfeldes und der unternehmerischen Tätigkeit ständig.[356] Daher muss der letzte Prozessschritt von Risikomanagement, die Überwachung und Überprüfung, iterativ im Sinne einer begleitenden Tätigkeit wiederholt werden.[357] Die Überwachung befasst sich mit der kontinuierlichen Verfolgung der Risikoentwicklung hinsichtlich Effizienz und Effektivität und der Überprüfung mit der Zielkonformität der eingesetzten Maßnahmen und Instrumente.[358] Bei Abweichungen oder nicht zielführenden Maßnahmen müssen die Ursachen identifiziert und geeignete Gegenmaßnahmen eingeleitet werden.[359] Als unterstützendes Instrument können Frühwarnindikatoren für die Abweichung von definierten Zielen für die behandelten Risiken definiert werden.[360] Dies sichert und verbessert die Qualität und Effektivität der Planung, Umsetzung und der Ergebnisse des Risikomanagementprozesses von aktuellen und zukünftigen Risiken. Die Überwachung und Überprüfung umfasst die Planung, Sammlung und Analyse von Informationen, die Erfassung der Ergebnisse und die Bereitstellung von Feedback.[361] Hierfür werden häufig Berichts- und Prüfungsstrukturen geschaffen. Zu den eingesetzten Werkzeugen gehören unter anderem interne Checklisten, interne oder externe Audits, spezifische IT-Programme zur kontinuierlichen Überwachung oder Review-Workshops.[362]

---

351 Vgl. Kersten (1996), Simulation in der Investitionsplanung, S. 118
352 Vgl. DIN ISO 31000: 2018, Risikomanagement, S. 22 f.
353 Vgl. Kersten (1996), Simulation in der Investitionsplanung, S. 120
354 Vgl. DIN ISO 31000: 2018, Risikomanagement, S. 22 f.
355 Unter der Risikostruktur wird die Eintrittswahrscheinlichkeit und die Auswirkung(en) des Risikos verstanden.
356 Vgl. Weber et al. (1999), Risk Tracing and Reporting, S. 14
357 Vgl. Schubert (2004), Risikomanagement im Beschaffungsmarketing, S. 81; Spille (2009), Typspezifisches Risikomanagement für die Beschaffung von Produktionsmaterialien in der Automobilzulieferindustrie, S. 48
358 Vgl. Meierbeck (2010), Strategisches Risikomanagement der Beschaffung, S. 37
359 Vgl. Schulte (1996), Bank-Controlling II, S. 17 f.
360 Vgl. Zentis (2013), Modell zur Bewertung und Kontrolle technischer Risiken, S. 29
361 Vgl. DIN ISO 31000: 2018, Risikomanagement, S. 23
362 Vgl. Zentis (2013), Modell zur Bewertung und Kontrolle technischer Risiken, S. 29; Gietl et al. (2005), Risikomanagement für Geschäftsprozesse, S. 70 f.

Definition Risikomanagement

Nach FINKE ist Risikomanagement ein „systematischer, wert- beziehungsweise erfolgsorientierter Ansatz [...] zum Umgang mit Risiken".[363] Das Risikomanagement soll daher alles umfassen, was gegen Verlustrisiken und für Gewinnchancen getan werden kann.[364] Die DIN ISO 31000 versteht darunter „koordinierte Aktivitäten zur Lenkung und Steuerung einer Organisation in Bezug auf Risiken".[365] Das Risikomanagement bezieht sich dabei auf die zielorientierte Gestaltung und Steuerung operativer Tätigkeiten als Teilprozess der Unternehmensführung[366] und ist daher als Führungstätigkeit innerhalb einer Organisation zu verstehen.[367] Für die Entscheidungsfindung im Hinblick auf ein erfolgreiches Risikomanagement ist daher ein systematisches Vorgehen und der Einsatz vorgegebener Methoden und Werkzeuge sowie situative Flexibilität und die Berücksichtigung der richtigen Informationen und Indikatoren erforderlich.[368]

Basierend auf der Definition des Begriffes Risiko (Kapitel 3.1.1) und den in Kapitel 3.1.2 erarbeiteten Zielen, Aufgaben und Prozessschritten des Risikomanagements lässt sich der Begriff Risikomanagement wie folgt beschreiben:

> Das Risikomanagement ist die Koordination von Aktivitäten zur Identifizierung, Analyse, Bewertung, Behandlung, Überwachung und Überprüfung von Risiken als immanente Führungsaufgabe einer Organisation mit dem Ziel, die Risiken zu steuern und somit Abweichungen von den angestrebten Unternehmenszielen zu vermeiden und neue Erfolgspotenziale zu erschließen.

Für verblockungskritische Baukästen in einem hochdynamischen Umfeld können im Hinblick auf den Handlungsbedarf einer resilienten Baukastengestaltung (Kapitel 2.4.3) die negativen Abweichungen von den Unternehmenszielen als die Änderungskosten und die neuen Erfolgspotenziale als die Abbildung weiterer kundenrelevanter Funktionen über die Vergabedauer verstanden werden.

3.1.3 Zwischenfazit: Risikomanagement für Baukästen

Zusammenfassend lässt sich sagen, dass das Risikomanagement für Baukästen durch Prinzipien in fünf voneinander abhängigen Bereichen beschrieben werden kann. Das erste Prinzip lautet, Bestimmung des Anwendungsbereiches, des Kontextes und der Kriterien. Der Anwendungsbereich dieser Arbeit sind verblockungskritische Baukästen, und der Kontext kann durch das hochdynamische Umfeld beschrieben werden. Die Kriterien entsprechen der Zielsetzung dieser Arbeit, und das sind eine Reduzierung der Änderungs- und Abbruchkosten und die Schaffung einer Grundlage für die Abbildung weiterer kundenrelevanter Funktionen über die Vergabedauer (vgl. Kapitel 1.2).

---

363 Finke (2005), Grundlagen des Risikomanagements, S. 23

364 Vgl. Meier (2005), Risikomanagement in Technologieunternehmen, S. 17

365 DIN ISO 31000: 2018, Risikomanagement, S. 7

366 Vgl. Schuy (1989), Risiko-Management, S. 31 f.; Macharzina et al. (2018), Unternehmensführung - Das internationale Managementwissen, S. 9 ff.

367 Vgl. Einleitung Kapitel 3.1.2

368 Vgl. Schumacher (2016), Risikomanagement für die qualitätsorientierte Entwicklung industrieller Dienstleistungen, S. 31; Meier (2005), Risikomanagement in Technologieunternehmen, S. 16

Daraufhin werden die zu berücksichtigenden Risiken identifiziert, welche die verblockungskritischen Baukästen in einem hochdynamischen Umfeld betreffen können. Die Identifizierung von Risiken ist das zweite Prinzip. Die Risikoidentifikation beschreibt dafür die ganzheitliche Erfassung, Beschreibung und Konsolidierung aller internen und externen Risiken der jeweiligen Organisation. Da nicht identifizierte Risiken im weiteren Risikomanagementprozess nicht berücksichtigt werden können und damit die festgelegten Kriterien des Risikomanagementprozesses gefährden, ist ein systematischer Ansatz mit Ermittlung der Eintrittswahrscheinlichkeiten ein elementarer Bestandteil dieses Prinzips.

Das dritte Prinzip ist die Analyse von Risiken. Dafür müssen die Auswirkungen auf die verblockungskritischen Baukästen in einem hochdynamischen Umfeld anhand von Vergangenheitsdaten oder Kausalanalysen ermittelt bzw. geschätzt werden. Dies schafft das notwendige Verständnis für die identifizierten Risiken, ihren Eigenschaften und eine erste Abschätzung der Risikohöhe.

Auf der Grundlage der in der Risikoanalyse gesammelten Informationen kann das vierte Prinzip, die Bewertung von Risiken, durchgeführt werden. Hierbei werden Entscheidungen darüber getroffen, welche Risiken zu behandeln sind und mit welcher Priorität die Risikobehandlung durchgeführt werden muss. Als Kriterien für die Priorisierung der Risikobehandlungen sind die Eintrittswahrscheinlichkeit in Bezug auf die Ursache und das Schadensausmaß im Hinblick auf die Wirkung des Risikos zu verwenden. Das Ausmaß des Schadens lässt sich dabei in mehrere Auswirkungskategorien, z.B. Herstellkosten und Kundenstudien unterteilen. Um die Vergleichbarkeit zwischen den Auswirkungskategorien zu gewährleisten, muss für jede Auswirkungskategorie eine Abstufung definiert und auf die Abstufungen der jeweils anderen Auswirkungskategorien nivelliert werden.

Die Behandlung von Risiken beschreibt das fünfte Prinzip. Auf Grundlage der in der Risikobewertung vorgenommenen Priorisierung der Risiken müssen nun mögliche Risikobehandlungsstrategien entwickelt werden. Um im Hinblick auf den erwarteten Nutzen die am besten geeignete Risikobehandlungsstrategie auszuwählen, müssen die jeweiligen Risikobehandlungsstrategien einer monetären Bewertung unterzogen werden. Daraufhin kann vom Management eine Entscheidung hinsichtlich der am geeignetsten Risikobehandlungsstrategie getroffen werden.

Die Kommunikation und Konsultation des Risikos sowie die Überwachung und Überprüfung des Risikos werden nicht als eigenständige Prinzipien angeführt. Diese Teilschritte des Risikomanagementprozesses der DIN ISO 31000 übernehmen jeweils eine unterstützende Funktion für die fünf oben beschriebenen relevanten Prinzipien (vgl. Abbildung 3-4). Aus diesem Grund wird auf eine eigenständige Beschreibung der Prinzipien verzichtet und der in dieser Arbeit erforderliche Umfang dieser Teilprozesse in den bereits beschriebenen Prinzipien eingeordnet.

3.2 Stand der Forschung zur resilienten Baukastengestaltung

Auf Basis der vorgestellten theoretischen Hintergründe und Prinzipen des Risikomanagements für Baukästen wird in diesem Kapitel zuerst eine Würdigung der bestehenden Ansätze zur resilienten Baukastengestaltung vorgenommen. Es soll überprüft werden, inwieweit die bestehenden Ansätze bereits die Prinzipien des Risikomanagements (Kapitel 3.1.3) berücksichtigen. Auf dieser Grundlage kann eine Auswahl hinsichtlich der zu integrierenden Modellbausteine für den modellbasierten Ansatz getroffen werden, aus denen sich der Forschungsbedarf für eine resiliente Baukastengestaltung in Kapitel 3.3 ergibt.

Um einen umfassenden Überblick über die vorhandene Literatur zu erhalten, wurde in dieser Arbeit eine systematische Literaturrecherche als Mittel der Wahl eingesetzt. Die systematische Literaturrecherche ist eine Forschungsmethode zur Durchsuchung großer literarischer Informationsbestände mit systematischen, expliziten und rechenschaftspflichtigen Methoden.[369] Durch die Bereitstellung einer reproduzierbaren Systematik gilt die systematische Literaturrecherche heute als der Goldstandard für die Aggregation der Ergebnisse mehrerer Artikel, die sich mit einer ähnlichen Forschungsfrage befassen.[370] Neben der reinen Erfassung der vorhandenen Literatur kann durch die systematische Literaturrecherche des Weiteren die Relevanz des Forschungsvorhabens hervorgehoben werden.[371] Dazu wurde die systematische Literaturrecherche in der vorliegenden Arbeit in Anlehnung an die Richtlinien von LEVY ET AL.[372] durchgeführt.

Zu Beginn der systematischen Literaturrecherche wurden die Kernbegriffe des Forschungsfeldes ermittelt und durch Operatoren (z.B. „OR" und „AND") zu Suchtermen kombiniert sowie die zu durchsuchenden Datenbanken definiert. Die Kernbegriffe als grundlegende Suchebenen für diese Arbeit lassen sich durch die Kernfragen was?, wie? und wofür? identifizieren. Die Kernfragen können auf Grundlage des Handlungsbedarfs einer resilienten Baukastengestaltung (Kapitel 2.4.3) und des Risikomanagements für Baukästen (Kapitel 3.1) beantwortet werden. Nach mehreren iterativen Schleifen zur Auswahl geeigneter Kernbegriffe sowie ihrer Synonyme wurde der Suchterm wie folgt kombiniert und formuliert: („modular system" OR „modular platform" OR „modular product" OR „modular architecture") AND („design" OR „development" OR „construction") AND („changeability" OR „robustness" OR „dynamic environment" OR „risk management" OR „forecasting" OR „strategic flexibility" OR „overdesign" OR „lifecycle" OR „lifespan" OR „lifetime"). Um eine themengerechte und entsprechend umfassende Themensammlung mit den Schwerpunkten Technik, Einkauf und Betriebswirtschaftslehre präsentieren zu können, wurden die Datenbanken Scopus, Web of Science Core Collection (CC), Springer Link, IEEE Xplore und Emerald Insight durchsucht. Das Ergebnis der Suche in allen verfügbaren Datenbanken waren 7706 Artikel. Dieses Suchergebnis besitzt ausreichend viele Treffer für eine aussagekräftige Datenbasis und musste daher nicht um eine paarweise Kombination der Suchterme bzw. um eine Einzelsuche jedes Suchterms erweitert werden. Nach Auswahl hinsichtlich der Relevanz von Titeln (157 Artikel), Abstracts (94 Artikel) und Volltexten blieben noch 7 Artikel erhalten. Auf der Grundlage dieser Artikel wurde eine Vorwärts- und Rückwärtssuche durchgeführt, wodurch sich eine finalisierte Datengrundlage von 12 Artikeln ergab, die im Folgenden in Teilen exzerpiert und analysiert werden. Die Zusammenfassung der entsprechenden Schritte mit den dazugehörigen Ergebnissen ist in Abbildung 3-5 dargestellt.

---

369 Vgl. Burggräf et al. (2018), Artificial intelligence in production management, S. 82

370 Vgl. Burggräf et al. (2018), Artificial intelligence in production management, S. 82, Dickson et al. (2014), Carrying Out a Systematic Review as a Master's Thesis, S. 3

371 Vgl. Vom Brocke et al. (2009), Reconstructing the giant, S. 2

372 Vgl. Levy et al. (2006), A Systems Approach to Conduct an Effective Literature Review in Support of Information Systems Research, S. 181 ff.

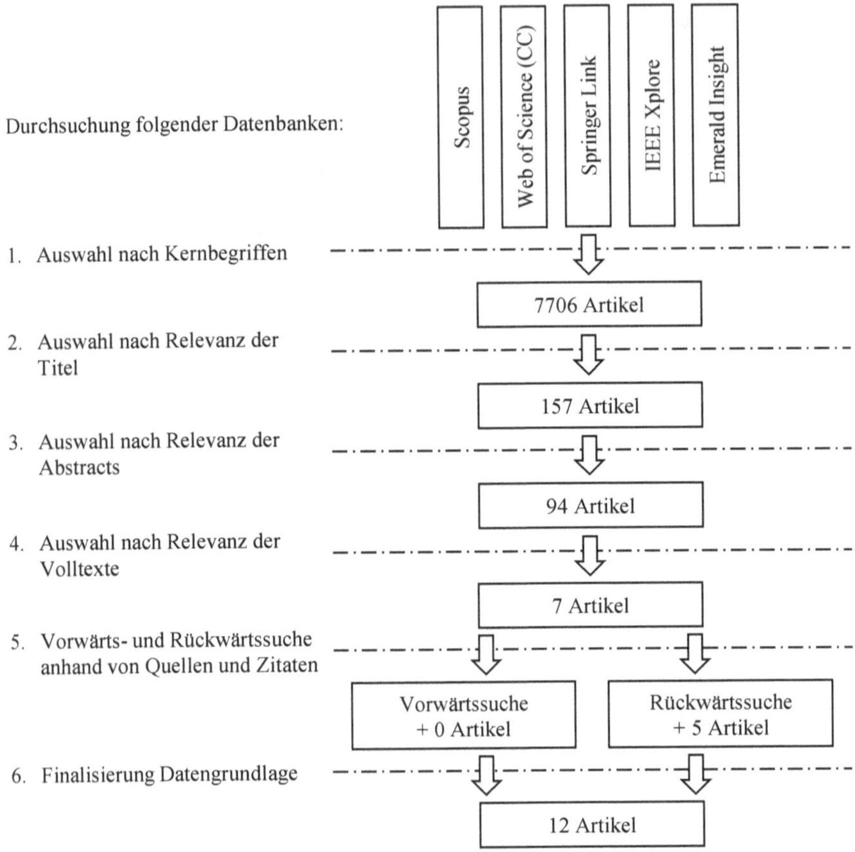

Abbildung 3-5: Vorgehen systematische Literaturrecherche

3.2.1 Würdigende Untersuchung bestehender Ansätze

Die folgenden Abschnitte beschreiben kurz die Besonderheiten der identifizierten Ansätze und untersuchen, ob und welche Grundsätze des Risikomanagements in diesen verankert sind. Dabei werden die Prinzipien a) Anwendungsbereich, Kontext und Kriterien bestimmen, b) Risiken identifizieren, c) Risiken analysieren, d) Risiken bewerten und e) Risiken behandeln als Referenz genutzt. Die würdigende Untersuchung folgt somit nicht der jeweiligen Struktur der beschriebenen Arbeiten, sondern der Reihenfolge der aufgezeigten Prinzipien des Risikomanagements. Für eine detaillierte Darstellung wird auf die zitierte Literatur verwiesen.

JIANG UND ALLADA stellen eine modifizierte Taguchi-Methodik[373] vor, um die Robustheit modularer Produktfamilien gegenüber veränderten Kundenanforderungen zu verbessern.[374] Die von den Autoren entwickelte elfstufige Methodik basiert auf einem geschlossenen Regelkreis der Taguchi-Methode und verfolgt zwei Ziele. Auf der einen Seite die Entwicklung eines effektiven Ansatzes zur Gestaltung einer Produktfamilie, die robust genug ist, um zukünftige Kundenanforderungen zu erfüllen. Andererseits die Bestimmung geeigneter Kontrollfaktoren des Regelkreises und die Ermittlung des optimalen Zeithorizonts, auf den die Produktarchitektur ausgelegt werden soll, um ein möglichst hohes Maß an Robustheit zu erreichen. Die Ermittlung des optimalen Zeithorizonts steht nicht im Fokus dieser Arbeit und wird daher hier nicht näher vorgestellt. Die Methodik von JIANG UND ALLADA befasst sich folglich mit der reaktiven Umsetzung von technischen Änderungen und baut hierfür eine zukunftsrobuste Produktfamilie auf. Die entwickelte Methodik entspricht teilweise den Prinzipien des Risikomanagements. In ihrem Kapitel 2.6 beschreiben die Autoren die Auswahl der internen und externen Störfaktoren auf Grundlage der Vorgehensweise von PEACE[375]. Demnach wird in einem ersten Schritt das Team angewiesen, durch Brainstorming interessante Variablen des zu betrachtenden Bereichs aufzulisten. Anschließend werden die identifizierten Variablen auf ihre Eignung hin überprüft und priorisiert. Die priorisierten Variablen werden in Kontroll- und Störfaktoren unterteilt. Die Störfaktoren werden weiter unterteilt in innere und äußere Störfaktoren. Darüber hinaus bestehen laut PEACE noch Störfaktoren zwischen den Produkten durch Montagefehler[376], die im Kontext der Methodik von JIANG UND ALLADA nicht betrachtet werden. Die Auswirkungen der Störfaktoren (Risiken) auf die Kundenanforderungen werden von den Autoren als Deltawert angegeben, ohne weitere Informationen zum Vorgehen hierfür zu liefern. Dieser Schritt entspricht den Prinzipien Risiken identifizieren und analysieren.

Der Ansatz von MARTIN UND ISHII zielt darauf ab, einem Unternehmen durch die Entwicklung robuster Produktplattformen einen wichtigen Unternehmensvorteil zu verschaffen. Durch die Reduzierung von Abhängigkeiten und Wechselwirkungen innerhalb des Systems wird eine entkoppelte Produktplattform entwickelt, die einen geringeren Entwicklungsaufwand für nachfolgende Produktgenerationen erfordert. Dazu werden zwei Indizes definiert. Der Generational Variety Index (GVI) wird in sieben Schritten entwickelt und ist ein Indikator für den Aufwand einer technischen Änderung, der für eine bestimmte Komponente erforderlich ist, um den zukünftigen Marktanforderungen zu entsprechen. Der Coupling Index (CI) wird in sechs Schritten entwickelt und beschreibt die Stärke der Verbindung zwischen den Komponenten einer Produktplattform. Je stärker die Kopplung zwischen den Komponenten ist, desto wahrscheinlicher ist es, dass innerhalb der Produktplattform eine technische Änderung der einen Komponente eine technische Änderung an der anderen Komponente erfordert.[377] Der dritte Schritt im GVI-Entwicklungsprozess wird dem Prinzip der Risikoidentifikation zugeordnet. In diesem werden

---

[373] Die Taguchi-Methode, benannt nach ihrem Erfinder Genichi Taguchi, ist eine Versuchsmethode, die vor allem auf die Minimierung der Streuung von Produkt- und Prozessmerkmalen um den Sollwert abzielt. Die Taguchi-Methode versucht durch eine statistische Versuchsplanung die Robustheit der Prozesse und Produkte gegen Störfaktoren zu maximieren. Vgl. Ahsen (2006), Integriertes Qualitäts- und Umweltmanagement, S. 78

[374] Vgl. hierzu und im Folgenden Jiang et al. (2001), Design for Robustness of Modular Product Families for Current and Future Markets, S. 173 ff.

[375] Vgl. Peace (1993), Taguchi methods

[376] Vgl. Peace (1993), Taguchi methods, S. 70 ff.

[377] Vgl. hierzu und im Folgenden Martin et al. (2002), Design for variety, S. 213 ff.

zu erwartende Veränderungen der Kundenanforderungen aufgelistet und durch eine qualitative Schätzung (hoch/mittel/niedrig) hinsichtlich des Änderungsumfangs ergänzt, was einer Risikoanalyse entspricht. Das Prinzip der Risikoanalyse findet sich darüber hinaus in den Schritten 3 bis 5 des CI-Entwicklungsprozesses wieder. In diesen werden die ein- und ausgehenden Spezifikationsflüsse zwischen den Komponenten in einer Matrixform aufgelistet und durch eine grafische Darstellung ergänzt. Eine Schätzung der Empfindlichkeit der Komponenten gegenüber technischen Änderungen, in Schritt 5 des CI-Entwicklungsprozesses, wird ebenfalls dem Prinzip der Risikoanalyse zugeordnet. Für jede Spezifikation schätzt das Entwicklungsteam die Empfindlichkeit jeder Komponente gegenüber einer kleinen Änderung der Spezifikation. Dies erfolgt ebenfalls qualitativ durch eine aufsteigende Abstufung der Sensitivität (0/1/3/6/9). Die Schritte 4 bis 6 des GVI-Entwicklungsprozesses werden dem Prinzip der Risikobewertung zugeordnet. Der vierte Schritt beginnt mit einer Schätzung der benötigten technischen Komponentenmerkmale für die Produktplattform auf Grundlage der zu erwartenden Änderungen der Kundenmerkmale. Diese Werte werden anschließend normiert und mithilfe einer aufsteigenden qualitativen Skala (1/3/6/9) werden die Kosten für eine technische Änderung des Bauteils geschätzt. Dies geschieht mit Expertenwissen. Im Hinblick auf das Prinzip der Risikobehandlung werden Heuristiken vorgestellt, mit denen Plattformen unter Berücksichtigung der Werte für die beschriebenen Indizes robuster gestaltet werden können. Diese unterteilen sich wiederum in Ansätze zur Reduzierung des GVI und des CI.

PALANI RAJAN ET AL. konzentrieren sich auf die Entwicklung einer Methode zur Bewertung der Flexibilität und die Ableitung einer Reihe von Richtlinien, um die Produktarchitektur zu einem gewünschten Grad an Flexibilität zu heben.[378] Die Autoren haben eine Change Mode and Effects Analysis (CMEA) analog zu einer Failure Mode and Effects Analysis (FMEA) entwickelt, um mögliche zukünftige Änderungen an einem Produkt bewerten zu können. Die CMEA ist ein zweistufiges Verfahren. Zuerst findet eine Produktdekomposition hinsichtlich Funktionen, Teilen oder Modulen statt. Anschließend erfolgt eine Bewertung der Change Potential Number (CPN) für die dekomponierten Produktteile im Hinblick auf mögliche Änderungen. Die CPN beschreibt die Flexibilität in Bezug auf die Integration zukünftiger technischer Änderungen in ein Produkt. Diese Kennzahl errechnet sich im Wesentlichen aus den Variablen der Gestaltungsflexibilität (Design Flexibility), Auftreten (Occurrence) und Bereitchaft (Readiness). Die Variable der Gestaltungsflexibilität wird dem Prinzip der Bestimmung des Anwendungsbereiches, Kontexts und der Kriterien zugeordnet. Eine hohe Bewertung der Gestaltungsflexibilität bedeutet, dass bei jeder zukünftigen Änderung die Kosten für die Neugestaltung gering sind und umgekehrt. In der Arbeit von PALANI RAJAN ET AL. wird die Variable Gestaltungsflexibilität anhand einer Intervallskala von 1 bis 10 bewertet. Im Sinne einer Risikoidentifikation wurde lediglich darauf verwiesen, eine textuelle Auflistung möglicher technischer Änderungen mit deren Ursachen zu erstellen. Die Variable Auftreten wird dem Prinzip der Risikobewertung zugeordnet. Diese beschreibt die Auftretenswahrscheinlichkeit bzw. die Häufigkeit des Auftretens einer technischen Änderung über den Lebenszyklus einer Komponente unter Verwendung einer Intervallskala von 1 bis 10. Um die Flexibilität der Produktgestaltung zu verbessern und damit die CPN zu erhöhen, wurde aus praktischen

---

378 Vgl. hierzu und im Folgenden Palani Rajan et al. (2003), Design for Flexibility - Measures And Guidelines, S. 1 f.

Validierungsbeispielen eine Reihe von Richtlinien abgeleitet. Dies wird dem Prinzip der Risikobehandlung zugeschrieben.

Der Flexibilisierungsansatz von KEESE ET AL. basiert ebenfalls auf dem Konzept der Change Mode and Effects Analysis (CMEA).[379] Das Ziel dieser Arbeit ist die Entwicklung von Produkten, die grundsätzlich zukünftige technische Änderungen ermöglichen, auch wenn solche technischen Änderungen im aktuellen Produktangebot nicht bekannt oder geplant sind. Aus diesem Grund wird die CMEA von PALANI RAJAN ET AL.[380] aufgegriffen und entsprechend erweitert, um intuitive und reproduzierbare Messungen von Produktflexibilität zu ermöglichen. Der Fokus der vorliegenden Arbeit liegt auf Produkten, die aus maximal 20-40 Komponenten bestehen. Die Erweiterung der CMEA und damit Unterscheidungspunkt zur Arbeit von PALANI RAJAN ET AL. besteht in der Berechnung der Changes-to-Function Ratio (CFR) mit dem Ziel einer verbesserten Bestimmung der Gestaltungsflexibilität (F). Die CFR ist ein auf die Komplexität des Produkts normierter Indikator für die Kosten einer technischen Änderung, damit Produkte unterschiedlicher Komplexität verglichen werden können. Die CFR wird berechnet durch die Addition der erforderlichen Bauteil-/Montageänderungen der betroffenen Komponenten, dividiert durch die Gesamtzahl der Funktionen in der Funktionsstruktur des Produkts. Die Berechnung der CFR wird dem Prinzip der Risikobewertung zugeordnet, da die zu berücksichtigenden sechs Kategorien jeweils relevante Kategorien der Neugestaltung des Produktes darstellen. Die Autoren betrachten die jeweiligen Kategorien als gleichwertig. Im Anschluss daran wird die erweiterte CMEA an mehreren Konsumgütern validiert und daraus die zu verfolgenden Grundsätze der Produktflexibilität abgeleitet. Diese sind weitgehend identisch mit denen von PALANI RAJAN ET AL., werden jedoch ausführlicher beschrieben und sind ebenfalls dem Prinzip der Risikobehandlung zuzuweisen.

Die Arbeit von SUH ET AL. konzentriert sich auf die systematische Identifikation und Evaluierung von flexiblen Komponenten in Produktplattformen.[381] Die Autoren haben einen siebenstufigen Prozess zur Gestaltung von Produktplattformen entwickelt, um während des Lebenszyklus besser auf zukünftige Unsicherheiten reagieren zu können. Der vierte Schritt von SUH ET AL. ist im Sinne der Bestimmung des Anwendungsbereichs, des Kontextes und der Kriterien als Prinzip der vorliegenden Arbeit zu nennen. In diesem werden die physischen Abhängigkeiten der Komponenten untereinander dargestellt, um kritische Elemente hinsichtlich eines Mehrbedarfes an erforderlicher Flexibilität zu identifizieren. Dies geschieht methodisch durch eine Einteilung der Komponenten in Multiplier, Carrier, Absorber und Constants analog zu ECKERT[382]. Um den Grad der Änderungsausbreitung für ein einzelnes Element zu messen, führen SUH ET AL. in diesem Zusammenhang den Change Propagation Index (CPI) ein. Der CPI misst den Grad der physikalischen Änderungsausbreitung durch die betrachtete Komponente, wenn dem betrachteten System eine technische Änderung aufgezwungen wird. Hinsichtlich der Risikoidentifikation werden in Schritt 2 alle unsicherheitsbezogenen funktionalen Schlüsselattribute aufgelistet. Darauf aufbauend werden die davon betroffenen Gestaltungsmerkmale der Produktplattform ermittelt, was einer Risikoanalyse entspricht. Im vierten Schritt stellen SUH ET AL. die räumlichen Abhängigkeiten

[379] Vgl. hierzu und im Folgenden Keese et al. (2007), An enhanced change modes and effects analysis (CMEA) tool for measuring product flexibility with applications to consumer products, S. 1 ff.

[380] Vgl. Palani Rajan et al. (2003), Design for Flexibility - Measures And Guidelines

[381] Vgl. hierzu und im Folgenden Suh et al. (2007), Flexible product platforms, S. 67 ff.

[382] Vgl. Eckert et al. (2004), Change and customisation in complex engineering domains, S. 12 ff.

zwischen den Komponenten dar und klassifizieren diese anhand des Change Propagation Indexs (CPI) in Multiplier, Carriers and Absorber. Der CPI berechnet sich aus der Subtraktion der Größe Change Propagated Outwards und der Größe Changes Received. Das Prinzip der Risikobehandlung beleuchten SUH ET AL. im fünften Schritt lediglich durch die Bereitstellung von allgemeinen Hinweisen zur Gestaltung flexibler Gestaltungsalternativen. Eine monetäre Bewertung der entwickelten Gestaltungsalternativen erfolgt in Schritt 6, wobei die initiale (unflexible) und die flexible Produktplattform verglichen werden. Die zu berücksichtigenden Kostenarten sind die Investitionskosten K_{Init}, die variablen Kosten C_{Total} und die änderungsbezogenen Investitionskosten K_{Switch}. In diesem Zusammenhang werden im siebten Schritt alternative Szenarien unter Berücksichtigung unterschiedlicher Unsicherheitsgrade ausgearbeitet. Die Auswahl der geeignetsten Produktkostenalternative erfolgt nach dem Kapitalwert (Net Present Value – NPV).

NEUMANN ET AL. stellen eine Methodik zur Risikovorbeugung bei der Entwicklung neuer Produkte vor, die durch den Einsatz von Multiple-Domain-Matrizen veranschaulicht wird.[383] Der Ansatz besteht aus drei Teilmodellen. Dazu zählen das Unsicherheitsmodell, das Risikomodell und das Reaktionsmodell. Diese können laut den Autoren direkt den drei Phasen des proaktiven Risikomanagements zugeordnet werden. Proaktives Risikomanagement beschreibt laut NEUMANN ET AL. einen iterativen Prozess, der die Risikoidentifikation, die Risikobewertung und die Risikobewältigung umfasst. Das Prinzip der Risikoidentifikation ist im Unsicherheitsmodell enthalten und gibt Aufschluss über das Auftreten von Unsicherheiten über die Projektlaufzeit. Darüber hinaus enthält das Unsicherheitsmodell ebenfalls Informationen über die Ausbreitung von Unsicherheiten im Sinne einer Risikoanalyse. Es werden Multiple-Domain-Matrizen verwendet, um von den Anforderungsunsicherheiten auf die Systemelemente abzuleiten und so Systemunsicherheiten zu ermitteln. Anschließend wird eine Zuordnung zu den betroffenen Prozesselementen durchgeführt und damit können die Prozessunsicherheiten beschrieben werden. Im Rahmen des Risikomodells werden die identifizierten Unsicherheiten hinsichtlich Qualitäts- und Prozessverlusten bewertet, um das damit verbundene Risiko abzuschätzen. Das Risikomaß wird von den Autoren definiert als das Produkt aus der Wahrscheinlichkeit eines unangemessenen Ergebnisses und den Auswirkungen dieses Ergebnisses. Im Hinblick auf das Prinzip der Risikobehandlung beschreiben NEUMANN ET AL. vier allgemeine Strategien zur Risikoverminderung, die nicht in Detail erläutert werden und entweder auf eine Anpassung des Produkts oder des Entwicklungsprozesses abzielen. Für eine monetäre Bewertung der entwickelten Reaktionsoptionen werden exemplarisch Zahlen am Beispiel eines mobilen Segment-Roboters präsentiert. NEUMANN ET AL. geben jedoch keine detailliertere Auskunft über die Berechnungslogik.

Beim Ansatz nach BAUER ET AL. steht die Entwicklung von zyklusrobusten Plattformen und Modulen für eine Produktfamilie im Vordergrund.[384] Ziel der Autoren ist es, die Auswirkungen technischer Änderungen während des Lebenszyklus einer Plattform zu reduzieren, damit sie schnell und kostengünstig umgesetzt werden können. Zu diesem Zweck werden die Komponenten einer Produktfamilie in einer frühen Entwicklungsphase systematisch in Komponenten eines Moduls oder Plattformen unterteilt und mit Gestaltungsempfehlungen hinterlegt. Die Methodik hierfür besteht aus vier Phasen. Der dritte

---

383 Vgl. hierzu und im Folgenden Neumann et al. (2012), Adapting Product and Development Process for Risk Reduction in New Product Development, S. 267 ff.

384 Vgl. hierzu und im Folgenden Bauer et al. (2013), An approach for cycle-robust platform design, S. 1 ff.

Schritt in Phase 1 wird dem Prinzip der Bestimmung des Anwendungsbereiches, des Kontexts und der Kriterien zugeordnet. In diesem Schritt untersuchen BAUER ET AL. die Struktur der Basiseinheit der betrachteten Produktplattform durch die Berechnung struktureller Eigenschaften. Die Kritikalität des Elements wird durch Multiplikation der Aktiv- und Passivsumme berechnet. Die Kritikalität beschreibt hierbei die Rolle eines Elements innerhalb der Struktur, basierend auf seinen ein- und ausgehenden Abhängigkeiten. Darüber hinaus werden für dieses Prinzip in Phase 4 die Komponenten in einem Portfoliodiagramm nach ihrer Kritikalität und Dynamik in sechs Kategorien eingeteilt und auf Basis dieser Kategorien dem Modul- oder Plattformkonzept zugeordnet. Darüber hinaus geben die Autoren für jede dieser Kategorien Gestaltungsempfehlungen für den weiteren Entwicklungsprozess. Im ersten Schritt der zweiten Phase werden Einflussfaktoren im Sinne einer Risikoidentifikation ermittelt, die in der Planung der Plattform berücksichtigt werden müssen. Dazu wird das Kontextmodell von LANGER UND LINDEMANN[385] verwendet. Dieses klassifiziert externe Kontextfaktoren in die fünf Kategorien Umwelt, Markt, Unternehmensschnittstellen, Unternehmen und Entwicklungsprozess und untersucht eine Betroffenheit auf die vier Beeinflussungsklassen Technologie, Sozioökonomie, Politik, Ressourcen.[386] Das Prinzip der Risikoanalyse lässt sich im ersten Schritt der Phase 1 wiederfinden. Dabei wird die Schnittstellenstruktur einer Basiseinheit der betrachteten Produktplattform anhand einer Domain-Structure-Matrix (DSM) erfasst. Bei BAUER ET AL. wird die Art der Abhängigkeiten zwischen den physikalischen Komponenten durch den geometrischen Kontakt, Signalfluss, Materialfluss oder Energiefluss beschrieben. Die Zuordnung der zyklischen Einflussfaktoren zur Plattform- und Modulstruktur erfolgt über Domain Mapping Matrizen (DMM) in Phase 3. Der zweite und dritte Schritt der Phase 2 werden dem Prinzip der Risikobewertung zugeordnet. Dabei werden zunächst die identifizierten Einflussfaktoren nach ihrem Einfluss und dem Unsicherheitsgrad in Anlehnung an GOMERINGER[387] mit einem Vier-Punkte-Rating charakterisiert. Die Einflussfaktoren werden im Anschluss daran entsprechend ihrer Relevanz priorisiert. Zu diesem Zweck wurde im Portfoliodiagramm ein bestimmter Bereich abgegrenzt und als wichtig für das weitere Vorgehen definiert.

SCHUH ET AL. stellen ein Verfahren zur Ermittlung von Unsicherheiten als Grundlage für die Gestaltung von Produktarchitekturen vor. Die Szenariotechnik und Simulationen werden in diesem Zusammenhang für den Planungsprozess des Produktangebots verwendet.[388] Diese Publikation entspricht einem Teil der Dissertation von SCHIFFER[389], und aus diesem Grund findet die weitere würdigende Untersuchung des Ansatzes von SCHUH ET AL. auf der Grundlage dieser Arbeit statt. Das Ziel der Arbeit von SCHIFFER ist die Entwicklung eines Gestaltungsmodells für die Entwicklung von szenariorobusten Produktarchitekturen, um die mit der Produktarchitektur verbundenen Kosten im Zeitverlauf zu minimieren. Die Kommunalitäten innerhalb der Produktarchitektur sollen durch die Berücksichtigung alternativer Zukunftsszenarien im Entwicklungsprozess langfristig erhalten bleiben.[390] Die Methodik besteht

385 Vgl. Langer et al. (2009), Managing clycles in development processes

386 Vgl. Langer et al. (2009), Managing clycles in development processes, S. 545 ff.

387 Vgl. Gomeringer (2007), Eine integrative, prognosebasierte Vorgehensweise zur strategischen Technologieplanung für Produkte, S. 78 ff.

388 Vgl. Schuh et al. (2014), Scenario-based determination of product feature uncertainties for robust product architectures, S. 383

389 Vgl. hierzu und im Folgenden Schiffer (2013), Szenariorobuste Produktarchitekturgestaltung

390 Vgl. Schiffer (2013), Szenariorobuste Produktarchitekturgestaltung, S. 7

aus vier aufeinander aufbauenden Schritten zur szenariorobusten Produktarchitekturgestaltung.[391] Das Prinzip Anwendungsbereich, Kontext und Kriterien bestimmen findet sich bei SCHIFFER zwei Mal. In Kapitel 5.1.1.1, dem ersten Schritt der Szenariotechnik, wird das zu betrachtende Szenariofeld im Rahmen der Szenariovorbereitung definiert. Hierbei werden die Fragen geklärt: Was ist der Ausgangspunkt? Was ist das Ziel der folgenden Schritte der Szenariotechnik? Welche Arten von Szenarien werden berücksichtigt? Der Autor macht keine detaillierteren Angaben zu der Vorgehensweise.[392] In Kapitel 5.2.3.1 werden die kritischen Elemente für die Produktarchitektur identifiziert. Dies sind Kundenmerkmale (z.B. Größe der Hauptbatterie) mit besonders hoher Unsicherheit bzw. Dynamik und einer hohen Ausprägungsvielfalt (z.B. 30kWh, 50kWh, etc.). Nach Aussage des Autors erfordern diese Kundenmerkmale eine Gestaltung mit größtmöglicher Flexibilität bei gleichzeitig weitgehender Sicherung der bestehenden Skaleneffekte. Dazu werden mit einer vierstufigen qualitativen Skala (0/1/3/6/9) Gewichtungsfaktoren für die jeweiligen Kundenmerkmale festgelegt und im bereits entwickelten Merkmals-Ausprägungsportfolio visualisiert.[393] Bei SCHIFFER wird das Prinzip der Risikoidentifikation dem zweiten bis vierten Schritt der Szenariotechnik zugeordnet. So werden in Kapitel 5.1.1.2 mögliche Einflussfaktoren für die Produktarchitektur identifiziert. Dazu zählen Aspekte, welche die Produktarchitektur aus dem Umfeld heraus beeinflussen können. Der Autor verweist hierfür auf den Einsatz von Kreativitätstechniken. Aspekte aus den Bereichen Kunde, Umwelt und Wettbewerb werden als besonders relevant herausgehoben.[394] Auf der Grundlage von Expertenbefragungen und quantitativen Prognoseverfahren werden in Kapitel 5.1.1.3 möglichst fundierte und realistische Prognosen bezüglich der Eintrittswahrscheinlichkeiten gebildet. Dies ist laut SCHIFFER eine wichtige Voraussetzung zur Analyse möglicher Einflüsse auf die individuellen Eigenschaften von Kundenmerkmalen (vgl. Prinzip der Risikoanalyse).[395] Im zweiten Schritt der Szenariotechnik wird neben der Identifizierung von Einflussfaktoren eine Auswahl hinsichtlich der wichtigsten Einflussfaktoren, der Schlüsselfaktoren, getroffen. Der Autor verwendet hierfür die Methoden der Einflussanalyse, der Relevanzmatrix und des System-Grids.[396] Das Kapitel 5.2.1 enthält das Prinzip der Risikoanalyse und basiert auf den bereits beschriebenen Ansätzen von MARTIN[397] und SUH[398]. Es werden dort die Komponentenmerkmale der jeweiligen Komponenten ermittelt, die Abhängigkeiten untereinander schematisch dargestellt, die Kundenmerkmale mit den Komponentenmerkmalen verknüpft und gewichtet, um die daraus resultierenden Effekte darstellen zu können. Die Darstellung erfolgt grafisch und in einer Matrixdarstellung mit den Abstufungen 0/1/3/6/9. Daraus lassen sich die Aktiv- und Passivsummen berechnen, aus denen sich ableiten lässt, ob die Komponente stark von verknüpften Komponenten beeinflusst wird oder andere Komponenten beeinflussen kann.[399] In Kapitel 5.2.2 findet bei SCHIFFER die Ermittlung der erwarteten Änderungskosten statt. Ziel ist es, auf der Grundlage des bestehenden Konzepts eine Schätzung zu erhalten, ob eine Änderung oder eine zusätzliche Variante einer Bauteileigenschaft hohe, mittlere oder niedrige Kosten verursacht. Dies

---

391 Vgl. Schiffer (2013), Szenariorobuste Produktarchitekturgestaltung, S. 95
392 Vgl. Schiffer (2013), Szenariorobuste Produktarchitekturgestaltung, S. 99 ff.
393 Vgl. Schiffer (2013), Szenariorobuste Produktarchitekturgestaltung, S. 138 ff.
394 Vgl. Schiffer (2013), Szenariorobuste Produktarchitekturgestaltung, S. 101 f.
395 Vgl. Schiffer (2013), Szenariorobuste Produktarchitekturgestaltung, S. 104
396 Vgl. Schiffer (2013), Szenariorobuste Produktarchitekturgestaltung, S. 101
397 Vgl. Martin et al. (2002), Design for variety
398 Vgl. Suh et al. (2007), Flexible product platforms
399 Vgl. Schiffer (2013), Szenariorobuste Produktarchitekturgestaltung, S. 123 ff.

geschieht durch Summierung der gewichteten Einzelaufwände je Komponente. Die Kostenarten und deren Gewichtung hängen nach Ansicht des Autors stark vom jeweiligen Unternehmen ab und sind daher nicht weiter spezifiziert.[400] Das Prinzip der Risikobewertung ist in Kapitel 5.1.2.2 zu finden. Im sechsten Schritt der Szenariotechnik werden die Teilerwartungswerte der Kundenmerkmalsausprägungen abgeleitet. Dies entspricht einer Evaluation des Einflusses, den die jeweilige Projektion des entsprechenden Schlüsselfaktors auf die Wahrscheinlichkeit der Realisierung des Merkmalswertes hat. Dies geschieht über eine Merkmals-Projektionsmatrix, in welcher der Einfluss der Projektion auf den Kundenmerkmalswert durch den Teilerwartungswert T dargestellt wird. Der Teilerwartungswert basiert auf einer qualitativ bestimmten, fünfstufigen Ratingskala (1-5).[401] Auf Basis des ermittelten Teilerwartungswertes erfolgt im siebten Schritt der Szenariotechnik (Kapitel 5.1.2.3) eine szenarioübergreifende Ermittlung der Unsicherheit der Kundenmerkmalsausprägungen. Dazu wird für jedes Szenario der ausprägungsspezifische Erwartungswert und anschließend die dazugehörige Abweichung berechnet. Nach einer Normierung und Klassifizierung (Niedrig/Mittel/Hoch) der erhaltenen Werte beschreibt der Erwartungswert die Ordinate und die Abweichung die Abszisse im Kundenmerkmals-Ausprägungsportfolio von SCHIFFER.[402] Das gesamte Kapitel 5.3 von SCHIFFER lässt sich dem Prinzip der Risikobehandlung zuordnen. Im ersten Schritt werden sieben Strategien zur Gestaltung von szenariorobusten Produktarchitekturen beschrieben. Die Gestaltungsstrategien basieren auf den drei Hauptteilen der Produktarchitektur. Das sind die Produktstruktur, Funktionsstruktur und Transformationsbeziehung. Im zweiten Schritt werden die Einflussfaktoren auf die Wahl der Gestaltungsstrategie ermittelt und beschrieben. Ausgehend von der jeweiligen Ausgangssituation der Produktarchitektur und einer abgeleiteten Auswahllogik ist es im dritten Schritt möglich, die Gestaltungsstrategien den Einflussfaktoren zuzuordnen.[403] Eine monetäre Bewertung der Gestaltungsstrategien erfolgt in Kapitel 5.4. SCHIFFER hat hierfür ein zukunftsweisendes Bewertungsmodell für die Auswahl von Produktarchitektur entwickelt. Dabei soll diejenige Alternative der Produktarchitektur umgesetzt werden, welche die erwarteten Anforderungen und deren Veränderungen im Lebenszyklus der Produktarchitektur mit minimal erwarteten Kosten umsetzt. Die dabei verwendeten Kostenarten sind die Initialkosten (K_{init}), die erwarteten Produktionskosten (K_{prod}) und die Summe aller erwarteten Änderungskosten (K_{switch}). Die Kostenarten basieren auf den Ausführungen von SUH[404].[405]

HU UND CARDIN stellen eine vierstufige Methodik zur Identifikation wertvoller Potenziale für die Integration von Flexibilität in technischen Systemen vor, um proaktiv mit Markt- und Umweltunsicherheiten umgehen zu können.[406] Die vorgestellte Methodik integriert ein Bayes'sches Netzwerk in die Gestaltung von technischen Systemen, um komplexe Änderungsausbreitungen effektiv modellieren und Auswirkungen prognostizieren zu können, wenn bestimmte Elemente im System geändert werden müssen. Der zweite Schritt der Methodik beinhaltet die Prinzipien Risiken identifizieren und analysieren.

400 Vgl. Schiffer (2013), Szenariorobuste Produktarchitekturgestaltung, S. 134 ff.
401 Vgl. Schiffer (2013), Szenariorobuste Produktarchitekturgestaltung, S. 111 ff.
402 Vgl. Schiffer (2013), Szenariorobuste Produktarchitekturgestaltung, S. 114 ff.
403 Vgl. Schiffer (2013), Szenariorobuste Produktarchitekturgestaltung, S. 144 ff.
404 Vgl. Suh et al. (2007), Flexible product platforms, S. 75
405 Vgl. Schiffer (2013), Szenariorobuste Produktarchitekturgestaltung, S. 173 ff.
406 Vgl. hierzu und im Folgenden Hu et al. (2015), Generating flexibility in the design of engineering systems to enable better sustainability and lifecycle performance, S. 121 ff.

Im Hinblick auf die Risikoidentifikation empfehlen die Autoren, die wichtigsten Quellen der Unsicherheit zu identifizieren und zu modellieren. Diese Phase ist stark abhängig von der Expertise des Gestalters und es wird auf die Anwendung von Kreativitätstechniken verwiesen. Nach der Identifikation der einflussreichsten Unsicherheiten werden die Wechselwirkungen mit den Systemelementen durch die Engineering System Matrix (ESM) dargestellt. Dieser Prozess wird der Risikoanalyse zugeordnet. Die ESM modelliert das technische System anhand einer Adjazenzmatrix. Die Beziehung und der Grad der Abhängigkeit werden durch eine bedingte Wahrscheinlichkeit dargestellt. Diese ist definiert als die Wahrscheinlichkeit, dass eine Änderung in einem Element zu einer Änderung in einem benachbarten Element führt. Im vierten und letzten Schritt der Methodik von HU UND CARDIN findet sich ein Ansatz der monetären Bewertung der Risikobehandlung. Dabei wird ein auf einer Monte-Carlo-Simulation[407] basierender Ansatz zur Analyse von Realoptionen verwendet, um stochastische Szenarien zu generieren, eine Vielzahl an möglichen Szenarien durchzuführen und zu einer möglichst breiten Verteilung an Ergebnissen zu gelangen. Die erwartete Kapitalwert-Lebenszyklusperformance des flexiblen Gestaltungsszenarios und des Benchmark-Designs wird auf Basis der simulierten Zukunftsszenarien berechnet.

Das Konzept der flexiblen Produktplattform von WEI ET AL. wurde eingeführt, um die Fähigkeit der Produktfamilie zu verbessern, dynamisch auf Veränderungen der Marktnachfrage reagieren zu können.[408] Dazu wird zunächst der Multi-Domain-Transfermodus für dynamische Anforderungen vorgestellt und darauf aufbauend eine zweistufige Gestaltungs-Methodik entwickelt, die auf die Optimierung konkurrierender Ziele ausgerichtet ist. In der Arbeit von WEI ET AL. entspricht der Multi-Domain-Transfermodus einer abstrakten Form des Produktentwicklungsprozesses und wird dem Prinzip der Risikoanalyse zugeordnet. Der Multi-Domain-Transfermodus wird durch vier Gestaltungsdomänen nach der Theorie des axiomatischen Designs beschrieben. Das sind die Verbraucherdomäne, die Funktionsdomäne, die physische Domäne und die Prozessdomäne. Jede Gestaltungsdomäne kann anhand verschiedener Variablen beschrieben werden. Die Abbildungsbeziehungen zwischen den Domänen werden für jeden Transformationsvorgang auf der Grundlage verschiedener Verfahren entsprechend gewichtet und durch Matrizen dargestellt.

SCHUH ET AL. stellen einen Ansatz für die Gestaltung von veränderbaren modularen Produktplattformen vor.[409] Die Veränderbarkeit wird durch die frühzeitige Bestimmung geeigneter Freiheitsgrade realisiert, die für die Ableitung von Varianten über den gesamten Lebenszyklus der Produktplattform vorteilhaft sind. Um die Auswirkungen von Änderungen in einem technischen System zu berücksichtigen, wurde eine matrixbasierte Änderungsausbreitungsanalyse entwickelt und angewendet. Die Auswahl der

---

407 „Die Monte Carlo Simulation ist ein Verfahren, bei dem Zufallszahlen als Eingangsgrößen für ein Simulationsmodell verwendet werden, und die Bandbreite der Ergebnisgrößen protokolliert wird. Dabei handelt es sich um ein Simulationsverfahren, das Unsicherheiten berücksichtigt, die mit Hilfe des Computers generiert werden können. Die Simulationen werden mit Zufallszahlen durchgeführt. Mit zunehmender Anzahl an Simulationen mit den entsprechenden Zufallszahlen werden die Ergebnisse immer präziser. Es lassen sich somit genauere Aussagen über entsprechende Konsequenzen treffen. Durch den Einsatz von Zufallszahlen ist die Wahrscheinlichkeit für das Eintreten eines bestimmten Ereignisses unabhängig von dem Ausgang des vorangegangenen Ergebnisses. Die Monte Carlo Simulation bietet daher die Möglichkeit, ein Problem ohne eine zugrunde liegende analytische Theorie zu lösen." Nemuth (2006), Risikomanagement bei internationalen Bauprojekten, S. 151

408 Vgl. hierzu und im Folgenden Wei et al. (2017), Product Family Flexible Design Method Based on Dynamic Requirements Uncertainty Analysis, S. 332 ff.

409 Vgl. hierzu und im Folgenden Schuh et al. (2017), Design for Changeability, S. 63 ff.

günstigen Freiheitsgrade erfolgt anhand eines Entscheidungsmodells. Die Arbeit von SCHUH ET AL. umfasst Ansätze, die sich dem Prinzip der Risikoanalyse zuordnen lassen. In einem ersten Schritt werden die verfügbaren Freiheitsgrade innerhalb der Systemgestaltung identifiziert. Eine funktionale Zerlegung und ein systematischer Abbildungsprozess werden durch die Anwendung der Prinzipien des Axiomatic Design erreicht, wie bereits von SUH[410] formuliert. Dafür werden die relevanten Gestaltungsparameter genauer analysiert. Für jeden Gestaltungsparameter können verschiedene Freiheitsgrade, im Englischen Degrees of Freedom (DoF), identifiziert werden. Ein Freiheitsgrad ist definiert als der Bereich einer möglichen Variation eines Gestaltungsparameters. Im nächsten Schritt werden die Abhängigkeiten zwischen den relevanten Freiheitsgraden bestimmt. Abhängigkeiten können in einer grafischen Darstellung oder einer Adjazenzmatrix visualisiert werden. Darauf aufbauend werden die Änderungsauswirkungen, im Sinne einer Risikobewertung, quantifiziert. Dazu wird jeder Freiheitsgrad im Hinblick auf seine Auswirkungen auf die Erfüllung von Funktionen, auf zusätzliche Kosten und auf andere Freiheitsgrade, die durch seine Interdependenz repräsentiert werden, bewertet. Zu diesem Zweck wurden drei Faktoren entwickelt. Der Funktionserfüllungsfaktor F_{DoF} berücksichtigt die Auswirkungen der Variation der Freiheitsgradausprägung auf den Bereich der funktionalen Anforderungen. Der Zusatzkostenfaktor AC_{DoF} betrachtet die Auswirkungen einer Variation der Freiheitsgradvariation auf die Entwicklungs- und Konstruktionskosten, die direkten Kosten und Prozesskosten. Da die Variation eines Freiheitsgrades wahrscheinlich zu Veränderungen zusätzlicher Freiheitsgrade führen wird, ist es notwendig, die Zusammenhänge zwischen den Freiheitsgraden zu bestimmen. Dies geschieht durch Berechnung des Interdependenzfaktors I_{ab}, der die Wahrscheinlichkeit einer Änderung des Freiheitsgrades b nach der Änderung des Freiheitsgrades a beschreibt. Im Anschluss daran werden die dazugehörige Änderungsausbreitungsanalyse operational durchgeführt und auf Basis dessen die zusätzlichen Kosten und die Funktionserfüllung berechnet. Die Berechnung erfolgt durch Summierung auf der Grundlage der bereits erfassten Änderungsauswirkungen und wird dem Prinzip der monetären Bewertung zugeordnet.

Abgeschlossen wird die würdigende Untersuchung bestehender Ansätze mit der Arbeit von ALLEN ET AL.[411] In dieser werden die Gestaltungsansätze der Überdimensionierung und der Produktüberarbeitung als Konzepte zur Bewältigung zukünftiger Anforderungen verglichen. Die Zielsetzung dieser Arbeit ist es, den relativen Wert der beiden Ansätze zu analysieren und festzustellen, unter welchen Bedingungen eine Überdimensionierung oder Produktüberarbeitung den größeren Nutzen bringt. Der quantitative Vergleich der beiden Ansätze erfolgt durch die Kapitalwertmethode, im Englischen Net Present Value (NPV). ALLEN ET AL. betrachten nicht nur die Sichtweise des Herstellers, sondern auch die des Kunden. Im Sinne einer monetären Bewertung, als Prinzip des Risikomanagements, listen die Autoren in Kapitel 3 die Kostenarten auf, die für die Berechnung des Kapitalwerts aus Sicht des Herstellers und des Kunden erforderlich sind. Dazu zählen nach ALLEN ET AL. die Forschungs- und Entwicklungskosten (F&E), die inkrementellen Forschungs- und Entwicklungskosten (F&E), der Umsatz (Hersteller) oder die Nutzenfunktion (Kunde), der inkrementelle Umsatz (Hersteller) oder die inkrementelle Nut-

[410] Vgl. Suh (1990), The principles of design, S. 46 f.

[411] Vgl. hierzu und im Folgenden Allen et al. (2019), Over-Design Versus Redesign as a Response to Future Requirements, S. 1 ff.

zenfunktion (Kunde), die Kosten der verkauften Produkte (Selbstkosten, Hersteller) oder der Dienstzeitaufwand (Kunde), die inkrementellen Kosten der verkauften Waren (COGS, Hersteller) oder die inkrementellen In-Service Cost (Kunde), die anderen Kosten (Hersteller) und die inkrementellen sonstigen Kosten (Hersteller). Auf Basis dieser Kostenarten wird die Differenz zwischen dem Kapitalwert des Überdimensionierungsansatzes und der Produktrevision sowohl aus Hersteller- als auch aus Kundensicht berechnet.

3.2.2 Auswahl integrierbarer Bausteine

Die in Kapitel 3.2.1 in Kurzform vorgestellten und untersuchten wissenschaftlichen Ansätze erfüllen bereits Teile der Prinzipien. Aus diesem Grund ist es sinnvoll, bei der Entwicklung eines umfassenden modellbasierten Ansatzes im Rahmen dieser Arbeit auf bestimmten Modellbausteinen dieser etablierten Modelle aufzubauen. Nachfolgend werden daher die relevanten Ansätze pro Prinzip aufgelistet und im Hinblick auf mögliche Anknüpfungspunkte analysiert, die in dieser Arbeit weiterverfolgt werden können. Die Erweiterung der ausgewählten Ansätze mit den neuen Bausteinen zu einem ganzheitlichen Ansatz erfolgt in den Kapiteln 4 und 5.

Prinzip a) Anwendungsbereich, Kontext, Kriterien bestimmen:

Die Ansätze von PALANI RAJAN ET AL., SUH ET AL., BAUER ET AL. und SCHIFFER beschreiben jeweils Ansätze zum Prinzip der Bestimmung des Anwendungsbereichs, Kontexts und der Kriterien. Bei PALANI RAJAN ET AL. wird das Prinzip lediglich durch eine eindimensionale Kennzahl abgedeckt. Die Kennzahl der Gestaltungsflexibilität wird mit einer Intervallskala von 1 bis 10 bewertet, wobei „1" für minimale Flexibilität und „10" für vollständige Flexibilität steht.[412] Im Rahmen dieser Arbeit wird die Verwendung von nur einer Kennzahl als nicht sinnvoll erachtet, da die Problemstellung dieser Arbeit vielschichtig ist. Portfoliodiagramme wie bei SUH ET AL., BAUER ET AL. und SCHIFFER sind daher ein erfolgversprechender Ansatz. Bei SUH ET AL. werden die Komponenten einer Produktplattform hinsichtlich des Absorptionsgrades (Degree of absorption) auf der Abszisse und auf der Ordinate hinsichtlich des Ausbreitungsgrades (Degree of propagation) von technischen Änderungen bewertet.[413] SCHIFFER verwendet den Ursachenindex, um eine hohe Dynamik und Ausprägungsvielfalt als Parameter der Ordinate zu beschreiben. Wie bei SUH ET AL. beschreibt die Abszisse die Auswirkungsseite einer technischen Änderung. Konkret beschreibt die Abszisse hier die Auswirkungen einer technischen Änderung oder der Hinzufügung einer Ausprägung des Kundenmerkmals mit dem Parameter des Wirkungsindexes.[414] BAUER ET AL. hingegen verwenden den Parameter der Kritikalität, um die strukturellen Auswirkungen einer technischen Änderung entlang der Ordinate zu beschreiben. Die Dynamik wird im Portfoliodiagramm auf der Abszisse angezeigt.[415]

Die Abszissen von SUH ET AL. und SCHIFFER berücksichtigen jeweils die Auswirkungsseite einer technischen Änderung. Bei einer technischen Änderung eines Bauteils können die Auswirkungen auf-

---

412 Vgl. Palani Rajan et al. (2003), Design for Flexibility - Measures And Guidelines, S. 3

413 Vgl. Suh et al. (2007), Flexible product platforms, S. 73 f.; Eckert et al. (2004), Change and customisation in complex engineering domains, S. 12 f.

414 Vgl. Schiffer (2013), Szenariorobuste Produktarchitekturgestaltung, S. 138 ff.

415 Vgl. Bauer et al. (2013), An approach for cycle-robust platform design, S. 8

grund von Verblockungen jedoch sehr individuell sein. Der Grad oder die Größenordnung der Auswirkungen einer technischen Änderung können je nach betroffenem Komponentenmerkmal und Schwere der Betroffenheit stark variieren. Eine Verallgemeinerung dieser Aussage zu Beginn des modellbasierten Ansatzes in Form einer zu berücksichtigenden Kennzahl wird daher nicht empfohlen. Aus diesem Grund soll das Prinzip der Bestimmung des Anwendungsbereichs, des Kontext und der Kriterien im Folgenden auf dem Portfolioansatz von BAUER ET AL. basieren. Es gilt zu klären, inwieweit die Kennzahlen dem Sachverhalt der Verblockung entsprechen und wie diese erweitert oder angepasst werden müssen. Dazu gehören die Kennzahlen zur Ermittlung des Ordinatenwertes, des Abszissenwertes ebenso wie die Auswahl eines Bereichs im Portfoliodiagramm zur Bestimmung der verblockungskritischen Baukästen. Der Ansatz von RUDOLF bietet im Umgang mit Kennzahlen eine geeignete Vorgehensweise, da er bereits ein Kennzahlensystem zur Bestimmung von Baukastenelementen mit einem hohen Kommunalitätspotenzial für eine produktionsgerechte Baukastengestaltung entwickelt hat.[416] Diese Vorgehensweise kann als Grundlage für diese Arbeit verwendet werden.

Prinzip b) Risiken identifizieren:

Das Prinzip der Risikoidentifikation findet sich bei JIANG UND ALLADA, MARTIN UND ISHII, PALANI RAJAN ET AL., SUH ET AL., BAUER ET AL., SCHIFFER sowie HU UND CARDIN. Den Prozess der Identifikation als solchen beschreiben jedoch lediglich JIANG UND ALLADA, BAUER ET AL., SCHIFFER und HU UND CARDIN. Diese Autoren verweisen auf den Einsatz von Kreativitätstechniken, wie z.B. Brainstorming.[417] PALANI RAJAN ET AL. verweisen beim Vorgehen der Risikoidentifikation darauf, die Ursachen der Risiken mit aufzulisten. Einzig SCHIFFER und BAUER ET AL. nehmen eine Art Kategorisierung der Risiken in ihren Anwendungskontexten vor. SCHIFFER kategorisiert und beschreibt teilweise die Risiken für Produktplattformen. Als besonders relevant werden Aspekte aus den Bereichen Kunde, Umwelt und Wettbewerb hervorgehoben.[418] BAUER ET AL. klassifizieren die Risiken mit dem Kontextmodell von LANGER UND LINDEMANN[419], allerdings ist dieser Schritt der eigentlichen Identifikation untergeordnet bzw. nur zweitrangig. Das Kontextmodell ist sehr allgemein gehalten und befasst sich mit dem Innovationsprozess von Konsum- und Investitionsgütern.[420] Viele der genannten Autoren verstehen die betrachteten Komponenten der Produktarchitektur, Produktfamilie, Produktplattform als Bestandteil eines Systems, das von externen Faktoren im Sinne von Risiken beeinflusst wird. Dazu zählen MARTIN UND ISHII, SUH ET AL., BAUER ET AL., SCHIFFER sowie HU UND

---

416 Vgl. Rudolf (2013), Produktionsgerechte Baukastengestaltung, S. 104 ff.

417 Vgl. Jiang et al. (2001), Design for Robustness of Modular Product Families for Current and Future Markets, S. 177; Peace (1993), Taguchi methods, S. 70 ff.; Bauer et al. (2013), An approach for cycle-robust platform design, S. 7; Schiffer (2013), Szenariorobuste Produktarchitekturgestaltung, S. 101 f.; Hu et al. (2015), Generating flexibility in the design of engineering systems to enable better sustainability and lifecycle performance, S. 127

418 Vgl. Schiffer (2013), Szenariorobuste Produktarchitekturgestaltung, S. 101 f.

419 Vgl. Langer et al. (2009), Managing cycles in development processes

420 Vgl. Bauer et al. (2013), An approach for cycle-robust platform design, S. 7; Langer et al. (2009), Managing cycles in development processes, S. 539

CARDIN.[421] JIANG UND ALLADA hingegen unterteilen die Risiken nach PEACE[422] in interne und externe Faktoren. Interne Faktoren sind hier z.B. die Alterung von elektronischen Bauteilen. Äußere Faktoren sind beispielsweise der Einfluss der Außentemperatur auf das Bauteil.[423] SCHIFFER ergänzt den Schritt der Risikoidentifikation um die Eintrittswahrscheinlichkeit als weitere zu berücksichtigende Größe.[424]

Die Literatur enthält bereits eine Vielzahl von Beiträgen zu systematischen Verfahren bzw. möglichen vordefinierten Anhaltspunkten zur Identifikation von Risiken. Einige Autoren, die sich diesem Prinzip zuordnen lassen, verweisen auf die Durchführung qualitativer Verfahren, wie z.B. Kreativitätstechniken. Neben den qualitativen Verfahren existieren auch quantitative Verfahren zur Risikoidentifikation. In dieser Arbeit sollen sowohl qualitative als auch quantitative Verfahren betrachtet werden. Gesamtheitlich betrachtet konzentrieren sich die Autoren dieses Prinzips vor allem auf die Kategorisierung der Risiken für ihren Anwendungsbereich. Aus diesem Grund werden für diese Arbeit ebenfalls Risikokategorien bzw. Risikofaktoren[425] für Baukästen benötigt. Dadurch wird die Risikoidentifikation konkreter und damit für die Entwickler greifbarer. In Kapitel 3.1.1 wird eine Unterteilung der Risiken in endogene (interne) und exogene (externe) Risiken nach SIEPERMANN[426] im Hinblick auf die ursachenbezogene Sichtweise auf den Risikobegriff vorgeschlagen. Im Sinne einer Risikobeschreibung erwähnt SCHIFFER auch die Eintrittswahrscheinlichkeit als weitere zu berücksichtigende Größe.[427] Im Rahmen der vorliegenden Arbeiten ist zu prüfen, welche weiteren Informationen für eine aussagekräftige Risikobeschreibung erforderlich sind. JIANG UND ALLADA bestätigen diesen Forschungsbedarf im Ausblick ihrer Arbeit. Danach müssen Modelle für verschwommene zukünftige Kundenanforderungen entwickelt werden, die Unsicherheit und ungenaue Informationen erfassen.[428]

Prinzip c) Risiken analysieren:

Die Ansätze von JIANG UND ALLADA, MARTIN UND ISHII, SUH ET AL., NEUMANN ET AL., BAUER ET AL., SCHIFFER, HU UND CARDIN, WEI ET AL. und SCHUH ET AL. lassen sich jeweils dem Prinzip der Risikoanalyse zuordnen. In diesem Zusammenhang kann festgestellt werden, dass die Autoren JIANG UND ALLADA, MARTIN UND ISHII, SUH ET AL., BAUER ET AL., SCHIFFER, HU UND CARDIN Komponentenmerkmale auflisten, ohne eine konkrete Vorgehensweise zu nennen.[429] WEI ET

421 Vgl. Martin et al. (2002), Design for variety, S. 214; Suh et al. (2007), Flexible product platforms, S. 73; Bauer et al. (2013), An approach for cycle-robust platform design, S. 2; Schiffer (2013), Szenariorobuste Produktarchitekturgestaltung, S. 101 f.; Hu et al. (2015), Generating flexibility in the design of engineering systems to enable better sustainability and lifecycle performance, S. 128

422 Vgl. Peace (1993), Taguchi methods, S. 74 ff.

423 Vgl. Jiang et al. (2001), Design for Robustness of Modular Product Families for Current and Future Markets, S. 177; Peace (1993), Taguchi methods, S. 70 ff.

424 Vgl. Schiffer (2013), Szenariorobuste Produktarchitekturgestaltung, S. 104

425 Risikofaktoren sind Einflussgrößen oder Ursachenkategorien, aus denen Risiken resultieren können.

426 Vgl. Siepermann (2008), Risikokostenrechnung, S. 20

427 Vgl. Schiffer (2013), Szenariorobuste Produktarchitekturgestaltung, S. 104

428 Vgl. Jiang et al. (2001), Design for Robustness of Modular Product Families for Current and Future Markets, S. 181

429 Vgl. Jiang et al. (2001), Design for Robustness of Modular Product Families for Current and Future Markets, S. 177; Martin et al. (2002), Design for variety, S. 216; Suh et al. (2007), Flexible product platforms, S. 72; Bauer et al. (2013), An approach for cycle-robust platform design, S. 5 f.; Schiffer (2013), Szenariorobuste Produktarchitekturgestaltung, S. 101 ff.; Hu et al. (2015), Generating flexibility in the design of engineering systems to enable better sustainability and lifecycle performance, S. 127

AL. und SCHUH ET AL. hingegen zerlegen die Funktionen der zu entwickelnden Produktarchitekturen durch funktionale Dekomposition in Teilfunktionen und ordnen diesen Teilfunktionen Gestaltungsparameter zu. Dies geschieht durch die Anwendung des Axiomatic Design.[430] Die von den Risiken betroffenen Merkmale werden auf unterschiedliche Weise ermittelt. Bei JIANG UND ALLADA werden die von den Risiken betroffenen Kundenanforderungen durch Brainstorming, genannt Kontrollfaktoren, aufgelistet.[431] Die Ansätze von MARTIN UND ISHII sowie SCHIFFER verwenden Matrizen, um risiko- bzw. unsicherheitsbehaftete Anforderungen den Komponentenmerkmalen zuzuordnen.[432] SUH ET AL. verwenden eine Hauptkomponentenanalyse (PCA) nach DUNTEMANN[433], um den Gestaltungsmerkmalen auf Systemebene unsicherheitsbehaftete Produkteigenschaften zuzuordnen.[434] NEUMANN ET AL. hingegen verwenden mehrere Multiple-Domain-Matrizen, um aus einer Liste von Anforderungen unsichere Anforderungen zu ermitteln, diesen Systemelementen zuzuordnen und so Systemunsicherheiten zu identifizieren.[435] Die Veränderungen der betroffenen Merkmale werden in den untersuchten Ansätzen qualitativ, quantitativ oder qualitativ und darauf aufbauend quantitativ bestimmt. SCHIFFER ermittelt die Veränderung der betroffenen Merkmale anhand des qualitativen Teilerwartungswertes, dem eine fünfstufige Bewertungsskala (1-5) zugrunde liegt. Anschließend wird die Unsicherheit des Kundenmerkmalswertes und dessen Standardabweichung (basierend auf der Aktiv- und Passivsumme der erwarteten Teilwerte) ermittelt. Diese Informationen werden nach einer Normierung in einem Kundenmerkmals-Ausprägungsportfolio grafisch dargestellt.[436] JIANG UND ALLADA beschreiben die Veränderungen der Merkmalsausprägungen quantitativ ohne Nennung weiterer Details.[437] SUH ET AL. hingegen definieren einen quantifizierten Bandbreitenbereich mit unteren und oberen Grenzwerten für die jeweiligen Merkmalsausprägungen.[438] Einzig MARTIN UND ISHII schätzen zuerst die Veränderung der Kundenanforderungen qualitativ (hoch/mittel/niedrig) mit anschließender quantitativer Konkretisierung der Werte durch Conjoint-Analysen, Trendanalysen, erwarteten neuen Märkten oder erwarteten Produkteinführungen durch Wettbewerber.[439] Ansätze zu den Veränderungen innerhalb des betrachteten Systems liefern SCHIFFER und SCHUH ET AL. SCHIFFER stellt die Abhängigkeiten der Komponentenmerkmale untereinander grafisch dar und gewichtet diese Abhängigkeiten analog zu den Kriterien nach MARTIN und SUH (1/3/9).[440] SCHUH ET AL. bestimmen die Interdependenzen der Freiheitsgrade untereinander anhand einer Adjazenzmatrix und nehmen keine Gewichtung vor.[441] Die Abhängigkeitsarten

---

430 Vgl. Wei et al. (2017), Product Family Flexible Design Method Based on Dynamic Requirements Uncertainty Analysis, S. 333; Schuh et al. (2017), Design for Changeability, S. 64 f.

431 Vgl. Jiang et al. (2001), Design for Robustness of Modular Product Families for Current and Future Markets, S. 177

432 Vgl. Martin et al. (2002), Design for variety, S. 217; Schiffer (2013), Szenariorobuste Produktarchitekturgestaltung, S. 111 ff. und S. 126 ff.

433 Vgl. Duntemann (1993), Principal Component Analysis, S. 7 ff.

434 Vgl. Suh et al. (2007), Flexible product platforms, S. 77

435 Vgl. Neumann et al. (2012), Adapting Product and Development Process for Risk Reduction in New Product Development, S. 275

436 Vgl. Schiffer (2013), Szenariorobuste Produktarchitekturgestaltung, S. 111 ff.

437 Vgl. Jiang et al. (2001), Design for Robustness of Modular Product Families for Current and Future Markets, S. 177

438 Vgl. Suh et al. (2007), Flexible product platforms, S. 77 f.

439 Vgl. Martin et al. (2002), Design for variety, S. 216

440 Vgl. Schiffer (2013), Szenariorobuste Produktarchitekturgestaltung, S. 123 ff.

441 Vgl. Schuh et al. (2017), Design for Changeability, S. 65

zu weiteren Komponenten werden wie folgt dargestellt. SUH ET AL. betrachtet rein geometrische Abhängigkeiten zwischen den Komponenten und klassifiziert diese anhand des Change Propagation Index (CPI) in Multiplier, Carriers und Absorber. Der CPI berechnet sich aus der Subtraktion der Variablen Change Propagated Outwards und Changes Received.[442] Andere Autoren verwenden neben geometrischen Abhängigkeiten explizit auch funktionale Abhängigkeiten. MARTIN UND ISHII listen diesbezüglich ein- und ausgehende Spezifikationsflüsse zwischen den Komponenten auf und liefern eine aufsteigende qualitative Abschätzung der Empfindlichkeit der Komponenten gegenüber technischen Änderungen.[443] BAUER ET AL. erfassen die Schnittstellenstruktur (geometrischer Kontakt, Signalfluss, Materialfluss oder Energiefluss) einer Basiseinheit der betrachteten Produktplattform anhand einer Domain-Structure-Matrix (DSM).[444] SCHUH ET AL. erfassen die Schnittstellenstruktur bestehend aus geometrischem Kontakt, Signalfluss, Materialfluss oder Energiefluss. Darauf aufbauend berechnen die Autoren den Interdependenzfaktor I_{ab}, der die Wahrscheinlichkeit einer Änderung des Freiheitsgrades b nach der Änderung des Freiheitsgrades a beschreibt.[445] SCHIFFER stellt die Abhängigkeiten zwischen den Komponentenmerkmalen und den Komponenten nach MARTIN UND SUH dar.[446] HU UND CARDIN geben keine Abhängigkeitstypen für die Wechselwirkungen mit den Systemelementen an, sondern stellen diese nur über die Engineering System Matrix anhand einer Expertenbefragung und einer Adjazenzmatrix dar.[447] Die Autoren SCHIFFER, MARTIN UND ISHII bieten einen Ansatz für die Gewichtung dieser Abhängigkeiten mit einer aufsteigenden Gewichtung der Abhängigkeitsstärke bzw. der Beeinflussung der anderen Komponenten (0/1/3/6/9).[448] Darüber hinaus gewichten auch HU UND CARDIN die Stärke ihrer Abhängigkeiten zwischen den Systemelementen mit den Abstufungen 0,3/0,6/0,9 (Niedrig/Mittel/Stark).[449] SCHUH ET AL. hingegen entwickelten eine Formel zur Berechnung der Wahrscheinlichkeit, dass eine weitere Komponente von einer Änderung betroffen ist. Dies geschieht durch die Aggregation der Partialgegenwahrscheinlichkeiten der Dimensionen geometrischer Kontakt, Signalfluss, Materialfluss oder Energiefluss.[450]

Die Funktionen innerhalb des betrachteten Baukastens werden nicht wie bei SCHUH durch eine Dekomposition in Teilfunktionen zerlegt und einzelnen Baukastenmerkmalen zugeordnet. Dies ist auf den praxisnahen Charakter und damit auf die einfache Anwendbarkeit des modellbasierten Ansatzes zurückzuführen. Aus diesem Grund sollen die den Baukasten charakterisierenden Baukastenmerkmale aufgelistet, in Klassen unterteilt und mit den entsprechenden Ausprägungen versehen werden können. Ein geeigneter Anknüpfungspunkt hierfür muss im Rahmen dieser Arbeit ermittelt werden. Für die Identifikation und Zuordnung der Risiken zu betroffenen Baukastenmerkmalen kann ein einfacher Matrizenansatz

---

442 Vgl. Suh et al. (2007), Flexible product platforms, S. 79 f.

443 Vgl. Martin et al. (2002), Design for variety, S. 219

444 Vgl. Bauer et al. (2013), An approach for cycle-robust platform design, S. 6

445 Vgl. Schuh et al. (2017), Design for Changeability, S. 66 f.

446 Vgl. Schiffer (2013), Szenariorobuste Produktarchitekturgestaltung, S. 123 ff.

447 Vgl. Hu et al. (2015), Generating flexibility in the design of engineering systems to enable better sustainability and lifecycle performance, S. 131

448 Vgl. Schiffer (2013), Szenariorobuste Produktarchitekturgestaltung, S. 131; Martin et al. (2002), Design for variety, S. 220

449 Vgl. Hu et al. (2015), Generating flexibility in the design of engineering systems to enable better sustainability and lifecycle performance, S. 132

450 Vgl. Schuh et al. (2017), Design for Changeability, S. 66

verwendet werden, wie er bei MARTIN UND ISHII zu finden ist. Eine Hauptkomponentenanalyse wie bei SUH ET AL. ist nicht erforderlich, da es eine überschaubare Anzahl von statistischen Variablen gibt und keine Annäherung an die sinnvollsten Linearkombinationen erforderlich ist. Für die eigentliche Risikoanalyse ist eine qualitative Bestimmung der Veränderungen der Ausprägungen der vom Risiko betroffenen Baukastenmerkmale ausreichend. Durch gemeinsame Diskussionen innerhalb des Baukastenentwicklungsteams kann eine hohe Aussagekraft hinsichtlich der Risikoauswirkungen im Baukasten und in der Produktarchitektur bei gleichzeitig geringem Erhebungsaufwand sichergestellt werden. Je nach Situation kann es für Risikoauswirkungen auch sinnvoll sein, einen Bandbreitenbereich wie bei SUH ET AL. anzugeben. Dies gilt es zu überprüfen. In dieser Arbeit werden räumliche und funktionale Abhängigkeiten betrachtet, wie bereits in Kapitel 2.1.3 definiert und von MARTIN UND ISHII, BAUER ET AL. und SCHUH ET AL. angewendet. Eine Gewichtung dieser baukastenübergreifenden Abhängigkeiten ist nicht erforderlich, da ein Delta des beeinflussenden Baukastenmerkmals einen Indikator für die Auswirkung der beeinflussten Baukastenmerkmale der verknüpften Baukästen darstellt.

Prinzip d) Risiken bewerten:

Das Prinzip der Risikobewertung findet sich bei MARTIN UND ISHII, KEESE ET AL., SUH ET AL., NEUMANN ET AL., BAUER ET AL., SCHIFFER und SCHUH ET AL. Die Ansätze zur Risikobewertung können grundsätzlich im Hinblick auf eine Bewertung der Eintrittswahrscheinlichkeiten, der Auswirkungen oder der Eintrittswahrscheinlichkeiten mit Auswirkungen kategorisiert werden. MARTIN UND ISHII, KEESE ET AL. und SCHUH ET AL. bewerten die Auswirkungen in ihren Ansätzen. MARTIN UND ISHII liefern eine qualitative Schätzung der Kosten für eine technische Änderung einer Komponente.[451] KEESE ET AL. betrachten sechs Auswirkungskriterien, um die Auswirkungen zukünftiger technischer Änderungen zu bewerten. Die Autoren erachten für ihren Ansatz die Auswirkungskriterien als vergleichbar mit annähernd gleichen Implementierungskosten.[452] SCHUH ET AL. bewerten Risiken, indem jeder Freiheitsgrad hinsichtlich seiner Auswirkungen auf die Kategorien der Funktionserfüllung, der Zusatzkosten und auf andere Freiheitsgrade untersucht wird.[453] SCHIFFER hingegen bewertet Kundenmerkmale anhand ihrer Eintrittswahrscheinlichkeit. Das Prinzip der Risikobewertung beschreibt dabei eine szenarioübergreifende Auswertung der Unsicherheit der Kundenmerkmalsausprägung und deren Standardabweichung. Dies geschieht auf Basis der bereits in der Risikoanalyse ermittelten Aktiv- und Passivsummen, unter Verwendung der qualitativen Teilerwartungswerte (1-5).[454] Die Autoren NEUMANN ET AL. und BAUER ET AL. unterteilen Risiken bzw. Einflussfaktoren in die Dimensionen Eintrittswahrscheinlichkeit und Auswirkung. NEUMANN ET AL. definieren das Risikomaß als Produkt aus der Wahrscheinlichkeit eines unangemessenen Ergebnisses und den Auswirkungen dieses Ergebnisses, aber ohne weitere Vorgehensweise.[455] BAUER ET AL. charakterisieren die identifizierten Einflussfaktoren nach ihrem Einfluss (Degree of influence) und Unsicherheitsgrad (Degree of uncertainty)

451 Vgl. Martin et al. (2002), Design for variety, S. 216 ff.

452 Vgl. Keese et al. (2007), An enhanced change modes and effects analysis (CMEA) tool for measuring product flexibility with applications to consumer products, S. 5 f.

453 Vgl. Schuh et al. (2017), Design for Changeability, S. 65 f.

454 Vgl. Schiffer (2013), Szenariorobuste Produktarchitekturgestaltung, S. 114 ff.

455 Vgl. Neumann et al. (2012), Adapting Product and Development Process for Risk Reduction in New Product Development, S. 269

nach GOMERINGER[456],[457] Darüber hinaus unterscheiden die Ansätze zum Prinzip der Risikobewertung zwischen zwei Darstellungsformen. MARTIN UND ISHII, KEESE ET AL. und SCHUH ET AL. bewerten die Auswirkungen anhand qualitativer Kennzahlen. MARTIN UND ISHII bewerten die Auswirkungen anhand einer vierstufigen qualitativen Skala (0/1/3/6/9), die auf Expertenmeinungen basiert. Je höher der Wert, desto höher die Auswirkungen.[458] KEESE ET AL. bewerten Risiken durch die qualitative Kennzahl Changes-to-Function Ratio (CFR). Die CFR ist das Produkt der Gesamtzahl der erforderlichen Bauteil-/Montageänderungen für eine technische Änderung dividiert durch die Gesamtzahl der Funktionen in der Funktionsstruktur des Produkts. Das Ergebnis wird anschließend normiert und in die Variable Gestaltungsflexibilität überführt.[459] Dieser Schritt entspricht jedoch nicht mehr dem Prinzip der Risikobewertung und wird daher nicht weiter ausgeführt. SCHUH ET AL. entwickelten jeweils einen Faktor zur Quantifizierung ihrer drei Auswirkungskriterien. Der Funktionserfüllungsfaktor F_{DoF} berücksichtigt die Auswirkungen der Variation der Freiheitsgradausprägung auf den Bereich der funktionalen Anforderungen. Der Zusatzkostenfaktor AC_{DoF} betrachtet die Auswirkungen einer Variation der Freiheitsgradvariation auf die direkten Kosten und Prozesskosten. Da die Variation eines Freiheitsgrades wahrscheinlich zu Veränderungen zusätzlicher Freiheitsgrade führen wird, ist es notwendig, die Zusammenhänge zwischen den Freiheitsgraden zu bestimmen. Dies geschieht durch Berechnung des Interdependenzfaktors I_{ab}, der die Wahrscheinlichkeit einer Änderung des Freiheitsgrades b nach der Änderung des Freiheitsgrades a beschreibt.[460] BAUER ET AL. und SCHIFFER verwenden Portfolio-Diagramme als Darstellungsform des Prinzips der Risikobewertung. BAUER ET AL. stellen in ihrem Portfolio-Diagramm auf der Abszisse den Grad der Unsicherheit und den Grad des Einflusses der identifizierten Einflussfaktoren auf die Ordinate dar. Beide Achsen sind in vier Bereiche unterteilt, sodass eine Priorisierung der identifizierten Einflussfaktoren möglich ist. Dieser Schritt erfolgt durch die Definition eines Auswahlbereichs im Portfoliodiagramm.[461] SCHIFFER stellt die normierte Unsicherheit der Kundenmerkmalswerte in einem Kundenmerkmalportfolio auf der Ordinate und die normierten Standardabweichungen auf der Abszisse dar. Die Unsicherheiten im Portfoliodiagramm werden mit fünf Farbabstufungen priorisiert.[462]

Entsprechend der Risikodefinition in Kapitel 3.1.1 besitzt ein Risiko eine ursachen- und wirkungsbezogene Perspektive. Um Risiken ganzheitlich bewerten zu können, werden für diese Arbeit folglich die Dimensionen Eintrittswahrscheinlichkeit und Auswirkungen verwendet. Es bietet sich an, die Dimensionen Eintrittswahrscheinlichkeit und Auswirkungen durch ein Portfoliodiagramm abzubilden. Der Vorteil eines Portfoliodiagramms liegt in der Möglichkeit einer übersichtlichen grafischen Darstellungsmöglichkeit. Der Ansatz von BAUER ET AL. entspricht diesen Ausführungen am ehesten. Allerdings werden bei BAUER ET AL., wie auch bei MARTIN UND ISHII, KEESE ET AL. und NEUMANN ET AL.

---

456 Vgl. Gomeringer (2007), Eine integrative, prognosebasierte Vorgehensweise zur strategischen Technologieplanung für Produkte, S. 78 ff.

457 Vgl. Bauer et al. (2013), An approach for cycle-robust platform design, S. 7

458 Vgl. Martin et al. (2002), Design for variety, S. 216 ff.

459 Vgl. Keese et al. (2007), An enhanced change modes and effects analysis (CMEA) tool for measuring product flexibility with applications to consumer products, S. 6 f.

460 Vgl. Schuh et al. (2017), Design for Changeability, S. 65 f.

461 Vgl. Bauer et al. (2013), An approach for cycle-robust platform design, S. 7

462 Vgl. Schiffer (2013), Szenariorobuste Produktarchitekturgestaltung, S. 114 ff.

lediglich harte, monetäre Kategorien bewertet. Es können jedoch auch qualitative, weiche Kategorien von Auswirkungen betroffen sein, wie z.B. das Abschneiden bei Kundenstudien. Es gilt zu klären, welche Auswirkungskriterien für eine Verblockung existieren bzw. wie diese erweitert oder angepasst werden müssen. Ansätze hinsichtlich weiterer Auswirkungskategorien sind beispielsweise bereits bei KEESE ET AL. und SCHUH ET AL. zu finden. Die Eintrittswahrscheinlichkeit bzw. der Unsicherheitsgrad mit der vierstufigen Unterteilung nach GOMERINGER wird in dieser Arbeit ebenfalls auf Anwendbarkeit hin untersucht. Die Abschätzung der Auswirkungshöhe für jedes Auswirkungskriterium und Eintrittswahrscheinlichkeit sollte in Intervallen erfolgen, um den Anwendungsaufwand niedrig zu halten. Die Priorisierung der Risiken erfolgt durch eine Klassifizierung des Portfoliodiagramms. Im Rahmen der folgenden Arbeit gilt es zu untersuchen, inwieweit die Priorisierungsansätze von BAUER ET AL. und SCHIFFER verwendet werden können.

Prinzip e) Risiken behandeln:

Die Ansätze von ALLEN ET AL., HU UND CARDIN, KEESE ET AL., MARTIN UND ISHII, NEUMANN ET AL., PALANI RAJAN ET AL., SCHIFFER, SCHUH ET AL. und SUH ET AL. lassen sich jeweils dem Prinzip der Risikobehandlung zuordnen. In Hinblick darauf lassen sich bei den identifizierten Autoren eine Vielzahl von Risikobehandlungsstrategien finden, die darauf abzielen, den zukünftigen Aufwand einer technischen Änderung zu reduzieren[463], die Flexibilität der Produktgestaltung zu verbessern[464], Unsicherheiten zu vermeiden[465] oder einen allgemein gültigen Katalog von Gestaltungsstrategien aufzubauen[466]. Diese Risikobehandlungsstrategien wiederum lassen sich in zwei Kategorien einteilen. Einerseits wird der Gestaltungsumfang, z.B. eine Produktarchitektur, optimal auf die initialen Rahmenbedingungen und die vorgegebenen Entwicklungsziele abgestimmt. Risiken werden, wenn dann ausschließlich durch technische Änderungen korrektiv umgesetzt. Andererseits wird der Gestaltungsumfang initial bereits so konzipiert, dass sowohl die initialen als auch die Risiken über die Vergabedauer optimal erfüllt werden. Dafür werden im bzw. für den initialen Gestaltungsumfang präventiv Mehrinhalte berücksichtigt, die nicht von vornherein benötigt werden. MARTIN UND ISHII sprechen in diesem Zusammenhang von Over-Design[467], NEUMANN ET AL. von Oversizing[468] und SCHIFFER von Over-Engineering[469]. PALANI RAJAN ET AL. und KEESE ET AL. unterscheiden ihre Risikobehandlungsstrategien nicht durch eine spezielle Benennung.[470] SUH ET AL. beleuchten das Prinzip der Risikobehandlung im fünften Schritt lediglich durch die Bereitstellung von allgemeinen Hinweisen zur Gestaltung

---

463 Vgl. Martin et al. (2002), Design for variety, S. 223

464 Vgl. Palani Rajan et al. (2003), Design for Flexibility - Measures And Guidelines, S. 8; Keese et al. (2007), An enhanced change modes and effects analysis (CMEA) tool for measuring product flexibility with applications to consumer products, S. 7f.; Suh et al. (2007), Flexible product platforms, S. 75

465 Vgl. Neumann et al. (2012), Adapting Product and Development Process for Risk Reduction in New Product Development, S. 270

466 Vgl. Schiffer (2013), Szenariorobuste Produktarchitekturgestaltung, S. 145

467 Vgl. Martin et al. (2002), Design for variety, S. 225

468 Vgl. Neumann et al. (2012), Adapting Product and Development Process for Risk Reduction in New Product Development, S. 270

469 Vgl. Schiffer (2013), Szenariorobuste Produktarchitekturgestaltung, S. 147

470 Vgl. Gestaltungsstrategie Nr. 2 und 3 bei Palani Rajan et al. (2003), Design for Flexibility - Measures And Guidelines, S. 8 f.; Gestaltungsstrategie Nr. 4, 5 und 8 bei Keese et al. (2007), An enhanced change modes and effects analysis (CMEA) tool for measuring product flexibility with applications to consumer products, S. 8 ff.

flexibler Gestaltungsalternativen.[471] In einem weiteren Schritt, der ebenfalls dem Prinzip der Risikobehandlung zuzuordnen ist, identifiziert und beschreibt SCHIFFER Einflussfaktoren mit qualitativen Ausprägungen, welche die Wahl der Risikobehandlungsstrategie beeinflussen. Im Anschluss daran erfolgt eine Verknüpfung der Einflussfaktoren mit den Risikobehandlungsstrategien. Ausgehend von den entsprechenden Ausprägungen der Einflussfaktoren werden Empfehlungen zur Wahl einer Risikobehandlungsstrategie erarbeitet.[472] Im Zusammenhang mit der monetären Bewertung der Risikobehandlungsstrategien kann festgestellt werden, dass SCHIFFER bei der Ermittlung der Kosten von Gestaltungsalternativen die von SUH ET AL.[473] formulierten Kostenarten verwendet. Diese sind die Initialkosten K_{Init}, die erwarteten Produktionskosten K_{Prod} ($\triangleq$ variable Kosten C_{Total} bei SUH ET AL.) und die Summe aller erwarteten Änderungskosten K_{Switch}. Die Initialkosten setzen sich zusammen aus den Entwicklungskosten und den Investitionskosten.[474] Die erwarteten Produktionskosten sind die Stückkosten der Variante/Merkmalsausprägung multipliziert mit der Stückzahl der Variante/Merkmalsausprägung. Die Summe aller erwartenden Änderungskosten sind die Gesamtkosten, die sich aus der Entscheidung ergeben, technische Änderungen vorzunehmen.[475] SCHIFFER empfiehlt diejenige Produktarchitektur zu realisieren, welche die erwarteten Anforderungen und deren Änderungen im Lebenszyklus der Produktarchitektur mit minimal zu erwarteten Kosten umsetzt.[476] Der Ansatz von ALLEN ET AL. unterteilt Risikobehandlungsstrategien in eine initiale Auslegung (akzeptierend), eine technische Änderung nach der initialen Auslegung (korrektiv) und das Over-Design (präventiv).[477] Den Risikobehandlungsstrategien werden entsprechende Kostenarten zugeordnet und die grafische Darstellung erfolgt anhand von Zeitscheiben. Ziel der Arbeit der Autoren ist es, die definierten Risikobehandlungsstrategien als Ansätze zur Bewältigung der Entstehung zukünftiger Anforderungen zu vergleichen und das aus monetärer Sicht optimale Gestaltungsszenario auszuwählen.[478] Die von ALLEN ET AL. verwendeten Kostenarten entsprechen zum Teil den Kostenarten wie SUH ET AL. und SCHIFFER. Eine wesentliche Erweiterung der Kostenarten bildet die Größe Einnahmen.[479] Für eine detaillierte Übersicht der Kostenarten wird auf die zitierte Literatur verwiesen. Die Autoren SUH ET AL. und ALLEN ET AL. verwenden die Kapitalwertmethode und SCHIFFER die ressourcenorientierte Prozesskostenrechnung zur monetären Bewertung der Gestaltungsszenarien der Risikobehandlung.[480] HU UND CARDIN setzen einen auf Monte Carlo Simulationen basierenden Ansatz zur Analyse von Realoptionen für die monetäre Bewertung von Risikobehandlungsstrategien voraus. Dadurch entsteht eine große Anzahl von stochastischen Szenarien, die dann ausgeführt werden und eine breite Verteilung möglicher Performance-Ergebnisse ermöglichen. Auf Basis dessen wird die erwartete Kapitalwert-Lebenszyklusperformance des flexiblen und des Benchmark-

---

471 Vgl. Suh et al. (2007), Flexible product platforms, S. 75

472 Vgl. Schiffer (2013), Szenariorobuste Produktarchitekturgestaltung, S. 154 ff.

473 Vgl. Suh et al. (2007), Flexible product platforms, S. 75

474 Vgl. Schiffer (2013), Szenariorobuste Produktarchitekturgestaltung, S. 174

475 Vgl. Suh et al. (2007), Flexible product platforms, S. 75

476 Vgl. Schiffer (2013), Szenariorobuste Produktarchitekturgestaltung, S. 174

477 Die Unterteilung in korrektiv und präventiv lässt sich in Kapitel 3.2.2, in Prinzip e) - Risiken behandeln, nachvollziehen.

478 Vgl. Allen et al. (2019), Over-Design Versus Redesign as a Response to Future Requirements, S. 1

479 Vgl. Allen et al. (2019), Over-Design Versus Redesign as a Response to Future Requirements, S. 5 ff.

480 Vgl. Suh et al. (2007), Flexible product platforms, S. 75 ff.; Schiffer (2013), Szenariorobuste Produktarchitekturgestaltung, S. 64; Allen et al. (2019), Over-Design Versus Redesign as a Response to Future Requirements, S. 1 ff.

Gestaltungsansatzes berechnet.[481] Die Validierung erfolgt anhand einer Müllverbrennungsanlage, die Nachvollziehbarkeit der Berechnung mit Berechnungsgrößen ist nicht gegeben bzw. gestaltet sich aufwendig und ist daher nicht auf diese Arbeit übertragbar. SCHUH ET AL. berechnen für ihre Gestaltungsalternativen einen Mehrkostenfaktor zum mechatronischen Referenzfunktionsmodul. Der Mehrkostenfaktor setzt sich zusammen aus der Summe der Zunahme der Entwicklungs- und Konstruktionskosten, der Zunahme der direkten Kosten und der Zunahme der Prozesskosten dividiert durch die Selbstkosten des mechatronischen Referenzfunktionsmoduls. Die direkten Kosten setzen sich zusammen aus den Material- und Fertigungseinzelkosten sowie den Sondereinzelkosten der Fertigung. Prozesskosten sind beispielsweise Aufwände für Materialbereitstellung, Disposition und Logistik.[482] Darüber hinaus fällt auf, dass lediglich SCHIFFER und SCHUH ET AL. in ihren Veröffentlichungen mit (Eintritts-)Wahrscheinlichkeiten arbeiten.[483]

Optimal gestaltete Produkte, Produktplattformen, Module oder Baukästen erfüllen am besten sämtliche Anforderungen über die Vergabedauer ohne Mehrkosten oder Einschränkungen.[484] Entsprechend der Zielsetzung dieser Arbeit sollen Vorgehensweisen für den Umgang mit Risiken entwickelt werden. Dies soll es dem Unternehmen ermöglichen, während der Vergabedauer kundenwerte Funktionen zur Verfügung zu stellen, schnell auf zukünftige Risiken reagieren zu können und darüber hinaus die Änderungs- und Abbruchkosten zu minimieren.[485] Darüber hinaus wurde bereits in Kapitel 1.1 festgestellt, dass die aktuellen Prozesse weitestgehend statisch sind und die Risiken eines hochdynamischen Umfeldes nicht ausreichend berücksichtigen.[486] Dies gilt im Besonderen für verblockungskritische Baukästen, bei denen technische Änderungen oftmals hohe Auswirkungen haben. Aus diesem Grund ist die Berücksichtigung von technischen Mehrinhalten in dem initialen Gestaltungsumfang ein interessanter und somit zu vertiefender Ansatz. Dazu gehört die Erstellung von Risikobehandlungsstrategien für eine präventive Risikobehandlung. ALLEN ET AL. haben bereits eine Risikobehandlungsstrategie für eine präventive Risikobehandlung entwickelt, die als Anknüpfungspunkt für diese Arbeit dienen kann.[487] Weiterhin weisen die Autoren im Ausblick ihrer Arbeit im Sinne einer präventiven Risikobehandlung darauf hin, dass Strategien einbezogen werden sollen, die teilweises Over-Design mit partiellen technischen Änderungen kombinieren.[488] Diesen präventiven Risikobehandlungsstrategien gilt es Ansätze zuzuordnen, die bereits in der Literatur beschrieben wurden. Aus diesem Grund sind die Risikobehandlungsstrategien von MARTIN UND ISHII, PALANI RAJAN ET AL., KEESE ET AL., NEUMANN ET AL. und SCHIFFER, die der präventiven Risikobehandlung zugeordnet werden können, zu kategorisieren und auf dieser Grundlage präventive Maßnahmentypen zu bilden. Die Ursachen für eine erschwerte Reaktion auf Risiken für Baukästen in einem hochdynamischen Umfeld, vgl. Dissertationsstudie in Kapitel 2.4.2, bilden hierfür

481 Vgl. Hu et al. (2015), Generating flexibility in the design of engineering systems to enable better sustainability and lifecycle performance, S. 130 f.

482 Vgl. Schuh et al. (2017), Design for Changeability, S. 66; Breunig (2017), Produktarchitekturgestaltung mechatronischer Baukastensysteme, S. 152

483 Vgl. Schiffer (2013), Szenariorobuste Produktarchitekturgestaltung, S. 184 f.; Schuh et al. (2017), Design for Changeability, S. 66

484 Vgl. Allen et al. (2019), Over-Design Versus Redesign as a Response to Future Requirements, S. 3

485 Vgl. Kapitel 1.2

486 Vgl. Kapitel 1.1

487 Vgl. Allen et al. (2019), Over-Design Versus Redesign as a Response to Future Requirements, S. 1 f.

488 Vgl. Allen et al. (2019), Over-Design Versus Redesign as a Response to Future Requirements, S. 16 f.

eine weitere Orientierungshilfe. Es gilt weiterhin zu klären, inwieweit die identifizierten Risikobehandlungsstrategien der Problemstellung der vorliegenden Arbeit entsprechen und wie diese erweitert oder angepasst werden müssen. Es muss jedoch stets nachgewiesen werden können, dass eine präventive Risikobehandlungsstrategie einen monetären Vorteil gegenüber der akzeptierenden und korrektiven Risikobehandlung besitzt. Damit kann ein wichtiger Beitrag zur Erreichung des wesentlichen Ziels des Risikomanagements, d.h. der Existenzsicherung von Unternehmen, geleistet werden. Um diesen Nachweis zu erbringen, müssen monetäre Bewertungen der Risikobehandlungsstrategien so genau wie möglich und durch die Kapitalwertmethode durchgeführt werden. In ihrem Ausblick schlagen ALLEN ET AL. hierfür die Verwendung von Eintrittswahrscheinlichkeiten bei der Berechnung von Risikobehandlungsstrategien vor. Dies soll den Entscheidungsprozess für die monetär am besten geeignete Risikobehandlungsstrategie verbessern[489] und soll daher in der vorliegenden Arbeit angewendet werden. Eine weitere Erhöhung der Genauigkeit der Berechnungslogik wird durch die Abrechnung nach Zeitscheiben erreicht, wie bei ALLEN ET AL. grafisch dargestellt. Für eine Quantifizierung der Risikobehandlungsstrategien müssen die erforderlichen Kostenarten identifiziert und daraus Berechnungslogiken entwickelt werden. Die Grundlage dafür bilden die vorgestellten Kostenarten von ALLEN ET AL., SUH ET AL. und SCHIFFER. Es gilt zu klären, inwieweit diese Kostenarten der Problemstellung der vorliegenden Arbeit entsprechen und wie diese erweitert oder auf die Risikobehandlungsstrategien angepasst werden müssen. Die Grundlage dafür muss im Rahmen dieser Arbeit erarbeitet werden.

Abschließend soll die generelle Bedeutung dieser Arbeit durch OEHMEN ET AL. nochmals betont werden. Diese Autoren erklären in ihrem Ausblick, dass sie in der Literatur keine Fallstudien oder dergleichen gefunden haben, die ein industrielles Anwendungsbeispiel für einen integrierten Produktentwicklungsprozess darstellen, das mit dem von ISO 31000[490] vorgeschlagenen Risikomanagementstandard vergleichbar ist. Aus diesem Grund schlagen OEHMEN ET AL. dies als mögliches Thema für zukünftige Forschungsvorhaben vor.[491]

3.3 Zwischenfazit: Forschungsbedarf zur resilienten Baukastengestaltung

Den Abschluss dieses Kapitels bildet die Formulierung des Forschungsbedarfs zur resilienten Baukastengestaltung. Zu Beginn wurde in Kapitel 3.1 das Risikomanagement für Baukästen beschrieben, was die Erörterung des Begriffs Risiko sowie die Beschreibung der Grundlagen des Risikomanagements umfasste. Auf Basis dieser Informationen konnten fünf Prinzipien des Risikomanagements festgelegt werden. Diese lauten: a) Anwendungsbereich, Kontext und Kriterien bestimmen, b) Risiken identifizieren, c) Risiken analysieren, d) Risiken bewerten und e) Risiken behandeln. Im Zuge der Analyse des Standes der Forschung zur resilienten Baukastengestaltung wurde in Kapitel 3.2 eine systematische Literaturrecherche zu den Theoriehintergründen mit einer Grundpopulation von 7706 recherchierten Dokumenten durchgeführt. Das Ergebnis war eine finalisierte Datengrundlage mit 12 Artikeln, die im Folgenden in Teilen teilweise exzerpiert und anhand der fünf definierten Prinzipien untersucht wurden. Um eine Auswahl an integrierbaren Bausteinen für den modellbasierten Ansatz treffen zu können, wurden

---

489 Vgl. Allen et al. (2019), Over-Design Versus Redesign as a Response to Future Requirements, S. 16

490 Die ISO 31000 entspricht der Richtlinie für die in dieser Arbeit verwendeten Prozessschritte des Risikomanagements, vgl. Kapitel 3.1.2

491 Vgl. Oehmen et al. (2010), Risk Management in Product Design, S. 7

die den Prinzipien zugewiesenen Ansätze strukturiert, kategorisiert und die Anknüpfungspunkte dieser Arbeit positiv hervorgehoben.

Nach der Analyse und erörternden Synthese der theoretischen Grundlagen sowie der würdigenden Untersuchung bestehender Ansätze und der Auswahl integrierbarer Bausteine für eine resiliente Baukastengestaltung wurde ein weiteres Zwischenziel erreicht. Für die Definition des Forschungsbedarfs wird an dieser Stelle für jeden integrierbaren Baustein eine Forschungsfrage formuliert. Zusammenfassend betrachtet stellen folgende fünf unbeantwortete Fragen den Forschungsbedarf für die resiliente Baukastengestaltung dar:

- Wie kann die Verblockungskritikalität von Baukästen im Gesamtsystem Produkt auf Basis von Kennzahlen bestimmt werden?
- Wie können Risiken für verblockungskritische Baukästen systematisch identifiziert und beschrieben werden?
- Wie können die Auswirkungen von identifizierten Risiken innerhalb von verblockungskritischen Baukästen und im Gesamtsystem Produkt analysiert werden?
- Wie können die aus den Risiken resultierenden Verblockungen im Gesamtsystem Produkt auf Basis der Risikoanalyse bewertet werden?
- Wie kann eine Entscheidung über die zu verfolgende Risikobehandlungsstrategie für ein bestimmtes Risiko nach betriebswirtschaftlichen Aspekten getroffen werden?

Im Folgenden sollen Antworten auf diese fünf Fragen entwickelt werden. In Kapitel 4 wird hierfür eine Grobkonzeption basierend auf Partialmodellen entworfen. Dieser Entwurf wird in den folgenden Kapiteln detailliert und überprüft werden, sodass die obenstehenden Teilfragen fundiert beantwortet werden können.

4 Konzeption der resilienten Baukastengestaltung

Im Kapitel 4 wird die resiliente Baukastengestaltung konzipiert und entsprechend der Zielsetzung der vorliegenden Arbeit in ihren Grundzügen vorgestellt. Hierzu werden in Kapitel 4.1 zunächst die methodologischen Grundlagen definiert. Im Anschluss daran werden in Kapitel 4.2 die formalen und inhaltlichen Anforderungen erarbeitet. Basierend darauf wird die Lösungsthese für die resiliente Baukastengestaltung vorgestellt. Das Grobkonzept zur resilienten Baukastengestaltung einschließlich sämtlicher Erkenntnisse wird in Kapitel 4.3 konzipiert. Das Kapitel schließt mit einem Zwischenfazit in Kapitel 4.4.

4.1 Betrachtung methodologischer Grundlagen

Die Grundlage für die Entwicklung eines Grobkonzeptes zur resilienten Baukastengestaltung bildet die Definition des Begriffes des modellbasierten Ansatzes, der in diesem Kapitel mit seinen relevanten Bestandteilen beschrieben wird. Anschließend werden die für einen modellbasierten Ansatz benötigten Grundlagen der Modelltheorie vorgestellt.

4.1.1 Definition und Bestandteile eines modellbasierten Ansatzes

Der Begriff modellbasierter Ansatz wird in der vorliegenden Arbeit synonym zum Begriff der Methodik verwendet. Folglich ist der modellbasierte Ansatz definiert als „ein System von zusammengehörigen Modellen, Methoden und Hilfsmitteln zur Lösung einer theoretischen und/oder praktischen Aufgabenstellung“[492]. Das Zusammenspiel von Modellen, Methoden und Hilfsmitteln, als elementare Bestandteile eines modellbasierten Ansatzes, ist in Abbildung 4-1 dargestellt.

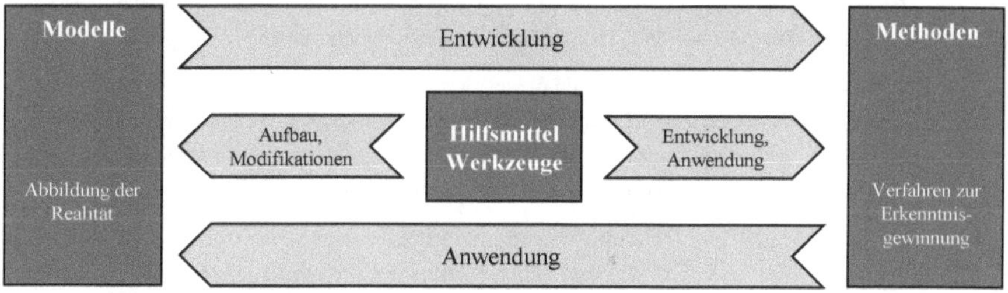

Abbildung 4-1: Bestandteile eines modellbasierten Ansatzes[493]

Ein Modell dient der Abbildung von strukturgleichen bzw. strukturähnlichen Ausschnitten der Realität.[494] Folglich können durch Modelle Experimente durchgeführt und aus den gesammelten Erkenntnissen Rückschlüsse auf die Struktur und das Verhalten des realen Systems abgeleitet werden.[495] Damit

[492] Neuhausen (2001), Gestaltung modularer Produktionssysteme für Unternehmen der Serienproduktion, S. 6
[493] In Anlehnung an Heyn (1999), Methodik zur schnittstellenorientierten Gestaltung von Entwicklungskooperationen, S. 6
[494] Vgl. Schweitzer (1996), Produktionswirtschaftliche Forschung, S. 1650
[495] Vgl. Heyn (1999), Methodik zur schnittstellenorientierten Gestaltung von Entwicklungskooperationen, S. 5

bilden Modelle die Grundlage zur Entwicklung von Methoden. Methoden sind intersubjektiv nachvollziehbare Verfahren, aus welchen Erkenntnisse oder praktische Ergebnisse gewonnen werden können.[496] Durch geeignete Hilfsmittel und Werkzeuge werden der Aufbau und die Modifikationen von Modellen sowie die Entwicklung und Anwendung von Methoden unterstützt.[497]

4.1.2 Grundlagen der Modelltheorie

Nach KLAUS UND BUHR wird ein Modell als ein bewusst konstruiertes Abbild der Wirklichkeit definiert. Auf Grundlage einer Struktur-, Funktions- oder Verhaltensanalogie zu einem entsprechenden Original werden Modelle zur Lösung einer bestimmten Aufgabe herangezogen, deren Durchführung durch direkte Operationen am Original nicht oder zunächst nicht möglich bzw. zu aufwendig ist.[498] Modelle sind folglich Abstraktionen und Vereinfachungen der Realität und beschreiben nur Teilaspekte der Gesamtheit.[499] In der allgemeinen Modelltheorie nach STACHOWIAK sind drei Merkmale konstitutiv für ein Modell:[500]

- Abbildungsmerkmal: Modelle sind Abbildungen oder Repräsentationen von natürlichen oder künstlichen Originalen, die selbst wiederum Modelle sein können.
- Verkürzungsmerkmal: Modelle sind Vereinfachungen und erfassen somit nicht alle Attribute des durch sie repräsentierten Originals, sondern lediglich solche, die den jeweiligen Modellerschaffern bzw. -benutzern relevant erscheinen.
- Pragmatisches Merkmal: Modelle sind ihren Originalen nicht per se eindeutig zugeordnet. Sie erfüllen ihre Ersetzungsfunktion für bestimmte erkennende bzw. handelnde, modellbenutzende Subjekte, innerhalb bestimmter Zeitintervalle und unter Einschränkung auf bestimmte gedankliche oder tatsächliche Operationen.

Darüber hinaus lassen sich Modelle in der allgemeinen Modelltheorie nach ihrem Verwendungszweck und Objektbereich klassifizieren. WERTH teilt Modelle in vier Kategorien ein:[501]

- Beschreibungsmodelle: Diese Modelle dienen der systematischen Beschreibung der Realität.[502] Sie können damit bestehende Gegebenheiten (Ist-Zustände) deskriptiv abbilden sowie eine präskriptive Vorlage für ein noch nicht bestehendes Objekt (Soll-Zustand) darstellen.[503] Es werden in diesem Zusammenhang jedoch keine Wirkzusammenhänge analysiert bzw. erklärt.[504]
- Erklärungsmodelle: Das Ziel von Erklärungsmodellen ist es, die Struktur bzw. das Verhalten eines Originals zu erklären. Sie beschreiben folglich die Wirkzusammenhänge zwischen dem Input und dem Output eines realen Systems, die in quantitativer bzw. qualitativer Form erklärt

---

496 Vgl. Schweitzer (1996), Produktionswirtschaftliche Forschung, S. 1647

497 Vgl. Neuhausen (2001), Gestaltung modularer Produktionssysteme für Unternehmen der Serienproduktion, S. 7

498 Vgl. Klaus et al. (1976), Philosophisches Wörterbuch 2, S. 805

499 Vgl. Daenzer et al. (2002), Systemdenken, S. 10

500 Vgl. Stachowiak (1973), Allgemeine Modelltheorie, S. 131 ff.

501 Vgl. Werth (2006), Kollaborative Geschäftsprozesse, S. 96 f.

502 Vgl. Werth (2006), Kollaborative Geschäftsprozesse, S. 96

503 Vgl. Patzak (1982), Systemtechnik - Planung komplexer innovativer Systeme, S. 313; Ludewig et al. (2010), Software Engineering, S. 12

504 Vgl. Patzak (1982), Systemtechnik - Planung komplexer innovativer Systeme, S. 313

werden. In diesem Zusammenhang werden die Rahmenbedingungen für die Gültigkeit der Gesetzmäßigkeiten angegeben.[505] Auf diese Weise kann das Verständnis für das reale System erhöht werden.[506]

- Gestaltungsmodelle: Das Ziel von Gestaltungsmodellen ist es, diverse Handlungsalternativen vorab am Modell zu erproben und nicht aussichtsreiche Handlungsalternativen vorab herauszufiltern. Dazu muss das Modell Rückschlüsse auf das Verhalten des realen Systems ermöglichen.[507]
- Entscheidungsmodelle: Durch diese Modelle werden Entscheidungen hinsichtlich Handlungsalternativen bei der Systemgestaltung unterstützt. Eine Voraussetzung ist eine arithmetische Lösbarkeit des Modells, das oftmals eine normative Formalisierung des Modells erfordert.[508]

Für die Konzipierung und Detaillierung des modellbasierten Ansatzes zur resilienten Baukastengestaltung werden mehrere verschiedene Modelle (vgl. Kapitel 4.3) entwickelt. Die bereits erläuterten Grundlagen der Modelle unterstützten den Autor bei der Strukturierung und Gliederung der Arbeit, indem sie die Fokussierung auf die für die Beantwortung der jeweiligen Teilforschungsfragen relevanten Inhalte erleichterten. Darüber hinaus hilft dieses Wissen dem Leser, die Struktur zu verstehen, sodass dies beim Lesen der folgenden Kapitel hilft, den roten Faden zu erkennen und beizubehalten. Dazu muss speziell bei der Modellentwicklung darauf geachtet werden, strukturähnliche Modelle zu verwenden bzw. diese isomorph zu adaptieren und dem speziellen Anwendungsfall entsprechend zu vervollständigen.[509] Abbildung 4-2 veranschaulicht den zu verfolgenden Modellierungsprozess, der sich in vier Schritte unterteilen lässt.

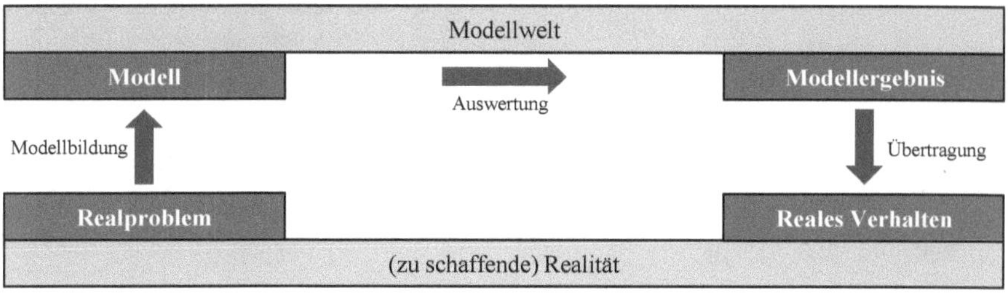

Abbildung 4-2: Phasen der Modellierung[510]

505 Vgl. Rieper (1992), Betriebswirtschaftliche Entscheidungsmodelle, S. 89 ff.
506 Vgl. Werth (2006), Kollaborative Geschäftsprozesse, S 96
507 Vgl. Werth (2006), Kollaborative Geschäftsprozesse, S 97; Milling (1979), Die Konzipierung von Entscheidungsmodellen sozialer Systeme, S. 60
508 Vgl. Werth (2006), Kollaborative Geschäftsprozesse, S 97 f.
509 Vgl. Patzak (1982), Systemtechnik - Planung komplexer innovativer Systeme, S. 315
510 In Anlehnung an Tücks (2010), Ramp-Up Management in der Automobilindustrie, S. 98

4.2 Anforderungen an den modellbasierten Ansatz

Zur Sicherstellung einer zielorientierten Konzeption der resilienten Baukastengestaltung werden in diesem Kapitel die bereits bestehenden Anforderungen strukturiert aufbereitet und beschrieben. Damit wird der Prozess der Entwicklung eines Lösungsansatzes forschungsbegleitend und die Validierung der Ergebnisse des modellbasierten Ansatzes, durch einen Anforderungsabgleich, unterstützt. Die Anforderungen werden dafür nachfolgend in formale und inhaltliche Anforderungen unterteilt. Darauf aufbauend wird in einem weiteren Schritt die Lösungsthese dieser Arbeit dargelegt.

4.2.1 Formale Anforderungen

Basierend auf der Modell- und Systemtheorie sind formale Anforderungen für die Konzeption der Teilmodelle für die resiliente Baukastengestaltung zu berücksichtigen, um ein strukturiertes und systematisches Vorgehen gewährleisten zu können. Das Modellverständnis nach STACHOWIAK dient dabei als Grundlage. Ein Modell zeichnet sich demnach durch die drei Hauptmerkmale Abbildungsmerkmal, Verkürzungsmerkmal sowie pragmatisches Merkmal aus.[511] Diesen Hauptmerkmalen zufolge muss ein Modell folgende formale Anforderungen erfüllen:[512]

- Empirische Richtigkeit: Das Modell muss bezogen auf die Realität eine für die Erfüllung der Abbildungseigenschaften ausreichende Ähnlichkeit aufweisen. Hierfür wird eine hohe Übereinstimmung der Systemstruktur und der Systemelemente mit der darzustellenden Realität angestrebt.
- Formale Richtigkeit: Das Modell soll widerspruchsfrei und formal einwandfrei sein sowie möglichst quantitative Ergebnisse liefern. Damit kann die systemische Forderung nach reproduzierbaren Aussagen, Widerspruchsfreiheit und dadurch die Nachprüfbarkeit des Modells erfüllt werden.
- Produktivität: Das Modell soll, aus Sicht des Modellanwenders, auf die spezifisch gestellten Fragen inhaltlich und formal geeignete Antworten liefern, also zweckbezogen sein.
- Handhabbarkeit: Das Modell soll leicht anwendbar und die daraus resultierenden Ergebnisse leicht interpretierbar sein.
- Geringer Aufwand: Das Modell soll mit geringem Aufwand erstellt und angewendet werden können.

Die ersten drei formalen Anforderungen stehen mit den verbleibenden beiden in Konkurrenz. Aus diesem Grund sind diese sorgfältig gegeneinander abzuwägen. Folglich muss der Zielkonflikt zwischen der maximalen Realitätsnähe der Modelle bei gleichzeitiger Wirtschaftlichkeit bei der Modellentwicklung

---

511 Vgl. Stachowiak (1973), Allgemeine Modelltheorie, S. 131 ff.; Bäumers (2016), Wirtschaftlicher Detaillierungsgrad der Montageablaufplanung, S. 113

512 Vgl. Patzak (1982), Systemtechnik - Planung komplexer innovativer Systeme, S. 309 f.; Gartzen (2012), Diskrete Migration als Anlaufstrategie für Montagesysteme, S. 92

aufgelöst werden. Dies erfolgt beispielsweise durch eine zielorientierte Vereinfachung des Modells. Damit stellt jedes Modell hinsichtlich der optimalen Wirksamkeit einen Kompromiss dar.[513] Ein Kompromiss in dieser Arbeit ist die Fokussierung auf die Automobilindustrie und die Anwendbarkeit der resilienten Baukastengestaltung durch dafür geschulte Experten. Folglich wird der Schwerpunkt leicht zugunsten der formalen Anforderungen der Handhabbarkeit und des geringen Aufwands verschoben, was sich auch in den inhaltlichen Anforderungen im nächsten Kapitel widerspiegelt.

4.2.2 Inhaltliche Anforderungen

Zusätzlich zu den formalen Anforderungen können ebenfalls inhaltliche Anforderungen an die resiliente Baukastengestaltung identifiziert werden. Diese ergeben sich aus der formulierten Zielsetzung der Arbeit (Kapitel 1.2), dem Objektbereich der Arbeit (Kapitel 2), dem in Kapitel 2.4 identifizierten Handlungsbedarf für eine resiliente Baukastengestaltung aus Sicht der Praxis sowie dem in Kapitel 3.2 aufgezeigten Stand der Forschung zur resilienten Baukastengestaltung. Basierend auf diesen Anforderungen wird in Abbildung 4-3 das inhaltliche Anforderungsprofil für den modellbasierten Ansatz abgeleitet. Das inhaltliche Anforderungsprofil dient als Leitlinie für die Entwicklung und Ausarbeitung der jeweiligen Teilmodelle des zu konzipierenden modellbasierten Ansatzes.

---

513 Vgl. Patzak (1982), Systemtechnik - Planung komplexer innovativer Systeme, S. 309 ff.; Lenders (2009), Beschleunigung der Produktentwicklung durch Lösungsraum-Management, S. 103

Anforderungen aus der Zielsetzung der Arbeit

- Umgang mit Risiken von Baukästen durch präventive bzw. korrektive Maßnahmen
- Reduktion von Änderungs- sowie Abbruchkosten und Endkundenangebot von zusätzlichen Funktionen über die Vergabedauer von Baukästen
- Sicherstellung der Praxistauglichkeit durch Fokussierung auf verblockungskritische Baukästen

Anforderungen aus dem Objektbereich der Arbeit

- Berücksichtigung der Interdependenzen zwischen den Baukästen durch die Analyse der funktionalen und räumlichen Abhängigkeiten
- Detaillierte Betrachtung von Risiken im Hinblick auf deren Konsolidierung und Berücksichtigung im Baukastenentwicklungsprozess

Anforderungen aus der Praxis

- Reduzierung der Überforderung der vorhandenen Baukastenexpertise aufgrund der Vielzahl an Risiken in hochdynamischen Umfeldern
- Steigerung von Skaleneffekten und damit der Realisierung betriebswirtschaftlicher Vorteile, insbesondere bei verblockungskritischen Baukästen
- Auflösen des Spannungsfeldes zwischen der Planungssicherheit und Flexibilität hinsichtlich zukünftiger Rahmenbedingungen bzw. Risiken in einem hochdynamischen Umfeld
- Berücksichtigung der Auswirkungen von Risiken eines hochdynamischen Umfelds auf das Produkt oder seine Architektur, im Einkauf bei der Auftragsvergabe und im Business Case zur Gestaltung

Anforderungen aus der Theorie

- Erarbeitung eines Kennzahlensystems zur Bestimmung von verblockungskritischen Baukästen
- Ermittlung von Risikofaktoren zur systematischen Identifikation und Beschreibung von Risiken mit quantitativen und qualitativen Verfahren
- Qualitative Bestimmung der Veränderungen der vom Risiko betroffenen Baukastenmerkmale und Weitergabe von technischen Änderungen durch baukastenübergreifende Beziehungen
- Bestimmung und Abstufung von Auswirkungskriterien einer Verblockung zur Priorisierung von Risiken in einem Portfoliodiagramm
- Erarbeitung von Risikobehandlungsstrategien zur präventiven Risikobehandlung
- Entwicklung einer Berechnungslogik zum quantitativen Nachweis eines monetären Vorteils einer präventiven Risikobehandlung gegenüber einer korrektiven Risikobehandlung

Inhaltliche Anforderungen zur resilienten Baukastengestaltung

Abbildung 4-3: Inhaltliches Anforderungsprofil für die resiliente Baukastengestaltung

Aus der Zielsetzung der Arbeit folgt als Anforderung an die zu entwickelnde resiliente Baukastengestaltung, dass der Fokus auf dem Umgang mit Risiken von Baukästen durch präventive bzw. korrektive Maßnahmen liegen soll. Darüber hinaus ist es ein Ziel, die Änderungs- und Abbruchkosten zu reduzieren und dem Endkunden zusätzliche Funktionen über die Vergabedauer der Baukästen anzubieten. Die Einschränkung des Betrachtungsumfangs und damit der Praxistauglichkeit des modellbasierten Ansatzes soll durch die Fokussierung auf verblockungskritische Baukästen sichergestellt werden.

Der Objektbereich dieser Arbeit impliziert, dass der zu entwickelnde modellbasierte Ansatz die Betrachtung von Baukästen fokussiert. In diesem Kontext ist die Berücksichtigung der Interdependenzen zwischen den Baukästen durch die Analyse der funktionalen und räumlichen Abhängigkeiten von Bedeutung. Im Hinblick auf die Charakterisierung des modellbasierten Ansatzes, strategisch handlungsweisend zu sein, ist eine detaillierte Betrachtung von Risiken hinsichtlich ihrer Konsolidierung und Berücksichtigung im Baukastenentwicklungsprozess vorzunehmen.

Die Anforderungen aus der Praxis beschreiben die zu bewältigenden Herausforderungen von Unternehmen bei der resilienten Baukastengestaltung. Hierbei muss die Überforderung der vorhandenen Baukastenexpertise aufgrund der Vielzahl an Risiken im hochdynamischen Umfeld reduziert werden. Darüber hinaus müssen die zu erzielenden Skaleneffekte und damit die wirtschaftlichen Vorteile, insbesondere bei verblockungskritischen Baukästen, gesteigert werden. Dabei gilt es, mit dem modellbasierten Ansatz das Spannungsfeld zwischen der Planungssicherheit und Flexibilität hinsichtlich zukünftiger Rahmenbedingungen bzw. Risiken in einem hochdynamischen Umfeld aufzulösen. Die Berücksichtigung der Auswirkungen von Risiken eines hochdynamischen Umfelds auf das Produkt oder seine Architektur, im Einkauf bei der Vergabe und im Business Case ermöglicht eine aktive Gestaltung bzw. schnelle Reaktion auf die identifizierten Risiken für Baukästen in einem hochdynamischen Umfeld.

Die Anforderungen aus der Theorie ergeben sich aus der Auswahl integrierbarer Bausteine in Kapitel 3.2.2. Hier wurden bereits bestehende Ansätze von 12 verschiedenen Autoren zu definierten Prinzipien des Risikomanagements analysiert. Anschließend erfolgt eine Begründung, weshalb die folgenden Anforderungen eine logische Weiterentwicklung des Stands der Forschung im Anwendungskontext dieser Arbeit sind. Ausgehend davon wird deutlich, dass ein Kennzahlensystem zur Bestimmung von verblockungskritischen Baukästen erarbeitet werden muss. Darauf aufbauend gilt es Risikofaktoren zur systematischen Identifikation und Beschreibung von Risiken mit quantitativen und qualitativen Verfahren zu ermitteln. Für die Analyse der Risiken müssen die Veränderungen der vom Risiko betroffenen Baukastenmerkmale qualitativ bestimmt und die Weitergabe von technischen Änderungen durch baukastenübergreifende Abhängigkeiten überprüft werden. Basierend auf der Analyse der Risiken anhand eines Portfoliodiagramms hat eine Bestimmung und Abstufung von Auswirkungskriterien in Bezug auf eine Priorisierung von Risiken zu erfolgen. Die verstärkte Berücksichtigung von präventiven Gestaltungsszenarien für die Risikobehandlung sowie die Entwicklung einer Berechnungslogik zum quantitativen Nachweis einer präventiven Risikobehandlung gegenüber der korrektiven Risikobehandlung bilden den Abschluss der Anforderungen aus der Theorie.

4.2.3 Lösungsthese zur resilienten Baukastengestaltung

Nachdem die formalen und inhaltlichen Anforderungen an den zu entwickelnden modellbasierten Ansatz erarbeitet wurden, formuliert dieses Kapitel die Lösungsthese zur resilienten Baukastengestaltung.

Für verblockungskritische Baukästen stößt die vorhandene Baukastengestaltungsexpertise an ihre Grenzen. Dies liegt daran, dass Baukästen in hochdynamischen Umgebungen mit einer Vielzahl von Risiken konfrontiert sind.[514] Wenn Risiken eintreten und nicht im Sinne eines gezielten Handelns im Vorfeld berücksichtigt werden, werden diese Risiken zu Problemen, und diese Probleme werden in der Regel durch technische Änderungen gelöst.[515] Dies gilt ebenfalls für die Definition von Risiko im Sinne einer Chance und damit im Hinblick einer positiven Zielabweichung. Wenn in diesem Zusammenhang keine gezielten Maßnahmen ergriffen werden, führt dies zu einem entgangenen Gewinn und dem Bedarf an technischen Änderungen.[516] Durch einen hohen Vernetzungsgrad und eine Überlagerung von nicht auf-

514 Vgl. Kapitel 2.4.3
515 Vgl. Kapitel 2.4.2
516 Vgl. Kapitel 3.1.1

einander abgestimmten Lebenszyklen führt eine korrektive Risikobehandlung bei verblockungskritischen Baukästen zu hohen Änderungskosten und zu einer verzögerten bzw. nicht mehr möglichen Integration in die Produkte.[517] Aus diesem Grund ist die Berücksichtigung von technischen Mehrinhalten durch eine präventive Risikobehandlung im Rahmen des Risikomanagementprozesses ein interessanter und damit ein zu vertiefender Ansatz. Der Lösungsansatz dieser Arbeit basiert auf den soeben beschriebenen Herausforderungen und zielt folglich darauf ab, die Kosten für technische Veränderungen bei verblockungskritischen Baukästen durch eine systematische Identifikation, Analyse, Bewertung und Behandlung von Risiken zu reduzieren sowie Risiken aktiv gestalten zu können bzw. eine schnelle Reaktion darauf zu ermöglichen. Die Lösungsthese dieser Arbeit kann daher wie folgt formuliert werden:

> Die Adaption des Risikomanagementprozesses auf verblockungskritische Baukästen mit Erweiterung der Risikobehandlung um präventive Risikobehandlungsstrategien ermöglicht es, über den Lebenszyklus dieser Baukästen monetäre Vorteile zu erzielen, indem die Kosten für technische Änderungen durch eine aktive Risikogestaltung sowie eine schnelle Reaktion auf Risiken reduziert werden und dem Endkunden über die Lebensdauer eines Produktes zusätzliche Funktionen angeboten werden können.

Die wesentliche Herausforderung des modellbasierten Ansatzes besteht folglich darin, den Schritt der Risikobehandlung um präventive Risikobehandlungsstrategien zu erweitern. Dafür sind zunächst präventive Risikobehandlungsstrategien zu erarbeiten. Den präventiven Risikobehandlungsstrategien müssen jeweils geeignete präventive Maßnahmen zugewiesen werden. Die drei Ursachenkategorien zur Auflösung des Spannungsfeldes zwischen Planungssicherheit und Flexibilität hinsichtlich zukünftiger Rahmenbedingungen bzw. Risiken in Kapitel 2.4.2 bieten einen Anhaltspunkt für präventive Maßnahmentypen. Um die Anwendbarkeit des modellbasierten Ansatzes gewährleisten zu können, muss im Anschluss daran der Nachweis erbracht werden, dass präventive Risikobehandlungsstrategien monetäre Vorteile gegenüber korrektiven Risikobehandlungsstrategien aufweisen.[518]

4.3 Grobkonzept der resilienten Baukastengestaltung

Dieses Kapitel konzentriert sich einleitend auf die Vorstellung des Grobkonzeptes der resilienten Baukastengestaltung, das auf Grundlage der in Kapitel 3.2.2 definierten Teilforschungsfragen und der in Kapitel 4.2 definierten Anforderungen an den modellbasierten Ansatz entwickelt wird. Die resiliente Baukastengestaltung lässt sich in fünf aufeinander aufbauende Schritte unterteilen, die im Folgenden kurz beschrieben werden. In Anschluss an die Beschreibung des Weges werden die Erkenntnisse für jeden der fünf Schritte anhand von Abbildung 4-4 ausführlich erläutert und in den Zusammenhang mit der Gesamterkenntnis gesetzt.

Im ersten Schritt der resilienten Baukastengestaltung findet für das Gesamtsystem Produkt eine Bestimmung verblockungskritischer Baukästen statt. Dies erfordert den Aufbau eines Kennzahlenpools und eine Bewertung dieser Kennzahlen. Der Schwerpunkt der Bewertung liegt dabei auf der Identifikation von Kennzahlen, die eine Verblockung bestmöglich widerspiegeln. Auf diese Weise ist es möglich, ein

517 Vgl. Kapitel 1.1

518 Vgl. Kapitel 3.2.2 – Prinzip e) Risiken behandeln

Kennzahlensystem mit entsprechenden Dimensionen zur Einordnung der Baukästen einzurichten. Damit Ausreißer keinen falsifizierenden Einfluss auf die Auswahl von verblockungskritischen Baukästen ausüben, werden zuvor Regeln für die Identifikation von und den Umgang mit Ausreißern festgelegt. Die in diesem Schritt enthaltene Erkenntnis wird in Kapitel 4.3.1 ausführlich beschrieben.

Im zweiten Schritt des modellbasierten Ansatzes findet die Identifikation von Risiken für verblockungskritische Baukästen statt. Dies bedarf einer gemeinsamen Kommunikationsbasis für die Einordnung von identifizierten Risiken in Form von Risikosuchfeldern. Auf diese Weise ist es möglich, Risiken im Team mit einem gemeinsamen Verständnis diskutieren, ergänzen und beschreiben zu können. Um Risiken zu identifizieren, werden methodische Verfahren vorgestellt, die sich auf die ermittelten Risikosuchfelder anwenden lassen. Um sicherzustellen, dass die richtigen methodischen Verfahren auf die Risikosuchfelder angewendet werden, werden die für diesen Teilschritt relevanten Rahmenbedingungen in diesem Zusammenhang erfasst. Dies bildet die Grundlage für die Beschreibung der identifizierten Risiken für die verblockungskritischen Baukästen, die als Ausgangspunkt für die anschließende Analyse und Bewertung der Risiken dient. Die Details der in diesem Schritt enthaltenen Erkenntnissen werden in Kapitel 4.3.2 aufbereitet.

Im dritten Schritt wird die Analyse von Risiken für verblockungskritische Baukästen durchgeführt. Um Risikoauswirkungen nachvollziehbar darstellen zu können, ist ein tiefgreifendes Verständnis für die verblockungskritischen Baukästen erforderlich. Dazu werden die Baukastenmerkmale einschließlich der dazugehörigen Ausprägungsinformationen anhand einer spezifisch dafür entwickelten Klassifizierungslogik erfasst. Auf diese Weise ist es im Anschluss daran möglich, Abhängigkeiten zwischen den Baukastenmerkmalen innerhalb der verblockungskritischen Baukästen unter Verwendung von Graphen oder Adjazenzmatrizen aufzubereiten. Basierend auf der Zuordnung der identifizierten Risiken zu den betroffenen Baukastenmerkmalen können die Risikoauswirkungen innerhalb der verblockungskritischen Baukästen systematisch erfasst werden. Die Risikoauswirkungen auf das Gesamtsystem Produkt werden im Anschluss daran anhand funktionaler und räumlicher Verknüpfungen zu weiteren Baukästen untersucht. Die abschließende Erstellung von Verblockungsübersichten bildet die Grundlage für die anschließende Bewertung von Risiken für verblockungskritische Baukästen. Das Kapitel 4.3.3 beschreibt die in diesem Schritt gewonnene Erkenntnis.

Im vierten Schritt der resilienten Baukastengestaltung erfolgt die Bewertung von Risiken für verblockungskritische Baukästen. Um den Grad der Bedrohung für ein bestimmtes Risiko zu ermitteln, werden zunächst die das Risiko charakterisierenden Parameter bemessen. Die Risikoparameter in der vorliegenden Arbeit werden in die Eintrittswahrscheinlichkeit und die Auswirkungen einer Verblockung unterteilt. Basierend darauf kann für jedes Risiko eine Risikobewertung im Gesamtsystem Produkt durchgeführt werden. Auf diese Weise ist es möglich, für jedes Risiko das Verblockungsszenario mit den geringsten Gesamtauswirkungen einer Verblockung auszuwählen. Die abschließende Priorisierung dieser bewerteten Risiken basiert auf einer Darstellung dieser Risiken unter Verwendung eines Portfoliodiagramms. Um die Risiken in eine Reihenfolge zu bringen, werden in der Risikoeinstufungsmatrix Akzeptanzgrenzen und eine Risikoklassifikation angewendet. Die dazugehörige Erkenntnis wird in Kapitel 4.3.4 beschrieben.

Im letzten Schritt des modellbasierten Ansatzes wird eine Entscheidung über die für ein spezifisches Risiko zu verfolgende Risikobehandlungsstrategie getroffen. Dazu werden zunächst die im Kontext der Verblockung relevanten Risikobehandlungsstrategien erarbeitet, die bereits in der Literatur beschrieben sind und in der Praxis angewendet werden sollen. Um eine Entscheidung für eine zu verfolgende Risikobehandlungsstrategie zu treffen, wird für jedes Risiko die Eintrittswahrscheinlichkeit berücksichtigt. Zu diesem Zweck wird grundsätzlich zwischen dem Eintreten und Nichteintreten eines Risikos unterschieden. Die Auswahl der am besten geeigneten Risikobehandlungsstrategie basiert in erster Linie auf einer betriebswirtschaftlichen Auswertung der zuvor definierten Risikobehandlungsstrategien. Ausgehend davon können sämtliche erforderlichen Kostenarten ermittelt und beschrieben werden. Dies bildet die Grundlage für die Entwicklung der Berechnungslogiken für die einzelnen Risikobehandlungsstrategien und ermöglicht damit die Quantifizierung der Risikobehandlungsstrategien. Die in diesem Schritt enthaltene Erkenntnis wird in Kapitel 4.3.5 im Detail beschrieben.

Nachdem der Weg zur Erkenntnis beschrieben wurde, werden in den folgenden Kapiteln die Erkenntnisse der resilienten Baukastengestaltung detailliert erläutert und in den Kontext der Gesamterkenntnis gestellt. Abbildung 4-4 liefert dazu einen Überblick und dient zur Orientierung für die folgenden Kapitel. Wie aus dieser Abbildung ersichtlich ist, bauen die Erkenntnisse der einzelnen Schritte aufeinander auf. Die Kernerkenntnis dieser Arbeit befindet sich im fünften Schritt und ergibt sich aus den Erkenntnissen der vorangegangenen Schritte.

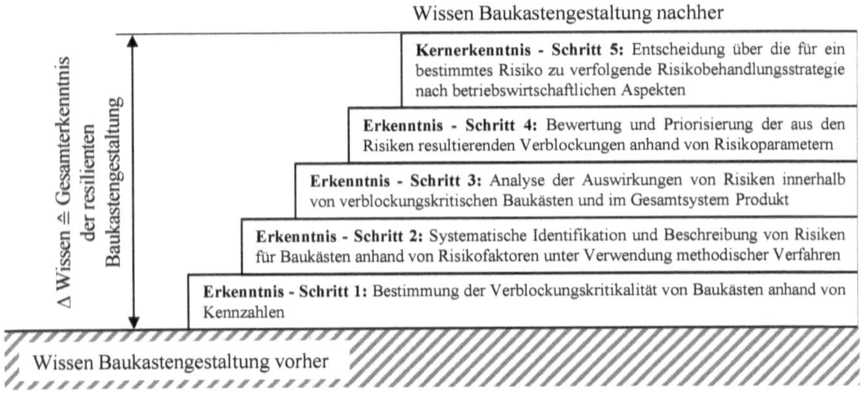

Abbildung 4-4: Gesamterkenntnis der resilienten Baukastengestaltung

4.3.1 Bestimmung von verblockungskritischen Baukästen

Baukästen sind vereinheitlichte Komponenten in Baugruppen bzw. Systemen, die sich in Kombination mit weiteren Anpasselementen zu verschiedenen Endprodukten zusammensetzen lassen. In der Automobilindustrie ist es nicht ungewöhnlich, dass Unternehmen mehrere hundert Baukästen gleichzeitig in ihrem Produktportfolio haben. Ein wesentliches Ziel der resilienten Baukastengestaltung ist die Sicherstellung der Praxistauglichkeit. Aus diesem Grund kann der modellbasierte Ansatz nicht alle Baukästen eines Unternehmens mit vertretbarem Aufwand berücksichtigen. Es muss sich daher auf eine Teilmenge der Baukästen im Unternehmen beschränkt werden, nämlich auf diejenigen mit der höchsten Verblockungskritikalität. Folglich kann die in diesem Kapitel zu erzielende Erkenntnis als die Bestimmung der

Verblockungskritikalität von Baukästen anhand von Kennzahlen beschrieben werden. Das dafür zu entwickelnde Modell ist ein Erklärungs-/Entscheidungsmodell, da es die Struktur bzw. das Verhalten eines Originals erklärt und auch Entscheidungen hinsichtlich Handlungsalternativen bei der Systemgestaltung unterstützt. Die dafür zu entwickelnde Methode gliedert sich in vier Teilschritte. Abbildung 4-5 veranschaulicht den Leitgedanken für das zu beschreibende Konzept.

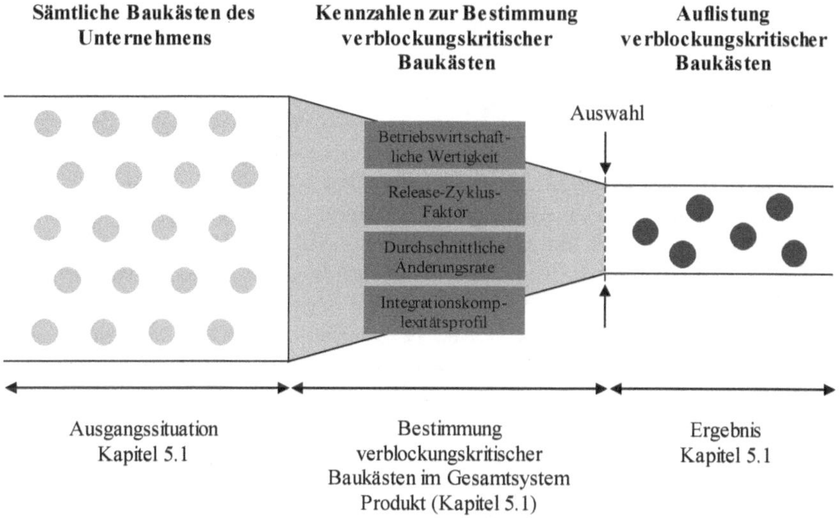

Abbildung 4-5: Konzept zur Bestimmung verblockungskritischer Baukästen

Im ersten Teilschritt werden auf Basis einer Literaturrecherche und von Expertengesprächen 15 Kennzahlen identifiziert und in einen Kennzahlenpool überführt, welche die Auswirkungen einer Verblockung bestmöglich widerspiegeln. Dies entspricht der Erkenntnis dieses Teilschrittes, und das Ergebnis sind vier Kennzahlen, die zum Aufbau des Kennzahlensystems im nächsten Teilschritt verwendet werden können. Sämtliche im Kennzahlenpool enthaltenen Kennzahlen werden in Kapitel 5.1.1 aufgeführt und im Anhang A.1 detailliert beschrieben. Um die Übersichtlichkeit der Kennzahlen hinsichtlich ihrer Relevanz für die Bestimmung der Verblockungskritikalität von Baukästen zu erhöhen, werden die Kennzahlen des Kennzahlenpools anschließend hinsichtlich ihrer Aussagekraft und ihres Erhebungsaufwands bewertet. Ausgehend davon wird die Gesamtzahl der Kennzahlen für das im zweiten Teilschritt zu entwickelnde Rechensystem auf Kennzahlen mit hoher Aussagekraft und geringem bzw. mittlerem Erhebungsaufwand reduziert. Dazu zählen die vier Kennzahlen betriebswirtschaftliche Wertigkeit, der Release-Zyklus-Faktor, die durchschnittliche Änderungsrate und das Profil der Integrationskomplexität. Diese Kennzahlen sind am geeignetsten, um Auskunft über die Verblockungskritikalität von Baukästen geben zu können und entsprechen damit der Bewertung der zu erwartenden Änderungs- und Abbruchkosten und über ein mögliches Angebot an zusätzlichen Funktionen über die Vergabedauer. Die betriebswirtschaftliche Wertigkeit eines Baukastens beschreibt das monetäre Einsparpotenzial durch eine Reduzierung der Anzahl technischer Änderungen und damit eine Reduzierung der zu erwartenden Änderungs- und Abbruchkosten. Der Release-Zyklus-Faktor setzt die Lebensdauer der Baukästen in Relation zu den Produkten des Unternehmens auf dem Markt. Diese Kennzahl bewertet somit die Häufigkeit der Veröffentlichung zukünftiger Baukastengenerationen und die hiermit verbundenen möglichen Neuerungen. Die durchschnittliche Änderungsrate gibt Auskunft über die zukünftige Veränderlichkeit der Baukästen, deren Abhängigkeiten und Gestaltungszielen. Das Profil der Integrationskomplexität charakterisiert den Integrationsaufwand des Baukastens in die Produktarchitektur und ist damit ein Indikator für den Änderungsaufwand bei technischen Änderungen. Weitere Details zu diesen vier Kennzahlen finden sich in Kapitel 5.1.1.

Im zweiten Teilschritt wird auf Basis der Selektion und Beschreibung relevanter Kennzahlen zur Bestimmung der Verblockungskritikalität von Baukästen ein Kennzahlensystem aufgebaut. Die Erkenntnis dieses Teilschrittes kann als die Weiterentwicklung des Portfolioansatzes nach BAUER ET AL.[519] im Kontext der Verblockungskritikalität beschrieben werden. Das Ergebnis ist das Verblockungs-Kritikalitäts-Portfolio, in dem die Baukästen eingeordnet und klassifiziert werden können. Die Ordinate fasst die strukturellen Auswirkungen einer technischen Änderung unter dem Begriff Produktarchitekturrelevanz zusammen. Die Abszisse stellt die Dynamik der technischen Änderungen dar und wird als Entwicklungsdynamik bezeichnet. Das daraus resultierende Portfolio ist das Verblockungs-Kritikalitäts-Portfolio (VKP). Im Anschluss daran werden die vier Kennzahlen zur Bestimmung der Verblockungskritikalität von Baukästen über mathematische Funktionen zu jeweils einer Verblockungs-Kritikalitäts-Zahl (VKZ) für die Systemachse Entwicklungsdynamik und Produktarchitekturrelevanz verknüpft. Die $VKZ_{Entwicklungsdynamik}$ besteht aus der Multiplikation der normierten durchschnittlichen Änderungsrate und dem Release-Zyklus-Faktor, die $VKZ_{Produktarchitekturrelevanz}$ aus der Multiplikation der normierten Kennzahlen betriebswirtschaftliche Wertigkeit und Integrationskomplexitätsprofil. Für die Normierung der drei Kennzahlen wird die jeweilige Kennzahl ins Verhältnis zur Summe der Werte der entsprechenden Kennzahl von allen Baukästen gesetzt. Da zur Berechnung der $VKZ_{Entwicklungsdynamik}$ und $VKZ_{Produktarchitekturrelevanz}$ jeweils eine Multiplikation zweier Kennzahlen verwendet wird, kann davon ausgegangen werden, dass der Wertebereich von 0 bis 100% überschritten wird bzw. an bestimmten Stellen des Intervalls mit einer großen Ansammlung von Baukästen zu rechnen ist. Um die Baukästen im Verblockungs-Kritikalitäts-Portfolio eindeutig in einem Wertebereich zwischen 0 und 1 positionieren zu können, wird für beide Verblockungs-Kritikalitäts-Zahlen das Verhältnis des jeweiligen Wertes zum Maximalwert gebildet.

Damit Ausreißer keinen falsifizierenden Einfluss auf die Auswahl von verblockungskritischen Baukästen ausüben, werden im dritten Teilschritt Ausreißer durch Vertrauensintervalle identifiziert. Diese Identifikation von Ausreißern durch Vertrauensintervalle entspricht der Erkenntnis dieses Teilschrittes, was im Ergebnis zu einer Entzerrung des Verblockungs-Kritikalitäts-Portfolios führen soll. Liegt ein Wert außerhalb dieser Vertrauensintervalle, kann dieser als Ausreißer bezeichnet werden. Dies geschieht mithilfe von Vertrauensintervallen für die mittlere absolute Abweichung vom Median und für die Standardabweichung, die das Maß für die Abweichung einer Verteilung vom Mittelwert angibt. Die in der Literatur geläufigen und in dieser Arbeit verwendeten Bereiche sind beim Median +/- 4 MD (mittlere

519 Vgl. Kapitel 3.2.2 – Prinzip a) Anwendungsbereich, Kontext, Kriterien bestimmen; Bauer et al. (2013), An approach for cycle-robust platform design, S. 8

absolute Abweichung vom Median) und beim Mittelwert +/- 2s (Standardabweichung). Die identifizierten Ausreißer sind für diese Arbeit von großer Bedeutung, würden allerdings die Aussage des Verblockungs-Kritikalitäts-Portfolios stark verzerren. Aus diesem Grund werden die Ausreißer in den jeweiligen Dimensionen pauschal als 100%-Werte eingestuft und ebenfalls in das Verblockungs-Kritikalitäts-Portfolio aufgenommen. Im Anschluss daran werden sämtliche Werte der $VKZ_{Entwicklungsdynamik}$ und der $VKZ_{Produktarchitekturrelevanz}$ abermals, ohne die identifizierten Ausreißer, berechnet und ebenfalls in das Verblockungs-Kritikalitäts-Portfolio übertragen.

Nachdem die Baukästen in das Verblockungs-Kritikalitäts-Portfolio aufgenommen wurden, werden im vierten Teilschritt die Baukästen identifiziert, die im Hinblick auf eine Verblockung in den nächsten Schritten der resilienten Baukastengestaltung berücksichtigt werden. Die Erkenntnis dieses Teilschritts entspricht der Entwicklung einer Segmentierungslogik analog zu RUDOLF[520] für die Unterteilung des Verblockungs-Kritikalitäts-Portfolios in Form von zwei Kreisen. Die Baukästen, die sich innerhalb des inneren Kreises befinden, werden für eine resiliente Baukastengestaltung nicht weiter betrachtet. Die Baukästen außerhalb des äußeren Kreises werden im weiteren Verlauf dieser Arbeit berücksichtigt. Die Lage des äußeren Kreises wird dabei so gewählt, dass ausgehend vom Pareto-Prinzip die 20% der Baukästen identifiziert werden, von denen 80% der Auswirkungen von Verblockungen in einem Unternehmen resultieren. Für Baukästen im Übergangsbereich wird auf der Grundlage von Expertengesprächen oder weiteren Analysen eine individuelle Entscheidung getroffen. Die Bestimmung verblockungskritischer Baukästen zeigt Abbildung 4-6.

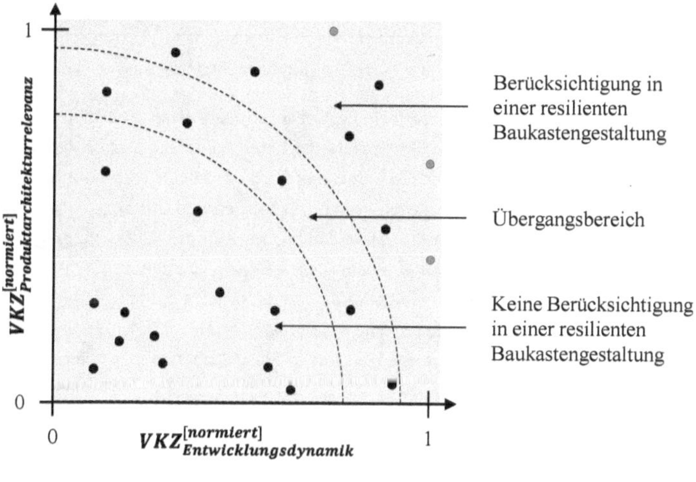

Abbildung 4-6: Auswahl verblockungskritischer Baukästen

520 Vgl. Kapitel 3.2.2 – Prinzip a) Anwendungsbereich, Kontext, Kriterien bestimmen; Rudolf (2013), Produktionsgerechte Baukastengestaltung, S. 131

4.3.2 Risikoidentifikation für verblockungskritische Baukästen

Risiken können bei Risikoeintritt zu Verblockungen führen. Um Risiken hinsichtlich ihrer Auswirkungen im Gesamtsystem Produkt zu analysieren, im Hinblick auf Verblockungen zu bewerten und anschließend behandeln zu können, müssen diese zunächst identifiziert werden. Es ist daher essenziell, sich systematisch einen Überblick über die Risiken eines verblockungskritischen Baukastens zu verschaffen und diese im Hinblick auf die nächsten Schritte im Risikomanagementprozess detailliert zu beschreiben. Die Erkenntnis dieses Kapitels lässt sich daher als systematische Identifikation und Beschreibung von Risiken anhand von Risikofaktoren unter Verwendung methodischer Verfahren zusammenfassen. Das dafür zu erarbeitende Modell ist ein Beschreibungsmodell, da es der systematischen Beschreibung der Realität durch die Abbildung der Struktur bzw. das Verhalten eines Originales dient. Aus methodischer Sicht werden dazu drei Teilschritte benötigt. Das Vorgehen zur Identifikation von Risiken ist in Abbildung 4-7 abstrahiert dargestellt.

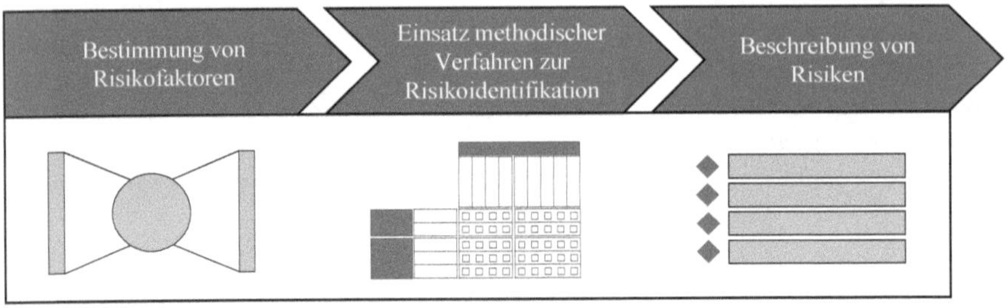

Abbildung 4-7: Vorgehen zur Identifikation von Risiken für verblockungskritische Baukästen

Je nach Umfang oder Komplexität der verblockungskritischen Baukästen sind eine Vielzahl unterschiedlicher Abteilungen bzw. Unternehmensbereiche an der Risikoidentifikation beteiligt. Die Erkenntnis dieses Teilschrittes ist die Entwicklung von fünf Risikosuchfeldern in Form einer Literaturrecherche, die im Folgenden als Risikofaktoren bezeichnet werden und aus denen Risiken entstehen können. Das Ergebnis ist eine gemeinsame Kommunikationsbasis für die Klassifizierung von identifizierten Risiken, um die Risiken im Team mit einem gemeinsamen Verständnis diskutieren, ergänzen und beschreiben zu können. Diese ermittelten Risikofaktoren lassen sich grundlegend in unternehmensinterne und -externe Risikofaktoren unterteilen. Die Risikofaktoren Innovationen, Baukastenlösungsangebot und Industrialisierungs-/Optimierungsmaßnahmen bilden die unternehmensinternen Risikofaktoren. Der Risikofaktor Innovation umfasst dabei sämtliche Risiken, die sich aus einer nachträglichen Integration geplanter Innovationen in den Baukasten ergeben. Der Risikofaktor Baukastenlösungsangebot berücksichtigt alle Risiken aus einer nachträglichen Ausweitung des Baukastenlösungsangebots auf weitere Produkte und Produktionswerke. Der Risikofaktor Industrialisierungs-/Optimierungsmaßnahmen beinhaltet Risiken, die mit dem Erreichen der definierten Produktreife der Baukästen zum Produktionsstart verbunden sind. Dazu gehören die Sicherstellung der Baukastenfunktionalität, die Erreichung geometrischer Vorgaben für den Einbau in einen vordefinierten Bauraum, die Erfüllung von Produktionsanforderungen und die Umsetzung konzeptueller Zielvorgaben auf Gesamtsystemebene. Zu den unternehmensexternen Risikofaktoren zählen die Risikofaktoren Wettbewerbsaktivitäten und Regulatorik/Industriestandards. Der Risikofaktor Wettbewerbsaktivtäten umfasst alle Risiken, die sich aus einer

Anpassung des Baukastens an sich verändernde bzw. erweiterte Anforderungen aufgrund einer Nichtberücksichtigung von Wettbewerberaktivitäten ergeben. Der Risikofaktor Regulatorik/Industriestandards berücksichtigt sämtliche Risiken, die durch eine Anpassung des Baukastens an sich verändernde bzw. neue regulatorische Umstände und Industriestandards bestehen.

Im zweiten Teilschritt werden je nach Verfügbarkeit von quantitativen oder qualitativen Daten und dem zu betrachtenden Zeithorizont analytische und intuitive Verfahren zur Risikoidentifikation von Baukästen aufgezeigt, die von den Unternehmen auf die bereits identifizierten Risikofaktoren anzuwenden sind. Die Teilerkenntnis dieses Teilschrittes ist die Entwicklung einer matrixartigen Übersicht (vgl. Abbildung 4-8) über die zeitlichen Charakteristika der Verfahren zur Risikoidentifikation. Die Grundlage dafür bildet die Arbeit von SCHIFFER, der bereits Prognoseverfahren im Rahmen einer szenariorobusten Produktarchitekturgestaltung vorgestellt hat.[521] Im Ergebnis können Unternehmen auf Basis der matrixartigen Übersicht je nach Datenverfügbarkeit und Zeithorizonten von Baukästen erkennen, welche methodischen Verfahren durchgeführt werden müssen. Auf der horizontalen Achse des matrixartigen Überblicks werden die analytischen und intuitiven Verfahren aufgeführt, auf der vertikalen Achse der Zeithorizont in der Einheit Jahre. Die analytischen Verfahren setzen sich zusammen aus Indikatorenmodellen, Zeitreihen-Analysen, Regressionsmodellen und Simulationsmodellen. Zu den intuitiven Verfahren zählen die Befragungen, Delphi-Methoden, Trendanalysen, strategische Frühaufklärungen und Szenariotechniken. Die Zeithorizonte werden analog zu SCHIFFER ebenfalls in kurz (0 – 2 Jahre), mittel (2 – 10 Jahre) und lang (> 10 Jahre) unterteilt. Bei der Zuweisung der Verfahren zu den Zeithorizonten zeigt sich, dass die analytischen Verfahren zur Risikoidentifikation für verblockungskritische Baukästen zumeist einen kurzen bis mittleren Zeithorizont aufweisen. Die intuitiven Verfahren besitzen tendenziell einen mittleren bis langen Zeithorizont. Je nach Anwendungsfall und der Verfügbarkeit von qualitativen oder quantitativen Daten sowie der Vergabedauer der entsprechenden verblockungskritischen Baukästen können mehrere analytische und intuitive Verfahren zur Risikoidentifikation eingesetzt bzw. kombiniert werden.

---

[521] Vgl. Kapitel 3.2.2 – Prinzip b) Risiken identifizieren; Schiffer (2013), Szenariorobuste Produktarchitekturgestaltung, S. 43 f.

		Verfahren								
		Indikatorenmodelle	Zeitreihenanalyse	Regressionsmodelle	Simulationsmodelle	Befragung	Delphi-Methode	Trendanalyse	Strat. Frühaufklärung	Szenariotechnik
Verfahrenstyp	Analytisch	☑	☑	☑	☑	☐	☐	☐	☐	☐
	Intuitiv	☐	☐	☐	☐	☑	☑	☑	☑	☑
Zeithorizont (in Jahren)	Kurz (0 – 2)	☑	☑	☑	☐	☑	☐	☐	☐	☐
	Mittel (2 – 10)	☑	☑	☑	☑	☑	☑	☑	☑	☑
	Lang (> 10)	☐	☐	☐	☑	☑	☑	☑	☑	☑

Abbildung 4-8: Zeitliche Charakteristika von Verfahren zur Risikoidentifikation

Aufbauend auf dem Einsatz methodischer Verfahren zur Identifikation von Risiken liefert der dritte Teilschritt eine aussagekräftige Risikobeschreibung, die als Ausgangsbasis für die anschließende Analyse und Bewertung der Risiken dient. Für eine präzise und konkrete Risikobeschreibung pro Risiko von verblockungskritischen Baukästen existieren vier Kriterien. Dazu zählen die detaillierte Fehler-Ursachen-Analyse inkl. Risikofaktorzuordnung, der Zeitpunkt des Risikoeintritts, die Eintrittswahrscheinlichkeit des Risikos und die Überprüfung möglicher zusätzlicher Risiko-Baukasten-Abhängigkeiten.

4.3.3 Risikoanalyse für verblockungskritische Baukästen

Um im nächsten Schritt die Bewertung hinsichtlich einer Verblockung auf Basis der identifizierten Risiken durchführen zu können, müssen zunächst die Auswirkungen eines Risikos auf die verblockungskritischen Baukästen und im Gesamtsystem Produkt transparent aufbereitet und dargestellt werden. Die Erkenntnis dieses Kapitels ist folglich die Analyse der Auswirkungen von Risiken innerhalb von verblockungskritischen Baukästen und im Gesamtsystem Produkt. Das zu entwickelnde zugehörige Modell kann als Erklärungsmodell angesehen werden, da es die Wirkzusammenhänge zwischen dem Input (Risiko) und dem Output (Risikoauswirkungen) eines realen Systems in qualitativer Form erklärt. Die dazu entwickelnde Methode gliedert sich in drei Teilschritte.

Um Risikoauswirkungen nachvollziehbar darstellen zu können, ist ein tiefgreifendes Verständnis für verblockungskritische Baukästen erforderlich. Aus diesem Grund wird im ersten Teilschritt die Attribution der verblockungskritischen Baukästen durchgeführt. Das bedeutet, dass zunächst sämtliche Baukastenmerkmale, die einen verblockungskritischen Baukasten charakterisieren, anhand einer Klassifizierungslogik erfasst werden müssen. Die Erkenntnis dieses Teilschrittes ist deshalb die Weiterentwicklung der bereits bestehenden Klassifizierungslogik für mechatronische Baukästen nach BREUNIG[522] zu einer Klassifizierungslogik für verblockungskritische Baukästen (vgl. Abbildung 4-9). Das Ergebnis kann als die Attribution verblockungskritischer Baukästen beschrieben werden. Die Klassifizierungslogik von BREUNIG enthält fünf Merkmalsklassen, die sich in die Dimensionen Element und Relation unterteilen lassen. Die Merkmalsklassen Wirkprinzip, Leistungsfähigkeit und Elementgestalt der Dimension Element werden ohne Anpassung von BREUNIG in die vorliegende Arbeit übernommen. Das Wirkprinzip beschreibt den verblockungskritischen Baukasten auf Merkmalsebene in der Art und Weise, wie Funktionen realisiert werden. Die Merkmalsklasse Leistungsfähigkeit beschreibt die Eigenschaft, eine bestimmte mechanische, elektrische oder informationsverarbeitende Größe erbringen zu können. Die Merkmalsklasse Elementgestalt umfasst sämtliche Baukastenmerkmale, welche die Form des Baukastens prägen und abhängig vom gewählten Wirkprinzip und der Leistungsfähigkeit.

		Teildisziplinen		
	Klasse	**Mechanik**	**Elektrik/Elektronik**	**Informationsverarbeitung**
Element	**Wirkprinzip**	**mech. Wirkprinzip:** z.B. Planetengetriebe, Kardanwelle	**elektr. Wirkprinzip:** z.B. Keramik-Kondensator, Asynchronmotor	**infor. Wirkprinzip:** z.B. Algorithmen, logische Operationen
Element	**Leistungsfähigkeit**	**mech. Leistungsfähigkeit:** z.B. Drehmoment, Kraft, Drehzahl	**elektr. Leistungsfähigkeit:** z.B. Stromstärke, Spannung, Kapazität	**infor. Leistungsfähigkeit:** z.B. Prozessorleistung, Taktung, Speichergröße
Element	**Elementgestalt**	**physische Gestalt:** z.B. Geometrie, Oberfläche, Material, Volumen	**elektr./energ. Gestalt:** z.B. Verschaltung, magnetischer Fluss	**virtuelle Gestalt:** z.B. Programmiersprache, Aufbau Mikrocontroller
Relation	**Verknüpfungsprinzip**	**mech. Verknüpfung:** z.B. kraft-, form-, stoffschlüssige Verbindung	**elektr. Verknüpfung:** z.B. kontaktgebundene, kontaktlose Energieübertr.	**infor. Verknüpfung:** z.B. Kommunikationsschnittstelle, Protokolle
Relation	**Schnittstellenumfang**	**mech. Schnittstellenumf.:** z.B. Durchmesser, Druckfestigkeit	**energ. Schnittstellenumf.:** z.B. elektrische Leistungsaufnahme	**infor. Schnittstellenumf.:** z.B. Übertragungsqualität, Datenrate

Abbildung 4-9: Merkmalsklassifizierung mechatronischer Baukästen

Die Merkmalsklassen der Dimension Relation hingegen werden, ausgehend von den Merkmalsklassen Topologie und Verknüpfungsprinzip, hin zu den Merkmalsklassen Schnittstellenumfang und Verknüpfungsprinzip weiterentwickelt. Die Merkmalsklasse Verknüpfungsprinzip beschreibt die strukturelle Art der Abhängigkeit, die zwischen zwei Baukästen besteht.[523] Das Verknüpfungsprinzip ergänzt die Beschreibung der Dimension Relation um die Antwort auf die Frage, wie die Verbindung zweier Baukästen und damit die Übertragung von Materialien, Energie und Informationen unter Beachtung der räumlichen Abhängigkeiten umgesetzt wird. Die Merkmalsklasse Schnittstellenumfang beschreibt das Ausmaß, in

[522] Vgl. Kapitel 3.2.2 – Prinzip c) Risiken analysieren; Breunig (2017), Produktarchitekturgestaltung mechatronischer Baukastensysteme, S. 136

[523] Vgl. Breunig (2017), Produktarchitekturgestaltung mechatronischer Baukastensysteme, S. 136

dem eine technische Schnittstelle den Austausch von Energie, Informationen oder Materialien gewährleisten muss. Zusätzlich zur Klassifizierungslogik für verblockungskritische Baukästen werden die ermittelten Baukastenmerkmale durch die Spezifizierung der Ausprägungen erweitert, um eine Analyse der Auswirkungen von Risiken innerhalb verblockungskritischer Baukästen und im Gesamtsystem Produkt zu ermöglichen. Dazu werden für jedes Baukastenmerkmal fünf Größen ermittelt, die als Ausprägungsinformationen bezeichnet werden. Diese setzen sich zusammen aus der Ist-Ausprägung, dem Ausprägungswert/-bereich, der Skalierung sowie möglichen Ausprägungsrestriktionen und den unteren bzw. oberen Grenzwerten.

Basierend auf der Attribution verblockungskritischer Baukästen wird im zweiten Teilschritt die Risikoanalyse innerhalb von verblockungskritischen Baukästen durchgeführt. Dazu wird ein zweistufiges Vorgehen zur schrittweisen Erfassung und Aufbereitung der Risikoauswirkungen auf der Basis von Graphen und Adjazenzmatrizen entwickelt, was auch der Erkenntnis dieses Teilschrittes entspricht. Das Ergebnis ist eine detaillierte Übersicht der Risikoauswirkungen innerhalb von verblockungskritischen Baukästen. Im ersten Schritt werden die Abhängigkeiten zwischen den Baukastenmerkmalen visuell aufbereitet. Bei einer übersichtlichen Anzahl an miteinander verknüpften Baukastenmerkmalen werden die Abhängigkeiten zwischen den Baukastenmerkmalen durch Graphen dargestellt. Bei einer Vielzahl an Baukastenmerkmalen, die miteinander verknüpft werden sollen, werden die Abhängigkeiten anhand von Adjazenzmatrizen aufbereitet. Im Anschluss daran werden die Risikoauswirkungen innerhalb des verblockungskritischen Baukastens erfasst. Dazu wird das Risiko den betroffenen Baukastenmerkmalen zugeordnet und die Veränderungen der Ausprägungsinformationen dieser Baukastenmerkmale ermittelt. Für den Fall einer Unter- oder Überschreitung ist die Auslegung der Baukastenmerkmale für eine nachträgliche Realisierung des Risikos nicht ausreichend dimensioniert, was eine technische Änderung während der Laufzeit des Baukastens am Markt nach sich ziehen würde. Daher muss als Konsequenz eine Überprüfung der bereits attribuierten Baukastenmerkmale einschließlich eventueller Ergänzungen um neue Baukastenmerkmale erfolgen. Abschließend wird überprüft, ob ausgehend von den vom Risiko betroffenen Baukastenmerkmalen aktive Abhängigkeiten zu weiteren Baukastenmerkmalen innerhalb des verblockungskritischen Baukastens bestehen. Eine aktive Abhängigkeit liegt vor, wenn das betrachtete Baukastenmerkmal ein weiteres Baukastenmerkmal beeinflusst. Wird ein weiteres Baukastenmerkmal beeinflusst, wird eine erneute Untersuchung erforderlich, um zu klären, ob die Auswirkungen des Risikos zu einer Unter- oder Überschreitung der definierten Grenzwerte dieser Baukastenmerkmale führen. Dieser Vorgang wird so oft wiederholt, bis keine weiteren aktiven Abhängigkeiten zu anderen Baukastenmerkmalen mehr existieren.

Im dritten Schritt wird die Risikoanalyse im Gesamtsystem Produkt durchgeführt. Dazu wird auf Basis des Ansatzes von SCHIFFER ein Vorgehen zur Aufbereitung der Risikoauswirkungen im Gesamtsystem Produkt entwickelt. Dieser Autor verfolgt in seiner Arbeit den Ansatz, die Auswirkungen von technischen Änderungen in Produktarchitekturen anhand von funktionalen und räumlichen Abhängigkeiten grafisch zu erfassen und zu analysieren.[524] Die Auswirkungsanalyse auf Basis funktionaler und räumli-

[524] Vgl. Kapitel 3.2.2 – Prinzip c) Risiken analysieren; Schiffer (2013), Szenariorobuste Produktarchitekturgestaltung, S. 127 ff.

cher Abhängigkeiten wird von SCHIFFER übernommen und im Hinblick auf die Analyse der Risikoauswirkungen auf das Gesamtsystem Produkt, und damit auf weitere Baukästen, weiterentwickelt. Die Erkenntnis dieses Teilschrittes lässt sich folglich größtenteils als ein definiertes Vorgehen und das Ergebnis als die Darstellung sämtlicher Veränderungen im Gesamtsystem Produkt auf Basis funktionaler und räumlicher Abhängigkeiten, ausgehend vom verblockungskritischen Baukasten, beschreiben. Um zu dieser Erkenntnis und dem Ergebnis zu gelangen, sind fünf Schritte notwendig. Zuerst werden die Risikoauswirkungen zwischen dem verblockungskritischen und den funktional abhängigen Baukästen aufbereitet. Das Vorgehen hierzu entspricht dem gleichen Prinzip wie bei der Risikoanalyse innerhalb von verblockungskritischen Baukästen und wird daher nicht weiter ausgeführt. Darauf aufbauend werden im zweiten Schritt die aus den funktionalen Abhängigkeiten resultierenden Risikoauswirkungen formalisiert mit dem Ziel, Transparenz und Nachvollziehbarkeit zu einem späteren Zeitpunkt im Entwicklungsprozess zu schaffen. Im dritten Schritt wird untersucht, ob weitere Risikoauswirkungen durch räumliche Abhängigkeiten bestehen. Dazu hat der Autor vier verschiedene Sichtweisen entwickelt, die es in diesem Zusammenhang zu betrachten gilt (vgl. Abbildung 4-10).

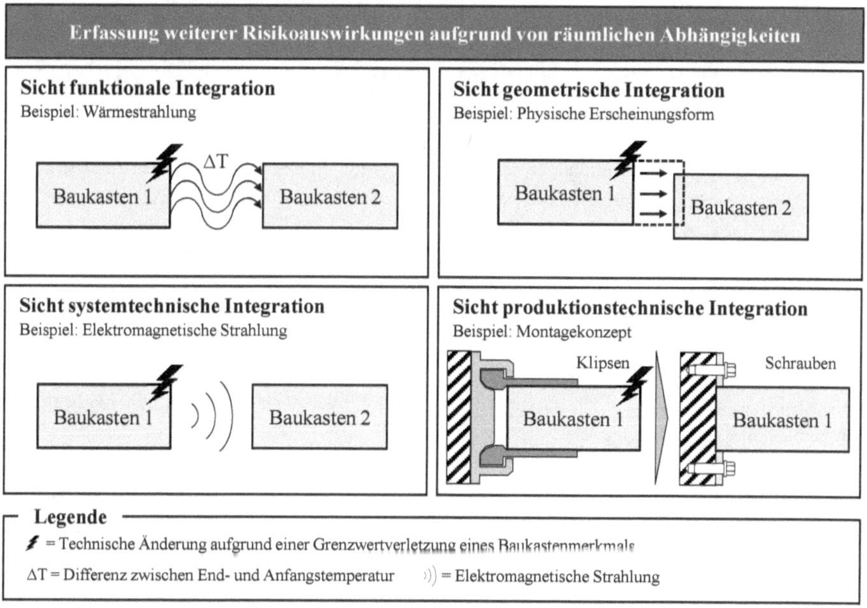

Abbildung 4-10: Risikoauswirkungen aufgrund von räumlichen Abhängigkeiten

Die vier Sichtweisen lauten funktionale Integration, geometrische Integration, systemtechnische Integration und produktionstechnische Integration. Die Sichtweise der funktionalen Integration berücksichtigt mögliche funktionale Risikoauswirkungen von räumlichen Abhängigkeiten, wie z.B. die Wärmestrahlung, auf das Gesamtsystem Produkt. Die geometrische Integration umfasst sämtliche räumlichen Abhängigkeiten in Bezug auf die physische Erscheinungsform von Baukästen und deren Risikoauswirkungen im Gesamtsystem Produkt, die sich beispielsweise aus der Ausdehnung der physischen

Erscheinungsform ergeben. Die Sichtweise der systemtechnischen Integration befasst sich mit Risikoauswirkungen, die sich aus räumlichen Abhängigkeiten des elektrischen/elektronischen Anteils eines Baukastens ergeben. Ein Beispiel hierfür ist die elektromagnetische Strahlung auf oder ausgehend von weiteren Baukästen. Die produktionstechnische Integration umfasst sämtliche Risikoauswirkungen räumlicher Abhängigkeiten, die zu Herausforderungen bei der Integration des Baukastens in das Produktionssystem führen, z.B. durch den Wechsel eines Montagekonzeptes. An einem Einbauort können Zielkonflikte aufgrund von Risikoauswirkungen zwischen zwei oder mehreren räumlichen Abhängigkeiten entstehen. Dazu wird im vierten Schritt eine Vorgehensweise zur Lösung von Zielkonflikten bei räumlichen Abhängigkeiten entwickelt. Für weitere Informationen zum vierten Schritt wird auf Kapitel 5.3.3 verwiesen.

Der letzte Schritt ist die Darstellung der Auswirkungen eines Risikos im Gesamtsystem Produkt und entspricht damit dem Ergebnis dieses Kapitels. Die Darstellungsform wird als Verblockungsübersicht bezeichnet und setzt sich aus der Kombination der in den ersten vier Schritten ermittelten Informationen mit den bereits vorliegenden Vergabedauern und Release-Zyklen der betroffenen Baukästen zusammen. Eine Verblockungsübersicht wird im Sinne eines kartesischen Koordinatensystems aufgebaut. Entlang der Ordinate werden die durch funktionale und räumliche Abhängigkeiten vom Risiko betroffenen Baukästen einschließlich ihrer Varianten aufgelistet. In der ersten Zeile wird der verblockungskritische Baukasten als Ausgangspunkt angeordnet. Auf der Abszisse werden die Vergabedauern der Baukästen anhand einer Zeitlinie dargestellt. Die Zeitlinie beginnt mit dem Zeitpunkt, an dem der verblockungskritische Baukasten in die Serienproduktion übergeht. Der Zeitpunkt des prognostizierten Risikoeintritts wird vertikal zur Zeitlinie eingezeichnet und sämtliche vom Risiko betroffenen Baukästen werden mit einem Kreuz markiert. Die Verblockungsübersichten bilden die Grundlage für die anschließende Bewertung von Risiken für verblockungskritische Baukästen. Abbildung 1-1 und Abbildung 5-30 zeigen Beispiele für Verblockungsübersichten.

4.3.4 Risikobewertung für verblockungskritische Baukästen

Da nach der Risikoanalyse noch eine Vielzahl von Risiken gleichberechtigt zu behandeln wären, müssen diese Risiken bewertet werden. Das Ergebnis ist die Bildung einer Reihenfolge sämtlicher Risiken, die den verblockungskritischen Baukasten betreffen. Dadurch kann sichergestellt werden, dass die Mitarbeiter des Unternehmens im nächsten Schritt zuerst diejenigen Risiken behandeln, die hinsichtlich einer Verblockung die höchste Bewertung aufweisen. Die Erkenntnis dieses Kapitels lässt sich folglich als die Bewertung und Priorisierung der aus den Risiken resultierenden Verblockungen anhand von Risikoparametern beschreiben. Das dazugehörige Modell kann als Entscheidungsmodell angesehen werden, da es Entscheidungen hinsichtlich möglicher Handlungsalternativen bei der Systemgestaltung unterstützt. Aus methodischer Sicht werden drei Teilschritte für den Erkenntnisgewinn benötigt.

Im ersten Teilschritt geht es um die Bemessung von Risikoparametern, was die Grundlage für die Bewertung von Risiken darstellt. Die in dieser Arbeit zu bemessenden Risikoparameter sind die Eintrittswahrscheinlichkeit und die Auswirkungen einer Verblockung. Aus diesem Grund kann die Erkenntnis dieses Teilschrittes als die Entwicklung einer Risikobemessung anhand der beiden Risikoparameter Eintrittswahrscheinlichkeit und Auswirkungen einer Verblockung beschrieben werden. Das Ergebnis ist eine Risikobemessungsübersicht im Kontext einer Verblockung, d.h. eine Festlegung von Ausprägungen für die beiden Risikoparameter, anhand derer eine Vergleichbarkeit der Risiken untereinander gewährleistet werden kann. Generell kann in der Literatur zwischen einer quantitativen, semi-quantitativen und qualitativen Risikobemessung in Kombination mit einer Punktbewertung oder Intervallschätzung unterschieden werden.[525] In dieser Arbeit werden die Risikoparameter, soweit möglich, quantitativ bemessen. Weiterhin werden Intervallschätzungen verwendet, was eine schnelle Risikobewertung durch die vom Risiko betroffenen Baukastenentwicklungsteams begünstigt. Zur Anwendung einer Intervallschätzung auf die beiden Risikoparameter gilt es eine geeignete Abstufungslogik zu definieren. In der vorliegenden Arbeit wurde die Anzahl der Stufen auf fünf <0-1-2-3-4> festgelegt, was einer textuellen Abstufung von <Keine-Niedrig-Mittel-Hoch-Sehr hoch> entspricht. Da die Stufe <Keine> nur bei Nichtbetroffenheit ausgewählt werden kann, gibt es real nur vier Stufen. Dadurch wird verhindert, dass der Anwender in die goldene Mitte ausweicht, was häufig bei ungeraden Abstufungen der Fall ist. Zudem wird dem Anwender die Wahl einer bestimmten Stufe durch eine überschaubare Anzahl an Auswahlmöglichkeiten wesentlich erleichtert.[526]

Für den Risikoparameter Eintrittswahrscheinlichkeit wird die bereits bei der Risikoidentifikation ermittelte prozentuale Eintrittswahrscheinlichkeit in die Stufen der Eintrittswahrscheinlichkeit 1_Niedrig (1 – 25%), 2_Mittel (26 – 50%), 3_Hoch (51 – 75%) und 4_Sehr hoch (76 – 99%) unterteilt. Für die Risikobemessung des Risikoparameters Auswirkungen einer Verblockungen werden zunächst sechs Auswirkungskriterien auf der Grundlage der bereits in Kapitel 1.1 ausgewiesenen Auswirkungsdimensionen einer Verblockung ermittelt. Zu den Auswirkungsdimensionen einer Verblockung gehören die hohen Änderungs- und Abbruchkosten sowie keine oder zeitlich verzögerte Änderungen. Die Ermittlung der Auswirkungskriterien einer Verblockung erfolgt auf Grundlage der in Kapitel 3.2.2 bereits identifizierten Literatur zur Risikobewertung. Die Auswirkungskriterien einer Verblockung der Auswirkungsdimension hohe Änderungs- und Abbruchkosten sind Herstellkosten, Initialkosten und Gewicht (Erhöhung). Die Auswirkungskriterien einer Verblockung der Auswirkungsdimension keine oder zeitliche verzögerte Änderungen bestehen aus der Reaktionszeit, Reputation und Attraktivität Kundenfunktion. Die Auswirkungskriterien einer Verblockung werden ebenfalls anhand der fünf Auswirkungsstufen 0_Keine, 1_Niedrig, 2_Mittel, 3_Hoch und 4_Sehr hoch bemessen. Die Auswirkungsstufen werden für jedes Auswirkungskriterium einer Verblockung individuell beschrieben (vgl. Abbildung 4-11). In der vorliegenden Arbeit erfolgt dies auf Basis von Gesprächen mit Experten aus der Automobilindustrie. Für nähere Informationen wird an dieser Stelle auf Kapitel 5.4.1 verwiesen. Da oft mehrere Auswirkungskriterien gleichzeitig von einem Risiko betroffen sind, muss unternehmensindividuell sichergestellt werden, dass die gleichen Stufen von Auswirkungskriterien annähernd die gleiche Bedeutung für das Unternehmen besitzen.

---

[525] Vgl. Schorcht (2004), Risikomanagement und Risikocontrolling junger Unternehmen in Wachstumsbranchen, S. 144

[526] Vgl. Funke (2006), Online- und Offlinevergleich visueller Analogskalen mit 4- und 8-stufig skalierten Likert-Skalen bei einem Fragebogen zum Verhalten in sozialen Gruppen, S. 4826

	Auswirkungskriterien der Verblockung					
	Hohe Änderungs- und Abbruchkosten			Keine oder zeitlich verzögerte Änderungen		
Auswirkungsstufen	Herstellkosten	Initialkosten	Gewicht (Erhöhung)	Reaktionszeit	Reputation	Attraktivität Kundenfunktion
0_Keine	Keine Auswirkung	Keine Auswirkung	Keine Auswirkung	Keine Reaktionszeit	Keine Auswirkung	Keine Auswirkung
1_Niedrig	< 5 %	< 5 %	< 1 %	Schnelle Umsetzung (< 3 Monate)	Negatives Feedback in der Öffentlichkeit bekannt	Unattraktiv für wenige Kunden
2_Mittel	5 – 10 %	5 – 10 %	1 – 10 %	Umsetzung mit spürbarer Verzögerung (3 – 6 Monate)	Öffentliche Diskussionen	Unattraktiv für viele Kunden
3_Hoch	10 – 20 %	10 – 15 %	10 – 25 %	Umsetzung mit erheblicher Verzögerung (6 – 12 Monate)	Empfehlungen zum Nichtkauf durch Organisationen	Unattraktiv für Mehrheit der Kunden
4_Sehr hoch	> 20 %	> 15 %	> 25 %	Umsetzung bis zur nächsten BK-Generation (> 12 Monate)	Organisierte Proteste und Boykotte	Unattraktiv für praktisch alle Kunden

Abbildung 4-11: Bemessung des Risikoparameters Auswirkungen einer Verblockung

Basierend auf den bemessenen Risikoparametern Eintrittswahrscheinlichkeit und Auswirkungen einer Verblockung sowie den bei der Risikoanalyse erstellten Verblockungsszenarien wird im zweiten Teilschritt die Risikobewertung im Gesamtsystem Produkt durchgeführt. Für jedes Risiko stellen Verblockungsszenarien technische Lösungsmöglichkeiten im Gesamtsystem Produkt dar. Die Erkenntnis dieses Teilschritts ist die Entwicklung je eines Bewertungsansatzes für das quantitative, semi-quantitative und qualitative Bemessungsprinzip sowie die anschließende Aggregation der sechs Einzelbewertungen zu einer Gesamtbewertungszahl. Das Ergebnis der Risikobewertung im Gesamtsystem Produkt ist die Auswahl des Verblockungsszenarios mit der geringsten Gesamtbewertungszahl, was eine Überführung dieser Gesamtbewertungszahl im Sinne eines Lageparameters in eine Gesamtauswirkungsstufe ermöglicht. Die Gesamtauswirkungsstufe bildet die Grundlage für die anschließende Priorisierung von Risiken. Um zu diesem Ergebnis zu gelangen, eignet sich der Risikoparameter Auswirkungen einer Verblockung, da die dazugehörige Gesamtbewertung je Verblockungsszenario unterschiedlich ausfällt. Der Risikoparameter Eintrittswahrscheinlichkeit ändert sich hingegen nicht für sämtliche Verblockungsszenarien eines Risikos. Die Bewertungen der Auswirkungskriterien basieren jeweils auf dem Delta zum Ausgangswert.

Die quantitativ bemessenen Auswirkungskriterien Herstellkosten, Initialkosten und Gewicht (Erhöhung) werden anhand des gewichteten arithmetischen Mittels mit relativer Häufigkeit bewertet (vgl. Kapitel 5.4.2). Die Auswirkungskriterien Reputation und Attraktivität Kundenfunktion, die qualitativ bemessen werden, sind subjektiv und daher schwer zu bewerten. Aus diesem Grund rückt implizites Wissen und damit Bewertungen in Form von Expertenschätzungen in den Fokus. Alternativ können die Bewertungen mithilfe von Checklisten, Nutzwertanalysen, Argumentenbilanzen und Profilanalysen durchgeführt werden. Die Bewertung des semi-quantitativ bemessenen Auswirkungskriteriums Reaktionszeit erfolgt durch die Vorwärtsplanung sämtlicher Vorgänge, die vom Eintreten des Risikos bis zur Auflösung der Verblockung existieren. Im Anschluss daran werden die fünf Einzelbewertungen der

Auswirkungskriterien einer Verblockung zu einer Gesamtbewertungszahl aggregiert. Die Aggregationsmethode in dieser Arbeit ist die gewichtete Addition, was auf die Einfachheit der Erstellung einer objektiven Rangfolge für sämtliche Verblockungsszenarien eines Risikos zurückzuführen ist. Formelmäßig wird dies dargestellt mit:

$$GBZ_{g,s,r} = \sum_{i=1}^{6} g_{a,r} \times x_{a,s,r}$$

$GBZ_{g,s,r}$: Gewichtete Gesamtbewertungszahl für das Verblockungsszenario s des Risikos r

$g_{a,r}$: Gewichtungsfaktor des Auswirkungskriteriums a für das Risiko r

$x_{a,s,r}$: Numerische Beschreibung der Bewertung des Auswirkungskriteriums a des Verblockungsszenarios s des Risikos r

Diese Gesamtbewertungszahl wird dazu verwendet, konkurrierende Verblockungsszenarien zu vergleichen und das Verblockungsszenario mit den geringsten Gesamtauswirkungen einer Verblockung auszuwählen. Die Gesamtbewertungszahl sagt jedoch nichts über die Ausprägung dieses Risikoparameters in Bezug auf eine Gesamtauswirkungsstufe für die Priorisierung von Risiken im dritten Teilschritt aus. Aus diesem Grund wird die Gesamtbewertungszahl anhand des Mittelwerts in eine Gesamtauswirkungsstufe umgerechnet. Die sich daraus ergebenden ganzen Zahlen <0-1-2-3-4> für die Gesamtauswirkungsstufen entsprechen den textuellen Abstufungen <Keine-Niedrig-Mittel-Hoch-Sehr hoch>.

Im dritten Teilschritt werden die Risiken auf Basis einer grafischen Darstellung priorisiert. Dazu wird das Antizipationsportfoliodiagramm für eine zyklenrobuste Plattformauslegung nach BAUER ET AL. unter Verwendung der Risikoparameter Eintrittswahrscheinlichkeit und Auswirkungen einer Verblockung in Richtung Verblockungskontext weiterentwickelt, was auch die Erkenntnis dieses Teilschrittes darstellt.[527] Die Darstellung in einem Portfoliodiagramm ermöglicht einen Vergleich verschiedener Risiken. Das Ergebnis der Priorisierung der bewerteten Risiken ist ein Überblick, welche Risiken überhaupt und in welcher Reihenfolge behandelt werden müssen. Auf der Ordinate der Risikoeinstufungsmatrix wird der Risikoparameter Auswirkungen einer Verblockung angetragen. Der Risikoparameter Eintrittswahrscheinlichkeit wird auf der Abszisse dargestellt. Die Achsen des zweidimensionalen Portfolios werden entsprechend den vier Abstufungen für den Risikoparameter Eintrittswahrscheinlichkeit 1_Niedrig (1 – 25%), 2_Mittel (26 – 50%), 3_Hoch (51 – 75%) und 4_Sehr hoch (76 – 99%) und den fünf Abstufungen für den Risikoparameter Auswirkungen einer Verblockung 0_Keine, 1_Niedrig, 2_Mittel, 3_Hoch und 4_Sehr hoch, wie in der Risikobemessung definiert, linear skaliert. Auf dieser Grundlage werden die Risiken in die Risikoeinstufungsmatrix eingetragen. Die bloße Einordnung von Risiken in der Risikoeinstufungsmatrix sagt jedoch nichts über die Akzeptanz oder die Reihenfolge der Risiken aus. Durch die Antragung einer Akzeptanzgrenze in der Risikoeinstufungsmatrix wird auf einen Blick deutlich, welche Risiken diese Akzeptanzgrenze unter- oder überschreiten und somit als akzeptabel oder inakzeptabel eingestuft werden können. Die Lage der Akzeptanzgrenze für Risiken wurde auf Basis von Gesprächen mit Experten aus der Automobilindustrie festgelegt und kann unternehmensindi-

527 Vgl. Kapitel 3.2.2 – Prinzip d) Risiken bewerten; Bauer et al. (2013), An approach for cycle-robust platform design, S. 7

viduell angepasst werden. Akzeptable Risiken werden im weiteren Verlauf der Arbeit zunächst vernachlässigt. Inakzeptable Risiken bilden die Grundlage für die Priorisierung von Risiken. Durch eine Klassifizierung der inakzeptablen Risiken kann die Priorität bestimmt werden, mit der diese Risiken behandelt werden. So werden die kritischsten Risiken im Hinblick auf eine Verblockung zuerst behandelt. Abbildung 4-12 zeigt das Konzept zur Priorisierung von Risiken.

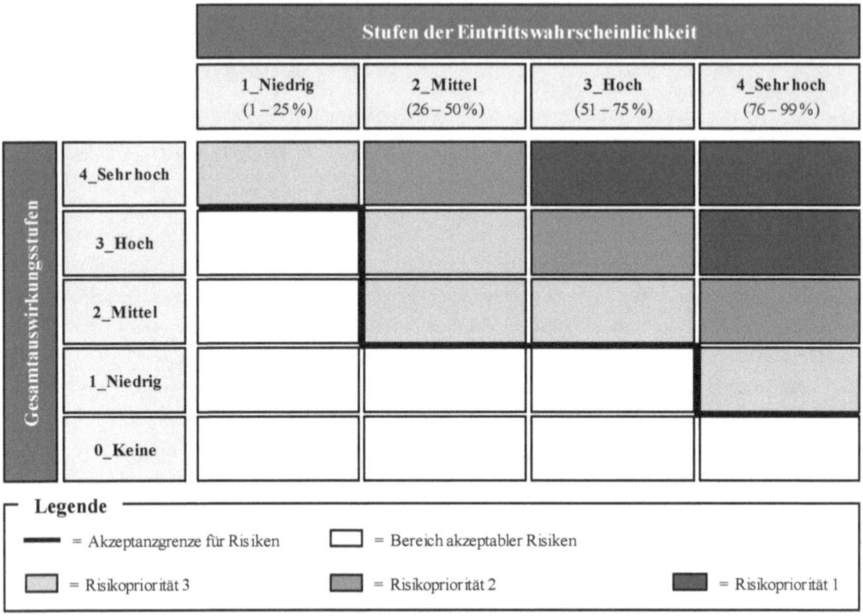

Abbildung 4-12: Konzept zur Priorisierung von Risiken

4.3.5 Risikobehandlung für verblockungskritische Baukästen

Der letzte Schritt dieser Arbeit ist die Behandlung der priorisierten Risiken. In diesem Schritt wird die Lösungsthese der resilienten Baukastengestaltung wieder aufgegriffen. Folglich gilt es zu bestätigen oder zu verwerfen, ob sich durch präventive Risikobehandlungsstrategien in Bezug auf ein Risiko voraussichtlich monetäre Vorteile über den Lebenszyklus der von einem Risiko betroffenen verblockungskritischen Baukästen erzielen lassen. Die Erkenntnis dieses Kapitels sowie die Kernerkenntnis dieser Arbeit kann als das Treffen einer Entscheidung über die für ein bestimmtes Risiko zu verfolgende Risikobehandlungsstrategie nach betriebswirtschaftlichen Aspekten bezeichnet werden. Hierfür wird im Ergebnis ein Erklärungs-/Entscheidungsmodell entwickelt, da es die Struktur bzw. das Verhalten eines Originals erklärt und eine Entscheidung hinsichtlich möglicher Handlungsalternativen bei der Systemgestaltung unterstützt. Die dazu konzipierte Methode gliedert sich in vier Teilschritte. Abbildung 4-13 zeigt das Vorgehen zur Behandlung von Risiken.

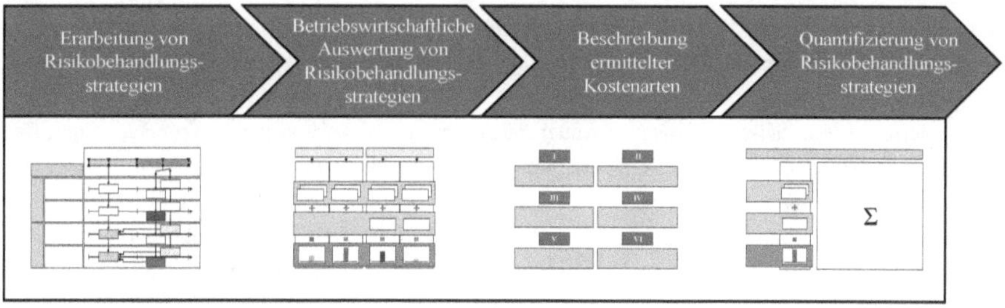

Abbildung 4-13: Vorgehen zur Behandlung von Risiken

Im ersten Teilschritt werden die für verblockungskritische Baukästen relevanten Risikobehandlungsstrategien erarbeitet. Die Erkenntnisse dieses Teilschrittes lassen sich zusammenfassen als die Ausarbeitung der in der Literatur vorhandenen Risikobehandlungsstrategien und die Erweiterung dieser Risikobehandlungsstrategien um eine neue, erfolgversprechende präventive Risikobehandlungsstrategie, die auf dem Ansatz von ALLEN ET AL.[528] basiert. Darüber hinaus werden die Risikobehandlungsstrategien mit den zu tätigenden Maßnahmen zu den entsprechenden Zeitpunkten im Baukastenentwicklungsprozess detailliert. Das Ergebnis ist eine Übersicht über die Risikobehandlungsstrategien für verblockungskritische Baukästen. In der Literatur lässt sich feststellen, dass grundsätzlich zwei Stoßrichtungen für Risikobehandlungsstrategien existieren. Zum einen die Nichtgestaltung der Risikostrukturen, bei der die Risikoparameter Eintrittswahrscheinlichkeit sowie die Auswirkungen einer Verblockung bis zum Eintreten des Risikos unverändert bleiben. Zum anderen die Gestaltung der Risikostrukturen, bei der die Risikoparameter Eintrittswahrscheinlichkeit und Auswirkungen einer Verblockung bereits im Entwicklungsprozess auf ein gewünschtes Maß reduziert werden. Das bedeutet, dass in der Entwicklung des entsprechenden verblockungskritischen Baukastens sowohl die initialen Rahmenbedingungen als auch die Risiken über die Vergabedauer berücksichtigt werden. Der Stoßrichtung Nichtgestaltung der Risikostrukturen können die Risikobehandlungsstrategien keine aktive Risikobehandlung und korrektive Risikobehandlung zugeordnet werden. Bei keiner aktiven Risikobehandlung wird das Risiko selbst übernommen, bei der korrektiven Risikobehandlung werden die Risikofolgen im Falle des Risikoeintritts korrektiv vermindert. Im Hinblick auf die Gestaltung der Risikostrukturen wurde in der Literatur für den Forschungsgegenstand Baukasten lediglich die Arbeit von ALLEN ET AL. identifiziert, die eine präventive Risikobehandlungsstrategie mit präventivem Verbau vorstellen.[529] Bei dieser Risikobehandlungsstrategie wird das Risiko mit einer Überdimensionierung des verblockungskritischen Baukastens bzw. des Gesamtsystems Produkt behandelt und von Beginn an in jedes Produkt verbaut, das den Baukasten verwendet.

Darüber hinaus wird vom Autor in dieser Arbeit die Stoßrichtung der Gestaltung der Risikostrukturen um die präventive Risikobehandlung mit reaktivem Verbau erweitert. Bei dieser neuen Risikobehandlungsstrategie wird lediglich ein Mindestmaß an technischen Mehrinhalten von Produktionsbeginn an

---

528 Vgl. Kapitel 3.2.2 – Prinzip e) Risiken behandeln; Allen et al. (2019), Over-Design Versus Redesign as a Response to Future Requirements

529 Vgl. Allen et al. (2019), Over-Design Versus Redesign as a Response to Future Requirements

in das Produkt bzw. dessen Architektur eingebaut. Nur bei Bedarf, d.h. bei Eintritt des Risikos, werden die technischen Mehrinhalte vollständig verbaut, um eine Verblockung zu vermeiden bzw. zu reduzieren. Die präventive Risikobehandlung mit reaktivem Verbau kombiniert folglich eine anteilige Überdimensionierung mit partiellen technischen Änderungen, sprich einer korrektiven Risikobehandlung. Der Vorteil dieser Risikobehandlungsstrategie ist ein geringer monetärer Schaden, wenn das Risiko nicht eintritt, bei gleichzeitig präventiver Risikobehandlung. Der Nachteil besteht hingegen in einer verkürzten, aber dennoch vorhandenen Reaktionszeit im Vergleich zur korrektiven Risikobehandlung. Somit existieren insgesamt vier Risikobehandlungsstrategien, die in den nächsten Teilschritten Anwendung finden.

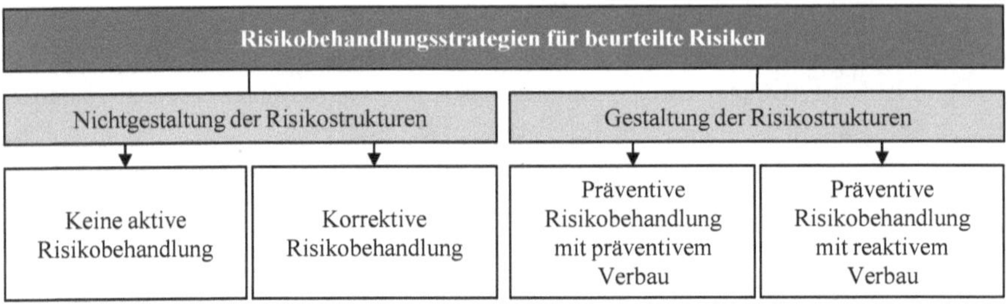

Abbildung 4-14: Übersicht Risikobehandlungsstrategien

Nachdem die für diese Arbeit relevanten Risikobehandlungsstrategien identifiziert sind, werden die Risikobehandlungsstrategien im Kontext des Baukastenlebenszyklus betrachtet. Auf diese Weise ist es möglich, die Meilensteine zu bestimmen, an denen geeignete Maßnahmen zur Umsetzung der jeweiligen Risikobehandlungsstrategie zu ergreifen sind. Dazu zählen die Meilensteine Vergabe und prognostizierter Risikoeintritt. Der Meilenstein Vergabe bildet den Abschluss der Konzeptphase in der Baukastenentwicklung. Zu diesem Meilenstein wird der Baukasten zur weiteren Industrialisierung an einen internen oder externen Lieferanten vergeben. Der Meilenstein des prognostizierten Risikoeintritts liegt in der Phase der Laufzeit am Markt. Da der Eintritt eines Risikos mit einer gewissen Unsicherheit behaftet ist, wird an diesem Meilenstein zwischen dem Eintritt des Risikos und dem Nichteintritt des Risikos unterschieden. Ausgehend von der Beschreibung der für die Risikobehandlungsstrategien relevanten Meilensteine werden für jede Risikobehandlungsstrategie die zur Umsetzung erforderlichen Maßnahmen definiert und umfassend beschrieben. Die Maßnahmen für die Risikobehandlungsstrategien keine aktive Risikobehandlung und korrektive Risikobehandlung, also für die Nichtgestaltung der Risikostrukturen, enthalten kein wesentlich neues Wissen und werden daher hier nicht weiter ausgeführt.

Im Rahmen der Beschreibung der Risikobehandlungsstrategien zur Gestaltung der Risikostrukturen gibt es mehrere Ausgestaltungsmöglichkeiten für präventive Maßnahmen. Der Einsatz präventiver Maßnahmen zum Meilenstein der Vergabe und damit die Gestaltung von Risikostrukturen ist ein Ansatz, um das in der Studie bestätigte Spannungsverhältnis zwischen Planungssicherheit und Flexibilität in Bezug auf zukünftige Rahmenbedingungen bzw. Risiken aufzulösen (vgl. Kapitel 2.5.2). Aus diesem Grund sind bei der Umsetzung von präventiven Maßnahmen die drei Ursachenkategorien Produkt bzw. dessen Architektur, die Vergabe im Einkauf und der Business Case zu berücksichtigen. Die Ausgestaltung der präventiven Maßnahmen für die Risikobehandlungsstrategie präventive Risikobehandlung mit präventivem Verbau und präventive Risikobehandlung mit korrektivem Verbau wird in Kapitel 5.4.1 detailliert.

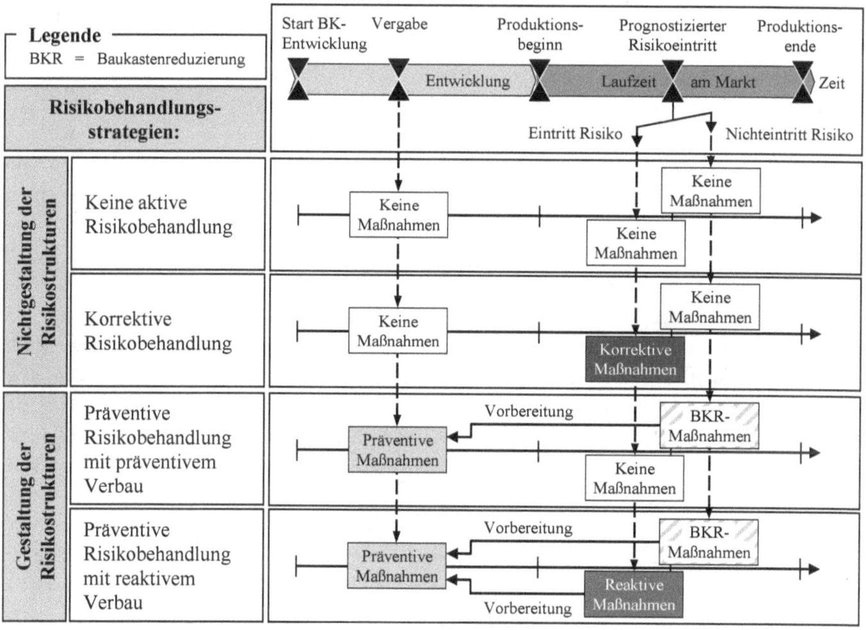

Abbildung 4-15: Vergleich der Risikobehandlungsstrategien[530]

Die finanziellen Auswirkungen der je Risikobehandlungsstrategie durchzuführenden Maßnahmen sind unterschiedlich. Infolgedessen ist auch der Business Case der vom Risiko betroffenen Baukästen unterschiedlich stark betroffen. Um eine zuverlässige Aussage über den Nutzen einer Risikobehandlungsstrategie für das Unternehmen treffen zu können, müssen die angewendeten Maßnahmen monetär bewertbar sein. Aus diesem Grund befasst sich der zweite Teilschritt mit der betriebswirtschaftlichen Auswertung der bereits vorgestellten vier Risikobehandlungsstrategien. Die Erkenntnis dieses Teilschritts ist die Entwicklung der betriebswirtschaftlichen Verläufe für die vier Risikobehandlungsstrategien, einschließlich der Unterscheidung zwischen dem Eintreten und Nichteintreten des Risikos. Das Ergebnis sind detaillierte Beschreibungen der betriebswirtschaftlichen Verläufe der Risikobehandlungsstrategien, aus denen die zu ermittelnden Kostenarten und Zeiträume für eine betriebswirtschaftliche Auswertung entnommen

---

530 Die Maßnahmen der Fälle Eintritt Risiko und Nichteintritt Risiko sind dem Meilenstein des prognostizierten Risikoeintritts zuzuordnen. In der Abbildung sind diese jedoch diagonal versetzt dargestellt, um beim Leser eine gedankliche Trennung der beiden Fälle gewährleisten zu können.

werden können. Die Beschreibung sämtlicher betriebswirtschaftlicher Verläufe für jede Risikobehandlungsstrategie basiert auf zweidimensionalen Koordinatensystemen. Die Zeit wird auf der horizontalen Achse und der durchschnittliche Gewinn auf der vertikalen Achse dargestellt.

Basierend auf den betriebswirtschaftlichen Auswertungen der zuvor definierten Risikobehandlungsstrategien erfolgt im dritten Teilschritt die Beschreibung der ermittelten Kostenarten. Die Erkenntnis dieses Teilschritts ist die Detaillierung der Kostenarten, die im nächsten Teilschritt für die Quantifizierung von Risikobehandlungsstrategien herangezogen werden können. Das Ergebnis kann als die Erstellung von mathematischen Formeln auf Basis der detaillierten Kostenarten beschrieben werden, durch welche die Kostenarten selbst quantifiziert werden können. Auf der Grundlage der betriebswirtschaftlichen Verläufe der Risikobehandlungsstrategien werden insgesamt sechs Kostenarten ermittelt. Dazu zählen der monetäre Schaden, der entgangene Gewinn, die Maßnahmenkosten (korrektiv, reaktiv, präventiv und Baukastenreduzierungsmaßnahme), der verbleibende monetäre Schaden, der verbleibende entgangene Gewinn und der zusätzliche Gewinn. Die Beschreibung der Kostenarten enthält jeweils die Antwort auf die Frage, worüber die Kostenart Auskunft gibt, wie sie entsteht und wird anhand eines Beispiels veranschaulicht. Der monetäre Schaden beschreibt die Kosten, die dem Unternehmen zwischen dem Eintritt des Risikos und der Beseitigung des Problems durch korrektive oder reaktive Maßnahmen bzw. dem Produktionsende des Baukastens entstehen. Der entgangene Gewinn beschreibt den nicht realisierten Gewinn des Unternehmens zwischen dem Eintritt des Risikos und der Beseitigung des Problems durch korrektive oder reaktive Maßnahmen bzw. dem Produktionsende des Baukastens. Die Maßnahmenkosten beschreiben die Kosten der Risikobehandlung vor und/oder nach dem Eintritt des Risikos, je nach gewählter Risikobehandlungsstrategie. Der verbleibende monetäre Schaden beschreibt die Kosten, die nach dem Eintritt des Risikos und trotz Durchführung einer Maßnahme verbleiben. Der verbleibende entgangene Gewinn beschreibt den nicht realisierbaren Gewinn, der nach Eintritt des Risikos und trotz Durchführung einer Maßnahme verbleibt. Der zusätzliche Gewinn beschreibt die Möglichkeit des Nachverkaufs bestimmter Dienstleistungen und Funktionen an Kunden, die ihr Produkt bereits vor Risikoeintritt mit einem mit präventiven Maßnahmen ausgestatteten Baukasten erworben haben. Abschließend wird zur Berechnung der entsprechenden Kostenart jeweils eine Formel entwickelt.

Im vierten Teilschritt werden die vier Risikobehandlungsstrategien auf der Grundlage der betriebswirtschaftlichen Verläufe der Risikobehandlungsstrategien und der Beschreibung der ermittelten Kostenarten quantifiziert. Die Erkenntnis dieses Teilschritts ist die Entwicklung der Formeln zur Quantifizierung der vier Risikobehandlungsstrategien auf Basis der Kapitalwertmethode und unter Umsetzung des Ausblicks von ALLEN ET AL., welche die Anwendung von Eintrittswahrscheinlichkeiten bei der Berechnung des Kapitalwertes von Risikobehandlungsstrategien fordern.[531] Das Ergebnis ist die Auswahl der am besten geeigneten Risikobehandlungsstrategie für ein bestimmtes Risiko, also die Risikobehandlungsstrategie mit dem höchsten Kapitalwert. Die Kapitalwertmethode ist für die Anwendung in diesem Teilschritt ideal geeignet, da diese den Vergleich von Investitionen ermöglicht, bei denen Zahlungen zu unterschiedlichen Zeitpunkten anfallen. Für jede der vier Risikobehandlungsstrategien wird jeweils der

---

531 Vgl. Kapitel 3.2.2 – Prinzip e) Risiken behandeln; Allen et al. (2019), Over-Design Versus Redesign as a Response to Future Requirements, S. 16 f.

Kapitalwert für die Fälle Schaden und entgangener Gewinn berechnet. Durch die Anwendung der Eintrittswahrscheinlichkeiten bei der Berechnung des Kapitalwertes von Risikobehandlungsstrategien wird der Entscheidungsprozess für die monetär am besten geeignete Risikobehandlungsstrategie weiter detailliert. Folglich werden bei der Quantifizierung der entsprechenden Risikobehandlungsstrategien die Eintrittswahrscheinlichkeit für den Eintritt des Risikos und die (Nicht-)Eintrittswahrscheinlichkeit für den Nichteintritt des Risikos herangezogen. Abbildung 4-16 zeigt die Quantifizierung der präventiven Risikobehandlung mit reaktivem Verbau als Beispiel für sämtliche Risikobehandlungsstrategien.

Berechnung Kapitalwerte
Risikobehandlungsstrategie 4 – Präventive Maßnahmen mit reaktivem Verbau

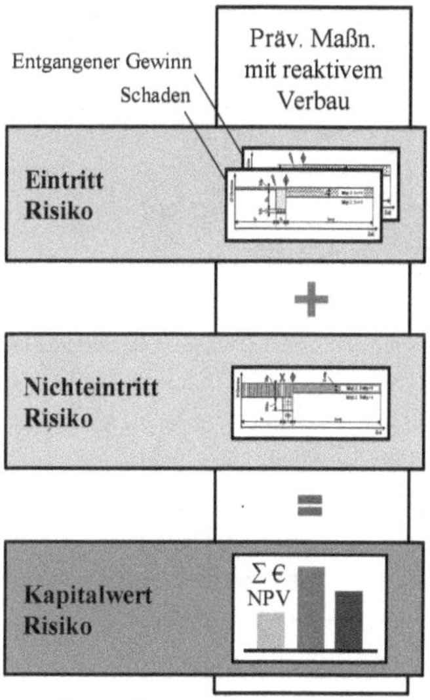

Fall Kapitalwert Schaden:

$$NPV_{S,Rbs3,r} = \left[P_{E,r} \times \sum_{k=a_i}^{a_f} (-K_{pM,r} - MS_r - K_{rM,r} - VMS_r) \times (1+v)^{-k}\right] + \left[P_{NE,r} \times \sum_{k=a_i}^{a_f} (-K_{pM,r} - K_{bkrM,r} - VMS_{pM,r}) \times (1+v)^{-k}\right]$$

Fall Kapitalwert Entgangener Gewinn:

$$NPV_{EG,Rbs3,r} = \left[P_{E,r} \times \sum_{k=a_i}^{a_f} (-K_{pM,r} - EG_r - K_{rM,r} - VEG_r) \times (1+v)^{-k}\right] + \left[P_{NE,r} \times \sum_{k=a_i}^{a_f} (-K_{pM,r} - K_{bkrM,r} - VMS_{pM,r}) \times (1+v)^{-k}\right]$$

Legende

- $NPV_{S,Rbs3,r}$ = Kapitalwert Schaden Risikobehandlungsstrategie 3 des Risikos r
- $NPV_{EG,Rbs3,r}$ = Kapitalwert Entgangener Gewinn Risikobehandlungsstrategie 3 des Risikos r
- $P_{E,r}$ = Eintrittswahrscheinlichkeit für den Fall Eintritt Risiko des Risikos r
- $P_{NE,r}$ = Eintrittswahrscheinlichkeit für den Fall Nichteintritt Risiko des Risikos r
- $K_{pM,r}$ = Maßnahmenkosten der präventiven Maßnahme pM für das Risiko r
- $K_{rM,r}$ = Maßnahmenkosten der reaktiven Maßnahme rM für das Risiko r
- $K_{bkrM,r}$ = Maßnahmenkosten der Baukastenreduzierungsmaßnahme bkrM für das Risiko r
- MS_r = Monetärer Schaden des Risikos r
- EG_r = Entgangener Gewinn des Risikos r
- VMS_r = Verbleibender monetärer Schaden des Risikos r
- $VMS_{pM,r}$ = Verbleibender monetärer Schaden der präventiven Maßnahmen pM des Risikos r
- VEG_r = Verbleibender entgangener Gewinn des Risikos r
- a_f = Endperiode des Zahlungsstroms
- a_i = Anfangsperiode des Zahlungsstroms
- v = Abzinsungsprozentsatz pro Periode
- k = Anzahl der Perioden in der Zukunft, in denen Zahlungsströme vorkommen

Abbildung 4-16: Berechnung Kapitalwerte Risikobehandlungsstrategie 3

Nach der Quantifizierung der vier Risikobehandlungsstrategien durch die Anwendung der Kapitalwertmethode in Kombination mit den Eintrittswahrscheinlichkeiten kann die Risikobehandlungsstrategie mit dem höchsten Kapitalwert ausgewählt werden. Dies geschieht mittels einer mathematischen Funktion.

4.4 Zwischenfazit: Konzeption der resilienten Baukastengestaltung

In Kapitel 4 wurde die resiliente Baukastengestaltung konzipiert. Hierzu wurde in Kapitel 4.1 zunächst der Begriff modellbasierter Ansatz definiert und darauf aufbauend die Grundlagen der Modelltheorie erläutert.

Anschließend wurden in Kapitel 4.2 die inhaltlichen und formalen Anforderungen an den zu entwickelnden modellbasierten Ansatz formuliert. Die formalen Anforderungen leiten sich aus der Modell- und Systemtheorie ab und gewährleisten ein strukturiertes und systematisches Vorgehen. Die inhaltlichen Anforderungen ergeben sich aus der Zielsetzung der Arbeit, dem Objektbereich der Arbeit, dem in Kapitel 2.4 identifizierten Handlungsbedarf für eine resiliente Baukastengestaltung aus Sicht der Praxis sowie dem in Kapitel 3.2 aufgezeigten Stand der Forschung zur resilienten Baukastengestaltung. Ausgehend von diesen Anforderungen wurde die Lösungsthese dieser Arbeit formuliert.

Darauf aufbauend wurde in Kapitel 4.3 das Grobkonzept der resilienten Baukastengestaltung, bestehend aus fünf Schritten und Partialmodellen, und die Erkenntnisse eines jeden Schrittes herausgearbeitet. Die Erkenntnis im ersten Schritt besteht in der Bestimmung der Verblockungskritikalität von Baukästen anhand von Kennzahlen. Die Erkenntnis im zweiten Schritt liegt in der systematischen Identifikation und Beschreibung von Risiken für Baukästen anhand von Risikofaktoren unter Verwendung methodischer Verfahren. Die Erkenntnis des dritten Schrittes ist die Analyse der Auswirkungen von Risiken innerhalb von verblockungskritischen Baukästen und im Gesamtsystem Produkt. Die Erkenntnis im vierten Schritt besteht in der Bewertung und Priorisierung der aus den Risiken resultierenden Verblockungen anhand von Risikoparametern. Die Kernerkenntnis dieser Arbeit in Schritt fünf ist die Entscheidung über die für ein bestimmtes Risiko zu verfolgende Risikobehandlungsstrategie nach betriebswirtschaftlichen Aspekten.

5 Detaillierung der resilienten Baukastengestaltung

Das Ziel des fünften Kapitels ist es, die resiliente Baukastengestaltung im Detail zu beschreiben. Diese Detaillierung gliedert sich in die fünf Hauptschritte der in Kapitel 4.3 vorgestellten Grobkonzeption und wird entsprechend der in Abbildung 5-1 dargestellten Struktur beschrieben.

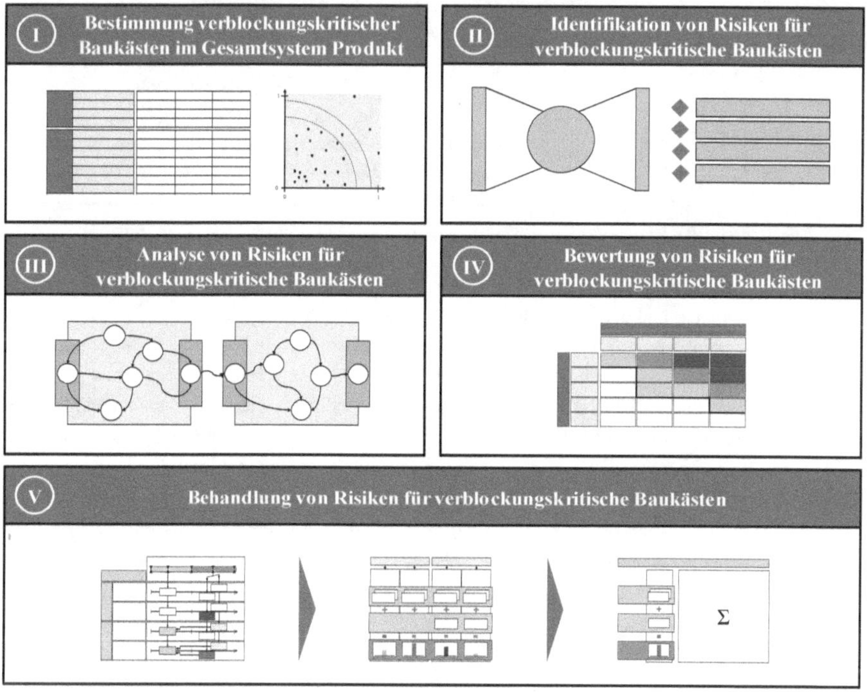

Abbildung 5-1: Vorgehensweise zur resilienten Baukastengestaltung

Im ersten Schritt werden mithilfe eines Erklärungs-/Entscheidungsmodells verblockungskritische Baukästen im Gesamtsystem Produkt bestimmt (Kapitel 5.1). Für diese verblockungskritischen Baukästen werden die Risiken identifiziert, die zu einer Verblockung führen können (Kapitel 5.2). Auf der Grundlage dieses Beschreibungsmodells wird die Analyse von Risiken für verblockungskritische Baukästen anhand eines Erklärungsmodells durchgeführt (Kapitel 5.3). Im vierten Schritt (Kapitel 5.4) wird ein Entscheidungsmodell für die Bewertung von Risiken für verblockungskritische Baukästen entwickelt. Die Behandlung von Risiken für verblockungskritische Baukästen wird im fünften und letzten Schritt in einem Erklärungs-/Entscheidungsmodell abgehandelt (Kapitel 5.5). Das Kapitel schließt mit einem Zwischenfazit zum Detailkonzept (Kapitel 5.6).

5.1 Bestimmung verblockungskritischer Baukästen im Gesamtsystem Produkt

Ein Hauptziel bei der Entwicklung der resilienten Baukastengestaltung ist die Sicherstellung der Praxistauglichkeit. Daher können nicht alle Baukästen eines Unternehmens gleichermaßen berücksichtigt werden, sondern es muss ein Schwerpunkt auf bestimmte Baukästen gelegt werden. Der erste Schritt besteht deshalb darin, Baukästen mit einer hohen Verblockungskritikalität zu bestimmen (vgl. Abbildung 5-2).

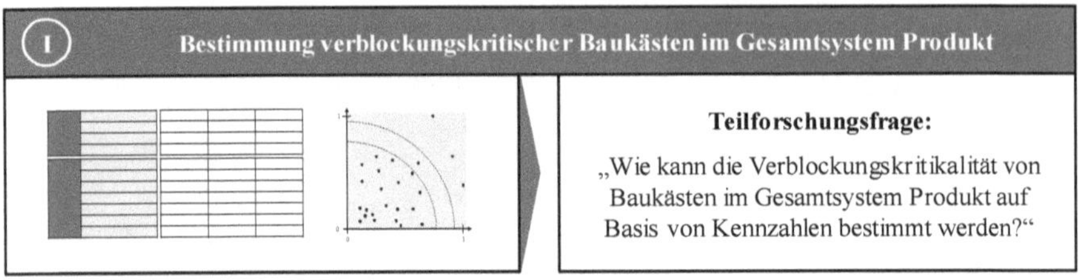

Abbildung 5-2: Bestimmung verblockungskritischer Baukästen im Gesamtsystem Produkt

Im Zuge des Aufbaus eines Kennzahlensystems zur Bestimmung verblockungskritischer Baukästen im Gesamtsystem Produkt und der Entwicklung der resilienten Baukastengestaltung ist festzuhalten, dass sich der Begriff Baukasten auf die jeweiligen Baukastenvarianten bezieht. Vereinheitlichte Komponenten in Baugruppen bzw. Systemen, die der gleichen Funktion dienen, können aufgrund ihrer verschiedenartigen Verwendung in verschiedenen Produkten unterschiedlich ausgeprägte Verblockungskritikalitäten aufweisen. So beinhaltet beispielsweise der Baukasten Kamera nicht nur eine spezielle Variante, sondern ebenfalls unterschiedliche Abstufungen für den Einsatz in verschiedenen Produktkategorien. So wird die Top-Version tendenziell in den höherwertigen Produkten eingesetzt, während die Minimal-Version eher in den preisgünstigen Produkten verwendet wird. Dadurch können die räumlichen und funktionalen Interdependenzen ebenfalls unterschiedlich ausgeprägt sein.

Im Folgenden wird beschrieben, wie die Verblockungskritikalität von Baukästen auf Basis von Kennzahlen bestimmt werden kann. Wie bereits in Kapitel 3.2.2 definiert, folgt der Aufbau dieses Kapitels der Struktur nach RUDOLF[532], der in seiner Arbeit ein Kennzahlensystem zur Bestimmung von Baukästen mit einem hohen Kommunalitätspotenzial für eine produktionsgerechte Baukastengestaltung aufgebaut hat.[533] In einem ersten Teilschritt werden geeignete Kennzahlen in einen Kennzahlenpool übertragen und dort hinsichtlich ihrer Aussagekraft und ihres Erhebungsaufwands bewertet (vgl. Kapitel 5.1.1). In Kapitel 5.1.2 wird auf Grundlage einer Auswahl relevanter Kennzahlen ein Kennzahlensystem konzipiert. Die Verdichtung der Kennzahlen zu nur einer Spitzenkennzahl auf der obersten Hierarchieebene erscheint als nicht sinnvoll, da die Charaktere der Einzelkennzahlen grundlegend verschieden sind. Dadurch erfolgt der Aufbau eines Kennzahlensystems als Portfolioansatz mit verschiedenen Systemachsen. Das Kennzahlensystem basiert auf der Entwicklung der Verblockungs-Kritikalitäts-Zahl, die zur

---

532 Vgl. Rudolf (2013), Produktionsgerechte Baukastengestaltung, S. 104 ff.

533 Vgl. Kapitel 3.2.2 - Prinzip a) Anwendungsbereich, Kontext, Kriterien bestimmen

Bewertung der Dimensionen Entwicklungsdynamik und Dimension Produktarchitekturrelevanz entwickelt wird.[534] Anhand dieses Kennzahlensystems und einer Ausreißeranalyse (vgl. Kapitel 5.1.3) können im Gesamtsystem Produkt verblockungskritische Baukästen bestimmt werden. Dies erfolgt in Kapitel 5.1.4.

5.1.1 Selektion und Beschreibung relevanter Kennzahlen

Dieses Kapitel beschäftigt sich mit der Selektion und Beschreibung relevanter Kennzahlen zur Beschreibung der Verblockungskritikalität von Baukästen. Das Ergebnis sind Kennzahlen, die innerhalb des Rechensystems berücksichtigt werden. Die Identifizierung relevanter Kennzahlen zur Bewertung der Verblockungskritikalität von Baukästen erfolgt in Form einer Literaturrecherche und anhand von Expertengesprächen aus dem Bereich der Produktarchitekturentwicklung. Sämtliche Kennzahlen werden in einem Kennzahlenpool zusammengefasst. Der Fokus dieser Arbeit liegt jedoch nicht auf einer ausführlichen Definition der Begriffe Kennzahlen und Kennzahlensystem. Daher werden diese Ausführungen, entsprechend ihrer Relevanz für die vorliegende Arbeit, auf die Kernaussagen reduziert. Für detailliertere Informationen wird nachfolgend auf die zitierte Literatur verwiesen.

In der vorliegenden Arbeit sind Kennzahlen hochverdichtete kardinal-, ordinal- oder nominalskalierte Messgrößen, die in präziser, konzentrierter Form über einen erfassbaren Sachverhalt berichten.[535] Diese Messgrößen lassen sich grundsätzlich dahingehend unterscheiden, ob sie quantitativ oder qualitativ erfasst werden können. Die Kategorisierung der Kennzahlen dient als Strukturierungshilfe für den weiteren Verlauf der vorliegenden Arbeit und als erste Aussage über die Messniveaus der zu erhebenden Kennzahlen.[536] Kardinalskalierte Kennzahlen sind quantitativ erfassbar und werden durch reelle Zahlen auf einer Skala dargestellt. Diese Kennzahlen sind in Menge und Anzahl messbar, weisen metrische Eigenschaften auf und haben deshalb das höchste Messnivau. Eine weitere Unterteilung der kardinalskalierten Kennzahlen in die Ausprägungen intervall-, verhältnis- oder absolutskaliert ist für die vorliegende Arbeit nicht erforderlich. Ordinal- und nominalskalierte Kennzahlen können nur qualitativ erfasst werden. Mit der Ordinalskala können Vergleichsmerkmale gemessen werden, was zumindest eine Vergleichbarkeit der Kennzahlen sicherstellt. Nominalskalierte Kennzahlen weisen das niedrigste Messniveau auf, da keine absoluten Nullpunkte bzw. eine Reihenfolge der Werte gebildet werden können.[537]

Die Auswahl der im Kennzahlenpool zu berücksichtigenden Kennzahlen basiert darauf, ob durch eine Kennzahl Rückschlüsse auf die Verblockungskritikalität eines Baukastens und damit einer resilienten Baukastengestaltung getroffen werden können. Ein wichtiges Kriterium ist die Eignung einer Kennzahl zur Bewertung der zu erwartenden Änderungs- und Abbruchkosten, also einem Teil der Auswirkungen der Verblockung. Je höher die nachträglichen Änderungs- und Abbruchkosten in der Entwicklung und beim Lieferanten sind, desto wichtiger ist es, diese Kosten über die Vergabedauer der Baukästen zu minimieren. Darüber hinaus sollte der Kennzahlenpool Kennzahlen enthalten, die Aufschluss geben

534 Vgl. Kapitel 3.2.2 - Prinzip a) Anwendungsbereich, Kontext, Kriterien bestimmen

535 Vgl. Küting (1983), Grundsatzfragen von Kennzahlen als Instrumenten der Unternehmensführung, S. 237; Rudolf (2013), Produktionsgerechte Baukastengestaltung, S. 105 ff.

536 Vgl. Rudolf (2013), Produktionsgerechte Baukastengestaltung, S. 105

537 Vgl. Kohn (2005), Statistik, S. 13 ff.

über ein mögliches Angebot an zusätzlichen Funktionen über die Vergabedauer. Kein oder ein verzögertes Endkundenangebot bestimmter Funktionen, z.B. erst zum nächsten Produktpflegezeitpunkt, führt zum Problem von Reaktionszeitlücken[538]. Dieser Umstand soll durch eine resilienten Baukastengestaltung vermindert werden. Ein Beispiel einer Kennzahl zum Angebot an zusätzlichen Funktionen über die Vergabedauer ist der Release-Zyklus-Faktor, wohingegen das Integrationskomplexitätsprofil verwendet werden kann, um die Auswirkungen der Verblockung zu bewerten. Weiterhin ist die Beeinflussbarkeit der Parameter zu berücksichtigen, anhand derer die Kennzahlen bestimmt werden. Kriterien wie die Aussagekraft oder der Erhebungsaufwand der Kennzahlen werden im Rahmen der Kennzahlenrecherche ebenfalls berücksichtigt und im Rahmen der Entwicklung des Kennzahlensystems für die relevanten Kennzahlen detailliert erläutert.[539]

Das Ergebnis der Recherche sind 15 Kennzahlen, die in Abbildung 5-3 dargestellt sind. Um die Übersichtlichkeit der Kennzahlen in Bezug auf ihre Relevanz zu erhöhen, werden die Kennzahlen in Analogie zu RUDOLF nach ihrer Aussagekraft (hoch → mittel → gering) und anschließend nach ihrem Erhebungsaufwand (gering → mittel → hoch) sortiert.[540]

Nr.	Bezeichnung	Aussage-kraft	Erhebungs-aufwand	Skalierung	
1	Betriebswirtschaftliche Wertigkeit	Hoch	Gering	Kardinalskaliert	Kennzahlen-system
2	Release-Zyklus-Faktor	Hoch	Gering	Kardinalskaliert	
3	Durchschnittliche Änderungsrate	Hoch	Mittel	Kardinalskaliert	
4	Profil der Integrationskomplexität	Hoch	Mittel	Ordinalskaliert	
5	Anzahl an Innovationen	Mittel	Gering	Kardinalskaliert	Unzureichende Praxistauglichkeit
6	Durchschnittliche Änderungskosten	Mittel	Gering	Kardinalskaliert	
7	Leuchtturmcharakter	Mittel	Gering	Kardinalskaliert	
8	Vergabedauer	Mittel	Gering	Kardinalskaliert	
9	Anzahl Schnittstellen	Mittel	Mittel	Kardinalskaliert	
10	Komplexitätskostenprofil	Mittel	Mittel	Kardinalskaliert	
11	Anzahl bedienender Produkte	Gering	Gering	Kardinalskaliert	
12	Baureihenübergreifender Verwendungsgrad	Gering	Gering	Kardinalskaliert	
13	Kommunalitätsgrad	Gering	Gering	Kardinalskaliert	
14	Bedeutsamkeit des Bauraums	Gering	Mittel	Ordinalskaliert	
15	Durchschnittliche Innovationsdauer	Gering	Mittel	Kardinalskaliert	

Abbildung 5-3: Bewertung der selektierten Kennzahlen[541]

Die ersten vier Kennzahlen in Abbildung 5-3 bilden die Grundlage für das im Folgenden zu entwickelnde Kennzahlensystem. Dazu zählen die betriebswirtschaftliche Wertigkeit, der Release-Zyklus-

538 Vgl. Kapitel 1.1

539 Vgl. Rudolf (2013), Produktionsgerechte Baukastengestaltung, S. 108

540 Vgl. Rudolf (2013), Produktionsgerechte Baukastengestaltung, S. 109 f.

541 In Anlehnung an Rudolf (2013), Produktionsgerechte Baukastengestaltung, S. 108 ff.

Faktor, die durchschnittliche Änderungsrate und das Profil der Integrationskomplexität. Die Hälfte dieser Kennzahlen besitzt eine hohe Aussagekraft bei gleichzeitig geringem Erhebungsaufwand, was der Anforderung der Praxistauglichkeit an den zu entwickelnden modellbasierten Ansatz entspricht. Lediglich die durchschnittliche Änderungsrate und das Profil der Integrationskomplexität weisen durch die Berücksichtigung von Expertenmeinungen einen erhöhten Erhebungsaufwand auf. Die Kennzahlen 5 bis 15 (vgl. Abbildung 5-3) werden bei der Entwicklung des Kennzahlensystems nicht berücksichtigt. Dies ist darauf zurückzuführen, dass das Verhältnis zwischen dem Erhebungsaufwand und der Aussagekraft der jeweiligen Kennzahl im Hinblick auf die Anforderung der Praxistauglichkeit nicht zufriedenstellend ist. Da alle Kennzahlen in Anhang A.1 über Kennzahlensteckbriefe beschrieben sind, werden im Folgenden lediglich die Kennzahlen eins bis vier näher beschrieben.

Betriebswirtschaftliche Wertigkeit

Die betriebswirtschaftliche Wertigkeit eines Baukastens gibt Aufschluss über die monetären Einsparpotenziale durch eine Reduzierung der Anzahl der technischen Änderungen. Baukästen mit einer hohen betriebswirtschaftlichen Wertigkeit können als Indikator für absolut höhere zu erwartende Änderungs- und Abbruchkosten herangezogen werden. Aus diesem Grund sind die Auswirkungen einer Verblockung als bedeutender zu bewerten als bei Baukästen mit einer geringeren betriebswirtschaftlichen Wertigkeit. Die Kennzahl ist kardinalskaliert und setzt sich zusammen aus der Addition der Entwicklungskosten (K_{Init}) und der Summe der Herstellkosten des Baukastens i ($K_{SUM,HK,i}$). Die Summe der Herstellkosten des Baukastens i erfolgt durch die Multiplikation der Herstellkosten (HK_i) mit der Stückzahl (n_i) des Baukastens. Die Initialkosten untergliedern sich in die Entwicklungskosten (z.B. Lieferantenentwicklungskosten, eigene Entwicklungskosten zur Absicherung) und die Investitionskosten (z.B. Strukturinvestitionen, Werkzeuge für die Hausfertigung oder Produktinvestitionen, Werkzeuge beim Lieferanten) des Baukastens i.[542] Die Herstellkosten umfassen die Materialkosten, die Materialgemeinkosten, die Lohneinzelkosten, die Fertigungsgemeinkosten sowie die Sondereinzelkosten der Fertigung.[543] Die Formel hierzu ist:

$$BW_i = K_{Init,i} + \sum_i K_{SUM,HK,i} = K_{Ent,i} + K_{Inv,i} + \sum_i HK_i \times n_i$$

BW_i:	Betriebswirtschaftliche Wertigkeit des Baukastens i
$K_{Init,i}$:	Initialkosten des Baukastens i
$K_{SUM,HK,i}$:	Summe Herstellkosten des Baukastens i
$K_{Ent,i}$:	Entwicklungskosten des Baukastens i
$K_{Inv,i}$:	Investitionskosten des Baukastens i
HK_i:	Herstellkosten des Baukastens i
n_i:	Stückzahl des Baukastens i

542 Vgl. Schiffer (2013), Szenariorobuste Produktarchitekturgestaltung, S. 175

543 Vgl. Kemmetmüller et al. (2004), Handbuch der Kostenrechnung, S. 177

Release-Zyklus-Faktor

Intention des Release-Zyklus-Faktors ist es, den Zusammenhang zwischen der Lebensdauer der Baukästen und den auf dem Markt befindlichen Produkten des Unternehmens zu bewerten. Ein Release-Zyklus ist definiert als die Zeit bis zur Veröffentlichung einer neuen Version. Als Zyklus hat ein Projekt in der Regel einen festen Veröffentlichungstermin von einem Tag bis zu einem Zeitraum von mehreren Jahren.[544] Die Kennzahl ist daher eine wichtige Ergänzung zur durchschnittlichen Änderungsrate und bewertet, ob bestimmte Änderungen auf die nächste Baukastengeneration verschoben werden können, da die Release-Zyklen kurze Intervalle besitzen, oder es schwierig ist, auf die nächste Baukastengeneration zu warten. In diesem Fall müssen technische Änderungen tendenziell während des Lebenszyklus vorgenommen werden. Dieser Umstand kann dabei zu einer Verblockung der Baukästen führen, was zu verhindern ist. Die Kennzahl ist kardinalskaliert, da sie quantitativ erfasst werden kann. Der Release-Zyklus der vom Unternehmen angebotenen Produkte wird in der vorliegenden Arbeit als Basisfrequenz bezeichnet. Je höher der Release-Zyklus-Faktor ist, in desto kürzeren Abständen werden neue Generationen des Baukastens entwickelt und auf den Markt gebracht. Dies wiederum ist ein Indikator für einen höheren Innovationsgrad des Umfelds, in dem sich der Baukasten befindet. Je niedriger der Release-Zyklus-Faktor ist, in desto längeren Abständen werden neue Generationen des Baukastens entwickelt und in den Markt eingeführt. Entspricht der Release-Zyklus-Faktor der Zahl eins, so entspricht der Release-Zyklus des Baukastens der Basisfrequenz. Zur Berechnung des Release-Zyklus-Faktors des Baukastens i (RZF_i) wird der Release-Zyklus (RZP_n) der den Baukasten verwendenden Produkte n in Relation zum Release-Zyklus (RZB_i) des Baukastens i gesetzt.

$$RZF_i = \frac{RZP_n}{RZ_i}$$

RZF_i:	Release-Zyklus-Faktor des Baukastens i
RZP_n:	Release-Zyklus der den Baukasten verwendenden Produkte n
RZ_i:	Release-Zyklus des Baukastens i

Somit ist sichergestellt, dass die durchschnittliche Änderungsrate der Baukästen nicht durch unterschiedliche Release-Zyklen beeinträchtigt wird und damit die als hoch einzustufende Aussagekraft der Ergebnisse negativ beeinflusst. Der Erhebungsaufwand der Kennzahl ist gering, da die Release-Zyklen systemgestützt oder auf Basis von Expertengesprächen erhoben werden können.

Durchschnittliche Änderungsrate

Die durchschnittliche Änderungsrate beschreibt die zukünftige Veränderlichkeit der Baukästen, deren Abhängigkeiten und Gestaltungsziele. Die Kennzahl ist eine quantitativ erfassbare Größe und somit kardinalskaliert. Eine hohe durchschnittliche Änderungsrate ist ein Indikator für eine Vielzahl an technischen Änderungen und damit hohen Änderungs- und Abbruchkosten. Dies wiederum kann ebenfalls ein Indiz für ein innovatives Umfeld sein, in dem sich der Baukasten befindet. Dabei ist es wichtig, die

544 Vgl. Ihara et al. (2017), Understanding When to Adopt a Library: A Case Study on ASF Projects, S. 130

Reaktionszeit auf eintretende Risiken zu minimieren und so den Endkunden über die Vergabedauer zusätzliche Funktionen anbieten zu können. Die Aussagekraft der Kennzahl ist daher als hoch einzustufen. Formelmäßig bildet sich die durchschnittliche Änderungsrate ($DAER_i$) des Baukastens i als Quotient aus der Anzahl der Änderungen (AAE_i) der Vorgängergeneration des Baukastens i über die Vergabedauer (t_i) und der Vergabedauer ($t_{i,Gen\ a-1}$) der Vorgängergeneration,[545] multipliziert mit dem Konzeptdivergenz-Faktor (KDF_i) des Baukastens i. Wenn die Daten der vorherigen Generation für eine valide Grundlage nicht ausreichen, kann der Zeitraum der zu berücksichtigenden Vergangenheitsdaten erweitert werden. Der Konzeptdivergenz-Faktor (KDF_i) dient der Aussage hinsichtlich einer Konzeptveränderung oder -stabilisierung über die Baukastengenerationen hinweg. Liegt für den Konzeptdivergenz-Faktor ein Wert oberhalb der Zahl 1 vor, ist dies ein Indikator dafür, dass der Baukasten im Vergleich zu der Vorgängergeneration in vielen der untersuchten Unternehmensbereiche ein neuartiges Konzept verfolgt. Damit ist die aktuelle Baukastengeneration über die Vergabedauer anfälliger für technische Änderungen als die Vorgängergeneration, da im Unternehmen keine bzw. geringe Erfahrungswerte für den Umgang mit dem neuartigen Baukastenkonzept vorhanden ist. Wenn der KDF_i einen Wert unterhalb der Zahl „1“ annimmt, ist dies ein Anzeichen dafür, dass sich das Baukastenkonzept bezogen auf die Vorgängergeneration stabilisiert und das Unternehmen folglich Erfahrungen im Umgang mit diesem Baukastenkonzept aufweisen kann. Dies sollte die Anzahl der technischen Änderungen über die Vergabedauer reduzieren. Der KDF_i berechnet sich aus der Division des Profils der Konzeptdivergenz ($PKD_{BK\ i,\ Gen\ a}$) der aktuell zu entwickelnden Baukastengeneration mit dem Profil der Konzeptdivergenz ($PKD_{BK\ i,\ Gen\ a-1}$) der Vorgängerbaukastengeneration. Das Profil der Konzeptdivergenz bewertet jeweils die Konzeptneuartigkeit des Baukastens im Vergleich zur Vorgängerversion. Dafür wird jeweils die Summe über die Konzeptdivergenzbewertungen (KDB) der entsprechenden Unternehmensbereiche u gebildet. Die Konzeptdivergenzbewertung besitzt die Ausprägungsstufen <0-1-2-3>, die einer textuellen Bewertung von <keine-niedrige-mittlere-hohe> entsprechen. Die Abstufungen je Unternehmensbereich sind stark unternehmensabhängig und somit nicht Schwerpunkt dieser Arbeit. Aus diesem Grund wird auf die Abstufungen in dieser Arbeit nicht detaillierter eingegangen. Die Kennzahl $DAER_i$ berechnet sich wie folgt:

$$DAER_i = \frac{\sum_{j=1}^{t} AAE_{i,Gen\ a-1}}{t_{i,Gen\ a-1}} \times KDF_i = \frac{\sum_{j=1}^{t} AAE_{i,Gen\ a-1}}{t_{i,Gen\ a-1}} \times \frac{PKD_{i,Gen\ a}}{PKD_{i,Gen\ a-1}}$$
$$= \frac{\sum_{j=1}^{t} AAE_{i,Gen\ a-1}}{t_{i,Gen\ a-1}} \times \frac{\sum_{i=1}^{p} KDB_{i,u,Gen\ a}}{\sum_{i=1}^{p} KDB_{i,u,Gen\ a-1}}$$

$DAER_i$:	Durchschnittliche Änderungsrate des Baukastens i
$AAE_{i,Gen\ a-1}$:	Anzahl der Änderungen der Vorgängergeneration des Baukastens i
$t_{i,Gen\ a-1}$:	Vergabedauer der Vorgängergeneration des Baukastens i
KDF_i:	Konzeptdivergenz-Faktor des Baukastens i
PKD_i:	Profil der Konzeptdivergenz des Baukastens i

545 Vgl. Marti (2010), Übungsbuch zum Grundkurs Mathematik für Ingenieure, Natur- und Wirtschaftswissenschaftler, S. 147

$KDB_{i,u}$: Konzeptdivergenzbewertung des Unternehmensbereichs u des Baukastens i

In der Regel können die erforderlichen Informationen zu der Anzahl der Änderungen und der Vergabedauer der Vorgängergeneration der betrachteten Baukästen aus den Standard-ERP-Systemen ermittelt werden. Die Konzeptdivergenzbewertungen der Unternehmensbereiche u werden durch Expertengespräche erfasst. Zur Sicherstellung der Vergleichbarkeit dieser Expertenbewertungen untereinander ist es bei komplexen Produkten sinnvoll, die Bewertung der Baukästen über Zentralstellen im Unternehmen durchzuführen und bei Bedarf weitere Experten hinzuzuziehen. Für weniger komplexe Produkte können mehrere Experten zu gemeinsamen Workshops eingeladen werden. Die qualitative Erfassung der Konzeptdivergenzbewertungen reduziert den Erhebungsaufwand um ein Vielfaches, was eine gewisse Ungenauigkeit bei der Berechnung der durchschnittlichen Änderungsrate rechtfertigt. In der vorliegenden Arbeit werden die Unternehmensbereiche Entwicklung, Einkauf, Montage und Logistik zur Berechnung des Konzeptdivergenz-Faktors herangezogen. Diese Unternehmensbereiche können unternehmensspezifisch erweitert bzw. angepasst werden. Abbildung 5-4 zeigt beispielhaft eine Ermittlung des Konzeptdivergenz-Faktors anhand von Expertengesprächen.

Bei der Berechnung der durchschnittlichen Änderungsrate für einen neuen Baukasten, für den somit keine Vergangenheitsdaten vorliegen, wird ein Referenzbaukasten mit der größten Ähnlichkeit festgelegt und als Ausgangsbaukasten definiert. Dieser Baukasten bildet ebenfalls die Grundlage für die Berechnung des Konzeptdivergenz-Faktors.

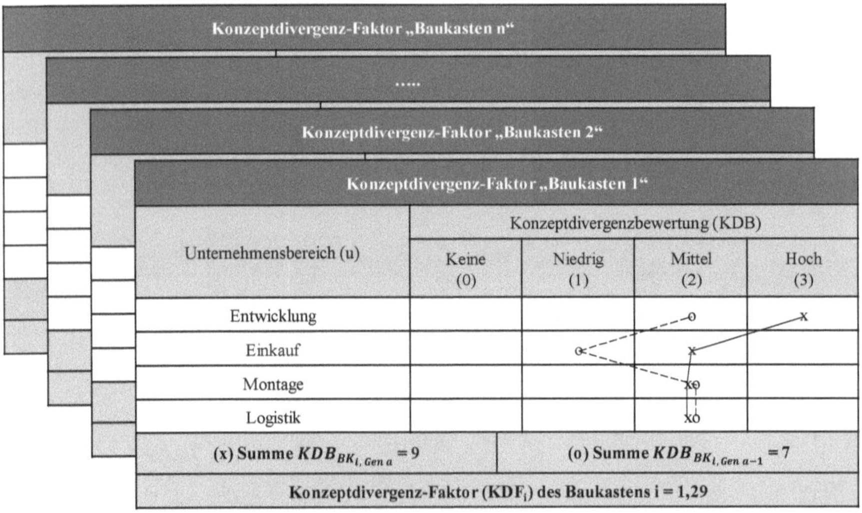

Abbildung 5-4: Ermittlung des Konzeptdivergenz-Faktors

Profil der Integrationskomplexität

Das Profil der Integrationskomplexität (PIK) kennzeichnet den Integrationsaufwand des Baukastens in die Produktarchitektur und ist somit ein Indikator für den zu tätigenden Änderungsaufwand bei technischen Änderungen. Die Kennzahl ist ordinalskaliert und wird qualitativ durch Expertengespräche erfasst. Der Begriff Integrationskomplexität beschreibt die Vielschichtigkeit aller von den Baukästen zu berücksichtigenden Anforderungen, Standards und Abhängigkeiten zu weiteren Baukästen für eine optimale Einbindung eines Baukastens in die Produktarchitektur. Zur Berechnung des Profils der Integrationskomplexität wird jeweils die Summe über die Integrationskomplexitätsbewertungen (IKB) der entsprechenden Integrationsverantwortlichen v gebildet. Die Integrationskomplexitätsbewertung besitzt, wie auch die Konzeptdivergenzbewertungen, die Ausprägungsabstufungen <0-1-2-3>, die einer textuellen Bewertung von <keine-niedrige-mittlere-hohe> entsprechen. Die Kennzahl wird wie folgt berechnet:

$$PIK_i = \sum_{i=1}^{p} IKB_v$$

PIK_i: Profil der Integrationskomplexität des Baukastens i

IKB_v: Integrationskomplexitätsbewertung des Integrationsverantwortlichen v

Liegt ein hoher Wert für das Profil der Integrationskomplexität vor, so ist dies ein Indikator dafür, dass ein hoher Vernetzungsgrad des Baukastens innerhalb der Produktarchitektur vorliegt. Mit steigender Integrationskomplexität besitzen technische Änderungen eine größere Auswirkung auf die Produktarchitektur, da folglich das Risiko einer Änderungsweitergabe über die funktionalen und räumlichen Schnittstellen ansteigt. Somit müssen bei technischen Änderungen eine Vielzahl an unterschiedlichen Entwicklungsbereichen und Schnittstellenpartnern an der Lösungsfindung beteiligt werden, was verstärkt Entwicklungskapazitäten im Unternehmen bindet. Die Änderungskosten können dadurch überproportional ansteigen. Des Weiteren wird durch eine hohe Integrationskomplexität der Änderungsprozess der Baukästen zeitintensiv und führt zu einer Zunahme der benötigten Reaktionszeit auf Risiken seitens der Entwicklung. Die qualitative Abschätzung der Integrationskomplexität der entsprechenden Integrationsrollen ist mit einer gewissen Ungenauigkeit behaftet. Die Aussagekraft dieser Kennzahl ist dennoch als hoch einzustufen. Der Erhebungsaufwand wird durch die qualitative Abschätzung jedoch um ein Vielfaches minimiert, was diese vereinfachte Vorgehensweise rechtfertigt. In Abbildung 5-5 befindet sich eine beispielhafte Darstellung zur Berechnung des Profils der Integrationskomplexität.

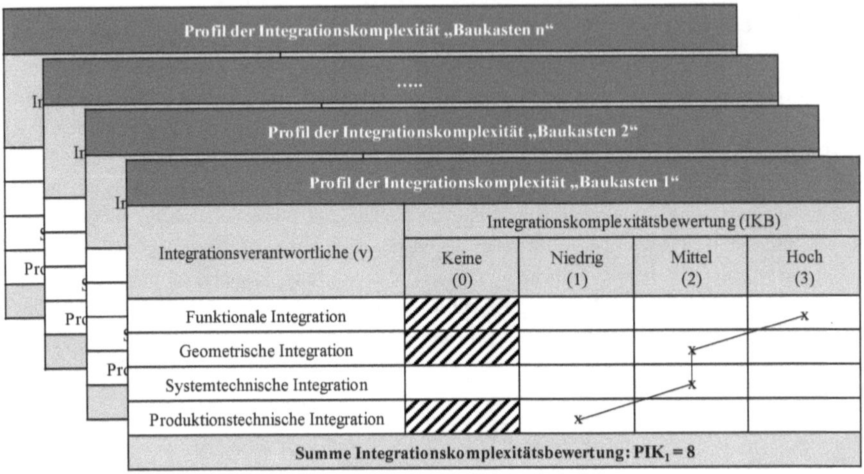

Abbildung 5-5: Aufbau des Profils der Integrationskomplexität

Vor dem Hintergrund einer resilienten Baukastengestaltung werden die Integrationsverantwortlichen in die funktionale, geometrische, systemtechnische und produktionstechnische Integration unterteilt und nachfolgend beschrieben. Die Bewertungen sind in der vorliegenden Arbeit als jeweils gleichwertig anzusehen. Die Bewertung des Integrationsverantwortlichen für die funktionale Integration entspricht einer Aussage hinsichtlich der Integrationskomplexität eines Baukastens in das funktionale Gesamtkonzept der Produktarchitektur zur Konzeptionierung ausbalancierter Produkteigenschaften. Als Beispiele für auszubalancierende Produkteigenschaften seien hier die Akustik, passive Sicherheit oder thermische Betriebsfestigkeit genannt. Die Bewertung des Integrationsverantwortlichen für die geometrische Integration entspricht einer auf die physische Erscheinungsform bezogenen Aussage hinsichtlich der Integrationskomplexität eines Baukastens in die Produktarchitektur unter Berücksichtigung der entsprechenden geometrischen Produktanforderungen.[546] So müssen beispielsweise für ein sportliches Auftreten von Fahrzeugen kurze Überhänge realisiert werden. Dafür müssen betroffene Baukästen dementsprechend geometrisch gestaltet und angeordnet werden. Die Bewertung des Integrationsverantwortlichen für die systemtechnische Integration entspricht einer Aussage hinsichtlich der Integrationskomplexität des Elektrik/Elektronik-Anteils eines Baukastens in die sich in der Produktarchitektur befindliche Elektrik/Elektronik-Architektur. Ein Beispiel hierzu ist die Sicherstellung des Informationsaustauschs unter den Baukästen durch ein Datenbordnetz oder die E/E-Funktionssicherheit der Baukästen. Die Bewertung des Integrationsverantwortlichen für die produktionstechnische Integration entspricht einer übergreifenden Aussage beteiligter Produktionsfachbereiche hinsichtlich der Integrationskomplexität eines Baukastens in das Produktionssystem. Dazu zählen beispielsweise die benötigte Montagedauer oder Bauteiltoleranzen für einen reibungslosen Montageprozess bzw. hinsichtlich sichtbarer Spaltmaße.

546 Als Überhang wird der Karosserieteil bezeichnet, der vor den Vorderrädern und hinter den Hinterrädern übersteht.

Für die Integrationsverantwortlichen der funktionalen, geometrischen und produktionstechnischen Integration kann keine Integrationsbewertung mit dem Wert <0/Keine> vorgenommen werden, da diese Bewertungen bei jeder Integration in ein Produkt erfolgen müssen. Lediglich bei der systemtechnischen Integrationsbewertung kann die Bewertung diesen Wert annehmen, da nicht jeder Baukasten einen mechatronischen Anteil besitzt. Je nach Unternehmen bzw. Branche kann der beschriebene Betrachtungsbereich durch weitere bzw. andere Integrationsverantwortliche erweitert bzw. ersetzt werden.

5.1.2 Aufbau des Kennzahlensystems

Nach SANDT bestehen Kennzahlensysteme aus zwei oder mehr Kennzahlen, die zueinander in einer Beziehung stehen, einander ergänzen oder erklären.[547] Die Verknüpfung der einzelnen Kennzahlen führt zu einem höheren Aussagewert als bei einer isolierten Betrachtung der einzelnen Kennzahlen.[548] Dieser Aussage zufolge kann theoretisch eine nahezu unendliche Anzahl von Kennzahlensystemen gebildet werden.[549] Aus diesem Grund sollen nach VANINI fünf Konstruktionsvorschriften bei der Gestaltung von Kennzahlensystemen berücksichtigt werden, damit eine gewisse Sinnhaftigkeit von Kennzahlensystemen gewährleistet werden kann. Kennzahlensysteme müssen systematisch, objektiv und widerspruchsfrei aufgebaut sein und eine begrenzte Anzahl von Kennzahlen aufweisen, zwischen denen Ursache-Wirkungs-Beziehungen bestehen. Darüber hinaus muss eine Informationsverdichtung (z.B. durch einen hierarchischen Aufbau) möglich sein. Weiterhin muss das Kennzahlensystem offen und flexibel konstruiert sein und von den Mitarbeitern akzeptiert werden, um dysfunktionale Verhaltenseffekte zu vermeiden.[550]

Auf Grundlage dieser fünf Konstruktionsvorschriften werden die in Kapitel 5.1.1 selektierten Kennzahlen zur Bestimmung der Verblockungskritikalität von Baukästen miteinander verbunden. Aufgrund der prinzipiell unterschiedlichen Beschaffenheit der Kennzahlen ist es nicht sinnvoll, die Kennzahlen zu lediglich einer Spitzenkennzahl zu verdichten. Rechensysteme als eine Unterart von Kennzahlensystemen bieten für diesen Sachverhalt die Möglichkeit, Kennzahlen über mathematische Funktionen miteinander zu verknüpfen. Rechensysteme basieren in der Regel auf der Zerlegung einer Spitzenkennzahl und sind daher hierarchisch und deduktiv aufgebaut.[551] Zur Bestimmung der Verblockungskritikalität von Baukästen wird für dieses Rechensystem der Portfolioansatz nach BAUER ET AL. herangezogen und weiterentwickelt.[552] Die Autoren verwenden den Parameter der Kritikalität für die Ordinate, um die strukturellen Auswirkungen einer technischen Änderung zu beschreiben.[553] In der vorliegenden Arbeit werden die strukturellen Auswirkungen einer technischen Änderung unter dem Begriff Produktarchitekturrelevanz zusammengefasst. BAUER ET AL. stellen auf der Abszisse die Dynamik der Änderungen einer Komponente dar[554], was im Folgenden unter dem Begriff Entwicklungsdynamik beschrieben wird. Das Portfolio wird als das Verblockungs-Kritikalitäts-Portfolio (VKP) bezeichnet. Die Zuordnung der

---

547 Vgl. Sandt (2004), Management mit Kennzahlen und Kennzahlensystemen, S. 14

548 Vgl. Rudolf (2013), Produktionsgerechte Baukastengestaltung, S. 117; Geiger (2000), Kennzahlenorientiertes Entwicklungscontrolling, S. 93 f.

549 Vgl. Rudolf (2013), Produktionsgerechte Baukastengestaltung, S. 117

550 Vgl. Vanini (2012), Kennzahlensysteme, S. 1

551 Vgl. Küting (1983), Grundsatzfragen von Kennzahlen als Instrumenten der Unternehmensführung, S. 237

552 Vgl. Kapitel 3.2.2 – Prinzip a) Anwendungsbereich, Kontext, Kriterien bestimmen

553 Vgl. Bauer et al. (2013), An approach for cycle-robust platform design, S. 8

554 Vgl. Bauer et al. (2013), An approach for cycle-robust platform design, S. 8

einzelnen Kennzahlen zur Ordinate und Abszisse einschließlich Einheit mit Wertebereich ist in Abbildung 5-6 dargestellt.

Rechensystem			
Systemachsen	Kennzahl	Einheit	Wertebereich
Entwicklungsdynamik (Abzisse)	Durchschnittliche Änderungsrate	< Anzahl >	]0; +∞]
	Release-Zyklus-Faktor	< Faktor >	]0; +∞]
Produktarchitekturrelevanz (Ordinate)	Betriebswirtschaftliche Wertigkeit	< Kosten >	]0; +∞]
	Profil der Integrationskomplexität	< Faktor >	[3; 12]

Abbildung 5-6: Zuordnung der Kennzahlen zur Ordinate und Abszisse des Rechensystems

Zur Einordnung der Baukästen im Rechensystem wird für jede Systemachse eine Verblockungs-Kritikalitäts-Zahl (VKZ) entwickelt. Für die Dimension Entwicklungsdynamik wird die Spitzenkennzahl Verblockungs-Kritikalitäts-Zahl$_{Entwicklungsdynamik}$ ($VKZ_{Entwicklungsdynamik}$) und für die Produktarchitekturrelevanz die Verblockungs-Kritikalitäts-Zahl$_{Produktarchitekturrelevanz}$ ($VKZ_{Produktarchitekturrelevanz}$) gebildet.

Die Verblockungs-Kritikalitäts-Zahl$_{Entwicklungsdynamik}$ ($VKZ_{Entwicklungsdynamik}$) dient der Einordnung auf der Abszisse des Verblockungs-Kritikalitäts-Portfolios (VKP) und bestimmt die Höhe der Veränderlichkeit des Umfeldes, in dem sich die zu bewertenden Baukästen befinden. Hinsichtlich der Ursache-Wirkungs-Beziehung kann die $VKZ_{Entwicklungsdynamik}$ der Ursache-Wirkungs-Seite zugeordnet werden, da anhand der Höhe der Entwicklungsdynamik eine Aussage darüber getroffen werden kann, ob ein hohes Potenzial zur Reduzierung der Auswirkungen einer möglichen Verblockung innerhalb der Produktarchitektur in Bezug auf einen Baukasten besteht. Die Berechnung der $VKZ_{Entwicklungsdynamik}$ erfolgt über die Verrechnung der Kennzahlen der durchschnittlichen Änderungsrate (DAER) mit dem Release-Zyklus-Faktor (RZF) (vgl. Kapitel 5.1.1). Ein hoher Wert der $VKZ_{Entwicklungsdynamik}$ ist ein Anzeichen dafür, dass eine hohe Entwicklungsdynamik im Umfeld des Baukastens vorliegt und kann daher als besonders anfällig für mögliche Verblockungen angesehen werden. Um sicherzustellen, dass die $VKZ_{Entwicklungsdynamik}$ innerhalb eines definierten Wertebereichs bleibt, wird die Kennzahl der durchschnittlichen Änderungsrate zuerst normiert. Der berechnete Wert der jeweiligen Kennzahl wird dafür in Relation zur Summe der Werte aller Baukästen gesetzt. Das Ergebnis der Normierung wird in einem Wertebereich von 0 bis 100% beschrieben. Zur Normierung der Kennzahl der durchschnittlichen Änderungsrate wird die durchschnittliche Änderungsrate des Baukastens i ins Verhältnis zur Summe der Werte der durchschnittlichen Änderungsrate aller Baukästen gesetzt. Das Verfahren kann formal wie folgt beschrieben werden:

$$DAER_i^{[normiert]} = \frac{DAER_i}{\sum_{i=1}^{n} DAER_i}$$

$DAER_i^{[normiert]}$:	Normierte durchschnittliche Änderungsrate des Baukastens i
$DAER_i$:	Durchschnittliche Änderungsrate des Baukastens i
$\sum_{i=1}^{n} DAER_i$:	Summe der Werte der durchschnittlichen Änderungsrate aller Baukästen

Um die $VKZ_{Entwicklungsdynamik}$ zu ermitteln, wird die Kennzahl mit dem Release-Zyklus-Faktor multipliziert. Formal ausgedrückt wird die $VKZ_{Entwicklungsdynamik}$ wie folgt berechnet:

$$VKZ_{Entwicklungsdynamik,i} = DAER_i^{[normiert]} \times RZF_i$$

$VKZ_{Entwicklungsdynamik,i}$:	Verblockungs-Kritikalitäts-Zahl$_{Entwicklungsdynamik}$ des Baukastens i
$DAER_i^{[normiert]}$:	Normierte durchschnittliche Änderungsrate des Baukastens i
RZF_i:	Release-Zyklus-Faktor des Baukastens i

Da zur Berechnung der $VKZ_{Entwicklungsdynamik}$ eine Multiplikation zweier Kennzahlen verwendet wird, ist davon auszugehen, dass der Wertebereich von 0 bis 100% überschritten wird oder dass mit einer großen Ansammlung von Baukästen an bestimmten Stellen des Intervalls zu rechnen ist. Zur Erhöhung der Auflösung soll an dieser Stelle das Verhältnis des jeweiligen Wertes der $VKZ_{Entwicklungsdynamik}$ zum Maximalwert gebildet werden. Dies berechnet sich wie folgt:

$$VKZ_{Entwicklungsdynamik,i}^{[normiert]} = \frac{VKZ_{Entwicklungsdynamik,i}}{maxVKZ_{Entwicklungsdynamik,i}}$$

$VKZ_{Entwicklungsdynamik,i}^{[normiert]}$:	Normierte Verblockungs-Kritikalitäts-Zahl$_{Entwicklungsdynamik}$ des Baukastens i
$VKZ_{Entwicklungsdynamik,i}$:	Verblockungs-Kritikalitäts-Zahl$_{Entwicklungsdynamik}$ des Baukastens i
$maxVKZ_{Entwicklungsdynamik,i}$:	Maximale Verblockungs-Kritikalitäts-Zahl$_{Entwicklungsdynamik}$ des Baukastens i

Die Ermittlung des Wertes der Ordinate und damit die Einordnung der Baukästen auf der y-Achse im Verblockungsportfolio erfolgt durch die Berechnung der Verblockungs-Kritkalitäts-Zahl$_{Produktarchitekturrelevanz}$ ($VKZ_{Produktarchitekturrelevanz}$). Diese Spitzenkennzahl bewertet unter technischen und betriebswirtschaftlichen Gesichtspunkten die Wichtigkeit der Baukästen für die Produktarchitektur. Hinsichtlich des Ursache-Wirkung-Zusammenhangs stellt die $VKZ_{Produktarchitekturrelevanz}$ die Wirkungsseite dar, da hier die korrekte Gestaltung der Baukästen mit für den Endkunden erlebbaren Mehrfunktionalität und damit einer zusätzlichen Leistungsseite für das Unternehmen darstellbar wird. Darüber hinaus werden hier die Auswirkungen der Verblockung in Form des zu tätigenden Änderungsaufwands und den oftmals hohen Änderungs- und Abbruchkosten sowie der verzögerten Reaktionsfähigkeit auf Risiken spürbar. Die Berechnung der $VKZ_{Produktarchitekturrelevanz}$ erfolgt über die Multiplikation der Kennzahlen der betriebswirtschaftlichen Wertigkeit (BW) und dem Profil der Integrationskomplexität (PIK). Wie bei der Berechnung der $VKZ_{Entwicklungsdynamik}$ erfordert auch die $VKZ_{Produktarchitekturrelevanz}$ eine Normierung. Der definierte Wertebereich von 0 bis 100% gewährleistet auch bei dieser Spitzenkennzahl die Vergleichbarkeit der Baukästen untereinander. Die betriebswirtschaftliche Wertigkeit (BW) errechnet sich aus dem Quotienten der betriebswirtschaftlichen Wertigkeit des Baukastens i durch die Summe der Werte der betriebswirtschaftlichen Wertigkeit aller Baukästen und wird formal wie folgt normiert:

$$BW_i^{[normiert]} = \frac{BW_i}{\sum_{i=1}^{n} BW_i}$$

$BW_i^{[normiert]}$:	Normierte betriebswirtschaftliche Wertigkeit des Baukastens i

BW_i: Betriebswirtschaftliche Wertigkeit des Baukastens i

$\sum_{i=1}^{n} DAER_i$: Summe der Werte der betriebswirtschaftlichen Wertigkeit aller Baukästen

Für die Kennzahl des Profils der Integrationskomplexität kann die gleiche Vorgehensweise angewendet werden wie für die Normierung der betriebswirtschaftlichen Wertigkeit. Es wird die Integrationskomplexität des Baukastens dividiert durch die Summe der Werte des Profils der Integrationskomplexität aller Baukästen. Die Formel lautet wie folgt:

$$PIK_i^{[normiert]} = \frac{PIK_i}{\sum_{i=1}^{n} PIK_i}$$

$PIK_i^{[normiert]}$: Normiertes Profil der Integrationskomplexität des Baukastens i

PIK_i: Profil der Integrationskomplexität des Baukastens i

$\sum_{i=1}^{n} PKD_i$: Summe der Werte des Profils der Integrationskomplexität aller Baukästen

Die Berechnung der $VKZ_{Produktarchitekturrelevanz}$ erfolgt durch Multiplikation der beiden normierten Kennzahlen der betriebswirtschaftlichen Wertigkeit und des Profils der Integrationskomplexität. Formal wird dies wie folgt beschrieben:

$$VKZ_{Produktarchitekturrelevanz,i} = BW_i^{[normiert]} \times PIK_i^{[normiert]}$$

$VKZ_{Produktarchitekturrelevanz,i}$: Verblockungs-Kritikalitäts-Zahl$_{Produktarchitekturrelevanz}$ des Baukastens i

$BW_i^{[normiert]}$: Normierte betriebswirtschaftliche Wertigkeit des Baukastens i

$PIK_i^{[normiert]}$: Normiertes Profil der Integrationskomplexität des Baukastens i

Um die Auflösung der ermittelten Werte für die einzelnen Baukästen zu erhöhen, soll an dieser Stelle analog zur $VKZ_{Entwicklungsdynamik}$ vorgegangen werden. Es wird die normierte Form der $VKZ_{Produktarchitekturrelevanz}$ gebildet:

$$VKZ_{Produktarchitekturrelevanz,i}^{[normiert]} = \frac{VKZ_{Produktarchitekturrelevanz,i}}{maxVKZ_{Produktarchitekturrelevanz,i}}$$

$VKZ_{Produktarchitekturrelevanz,i}^{[normiert]}$: Normierte Verblockungs-Kritikalitäts-Zahl$_{Entwicklungsdynamik}$ des Baukastens i

$VKZ_{Produktarchitekturrelevanz,i}$: Verblockungs-Kritikalitäts-Zahl$_{Entwicklungsdynamik}$ des Baukastens i

$maxVKZ_{Produktarchitekturrelevanz,i}$: Maximale Verblockungs-Kritikalitäts-Zahl$_{Entwicklungsdynamik}$ des Baukastens i

Mit den beiden normierten Verblockungs-Kritikalitäts-Zahlen ist es möglich, die Baukästen genau im Verblockungs-Kritikalitäts-Portfolio zu positionieren. Abbildung 5-7 zeigt eine exemplarische Einordnung von Baukästen im Verblockungs-Kritikalitäts-Portfolio.

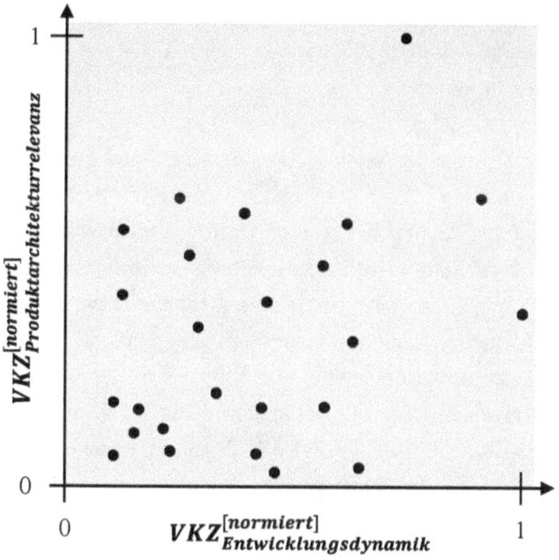

Abbildung 5-7: Beispielhafte Einordnung im Verblockungs-Kritikalitäts-Portfolio

5.1.3 Identifikation von und Umgang mit Ausreißern

Bei der Einordnung der Baukästen in das Verblockungs-Kritikalitäts-Portfolio können die Werte der $VKZ_{Entwicklungsdynamik}$ und der $VKZ_{Produktarchitekturrelevanz}$ teils sehr gering ausfallen. Dies ist auf die mehrfache Normierung beim Aufbau des Kennzahlensystems zurückzuführen. Infolgedessen erfolgt die Einordnung einer Vielzahl an Baukästen im Portfolio nahe dem Nullpunkt und erschwert eine übergreifend gültige Bewertung der Baukästen hinsichtlich deren Verblockungskritikalität. Dieser Sachverhalt kann Abbildung 5-7 entnommen werden. So kann beispielsweise bei einem Betrachtungsumfang von zehn Baukästen die durchschnittliche Änderungsrate eines Baukastens einen Wert von 100 aufweisen. Die verbleibenden neun Baukästen besitzen jeweils eine durchschnittliche Änderungsrate von zehn. Nach Normierung der DAER hätten die neun Baukästen jeweils einen Wert von 0,0526 und der Baukasten mit dem Ausreißer einen vergleichsweise hohen Wert von 0,5263. Dieses Phänomen kann außerdem bei der Kennzahl der betriebswirtschaftlichen Wertigkeit und unter Umständen beim Release-Zyklus-Faktor auftreten. Diese Ausreißer gilt es systematisch zu identifizieren, um deren falsifizierenden Einfluss auf die Aussage der Verblockungskritikalität der Baukästen zu minimieren.

Der Grund für das Auftreten von Ausreißern bei der Ermittlung der Kennzahlen zur Bestimmung der Verblockungskritikalität der Baukästen liegt in den teils stark unterschiedlichen Merkmalen der einzelnen Baukästen, weniger auf Messfehlern bei der Datenerhebung. Laut RUDOLF kann die Identifikation von Ausreißern dem Bereich der Statistik zugeordnet werden.[555] Ausreißer können von Begriffen wie Extremwerten oder Irrläufern unterschieden werden und zeichnen sich dadurch aus, dass sie „[...] mit

[555] Vgl. Rudolf (2013), Produktionsgerechte Baukastengestaltung, S. 125

dem Rest der Werte unvereinbar erscheinen.“[556] Ein objektives Kriterium, nach dem ein Wert als Ausreißer klassifiziert werden kann, existiert jedoch nicht.[557] SCHENDERA unterteilt Ausreißer des Weiteren in die Ausprägungen univariat und multivariat. Univariate Ausreißer sind Ausreißer, die bei einzelnen Variablen auftreten. Ein Beispiel dafür ist der Wasserstand bei Hochwassermessungen. Multivariate Ausreißer hingegen resultieren aus einer Kombination mehrerer Variablen und zeigen im Rahmen einer Einzelbetrachtung keine Anomalien.[558] Unabhängig davon, dass die $VKZ_{Entwicklungsdynamik}$ und die $VKZ_{Produktarchitekturrelevanz}$ jeweils aus zwei Kennzahlen zusammengesetzt wird, sollen in dieser Arbeit die Ergebniswerte der jeweiligen Verblockungs-Kritikalitäts-Zahlen univariat verglichen werden. Analog zur Vorgehensweise nach RUDOLF ist an dieser Stelle darauf hinzuweisen, dass in der Statistik Maße und Regeln existieren, die zur Identifizierung von Ausreißern geeignet sind bzw. eine kritische Diskussion ermöglichen. Ausreißer können demnach anhand von Vertrauensintervallen identifiziert werden. Liegt ein Wert außerhalb dieser Vertrauensintervalle, kann dieser als Ausreißer bezeichnet werden. Gebräuchliche Bereiche sind beispielsweise der Median +/- 4 MD (mittlere absolute Abweichung vom Median) oder der Mittelwert +/- 2s (Standardabweichung).[559]

Zur Berechnung der mittleren absoluten Abweichung vom Median (MD) wird der Quotient aus der Summe der Streuung der Abstände zwischen den einzelnen Merkmalswerten zum Median und der Anzahl der Merkmalswerte gebildet. Eine Besonderheit liegt vor, wenn die Anzahl der Messwerte eine gerade Zahl ist. In diesem Fall ist der Median der Durchschnitt aus den beiden mittleren Werten.[560] Die Formel für diesen Zusammenhang lautet wie folgt:[561]

$$MD = \frac{1}{n} \times \sum_{i=1}^{n} |x_i - \tilde{x}|$$

MD:	Mittlere absolute Abweichung vom Median
n:	Anzahl der Elemente
x_i:	Wert des Elements i
$\tilde{x}$:	Median

Ein Wert gilt als Ausreißer, wenn er außerhalb der folgenden Vertrauensintervalle liegt:

$$x_i < \tilde{x} - 4 \times M \quad \text{oder} \quad x_i > \tilde{x} + 4 \times M$$

Die Standardabweichung (s), alternativ auch Streuung genannt, ergibt sich aus der positiven Wurzel der Varianz und hat im Gegensatz zur Varianz die gleiche Dimension der Daten, aus denen sie berechnet

556 Buttler (1996), Ein einfaches Verfahren zur Identifikation von Ausreißern bei multivariaten Daten, S. 3
557 Vgl. Buttler (1996), Ein einfaches Verfahren zur Identifikation von Ausreißern bei multivariaten Daten, S. 4
558 Vgl. Schendera (2007), Datenqualität mit SPSS, S. 164 ff.; Rudolf (2013), Produktionsgerechte Baukastengestaltung, S. 126
559 Vgl. Rudolf (2013), Produktionsgerechte Baukastengestaltung, S. 126
560 Vgl. Schendera (2007), Datenqualität mit SPSS, S. 172
561 Vgl. Rudolf (2013), Produktionsgerechte Baukastengestaltung, S. 127

wird.[562] Die Standardabweichung ist somit, wie auch der Median, ein Maß für die Abweichung einer Verteilung vom Mittelwert und wird wie folgt berechnet:[563]

$$s = \sqrt{\frac{\sum_{i=1}^{n}(x_i - \bar{x})^2}{n-1}}$$

s:	Standardabweichung
n:	Anzahl der Elemente
x_i:	Wert des Elements i
$\bar{x}$:	Mittelwert der Verteilung

Ein Ausreißer liegt vor, wenn die folgenden Vertrauensintervalle überschritten werden:

$$x_i < \bar{x} - 2 \times s \quad \text{oder} \quad x_i > \bar{x} + 2 \times s$$

Wurden die Vertrauensintervalle beider Ansätze überschritten, werden die Baukästen als Ausreißer identifiziert und für das weitere Vorgehen in diesem Kapitel vorerst aussortiert. Dies bedeutet jedoch nicht, dass diese Baukästen in den folgenden Kapiteln vernachlässigt werden können. Vielmehr sind diese Baukästen von größter Bedeutung für die resiliente Baukastengestaltung, würden aber die Aussage des Verblockungs-Kritikalitäts-Portfolios stark verzerren. Aus diesem Grund werden die Werte der $VKZ_{Entwicklungsdynamik}$ und der $VKZ_{Produktarchitekturrelevanz}$ abermals, ohne die identifizierten Ausreißer, berechnet und entsprechend im Verblockungs-Kritikalitäts-Portfolio eingeordnet. Die Ausreißer werden in der jeweiligen Dimension als 100%-Werte klassifiziert und ebenfalls in das Portfolio aufgenommen. Eine farbige Unterscheidung der Markierung der Ausreißer hilft, diese Baukästen von den anderen Baukästen zu separieren (vgl. Abbildung 5-8).

562 Vgl. Schendera (2007), Datenqualität mit SPSS, S. 173

563 Vgl. Rudolf (2013), Produktionsgerechte Baukastengestaltung, S. 127

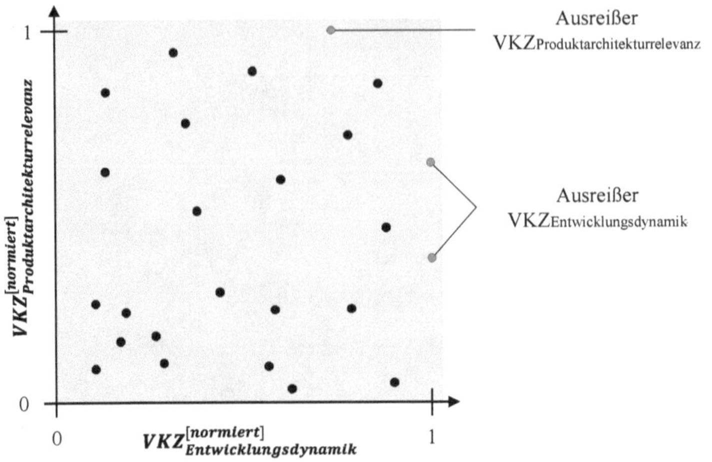

Abbildung 5-8: Kennzeichnung von Ausreißern im Verblockungs-Kritikalitäts-Portfolio

5.1.4 Bestimmung relevanter Baukästen

Nachdem die Baukästen in das Verblockungs-Kritikalitäts-Portfolio aufgenommen und um mögliche Ausreißer bereinigt wurden, müssen die Baukästen identifiziert werden, die hinsichtlich einer Verblockung als besonders kritisch angesehen werden können. Diese Baukästen bilden die Grundlage für die weiteren Kapitel zur resilienten Baukastengestaltung und befinden sich im Verblockungs-Kritikalitäts-Portfolio „oben rechts" (vgl. Abbildung 5-9). Diese Baukästen besitzen eine hohe Verblockungs-Kritikalitäts-Zahl in Bezug auf die Produktarchitekturrelevanz und die Entwicklungsdynamik. Der Fokus soll aber nicht rein auf der Ecke „oben rechts" liegen, die eine hohe $VKZ_{Produktarchitekturrelevanz}$ und eine hohe $VKZ_{Entwicklungsdynamik}$ aufweisen. Kritisch in Bezug auf die Verblockung und damit relevant für die weitere Betrachtung im Rahmen der vorliegenden Arbeit können auch solche Baukästen sein, die eine hohe VKZ in nur einer der beiden oben genannten Dimensionen enthalten. Aus diesem Grund erfolgt analog zu RUDOLF[564] eine Segmentierung des Verblockungs-Kritikalitäts-Portfolios in Form von Kreisen. Dies ist in Abbildung 5-9 dargestellt.

Baukästen, die sich außerhalb des äußeren Kreises befinden, werden im weiteren Verlauf dieser Arbeit berücksichtigt. Wie soeben beschrieben, sind dies die Baukästen mit einer hohen VKZ in den Dimensionen Entwicklungsdynamik und Produktarchitekturrelevanz oder in einer der genannten Dimensionen. Der äußere Kreis schneidet die beiden Achsen bei 90% der Werte der beiden Verblockungs-Kritikalitäts-Zahlen.[565] Baukästen innerhalb des inneren Kreises weisen eine geringe $VKZ_{Entwicklungsdynamik}$ und eine

---

564 Vgl. Rudolf (2013), Produktionsgerechte Baukastengestaltung, S. 131

565 Die Grundgesamtheit aller Baukästen in einem Automobil besteht sowohl aus sehr ausgereiften Baukästen mit entsprechend langen Lebenszyklen, wie zum Beispiel Karosseriebauteilen, als auch aus mechatronischen Baukästen, wie beispielsweise Steuergeräten, die tendenziell mehr Innovationen und kürzere Lebenszyklen besitzen. Dies führt zu einer breiten Streuung der Baukästen innerhalb des Verblockungs-Kritikalitäts-Portfolios. In der Anwendung bei der Automobile AG hat sich die 90%-Grenze des äußeren Kreises bewährt. Basierend auf dem Pareto-Prinzip konnten damit

geringe $VKZ_{Produktarchitekturrelevanz}$ auf und werden daher für eine resiliente Baukastengestaltung nicht weiter berücksichtigt. Der innere Kreis schneidet die beiden Achsen bei 75% der Werte der beiden Verblockungs-Kritikalitäts-Zahlen.[566] Baukästen im Übergangsbereich weisen eine moderate Verblockungskritikalität auf. Diese Baukästen können im weiteren Verlauf dieser Arbeit nicht in ihrer Gesamtheit berücksichtigt werden, da dies mit einem unzumutbaren Aufwand verbunden wäre. Eine kollektive Nichtberücksichtigung dieser Baukästen wäre das andere Extrem und ist ebenfalls nicht zu empfehlen. Aus diesem Grund sollte für die Baukästen im Übergangsbereich auf der Grundlage von Expertengesprächen oder weiteren Analysen eine individuelle Entscheidung hinsichtlich einer Berücksichtigung getroffen werden.

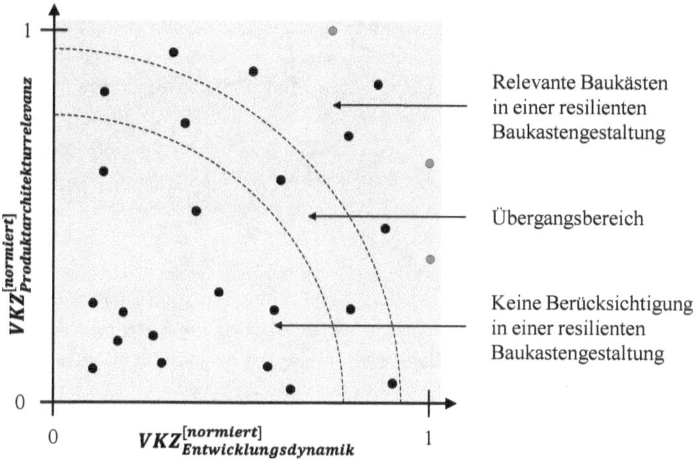

Abbildung 5-9: Auswahl verblockungskritischer Baukästen

5.2 Identifikation von Risiken für verblockungskritische Baukästen

Nachdem in Kapitel 5.1 die für die weiteren Schritte des modellbasierten Ansatzes relevanten verblockungskritischen Baukästen bestimmt wurden, gilt es im zweiten Schritt die Risiken für diese Baukästen systematisch zu identifizieren (vgl. Abbildung 5-10).

die 20% der Baukästen identifiziert werden, von denen 80% der Auswirkungen von Verblockungen in einem Unternehmen ausgehen. Die Grenze des äußeren Kreises kann jedoch spezifisch an die verschiedenen Branchen und Unternehmen angepasst werden.

566 Die 75%-Grenze des inneren Kreises hat sich in der Anwendung bei der Automobile AG bewährt, kann aber gezielt an die verschiedenen Branchen und Unternehmen angepasst werden. Damit können im Übergangsbereich zwischen dem inneren und äußeren Kreis bereits präventiv Baukästen identifiziert werden, die bei der Auswertung zu Diskussionen unter den Experten führen würden.

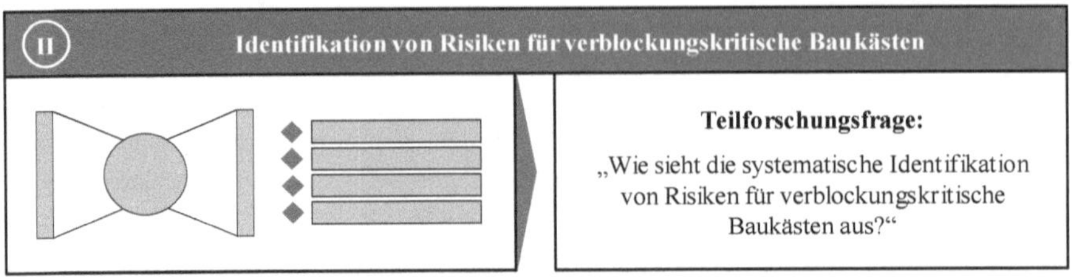

Abbildung 5-10: Identifikation von Risiken für verblockungskritische Baukästen

Das Ziel dieses Kapitels ist es, sich einen Überblick über mögliche Risiken für die verblockungskritischen Baukästen zu verschaffen, um diese im Hinblick auf die nächsten Schritte im Risikomanagementprozess detailliert beschreiben zu können. Zur Beantwortung der Teilforschungsfrage in Abbildung 5-10 wird in diesem Kapitel ein Beschreibungsmodell mit dreistufiger Methode zur Identifikation von Risiken für verblockungskritische Baukästen entwickelt, das in der industriellen Praxis anwendbar ist. In einem ersten Teilschritt werden zunächst für die verblockungskritischen Baukästen geeignete Risikofaktoren[567] definiert (vgl. Kapitel 5.2.1). Wie bereits in Kapitel 3.2.2 festgelegt, werden in der vorliegenden Arbeit die Risiken und damit auch die Risikofaktoren nach SIEPERMANN[568] in endogene (interne) und exogene (externe) Risikofaktoren unterteilt. Darauf aufbauend werden in Kapitel 5.2.2 spezifische analytische und intuitive Verfahren zur Identifikation von Risiken eingesetzt. In Abhängigkeit von den jeweiligen Ebenen der Systemhierarchie und dem Zeithorizont der Risikoidentifikation sind die vorgestellten Verfahren auf die Risikofaktoren anzuwenden. Die anschließende Beschreibung der Risiken basiert auf einer detaillierten Fehler-Ursachen-Analyse, dem Zeitpunkt des Risikoeintritts, der Eintrittswahrscheinlichkeit des Risikoeintritts und der Überprüfung möglicher zusätzlicher Risiko-Baukasten-Abhängigkeiten (vgl. Kapitel 5.2.3).

5.2.1 Bestimmung von Risikofaktoren

Die Risikoidentifikation erfolgt in interdisziplinären Teams, wie zum Beispiel in den entsprechenden Baukastenentwicklungsteams. Je nach Umfang oder Komplexität der Baukästen sind verschiedene Abteilungen bzw. Unternehmensbereiche an der Entwicklung beteiligt. Eine Auflistung von allen Experten aus den an der Baukastenentwicklung beteiligten Abteilungen ist für das weitere Vorgehen unerlässlich und muss vorab vom Baukastenentwicklungsteamleiter bereitgestellt werden. Um Risiken im Team mit einem gemeinsamen Verständnis diskutieren, ergänzen und beschreiben zu können, ist eine gemeinsame Kommunikationsbasis erforderlich. Zu diesem Zweck werden in einem ersten Schritt unternehmensinterne und -externe Suchfelder für die Risiken, die Risikofaktoren, erarbeitet. Derartige Anhaltspunkte machen die Risikoidentifikation konkreter und damit für die Entwickler greifbarer.[569] Das Ergebnis ist eine Beschreibung von Risikofaktoren, die systematisch betrachtet werden müssen, um einen Überblick über Risiken für die verblockungskritischen Baukästen zu erhalten. Die relevanten Risikofaktoren wer-

---

567 Risikofaktoren sind Einflussgrößen oder Ursachenkategorien, aus denen Risiken resultieren können.

568 Vgl. Siepermann (2008), Risikokostenrechnung, S. 20

569 Vgl. Kapitel 3.2.2 - Prinzip b) Risiken identifizieren

den in Form einer Literaturrecherche ermittelt und anschließend beschrieben. Grundsätzlich kann zwischen den unternehmensinternen Risikofaktoren Innovationen, Umgebungsbedingungen und Industrialisierungs-/Optimierungsmaßnahmen sowie den unternehmensexternen Risikofaktoren Wettbewerberaktivitäten und Regulatorik/Industriestandards unterschieden werden (vgl. Abbildung 5-11).[570] Die entsprechenden Beispiele basieren auf den Erfahrungen und Erkenntnissen des Autors aus Projekten in der Automobilindustrie.

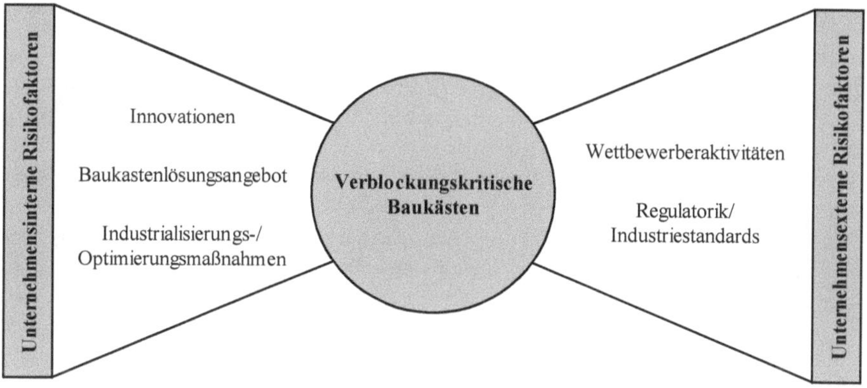

Abbildung 5-11: Übersicht über die Risikofaktoren

Innovationen

Der erste betrachtete Risikofaktor, der für die Risikoidentifikation von großer Bedeutung ist, ist der unternehmensinterne Risikofaktor Innovationen. Das Thema Innovation beschreibt einen mehrstufigen Prozess, in dem Organisationen Ideen in neue oder verbesserte Produkte, Dienstleistungen oder Prozesse umsetzen.[571] Innovationen müssen aus Kundensicht als neu wahrgenommen werden.[572] Dabei können ähnliche Lösungen bereits in anderen Branchen oder Produktsegmenten Anwendung finden. Ziel von Innovationen ist es, die Organisation sowie deren Wettbewerbsfähigkeit zu verbessern oder sich von anderen Wettbewerbern am Markt zu differenzieren.[573] Innovationen spielen folglich eine entscheidende Rolle bei der Steigerung des Unternehmenswertes und der Erhaltung von Wettbewerbsvorteilen.[574] Zur Identifikation von Risiken aus dem Risikofaktor Innovationen ist daher zu prüfen, ob das Risiko einer nachträglichen Integration bereits bekannter Innovationen in den Baukasten besteht, die in der frühen Phase des Baukastenentwicklungsprozesses bislang nicht berücksichtigt wurden. Ein Beispielrisiko, das

[570] Vgl. Martin et al. (2002), Design for variety, S. 215; Pflicht (1989), Technisches Änderungswesen in Produktionsunternehmen, S. 9; Schuh (2012), Innovationsmanagement, S. 116; Conrat Niemberg (1997), Änderungskosten in der Produktentwicklung, S. 51 f.; Karthik et al. (2016), Engineering Changes in Product Design, S. 4; Eckert et al. (2004), Change and customisation in complex engineering domains, S. 6; Reichwald et al. (1993), Vermeidung von Änderungskosten durch Integrationsmaßnahmen im Entwicklungsbereich, S. 11

[571] Vgl. Baregheh et al. (2009), Towards a multidisciplinary definition of innovation, S. 1323

[572] Vgl. Rogers (2002), Diffusion of preventive innovations, S. 990

[573] Vgl. Baregheh et al. (2009), Towards a multidisciplinary definition of innovation, S. 1324

[574] Vgl. Zahra et al. (1994), The financial implications of fit between competitive strategy and innovation types and sources, S. 186

auf den Risikofaktor Innovationen zurückzuführen ist, ist die unternehmensinterne Entwicklung einer 800-Volt-Schnellladetechnologie anstelle der bestehenden 230-Volt- und 400-Volt-Ladetechnologien für die Hochvoltspeicher von elektrifizierten Fahrzeugen. Dies würde die Ladezeit für den Endkunden deutlich verkürzen, was unter aktuellen Marktbedingungen ein Alleinstellungsmerkmal in der Automobilbranche wäre. Hieraus würde sich ein erhebliches Risiko für den zu diesem Zeitpunkt bereits vergebenen Baukasten ergeben.

Baukastenlösungsangebot

Das Baukastenlösungsangebot ist der zweite zu betrachtende unternehmensinterne Risikofaktor. Das Baukastenlösungsangebot beschreibt sowohl die zu berücksichtigenden Anforderungen der Produkte, welche die Baukästen verwenden, als auch die von diesem Baukasten verwendeten Montagekonzepte. Der Risikofaktor Baukastenlösungsangebot beschreibt folglich das Risiko einer nachträglichen Ausweitung des Baukastenlösungsangebots auf weitere Produkte und Produktionswerke, deren Anforderungen in der frühen Phase des Baukastenentwicklungsprozesses nicht berücksichtigt wurden. Für die Erzielung von Skaleneffekten durch Baukästen wird auf ein möglichst homogenes und klar definiertes Anforderungsprofil der Baukästen geachtet, um ein zu breites Spektrum an Anforderungen zu vermeiden.[575] Aus diesem Grund ist zu prüfen, ob weitere Produkte nachträglich dem Baukasten zugeordnet werden können und ob sich daraus neue Anforderungen an die funktionale, geometrische, systemtechnische oder produktionstechnische Integration[576] ergeben, die zu technischen Änderungen am betrachteten Baukasten führen können. Ein Beispiel dafür ist die Nichtberücksichtigung von potenziell zusätzlichen Produkten mit unterschiedlicher Fahrzeughöhe bei der Entwicklung von Heiz-/Klimageräten, z.B. die Karosseriebauformen Coupé und SUV. Dies führt zu unterschiedlichen Adapterstücken für den Defrostabgang, die nachträglich entwickelt, integriert und abgesichert werden müssen. Darüber hinaus ist für diesen Risikofaktor zu prüfen, ob die verwendeten Montagekonzepte der weltweiten Produktionsstandorte von Risiken betroffen sein können. Diesbezüglich ist zu untersuchen, ob ein Risiko in Bezug auf eine Änderung der bestehenden Montagekonzept oder eines völlig neuen Montagekonzeptes besteht, das zu einer technischen Änderung am Baukasten führen könnte. Ein Beispiel dafür ist die Nichtberücksichtigung von unterschiedlichen Montagekonzepten für die Montage des Schiebedachs. Der Baukasten Schiebedach birgt das Risiko bezüglich der Erweiterung um Produkte, deren Werkestruktur ein Top-Load-Konzept anstelle eines Bottom-Load-Konzepts enthält. Dadurch werden die Schiebedächer auf unterschiedliche Art und Weise im Fahrzeug eingebaut, was nachträglich zu zusätzlichen Anforderungen an das Schiebedach führt.

Industrialisierungs-/Optimierungsmaßnahmen

Der dritte unternehmensinterne Risikofaktor beschreibt Industrialisierungs-/Optimierungsmaßnahmen. Dieser Risikofaktor umfasst Risiken, die mit dem Erreichen der definierten Produktreife der Baukästen zum Produktionsstart verbunden sind. Dazu gehört die Sicherstellung der Baukastenfunktionalität wie z.B. Wärmeableitung, die Erreichung geometrischer Vorgaben für den Einbau in einen vordefinierten

---

575 Vgl. Renner (2007), Methodische Unterstützung funktionsorientierter Baukastenentwicklung am Beispiel Automobil, S. 135 ff.

576 Vgl. Definitionen in Kapitel 5.1.1

Bauraum, die Erfüllung von Produktionsanforderungen (z.B. Spaltmaße) und die Umsetzung konzeptueller Zielvorgaben auf Gesamtsystemebene, wie beispielsweise in Bezug auf die Akustik. Der Baukasten muss folglich zum Produktionsstart produktseitig ohne Einschränkung dargestellt werden können und ein stabiler Serienprozess muss nachgewiesen sein. Der Betrachtungsfokus dieses Risikofaktors liegt lokal auf dem Baukasten und dessen direktem Umfeld. Ein positiver oder negativer Einfluss auf die Produktreife der betrachteten Baukästen kann daher sowohl direkt vom Baukasten als auch von den Baukästen in seiner unmittelbaren Umgebung erfolgen. Zusammenfassend ist daher zu prüfen, ob aufgrund eines hohen Neuheitsgrades des Baukastens das Risiko einer Anpassung an neue Erkenntnisse aus der Industrialisierung bzw. das Risiko einer Anpassung als Folge von Optimierungsmaßnahmen eines bereits industrialisierten Baukastens besteht. Ein Beispiel für ein Risiko des Risikofaktors Industrialisierungs-/Optimierungsmaßnahmen ist die Aufweitung des Sichtkegelwinkels an einem Lidar-Sensor[577] zur Verbesserung autonomer Fahrfunktionen in Fahrzeugen. Dies würde zu einem höheren Bauraumbedarf im Vergleich zum aktuellen Lidar-Sensor mit reduziertem Bauraum und geringerem Sichtkegelwinkel führen.

Wettbewerberaktivitäten

Der vierte Risikofaktor sind die Wettbewerberaktivitäten. Dieser unternehmensexterne Risikofaktor beschäftigt sich mit Branchentrends und der Frage, welche Produkte mit welchen Funktionsumfängen der Wettbewerber in Zukunft auf den Markt bringen wird. Hierfür sind möglichst genaue Abschätzungen der Produkteigenschaften und beim Wettbewerber verbauten Baukästen erforderlich, um diese wiederum mit den unternehmenseigenen Baukästen vergleichen zu können. Dazu wird im Unternehmen eine Vielzahl an Informationen gesammelt und in der Regel von zentralen Abteilungen zusammengefasst sowie ausgewertet. Dazu gehören beispielsweise Herstellerinformationen, Prognoseinstitute, Messebesuche, Bilder von Prototypen, Informationen aus Kooperationsgesprächen und Ankündigungen von Lieferantenbeziehungen, von deren Lieferanten man weiß, was der Funktionsumfang ihrer Baukästen ist und folglich der Wettbewerber verbauen wird. Um Risiken für den Risikofaktor Wettbewerberaktivitäten zu identifizieren, ist zu prüfen, ob das Risiko einer Anpassung des Baukastens an sich veränderte bzw. erweiterte Anforderungen aufgrund einer Nichtberücksichtigung von Wettbewerberaktivitäten besteht. Ein Beispielrisiko für diesen Risikofaktor aus der Automobilindustrie ist das Risiko der Nichtberücksichtigung des Trends zur aktiven Soundgestaltung ab dem Endrohr der Abgasanlage. Dafür wird ein Soundmodul in die Abgasanlage integriert, mit dem Motor- und Abgasanlagengeräusche künstlich erzeugt werden. Auf diese Weise kann dem Endkunden ein ansprechendes Klangerlebnis generiert werden. Aufgrund von Wettbewerberaktivitäten für bestimmte Fahrzeuge kann eine Nichtberücksichtigung dieses Trends am Baukasten Abgasanlage zu einem späteren Zeitpunkt zu hohen Änderungskosten führen.

Regulatorik/Industriestandards

Der fünfte betrachtete Risikofaktor, der für die Risikoidentifikation relevant ist, ist der unternehmensexterne Risikofaktor Regulatorik/Industriestandards. Der Begriff Regulatorik hat seinen Ursprung im

[577] Lidar ist die Abkürzung für Light Detection and Ranging und ist ein radarverwandtes Verfahren zur optischen Abstands- und Geschwindigkeitsmessung sowie zur Fernmessung atmosphärischer Parameter. Anstelle von Radiowellen werden Laserstrahlen verwendet.

Banken- und Börsenwesen und bezeichnet einen regulatorischen, steuernden Eingriff durch den Gesetzgeber.[578] Auf diese Weise kann der Gesetzgeber Unternehmen und Verbraucher beeinflussen, mit dem Ziel, deren Verhalten zu ändern. Industriestandards hingegen bezeichnen den in der Branche geltenden technischen Standard und dienen oftmals der Konkretisierung rechtlicher Vorgaben. Dabei handelt es sich meist um technische Richtlinien, die im Laufe der Jahre erarbeitet wurden und deren Kenntnis für eine normgerechte Produkt- und Prozessgestaltung wichtig ist. Industriestandards werden häufig in Absprachen mit bestimmten Unternehmen und Organisationen gezielt unterstützt bzw. aktiv daran mitgewirkt. Ein Beispiel aus der Automobilindustrie, an dem viele Automobilhersteller beteiligt waren, ist die Norm SAE J 3016, welche die sechs Level des autonomen Fahrens definiert.[579] Diese Norm ist rechtlich nicht bindend, dient jedoch als wichtiger Standard und Orientierungshilfe in weltweiten Diskussionen zum Thema autonomes Fahren. Um Risiken für den Risikofaktor Wettbewerberaktivitäten zu identifizieren, ist folglich zu prüfen, ob das Risiko einer Anpassung des Baukastens an sich verändernde bzw. neue regulatorische Umstände und Industriestandards existiert. Ein Beispielrisiko für den Baukasten Ladegerät von Elektrofahrzeugen ist die Nichtberücksichtigung des möglichen Verbots einer unsymmetrischen Ladelast > 3,7 kW in den DACH-Ländern mit 3-Phasen-Netzen ab dem Jahr 2019. Dies hätte eine unmittelbare Neuentwicklung einschließlich Abbruchkosten für die Vergabe des aktuellen Baukastens zur Folge.

5.2.2 Einsatz methodischer Verfahren zur Identifikation von Risiken

Ausgehend von der Erarbeitung der Risikofaktoren für verblockungskritische Baukästen werden nun methodische Verfahren zur Identifizierung von Risiken auf diese Risikofaktoren angewendet. Baukästen sind technische Systeme, die von externen Faktoren im Sinne von Risiken beeinflusst werden. Entsprechend der in Kapitel 3.2.2 bereits analysierten Literatur zum Prinzip der Risikoidentifikation werden häufig Expertenbefragungen in Kombination mit Kreativitätstechniken, wie z.B. Brainstorming, eingesetzt, um Risiken zu identifizieren.[580] Darüber hinaus enthält die Literatur eine Vielzahl an unterschiedlichen Verfahren zur Risikoidentifikation. Die für diese Arbeit relevanten Verfahren sind in einer Übersicht in Abbildung 5-12 dargestellt und lassen sich in die Klassen der analytischen und intuitiven Verfahren einteilen. Der Fokus dieser Arbeit liegt jedoch nicht auf einer detaillierten Beschreibung dieser Verfahren. Daher werden die Inhalte entsprechend ihrer Relevanz für die vorliegende Arbeit auf die wesentlichen Kernaussagen reduziert. Für zusätzliche Informationen zu den einzelnen Verfahren wird auf die nachfolgend zitierte Literatur verwiesen.

578 Vgl. Dudenredaktion (2019), Deutsches Universalwörterbuch, Substantiv Regulatorik

579 Vgl. SAE J 3016: 2018, Taxonomy and Definitions for Terms Related to Driving Automation Systems for On-Road Motor Vehicles

580 Vgl. Kapitel 3.2.2 - Prinzip b) Risiken identifizieren

Verfahrenstyp		Verfahren	Beschreibung / Arten
Analytisch	• Verwendung eines formalen Modells • Objektiv nachprüfbar • Input / Output quantitative Daten	Indikatorenmodelle	• Prognose auf Basis von Variablen, deren Werte Rückschlüsse auf künftige Ausprägungen von anderen Variablen erlauben
		Zeitreihen-Analysen	• Zeitreihende Komposition • Exponentielle Glättung
		Regressionsmodelle	• Ein-Gleichungs-Modell (Eine abhängige Variable) • Mehr-Gleichungs-Modell (Mehrere abhängige Variablen)
		Simulationsmodelle	• Monte-Carlo-Simulation • System-Dynamics-Modell
Intuitiv	• Kein formales Modell • Subjektive Begründung • Input / Output quantitative und qualitative Daten	Befragung	• Repräsentative Befragungen • Expertenbefragungen (Brainstorming / -writing, etc.)
		Delphi-Methode	• Mehrstufige, anonyme Expertenbefragung mit Feedback über Ergebnisse vorheriger Befragungsrunden
		Trendanalyse	• Fortschreibung aktueller Trends basierend auf aktuellen Beobachtungen
		Strategische Frühaufklärung	• Aufspüren von „schwachen Signalen" im Unternehmensumfeld zur Ableitung von Maßnahmen
		Szenariotechnik	• Erstellung konsistenter, unterschiedlicher Szenarien mit dem Ziel der Maßnahmenableitung

Abbildung 5-12: Verfahren zur Identifikation von Risiken[581]

Die analytischen Verfahren verwenden starre Modelle zur Prognose, wobei die Input- und Outputgrößen auf rein quantitativen Daten beruhen. Die Korrektheit der Modellergebnisse kann daher objektiv überprüft werden. Zu den analytischen Verfahren zählen die Indikatorenmodelle, die Zeitreihenanalysen, die Regressionsmodelle und die Simulationsmodelle. Die zweite Klasse der Verfahren zur Identifikation von Risiken sind die intuitiven Verfahren, die nicht auf formalen Modellen basieren. Daher können neben quantitativen auch qualitative Input- und Outputgrößen verwendet werden. Eine objektive Überprüfung der erstellten Prognosen ist daher nicht möglich. Zu den wichtigsten intuitiven Verfahren zählen Befragungen, die Delphi-Methode, die Trendanalyse, die strategische Frühaufklärung und die Szenariotechnik.[582] Für weitere Informationen zu den Verfahren wird auf die zitierte Literatur verwiesen.

Wichtig ist in diesem Zusammenhang, dass sich die jeweiligen qualitativen und quantitativen Methoden nur auf bestimmte zukünftige Zeithorizonte beziehen. So verfolgen beispielsweise Zeitreihenanalysen einen Zeithorizont von bis zu zehn Jahren in die Zukunft, während Delphi-Studien bis zu 25 Jahre in die Zukunft schauen.[583] Abhängig von der Verfügbarkeit qualitativ oder quantitativ verfügbarer Daten und

---

581 Vgl. Eigene Darstellung in Anlehnung an Schiffer (2013), Szenariorobuste Produktarchitekturgestaltung, S. 43; Breitkopf (2007), Die Rolle von Stammkanälen im Mehrkanalbetrieb, S. 40; Gausemeier et al. (2013), Zukunftsorientierte Unternehmensgestaltung, S. 90 ff.

582 Vgl. Breitkopf (2007), Die Rolle von Stammkanälen im Mehrkanalbetrieb, S. 40 f.

583 Vgl. Breitkopf (2007), Die Rolle von Stammkanälen im Mehrkanalbetrieb, S. 41; Reger (2001), Risikoreduktion durch Technologie-Früherkennung, S. 268

der Vergabedauer der Baukästen müssen unterschiedliche Zeithorizonte fokussiert und damit unterschiedliche Verfahren angewendet werden. Eine Übersicht über die zeitlichen Charakteristika der Verfahren zur Risikoidentifikation ist in Abbildung 5-13 dargestellt.

		Verfahren								
		Indikatorenmodelle	Zeitreihenanalyse	Regressionsmodelle	Simulationsmodelle	Befragung	Delphi-Methode	Trendanalyse	Strat. Frühaufklärung	Szenariotechnik
Verfahrenstyp	Analytisch	☑	☑	☑	☑	☐	☐	☐	☐	☐
	Intuitiv	☐	☐	☐	☐	☑	☑	☑	☑	☑
Zeithorizont (in Jahren)	Kurz (0 – 2)	☑	☑	☑	☐	☑	☐	☐	☐	☐
	Mittel (2 – 10)	☑	☑	☑	☑	☑	☑	☑	☑	☑
	Lang (> 10)	☐	☐	☐	☑	☑	☑	☑	☑	☑

Abbildung 5-13: Zeitliche Charakteristika von Verfahren zur Risikoidentifikation[584]

Eine wesentliche Herausforderung dieser Verfahren zur Risikoidentifikation besteht jedoch darin, dass Risiken auf verschiedenen Stufen der Systemhierarchie entstehen können. Es gestaltet sich somit schwierig bzw. unmöglich, sämtliche Stufen der Systemhierarchie (z.B. Baukasten – Fahrzeug – Unternehmen – Umwelt) mit einer Vorgehensweise gesamthaft zu berücksichtigen, sodass immer nur bestimmte Ebenen der Systemhierarchie erfasst werden.[585] Um sämtliche Stufen der Systemhierarchie erfassen und beleuchten zu können, müssen folglich mehrere Verfahren zur Risikoidentifikation kombiniert werden. Die Auswahl und anschließende Anwendung der verschiedenen methodischen Verfahren zur Risikoidentifikation für die jeweiligen Risikofaktoren liegt nach Beobachtungen des Autors in der Verantwortung der am Baukastenentwicklungsprozess beteiligten Experten, da hierfür implizites Wissen unabdingbar ist und eine hohe Abhängigkeit vom jeweiligen Bereich besteht. Aus diesem Grund wird in der vorliegenden Arbeit auf diesen Aspekt nicht näher eingegangen und an dieser Stelle auf die kritische Reflexion der Anwendungserfahrung in Kapitel 6.2 und den Ausblick dieser Arbeit in Kapitel 7 verwiesen.

584 Vgl. eigene Darstellung in Anlehnung an Breitkopf (2007), Die Rolle von Stammkanälen im Mehrkanalbetrieb, S. 41; Schiffer (2013), Szenariorobuste Produktarchitekturgestaltung, S. 44; Gausemeier et al. (2013), Zukunftsorientierte Unternehmensgestaltung, S. 90 ff.

585 Vgl. Kapitel 2.1.2

5.2.3 Beschreibung von Risiken

Die vorgestellten Risikofaktoren und die vorgestellten Methoden zur Identifikation von Risiken bilden eine gemeinsame Grundlage für die anschließende Beschreibung von Risiken. Die Beschreibung der Risiken erfolgt in gemeinsamer Runde oder einem Workshop. Ein wichtiger Aspekt hierbei ist eine aussagekräftige Risikobeschreibung, die als Ausgangsbasis für eine korrekte Analyse und Bewertung der Risiken in den folgenden Kapiteln dienen kann. Eine genaue und konkrete Risikobeschreibung pro Risiko umfasst die folgenden Kriterien:

- Detaillierte Fehler-Ursachen-Analyse inkl. Risikofaktorzuordnung, die auch von unbeteiligten Dritten nachvollzogen werden kann
- Zeitpunkt des Risikoeintritts
- Eintrittswahrscheinlichkeit des Risikos
- Überprüfung möglicher zusätzlicher Risiko-Baukasten-Abhängigkeiten

Zuerst wird die detaillierte Fehler-Ursachen-Analyse inklusive der Risikofaktorzuordnung betrachtet. Die Fehler-Ursachen-Analyse ist ein Prozess, der zur Analyse der Ursachen von Ereignissen bzw. Risikoereignissen beiträgt, die ein System beeinträchtigen.[586] In dieser Arbeit sind die verblockungskritischen Baukästen das betrachtete System. Die Fehler-Ursachen-Analyse besteht in der Regel aus den vier Phasen Datenerhebung, Kausalanalyse, Ursachenanalyse und Maßnahmendefinition mit Implementierung.[587] Die Maßnahmendefinition mit Implementierung erfolgt in der vorliegenden Arbeit in Kapitel 5.5, weshalb an dieser Stelle nur auf die ersten drei Phasen eingegangen wird. In der Phase der Datenerhebung werden alle im Unternehmen bzw. den Experten zur Verfügung stehenden Daten über ein Risiko gesammelt. Dies erfolgt in einer gemeinsamen Runde oder einem Workshop mit allen am Baukastenentwicklungsprozess beteiligten Experten. Darauf aufbauend können die Kausalzusammenhänge, in der Phase der Kausalanalyse, grafisch dargestellt werden. Es ist zu beachten, dass ein Risiko mehrere Ursachen haben kann, die jedoch immer unabhängig voneinander betrachtet werden müssen. Abbildung 5-14 beschreibt ein Beispiel dafür. Für die Kausalanalyse werden die gesammelten Daten den einzelnen Teilprozessen zugeordnet und fehlende Datensätze klar definiert. Die Phase 2 ist folglich das Kernelement der Fehler-Ursachen-Analyse und folgt einer systematischen Warum-Frage-Politik. Ziel ist es, eine Kausalkette zu bestimmen, bis die Grundursache identifiziert werden kann, was in dieser Arbeit einem Risikofaktor entspricht. Dieser Schritt entspricht der Phase der Ursachenanalyse. In dieser Phase werden die jeweiligen Risikoursachen auf Basis der kausalen Zusammenhänge ermittelt. Dabei ist zu beachten, dass sich Risiken nicht immer eindeutig einem Risikofaktor zuordnen lassen. Es ist möglich, dass Risiken zwei oder mehreren Risikofaktoren zugeordnet werden können. In diesem Fall sollte die Zuordnung nach dem Best-Guess-Prinzip[588] erfolgen bzw. dem Risikofaktor mit der höchsten Übereinstimmung zugeordnet werden. Es ist hierbei lediglich darauf zu achten, dass dieselben Risiken nicht in verschiedenen Risikofaktoren doppelt aufgeführt werden. Die Fehler-Ursachen-Analyse ist somit ein Werkzeug,

---

586 Vgl. Romeike (2018), Risikomanagement, S. 100 ff.

587 Vgl. Rooney et al. (2004), Root Cause Analysis for Beginners

588 Das Best-Guess-Prinzip ist ein Synonym für das Vermutungsprinzip, nach dem eine Entscheidung getroffen wird.

das hilft, genau zu bestimmen, was passiert, wie etwas passiert und vor allem, warum etwas passiert.[589] Abbildung 5-14 veranschaulicht die geschilderten Phasen grafisch und beschreibt den obigen Sachverhalt mit einem vereinfachten Beispiel.

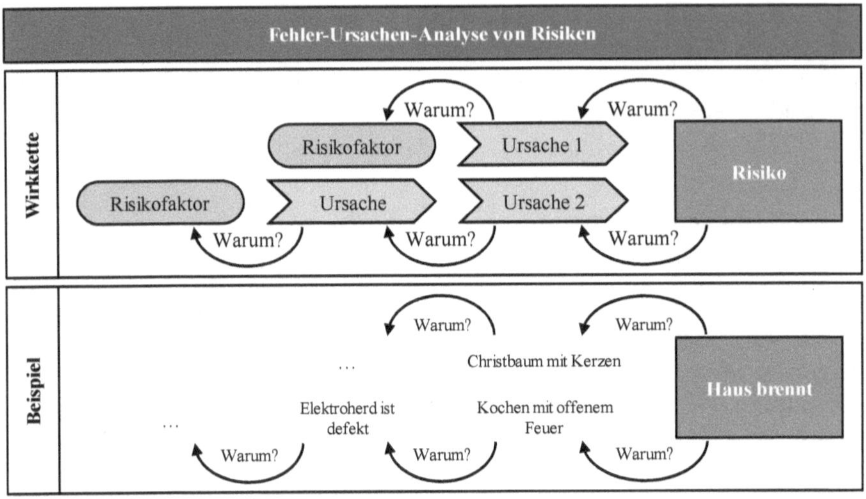

Abbildung 5-14: Übersicht Fehler-Ursachen-Analyse von Risiken

Die Eintrittszeitpunkte der Risiken müssen so genau wie möglich bestimmt werden. Hierbei ist anzumerken, dass unbekannte Eintrittspunkte bzw. unvorhersehbare, plötzliche Einstiegspunkte in dieser Arbeit nicht berücksichtigt werden. Dies würde einem nicht identifizierten Risiko entsprechen. Ebenso findet keine Unterscheidung in Bezug auf die Dynamik des Risikos statt. Das Risiko findet einmalig sprunghaft statt. Ist das Risiko konstant oder inkonstant wiederkehrend, so ist die Fehler-Ursache-Analyse unterschiedlich gestaltet und entspricht damit einem separaten Risiko, das nachfolgend individuell betrachtet werden muss.

Die Eintrittswahrscheinlichkeiten der Risiken bilden die Grundlage für die Bewertung der Risiken in Kapitel 5.4. Da Schätzungen hinsichtlich des Eintrittszeitpunkts und der Eintrittswahrscheinlichkeit von Risiken mit einem hohen Maß an Unsicherheit behaftet sind, sollten sie so weit wie möglich auf quantitativen Prognosemethoden basieren. Qualitative Prognoseverfahren, wie z.B. Experteninterviews, sind ebenfalls zulässig, sollten aber nach Möglichkeit in Kombination mit quantitativen Prognoseverfahren eingesetzt werden.[590] SCHIFFER hat hierzu bereits ein treffendes Beispiel formuliert. So hat er die Eintrittswahrscheinlichkeit des Risikos zukünftiger Batteriepreis auf der Grundlage einer Ist-Analyse, einer

589 Vgl. Romeike (2018), Risikomanagement, S. 100 ff.

590 Wie bereits zu Beginn dieses Kapitels beschrieben, enthält die Literatur bereits eine Vielzahl unterschiedlicher Ansätze zur Risikoidentifikation und steht daher nicht im Mittelpunkt dieser Arbeit.

umfangreichen Literaturrecherche sowie einer anschließenden Reflexion mit Experten aus dem Batteriebereich ermittelt.[591]

Abschließend sind mögliche zusätzliche Risiko-Baukasten-Abhängigkeiten zu prüfen. Dies geschieht durch die Erfassung der Kardinalitäten[592] zwischen der Entität Risiko und der Entität Baukästen. In der vorliegenden Arbeit wird zwischen den Kardinalitäten 1:1 und 1:n unterschieden. Bei einer 1:1-Beziehung zwischen der Entität Risiko und der Entität Baukasten wirkt sich das Risiko direkt auf den betrachteten verblockungskritischen Baukasten aus. Daher existieren keine weiteren Risiko-Baukasten-Abhängigkeiten. An dieser Stelle der vorliegenden Arbeit wird nicht unterschieden, welche Teile der Baukastenfunktionalität vom Risiko betroffen sind. Im weiteren Risikomanagementprozess müssen lediglich dieser Baukasten und dessen verknüpfte Baukästen, aufgrund einer möglichen Verblockung, betrachtet werden (vgl. Abbildung 5-15).

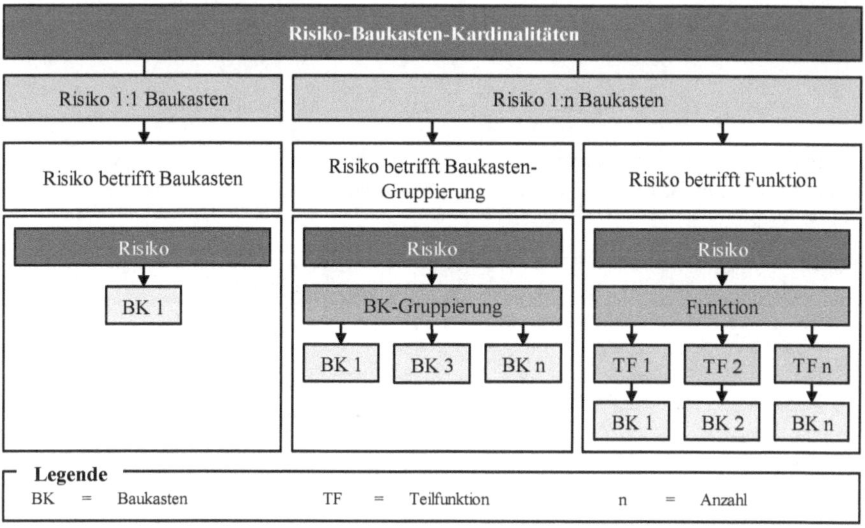

Abbildung 5-15: Übersicht der Risiko-Baukasten-Kardinalitäten

Bei einer Kardinalität von 1:n sind von der Entität Risiko mehrere Baukästen betroffen. Hierbei ist zu unterscheiden, ob das Risiko eine Baukasten-Gruppierung oder eine Funktion betrifft. In diesem Fall kann der betrachtete verblockungskritische Baukasten lediglich ein Baukasten unter mehreren sein. Eine Baukastengruppierung ist eine logische Zusammenfassung von Baukästen. Dazu gehören beispielsweise Baukästen, die alle die gleiche Funktion im Produkt ausführen (z.B. Reinigung von Windschutzscheiben mit Scheibenwischern), die geometrisch im gleichen Bauraum angeordnet sind, das gleiche Montagekonzept aufweisen (z.B. Klipsen von Baukästen) oder die gleiche Gesamtproduktfunktion (z.B. Primäre

591 Vgl. Schiffer (2013), Szenariorobuste Produktarchitekturgestaltung, S. 104

592 Kardinalitäten definieren die Beziehungen zwischen den betrachteten Entitäten.

Sicherheit im Crashfall) erfüllen. Betrifft ein Risiko eine solche Baukasten-Gruppierung, sind mindestens zwei bzw. mehrere Baukästen im Produkt betroffen. Ist eine Funktion vom Risiko betroffen, sind in den meisten Fällen auch mehrere Baukästen betroffen. Dies liegt daran, dass die Funktion in mehrere Teilfunktionen unterteilt werden kann, die wiederum jeweils von unterschiedlichen Baukästen erfüllt werden. BREUNIG beschreibt einen derartigen Sachverhalt anhand der Funktion Fahrzeug antreiben, die sich wiederum in die Teilfunktionen Antrieb steuern, Spannung stellen und richten, Drehmoment genieren und Drehzahl wandeln unterteilen lässt. Die Teilfunktion Antrieb steuern kann dem Steuergerät Antrieb, die Teilfunktion Spannung stellen und richten der Leistungselektronik, die Teilfunktion Drehmoment generieren dem Elektromotor und das Wandeln der Drehzahl dem Getriebe zugeordnet werden.[593] Wird das Risiko bei einer 1:n-Kardinalität nur mit dem betrachteten verblockungskritischen Baukasten weiterverfolgt und tritt ein, kann es sein, dass die Auswirkungen weiterhin in vollem Umfang oder nur in geringem Umfang auftreten. Infolgedessen müssen alle anderen von diesem Risiko betroffenen Baukästen und deren verknüpfte Baukästen im weiteren Risikomanagementprozess berücksichtigt werden.

5.3 Analyse von Risiken für verblockungskritische Baukästen

Im dritten Schritt werden die Risiken für verblockungskritische Baukästen analysiert (vgl. Abbildung 5-16). Die Beschreibung der Risiken in Kapitel 5.2.3 bildet die Grundlage für das nachfolgend beschriebene Vorgehen.

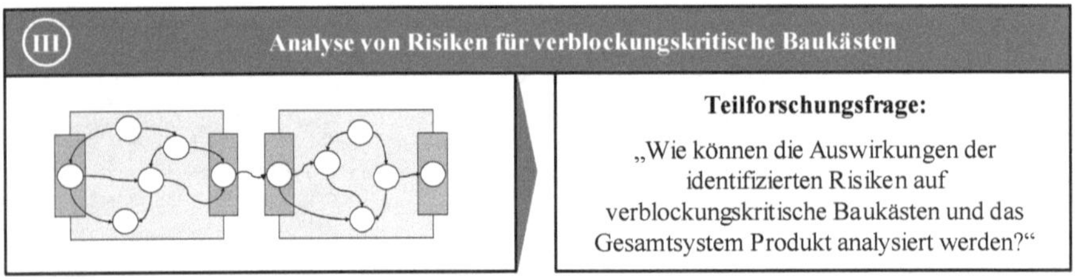

Abbildung 5-16: Analyse von Risiken für verblockungskritische Baukästen

Das Ziel der Analyse von Risiken für verblockungskritische Baukästen ist es, sich auf der Grundlage detaillierter Beschreibungen der identifizierten Risiken den damit einhergehenden Risikoauswirkungen bewusst zu werden. Zur Beantwortung der in Abbildung 5-16 formulierten Teilforschungsfrage wird in diesem Kapitel ein Erklärungsmodell mit einer dreistufigen Methode entwickelt. Das Kapitel 5.3.1 befasst sich mit der Attribution von verblockungskritischen Baukästen und bildet damit die Grundlage für die eigentliche Risikoanalyse in den nächsten Teilschritten. Zu diesem Zweck wird in Kapitel 5.3.2 eine Klassifizierungslogik entwickelt, mit der die Baukastenmerkmale von verblockungskritischen Baukästen einschließlich der dazugehörigen Ausprägungsinformationen erfasst werden. Darauf aufbauend werden die Abhängigkeiten zwischen den Baukastenmerkmalen innerhalb des verblockungskritischen Baukastens durch Graphen oder Adjazenzmatrizen[594] aufbereitet. Durch die Zuordnung der identifizierten

---

593 Vgl. Breunig (2017), Produktarchitekturgestaltung mechatronischer Baukastensysteme, S. 196 f.

594 Eine Adjazenzmatrix bildet einen Graphen mit seinen Knoten und Kanten in einer Matrix ab.

Risiken zu Baukastenmerkmalen können die Risikoauswirkungen innerhalb des verblockungskritischen Baukastens erfasst werden. Im Rahmen der Risikoanalyse im Gesamtsystem Produkt wird abschließend die Weitergabe von Risikoauswirkungen auf funktionale und räumlich verknüpfte Baukästen untersucht (vgl. Kapitel 5.3.3).

5.3.1 Attribution verblockungskritischer Baukästen

Die Attribution verblockungskritischer Baukästen beschäftigt sich mit der Erfassung der Baukastenmerkmale und der Ermittlung von deren Ausprägungsinformationen. Das Ergebnis ist eine Klassifizierungslogik, mit der verblockungskritische Baukästen detailliert beschrieben werden können. Dieses Kapitel bildet somit die Grundlage für die folgende Risikoanalyse innerhalb des verblockungskritischen Baukastens und im Gesamtsystem Produkt.

Erfassung der Baukastenmerkmale

Im Rahmen der Risikoanalyse werden zunächst die wesentlichsten Baukastenmerkmale aufgelistet, um verblockungskritische Baukästen zu charakterisieren. Hierzu wird einleitend die Definition des Begriffes Baukasten nochmals aufgegriffen. Der Begriff Baukasten ist in Anlehnung an das hierarchische Konzept nach ROPOHL in Kapitel 2.3.1 als vereinheitlichte Komponente, d.h. Bestandteil bzw. Element eines Ganzen von Baugruppen oder Systemen definiert. Ein Baukasten kann daher als Teil eines untergeordneten oder umfassenderen Systems (Subsystem – System – Supersystem) beschrieben werden und somit selbst auch aus mehreren Ebenen der Systemhierarchie bestehen.[595] Die Erfassung der Baukastenmerkmale kann bei den verblockungskritischen Baukästen konzeptbezogen erfolgen, da sich der Baukasten zu diesem Zeitpunkt bereits in der Entwicklung befindet und somit ein Konzeptstand zum Baukasten existiert. Bei einfachen, oftmals modularen Baukästen, wie z.B. Bremsscheiben, kann ein Baukasten direkt anhand seiner Merkmale detailliert beschrieben werden. Bei komplizierteren, oft hochintegrierten Baukästen, wie z.B. einem Fahrzeugmotor, bestehen Baukästen meist aus mehreren Elementen bzw. Subsystemen, wie Zylindern, einem Kurbelgehäuse und mehreren Kolben. In solchen Fällen sollte daher die nächsttiefere Hierarchieebene gewählt werden, die es erlaubt, die unterschiedlichen inhärenten Elemente des Baukastens zu charakterisieren und die Ausprägungsinformationen der Baukastenmerkmale im nächsten Schritt dieses Kapitels abzubilden (vgl. Abbildung 5-17). Wichtig ist es, ein Optimum an akzeptablem Aufwand hinsichtlich der Praxistauglichkeit und Aussagekraft für die Attribution des Baukastens anhand seiner Merkmale zu finden. Die weiteren Schritte der Risikoanalyse basieren auf der Ebene eines einfachen, modularen Baukastens.

---

595 Vgl. Kapitel 2.1.2; Ropohl (2009), Allgemeine Technologie, S. 76

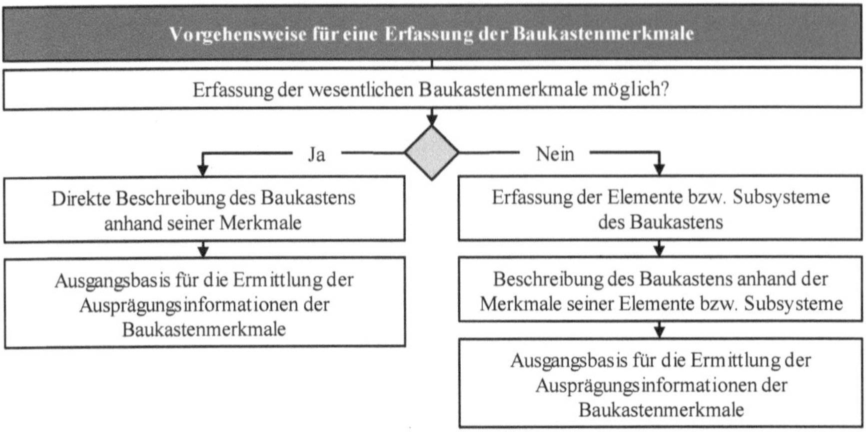

Abbildung 5-17: Vorgehensweise Erfassung von Baukastenmerkmalen

Wie bereits in Kapitel 2.1.1 beschrieben, dienen Baukastenmerkmale der exakten Beschreibung und Unterscheidung eines Baukastens anhand seiner Eigenschaften und Kennzeichen.[596] In diesem Zusammenhang gilt es zu beachten, dass die an der Entwicklung des Baukastens beteiligten Experten unterschiedliche Perspektiven auf den Baukasten besitzen und aus diesem Grund ein teilweise unterschiedliches Vokabular in der Beschreibung der Baukästen verwenden. Aus diesem Grund ist die Klassifizierung von Baukastenmerkmalen eine notwendige Voraussetzung für die Risikoanalyse. Darüber hinaus stärkt diese gemeinsame Kommunikationsbasis auch das gegenseitige Verständnis für sämtliche an der Entwicklung beteiligten Abteilungen. Die Literatur, die dem Prinzip Risiken analysieren in Kapitel 3.2.2 zugeordnet werden kann, hat keine Anknüpfungspunkte für die Einteilung von Baukastenmerkmalen in entsprechende Klassen aufgeführt. Aus diesem Grund wird an dieser Stelle auf ergänzende Literatur zurückgegriffen.

Eine große Anzahl von Baukästen in der Automobilindustrie sind mechatronisch, z.B. Steuergeräte. Aus diesem Grund soll nachfolgend ein Beschreibungsmodell entwickelt werden, welches die Spezifika mechatronischer Systeme berücksichtigt. Die Spezifika mechatronischer Systeme bestehen aus Merkmalen der Teildisziplinen Mechanik, Elektrotechnik und Informationstechnik.[597] BREUNIG hat in seiner Arbeit zur Produktarchitekturgestaltung mechatronischer Baukastensysteme bereits eine entsprechende Klassifizierungslogik aufgebaut, die auf den Ansätzen von ARNOSCHT[598] und EHRLENSPIEL ET AL.[599] beruht. Um die Integrität seines Ansatzes zu gewährleisten, hat BREUNIG seine Merkmalsklassen im Rahmen der allgemeinen Systemtheorie definiert und in die Dimensionen Element und Relation unterteilt. Diese Dimensionen können als ein Ansatz zur Kategorisierung der wichtigsten element- und strukturbezogenen Merkmale eines Baukastens beschrieben werden und sollen auch für die vorliegende Arbeit

596 Vgl. Kapitel 2.1.1

597 Vgl. Harashima et al. (1996), Mechatronics, S. 1 ff.

598 Vgl. Arnoscht (2011), Beherrschung von Komplexität bei der Gestaltung von Baukastensystemen, S. 142 ff.

599 Vgl. Ehrlenspiel et al. (2014), Kostengünstig Entwickeln und Konstruieren, S. 71 ff.

gelten. Auf diese Weise können Baukästen mithilfe von fünf Merkmalsklassen beschrieben werden (vgl. Abbildung 5-18). Die Merkmalsklassen der Dimension Element können ohne Anpassung von BREUNIG übernommen werden. Die Dimension Element der verblockungskritischen Baukästen kann damit adäquat klassifiziert werden. Dazu zählen das Wirkprinzip, die Leistungsfähigkeit und die Elementgestalt.[600] Im Gegensatz zu den anderen drei Merkmalsklassen lassen sich die Merkmalsklassen der Dimension Relation nicht eindeutig als elementbeschreibende Merkmalsklassen beschreiben, da eine Relation grundsätzlich eine Verbindung zwischen zwei Elementen impliziert, aber auch einen wesentlichen Einfluss auf den Aufbau der Baukästen besitzt.[601] Zur Dimension Relation zählen bei BREUNIG die Merkmalsklassen Verknüpfungsprinzip und Topologie.[602] Die Merkmalsklasse Topologie kann in dieser Arbeit vernachlässigt werden, da der Fokus auf verblockungskritischen Baukästen und deren verknüpften Baukästen liegt. Eine Optimierung der vernetzten Systemelemente im Gesamtsystem Fahrzeug wird nicht betrachtet. Zu einer vollständigen Beschreibung der Dimension Relation wird die Arbeit von BREUNIG jedoch um die Merkmalsklasse Schnittstellenumfang erweitert. Damit setzt sich die Dimension Relation in der vorliegenden Arbeit aus den Merkmalsklassen Schnittstellenumfang und Verknüpfungsprinzip zusammen. Diese fünf Merkmalsklassen eines mechatronischen Baukastens werden im Folgenden anhand von Abbildung 5-18 erläutert. Handelt es sich bei einem verblockungskritischen Baukasten beispielsweise um einen rein mechanischen Baukasten, können die Merkmalsklassen der Teildisziplinen Elektrik/Elektronik und Informationsverarbeitung vernachlässigt werden.

		Teildisziplinen		
	Klasse	Mechanik	Elektrik/Elektronik	Informationsverarbeitung
Element	Wirkprinzip	**mech. Wirkprinzip:** z.B. Planetengetriebe, Kardanwelle	**elektr. Wirkprinzip:** z.B. Keramik-Kondensator, Asynchronmotor	**infor. Wirkprinzip:** z.B. Algorithmen, logische Operationen
Element	Leistungsfähigkeit	**mech. Leistungsfähigkeit:** z.B. Drehmoment, Kraft, Drehzahl	**elektr. Leistungsfähigkeit:** z.B. Stromstärke, Spannung, Kapazität	**infor. Leistungsfähigkeit:** z.B. Prozessorleistung, Taktung, Speichergröße
Element	Elementgestalt	**physische Gestalt:** z.B. Geometrie, Oberfläche, Material, Volumen	**elektr./energ. Gestalt:** z.B. Verschaltung, magnetischer Fluss	**virtuelle Gestalt:** z.B. Programmiersprache, Aufbau Mikrocontroller
Relation	Verknüpfungsprinzip	**mech. Verknüpfung:** z.B. kraft-, form-, stoffschlüssige Verbindung	**elektr. Verknüpfung:** z.B. kontaktgebundene, kontaktlose Energieübertr.	**infor. Verknüpfung:** z.B. Kommunikationsschnittstelle, Protokolle
Relation	Schnittstellenumfang	**mech. Schnittstellenumf.:** z.B. Durchmesser, Druckfestigkeit	**energ. Schnittstellenumf.:** z.B. elektrische Leistungsaufnahme	**infor. Schnittstellenumf.:** z.B. Übertragungsqualität, Datenrate

Abbildung 5-18: Merkmalsklassifizierung mechatronischer Baukästen[603]

---

600 Vgl. Breunig (2017), Produktarchitekturgestaltung mechatronischer Baukastensysteme, S. 131 ff.

601 Vgl. Arnoscht (2011), Beherrschung von Komplexität bei der Gestaltung von Baukastensystemen, S. 76 f.

602 Vgl. Breunig (2017), Produktarchitekturgestaltung mechatronischer Baukastensysteme, S. 131 ff.

603 Eigene Darstellung in Anlehnung an Breunig (2017), Produktarchitekturgestaltung mechatronischer Baukastensysteme, S. 137

Eine ausführliche Beschreibung dieser Merkmalsklassen, mit Ausnahme des Schnittstellenumfangs, wurde bereits von BREUNIG zur Verfügung gestellt.[604] Aus diesem Grund werden die Inhalte dieser Literatur entsprechend ihrer Relevanz für die vorliegende Arbeit zusammengefasst und auf die Kernaussagen reduziert. Für weitere Informationen und Ausführungen zu den Beispielen dieser Merkmalsklassen in Abbildung 5-18 wird an dieser Stelle auf die zitierte Literatur verwiesen. Die Merkmalsklasse Schnittstellenumfang wird in dieser Arbeit als Erweiterung der Arbeit nach BREUNIG vorgestellt.

Die erste Merkmalsklasse der Dimension Element ist das Wirkprinzip. Diese Merkmalsklasse gibt die Art und Weise an, wie Funktionen realisiert werden.[605] In der Teildisziplin Mechanik ist das Wirkprinzip durch die physikalischen Effekte zu beschreiben, die sich aus der Wirkgeometrie, Wirkbewegung und Stoffart zusammensetzen.[606] In der Elektrik/Elektronik sind dies die physikalischen Effekte der Elektrodynamik und in der Teildisziplin der Informationsverarbeitung kann das Wirkprinzip durch Algorithmen oder logische Operationen beschrieben werden. Die Merkmalsklasse Leistungsfähigkeit stellt eine weitere Stufe der Konkretisierung des Baukastens dar und ist abhängig von dem gewählten Wirkprinzip bzw. der ausgewählten Lösung.[607] Die Leistungsfähigkeit beschreibt an dieser Stelle die Eigenschaft, disziplinspezifisch eine bestimmte mechanische, elektrische oder informationsverarbeitende Größe erbringen zu können. Darüber hinaus kann bei dieser Merkmalsklasse häufig zwischen Baukastenmerkmalen unterschieden werden, die eine Dauer- oder Spitzenleistung angeben. Ein Beispiel hierfür ist die Dauer- und Spitzenleistung von Elektromotoren in elektrifizierten Fahrzeugen. Die Merkmalsklasse Elementgestalt beinhaltet sämtliche disziplinspezifische Baukastenmerkmale, welche die Form des Baukastens prägen und ist größtenteils direkt abhängig von dem gewählten Wirkprinzip und der Leistung. Damit ist die Beschreibung der Dimension Element anhand von Merkmalsklassen abgeschlossen.

Für eine Beschreibung der Dimension Relation mit den Merkmalsklassen Verknüpfungsprinzip und Schnittstellenumfang müssen zunächst die Baukästen erfasst werden, die mit diesem verblockungskritischen Baukasten verknüpft sind. Dazu wird als Einführung ein kurzer Überblick über die Grundlagen zur Beschreibung der Abhängigkeiten zwischen den Baukästen in dieser Arbeit gegeben. Wie bereits in Kapitel 2.1.3 definiert und von MARTIN UND ISHII, BAUER ET AL. und SCHUH ET AL. angewendet[608], werden in dieser Arbeit räumliche und funktionale Abhängigkeiten betrachtet. Funktionale Abhängigkeiten sind wiederum zu unterteilen in materielle, energetische oder informationsverarbeitende Abhängigkeiten. Diese Klassifizierung der Abhängigkeiten ist auf die Forschung von PIMMLER UND EPPINGER zurückzuführen, die in ihrer Arbeit Systemelemente auf Basis ihrer Interaktionen kategorisiert haben.[609] An dieser Stelle sei angemerkt, dass der Transport von Materialien zwischen zwei Baukästen über die Ausführung einer mechanischen Schnittstelle erfolgt. Hinsichtlich der vier Arten von Abhängigkeiten ist es wichtig, aus Sicht der verblockungskritischen Baukästen zwischen eingehenden und ausgehenden Abhängigkeiten zu unterscheiden. Bei einer ausgehenden Abhängigkeit wirkt der verblockungskritische Baukasten auf den verknüpften Baukasten ein. Bei einer eingehenden Abhängigkeit

---

604 Vgl. Breunig (2017), Produktarchitekturgestaltung mechatronischer Baukastensysteme, S. 134 ff.

605 Vgl. Arnoscht (2011), Beherrschung von Komplexität bei der Gestaltung von Baukastensystemen, S. 146

606 Vgl. Ehrlenspiel (2009), Integrierte Produktentwicklung, S. 338

607 Vgl. Breunig (2017), Produktarchitekturgestaltung mechatronischer Baukastensysteme, S. 134 f.

608 Vgl. Kapitel 3.2.2 – Prinzip c) Risiken analysieren

609 Vgl. Pimmler et al. (1994), Integration Analysis of Product Decompositions, S. 4 f.

wirkt ein verknüpfter Baukasten auf den verblockungskritischen Baukasten ein. Ein Beispiel für eine eingehende, elektrische Abhängigkeit ist die Leistungsversorgung eines verblockungskritischen Baukastens von einem weiteren Baukasten. Auf diese Weise können die Baukastenmerkmale der Dimension Relation bei den verknüpften Baukästen erfasst und klar beschrieben werden. Zur Unterscheidung der entsprechenden Baukastenmerkmale, die einer eingehenden oder ausgehenden Abhängigkeit zugeordnet werden können, kann der Präfix eingehend oder ausgehend verwendet werden, z.B. eingehende elektrische Leistungsaufnahme. Bei der Beschreibung der Merkmale durch Größen können die Indizes Eing und Ausg verwendet werden, wie beispielsweise P_{Eing} für die eingehende elektrische Leistungsaufnahme. Abbildung 5-19 visualisiert das eben beschriebene Beispiel.

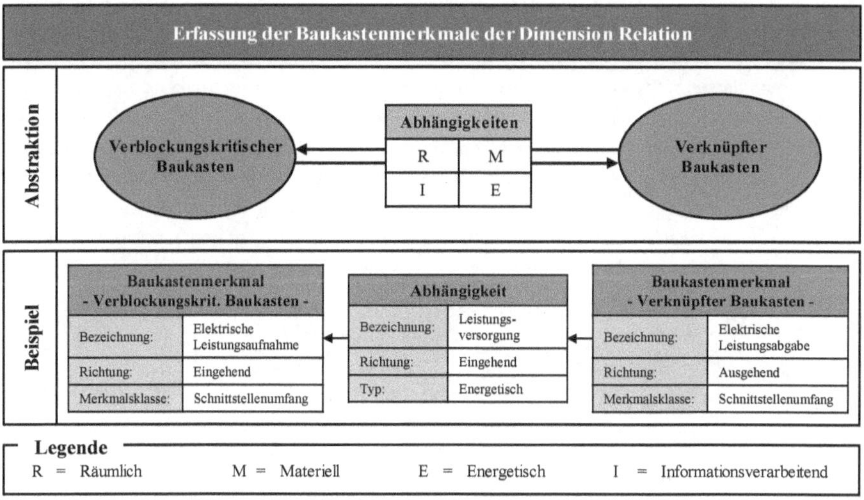

Abbildung 5-19: Baukastenmerkmale der Dimension Relation

Auf der Grundlage dieser Abhängigkeiten können die erfassten Baukastenmerkmale der Dimension Relation den Merkmalsklassen Schnittstellenumfang und Verknüpfungsprinzip zugeordnet werden. Anhand einer Abhängigkeit können auch mehrere Baukastenmerkmale erfasst werden. Die Merkmalsklasse Verknüpfungsprinzip beschreibt die strukturelle Art der Beziehung, die zwischen zwei Baukästen besteht.[610] Damit ergänzt das Verknüpfungsprinzip die Beschreibung der Dimension Relation um die Antwort auf die Frage, wie die Verbindung zweier Baukästen und damit die Übertragung von Materialien, Energie und Informationen unter Beachtung der räumlichen Abhängigkeiten umgesetzt wird. Die Merkmalsklasse Schnittstellenumfang beschreibt folglich das Ausmaß, in dem eine technische Schnittstelle den Austausch von Energie, Informationen oder Materialien sicherstellen muss. In der Teildisziplin der Mechanik zum Beispiel hängt der Volumen- oder Massenstrom des Austausches eines Mediums zwischen zwei Modulen vom Durchmesser der Schnittstelle ab.[611] In der Elektrik/Elektronik ist z.B. die

[610] Vgl. Breunig (2017), Produktarchitekturgestaltung mechatronischer Baukastensysteme, S. 136

[611] Vgl. Arnoscht (2011), Beherrschung von Komplexität bei der Gestaltung von Baukastensystemen, S. 147

eingehende elektrische Leistungsaufnahme eines Steuergeräts ein Baukastenmerkmal des Schnittstellenumfangs. In der Teildisziplin Informationsverarbeitung kann diese Merkmalsklasse am Beispiel der Übertragungsqualität und Datenrate des angeschlossenen Bussystems beschrieben werden.

Ermittlung der Ausprägungsinformationen der Baukastenmerkmale

Ein Baukastenmerkmal entspricht einer Eigenschaft eines Baukastens. Durch die Erweiterung des Baukastenmerkmals um die zugehörige quantitative oder qualitative Ausprägung wird dem Baukasten eine Bedeutung, im Sinne einer Wichtigkeit, zugewiesen.[612] Aus diesem Grund ist der nächste Schritt die Konkretisierung der Baukastenmerkmale durch die Spezifizierung der Ausprägungen. Den Ausgangspunkt dafür bilden die im ersten Schritt der Risikoanalyse ermittelten Baukastenmerkmale. Zur Spezifizierung der Ausprägung je Baukastenmerkmal ist es in dieser Arbeit notwendig, Informationen über die Ist-Ausprägung, den Ausprägungswert/-bereich, die Skalierung sowie mögliche Ausprägungsrestriktionen und darauf aufbauend zu den Grenzwerten zu ermitteln. Die Ermittlung der entsprechenden Werte erfolgt anhand der Auswertung der technischen Daten des Baukastens oder in einem Workshop mit sämtlichen an der Baukastenentwicklung beteiligten Schnittstellenpartnern. Auf der Grundlage der Beschreibung dieser Ausprägungsinformationen wird die Ausgangslage für den nächsten Schritt der Risikoanalyse geschaffen, der sich mit der Veränderung der Ausprägung der von den Risiken betroffenen Baukastenmerkmalen befasst. Die Spezifizierung der Ausprägungsinformationen basiert auf der Beschreibung des Beispiels der Schraubverbindung in Abbildung 5-20.

Baukastenmerkmale				Ausprägungsinformationen						
Nr.	Merkmals-bezeichnung	Merkmals-klasse	Teildisziplin	Ausprägungs-wert/-bereich	Ist-Ausprägung	Skalierung	Ausprägungsrestriktionen		Grenzwert	
							Restriktions-status	Restriktions-beschreibung	Unterer	Oberer
1	Mikrocontroller	Wirkprinzip	Elektrik/ Elektronik	8-Bit	8-Bit	metrisch-diskret	Nicht vorhanden	-	8-Bit	8-Bit
2	Prozessorleistung	Leistungs-fähigkeit	Informations-verarbeitung	0 – 50 MHz	40 MHz	metrisch-stetig	Nicht vorhanden	-	0 MHz	50 MHz
3	Spannung	Leistungs-fähigkeit	Elektrik/ Elektronik	2,2 – 3,6 V	3,0 V	metrisch-diskret	Nicht vorhanden	-	2,2 V	3,6 V
4	Länge	Elementgestalt	Mechanik	0 – 11 cm	10 cm	metrisch-diskret	Nicht vorhanden	-	0 cm	11 cm
5	Leistungsaufnahme	Schnittstellen-umfang	Elektrik/ Elektronik	0 – 51,8 mW	43,2 mW	metrisch-stetig	Nicht vorhanden	-	0 mW	51,8 mW
6	Schraubverbindung (Kraftschlüssig)	Verknüpfungs-prinzip	Mechanik	0 – 8,89 Nm	8,0 Nm	metrisch-stetig	Vorhanden	Unternehmens-richtlinie: 8,0 Nm mit Toleranz von ± 5%	7,6 Nm	8,4 Nm

Abbildung 5-20: Beispielhafte Spezifizierung der Ausprägungen von Baukastenmerkmalen

Die erste Ausprägungsinformation, die für jedes Baukastenmerkmal ermittelt wird, ist der Ausprägungswert/-bereich. Dieser gibt Auskunft über den Wert bzw. den Bereich, den die Ist-Ausprägung des jeweiligen Baukastenmerkmals annehmen kann. Ist ein Ausprägungswert vorhanden, so entspricht dieser dem Ist-Ausprägungswert des Baukastenmerkmals. Ist ein Ausprägungsbereich anstelle eines einzelnen Ausprägungswerts vorhanden, so wird das Intervall beschrieben, in dem sich die Ist-Ausprägung befindet. Die Ist-Ausprägung ist folglich eine Teilmenge der Größe Ausprägungswert/-bereich und beschreibt somit den aktuellen Ausprägungswert, den das Baukastenmerkmal zur Erfüllung der Baukastenfunkti-

612 Vgl. Ehrlenspiel (2009), Integrierte Produktentwicklung, S. 28

onen erbringen muss. Eine weitere wichtige Größe der Ausprägungsinformation ist in diesem Zusammenhang die Skalierung des Baukastenmerkmals. Die Skalierung gibt eine Aussage über das Skalenniveau der zu erhebenden Kennzahlen[613] und beschreibt damit, welche und wie viele Ausprägungen das entsprechende Baukastenmerkmal innerhalb eines Ausprägungsbereichs annehmen kann. Die Skalierung setzt sich zusammen aus dem Skalen- und Merkmalstyp, z.B. metrisch-stetige Skalierung. Der Skalentyp kann hinsichtlich einer qualitativen und quantitativen Erfassung der Ist-Ausprägungswerte unterschieden werden. Der qualitativen Erfassung von Ist-Ausprägungswerten kann eine Nominal- und Ordinalskala und der quantitativen Erfassung eine metrische Skalierung, auch Kardinalskala genannt, zugeordnet werden.[614] Der Merkmalstyp des Baukastenmerkmals kann entsprechend der Zählbarkeit in diskrete und stetige Merkmalstypen unterteilt werden. Ein diskreter Merkmalstyp kann endlich oder zählbar unendliche Ausprägungen aufweisen. Zählbar unendlich heißt hier, dass es sich in der Regel um Ausprägungen handelt, die theoretisch bis ins Unendliche gehen können, wie z.B. die Stückzahlen eines Baukastens. Ein stetiger Merkmalstyp ist dadurch gekennzeichnet, dass theoretisch unendlich viele verschiedene Werte innerhalb eines Ausprägungsbereichs als Ist-Ausprägung vorkommen können. Ein Beispiel hierfür ist die Prozessorleistung eines Steuergerätes.[615] Demzufolge sind diskrete Merkmalstypen stets nominal- und ordinalskalierten Skalentypen zuzuordnen. Metrisch skalierte Skalentypen hingegen können entweder stetigen oder diskreten Merkmalstypen zugeordnet werden.

Im nächsten Schritt werden die Ausprägungsrestriktionen spezifiziert, um die Ausprägungsinformationen weiter zu konkretisieren. Die Ausprägungsrestriktionen geben Auskunft über interne und/oder externe Einschränkungen des Ausprägungsbereichs. Interne Ausprägungsrestriktionen sind z.B. Unternehmensrichtlinien oder bereits vorhandene Montageanlagen. Externe Ausprägungsrestriktionen können durch regulatorische Anforderungen wie Gesetze, Normen und Standards beschrieben werden. Die Größe der Ausprägungsrestriktion wird wiederum in die Untergrößen Restriktionsstatus und Restriktionsbeschreibung aufgeteilt. Der Restriktionsstatus gibt an, ob für das vorliegende Baukastenmerkmal eine Einschränkung des Ausprägungsbereiches vorhanden ist oder nicht. Ist eine Ausprägungsrestriktion vorhanden, beschreibt die Restriktionsbeschreibung die entsprechende interne oder externe Einschränkung textuell in wenigen Worten oder Sätzen. Dies dient der Nachvollziehbarkeit und Transparenz innerhalb des Baukastenentwicklungsteams, im Hinblick auf eine Einschränkung des Ausprägungsbereichs, zu späteren Zeitpunkten im Baukastenentwicklungsprozess. Ist keine Ausprägungsrestriktion vorhanden, muss dieses Feld nicht befüllt werden.

Im Hinblick auf die zu Beginn festgelegten Ausprägungswerte/-bereiche, die teilweise durch interne bzw. externe Restriktionen beschränkt wurden, ergeben sich untere und obere Grenzwerte des praktisch nutzbaren Ausprägungsbereichs. Die Grenzwerte sind bei einem Ausprägungsbereich die unteren bzw. oberen Intervallenden. Bei einem Ausprägungswert ist der untere bzw. obere Grenzwert identisch. Die Grenzwerte geben folglich Auskunft darüber, wie weit ein Risiko die Ausprägung der betroffenen Baukastenmerkmale potenziell noch verändern kann. Wird ein unterer oder oberer Grenzwert durch ein während der Vergabedauer eintretendes Risiko verletzt, kann dieses Risiko im Baukasten nicht mehr

---

613 Vgl. Rudolf (2013), Produktionsgerechte Baukastengestaltung, S. 105

614 Zusätzliche Informationen zu den Skalentypen finden sich in Kapitel 5.1.1

615 Vgl. Sibbertsen et al. (2012), Statistik, S. 6 f.

berücksichtigt werden. Die entsprechende Vorgehensweise für eine solche Überprüfung wird im nächsten Schritt der Risikoanalyse, der Risikoanalyse innerhalb von verblockungskritischen Baukästen, durchgeführt.

Ein Beispiel für die Angabe von Grenzwerten unter dem Einfluss einer Ausprägungsrestriktion ist das Baukastenmerkmal einer kraftschlüssigen Schraubverbindung der Merkmalsklasse Verknüpfungsprinzip. Dieses Baukastenmerkmal hat einen theoretisch nutzbaren Ausprägungsbereich von 0 bis 8,89 Nm und eine Ist-Ausprägung von 8,0 Nm. Die Skalierung ist metrisch-stetig, d.h. die Ist-Ausprägung kann theoretisch unendlich viele Werte in diesem Bereich annehmen. Für dieses Baukastenmerkmal existiert eine interne Ausprägungsrestriktion. Eine Unternehmensrichtlinie schreibt vor, dass dieser Baukasten mit 8,0 Nm und einer Toleranz von ± fünf Prozent verschraubt werden muss. Das bedeutet, dass der praktisch nutzbare Ausprägungsbereich zwischen 7,6 Nm und 8,4 Nm liegt, was damit auch den unteren und oberen Grenzwert der Ausprägung dieses Baukastenmerkmals darstellt.

5.3.2 Risikoanalyse innerhalb von verblockungskritischen Baukästen

Dieses Kapitel befasst sich mit der Risikoanalyse innerhalb von verblockungskritischen Baukästen. Das Ergebnis ist eine detaillierte Übersicht der Risikoauswirkungen innerhalb von verblockungskritischen Baukästen. Zunächst werden die Abhängigkeiten zwischen den Baukastenmerkmalen aufbereitet. Darauf aufbauend können die Risikoauswirkungen innerhalb des verblockungskritischen Baukastens anhand eines Graphen oder einer Adjazenzmatrix erfasst und aufbereitet werden. Abschließend muss die in Kapitel 5.3.1 erstellte Attribution der Baukastenmerkmale entsprechend angepasst oder ergänzt werden.

Aufbereitung der Abhängigkeiten zwischen den Baukastenmerkmalen

Ausgehend von der Attribution der verblockungskritischen Baukästen auf Basis von Baukastenmerkmalen können die Abhängigkeiten zwischen den Baukastenmerkmalen aufbereitet werden. Die Aufbereitung erfolgt, wie in Kapitel 3.1.2 beschrieben, durch empirische (statistische) oder kasuistisch-analytische Methoden. Für den Einsatz von empirischen Methoden ist eine ausreichende Anzahl an vergangenheitsbezogenen Informationen essenziell. Die zu analysierende Situation muss die gleichen oder zumindest ähnliche Bedingungen aufweisen wie die in der Statistik erfassten Fakten. Da dies oftmals nicht der Fall ist, wird auf kasuistisch-analytische Methoden zurückgegriffen. Diese besitzen in der Regel die Charakteristika von Kausalanalysen.[616] Ziel der Aufbereitung der Abhängigkeiten zwischen den Baukastenmerkmalen ist es, die Grundlage für die Darstellung der Risikoauswirkungen innerhalb von verblockungskritischen Baukästen anhand von Baukastenmerkmalen zu schaffen.

Um die Abhängigkeiten der Baukastenmerkmale untereinander mit empirische (statistische) oder kasuistisch-analytischen Methoden zu ermitteln, wird an dieser Stelle die Graphentheorie verwendet. Die Graphentheorie ist ein geeigneter Ansatz, um Abhängigkeiten innerhalb von Baukästen zu visualisieren und für weitere Analysen zur Verfügung stellen zu können. Die Grundlage hierzu bildet die Überführung der durch die Baukastenmerkmale attribuierten verblockungskritischen Baukästen in abstrakte Graphen. Ein Graph (G) besteht dabei aus einer Menge an Knoten (M), die wiederum durch eine Menge an Kanten (E) miteinander verbunden sind. Die Baukastenmerkmale werden nachfolgend als Knoten angesehen

---

616 Vgl. Kapitel 3.1.2

und die Abhängigkeiten zwischen den Baugruppenmerkmalen stellen die Kanten dar. Je nachdem, ob die Kanten eine Richtung angeben, ist der Graph gerichtet oder ungerichtet.[617] In der vorliegenden Arbeit werden nur gerichtete Graphen verwendet, damit im nächsten Schritt dieses Kapitels mögliche zukünftige Veränderungen durch Risiken anhand der voneinander abhängigen Baukastenmerkmale direkt erfasst und nachvollzogen werden können. Dabei wird zwischen zwei Stoßrichtungen zwischen Baukastenmerkmalen unterschieden, der aktiven und passiven Abhängigkeit. Beeinflussen andere Baukastenmerkmale das im Fokus stehende Baukastenmerkmal, wird von einer passiven Abhängigkeit gesprochen. Eine aktive Abhängigkeit besteht, wenn das betrachtete Baukastenmerkmal ein weiteres Baukastenmerkmal beeinflusst.

Des Weiteren ist es in der vorliegenden Arbeit möglich, dass wechselseitige Abhängigkeiten existieren. In diesem Fall spricht man von einem Multigraphen.[618] Entsprechend der Anzahl bestehender Baukastenmerkmale eines Baukastens ist eine grafische Darstellung mehr oder weniger geeignet. Je mehr Baukastenmerkmale miteinander verknüpft werden, desto unübersichtlicher wird eine grafische Darstellung. Dies ist häufig bei hochintegrierten Baukästen der Fall. Hier empfiehlt es sich, die Abhängigkeiten mithilfe von Adjazenzmatrizen anstelle eines Graphen zu bestimmen. Eine Kante, also eine Abhängigkeit eines Baukastenmerkmals von einem anderen Baukastenmerkmal, wird in der Adjazenzmatrix durch den Eintrag des Werts „1" repräsentiert. Die Richtung der Abhängigkeit wird stets ausgehend vom Zeilenindex auf den Spaltenindex dargestellt. Wenn attribuierte Baukastenmerkmale aus Kapitel 5.3.1 ohne Abhängigkeit zurückbleiben, können diese in den nächsten Schritten ausgeblendet werden. Auf diese Weise werden die relevanten Baukastenmerkmale fokussiert. Abbildung 5-21 stellt beispielhaft ermittelte Abhängigkeiten anhand eines Graphen und einer Adjazenzmatrix dar.

617 Vgl. Breunig (2017), Produktarchitekturgestaltung mechatronischer Baukastensysteme, S. 156

618 Vgl. Rudolf (2013), Produktionsgerechte Baukastengestaltung, S. 148

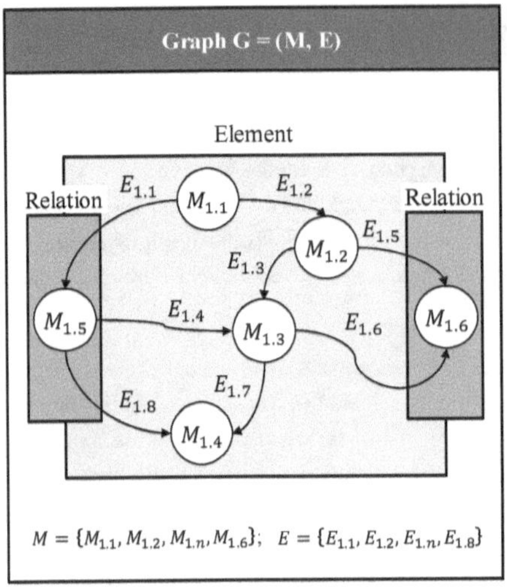

Adjazenzmatrix $A^{[n\times n]}$

$A^{[6\times 6]}$		Element				Relation	
		$M_{1.1}$	$M_{1.2}$	$M_{1.3}$	$M_{1.4}$	$M_{1.5}$	$M_{1.6}$
Element	$M_{1.1}$		1			1	
	$M_{1.2}$			1			1
	$M_{1.3}$				1		1
	$M_{1.4}$					1	
Relation	$M_{1.5}$			1			
	$M_{1.6}$						

a_{ij} = Anzahl der Kanten mit Anfangspunkt v_i und Endpunkt v_j

Legende
G = Gerichteter Multigraph M = Knoten E = Kante $A^{[n\times n]}$ = Adjazenzmatrix mit n Knoten i = Zeile der Matrix j = Spalte der Matrix

Abbildung 5-21: Abbildung ermittelter Abhängigkeiten

Die bereits in Kapitel 5.3.1 vorgenommene Unterteilung der Baukastenmerkmale in die Dimensionen Element und Relation wird an dieser Stelle wieder aufgegriffen. Die grafische bzw. tabellarische Aufbereitung der Abhängigkeiten zwischen den Baukastenmerkmalen dieser beiden Dimensionen ermöglicht die Nachverfolgung einer Umrechnung von Eingangs- in Ausgangsgrößen innerhalb des verblockungskritischen Baukastens. Darüber hinaus fällt bei der Aufbereitung der Abhängigkeiten die Besonderheit auf, dass Baukastenmerkmale der Merkmalsklasse Wirkprinzip in der Regel einen wesentlichen Einfluss auf die Merkmalsklassen Leistungsfähigkeit und Elementgestalt haben. Daher kann es vorkommen, dass Baukastenmerkmale der Merkmalsklasse Wirkprinzip mit einer Vielzahl an Baukastenmerkmalen der Merkmalsklassen Leistungsfähigkeit und Elementgestalt verknüpft werden. Da die Merkmalsklasse Wirkprinzip in der Regel nicht direkt von Risiken betroffen ist (vgl. weitere Schritte in diesem Kapitel), ist dieser Umstand für die weitere Beurteilung von Risiken nicht entscheidend und muss an dieser Stelle nicht weiter ausgeführt werden.

Erfassung der Risikoauswirkungen innerhalb des verblockungskritischen Baukastens

Auf Basis der aufbereiteten Abhängigkeiten zwischen Baukastenmerkmalen können die in Kapitel 5.2 identifizierten Risiken den entsprechenden Baukastenmerkmalen zugeordnet und damit die Auswirkungen innerhalb des verblockungskritischen Baukastens erfasst werden. Dazu wird zuerst das Risiko dem betroffenen Baukastenmerkmal bzw. den betroffenen Baukastenmerkmalen zugeordnet. Dieser Schritt wird im Graphen durch einen breiten Pfeil visualisiert, der auf die betroffenen Baukastenmerkmale zeigt. In der Adjazenzmatrix wird die Risikozuordnung durch die Eintragung und Umkreisung des Wertes „1" in der Diagonalen dargestellt. Abbildung 5-22 veranschaulicht den beschriebenen Sachverhalt beispielhaft. Das Risiko wird hier dem Baukastenmerkmal $M_{1.3}$ zugeordnet. Um die Risikobetroffenheit des Baukastenmerkmals $M_{1.3}$ zu verdeutlichen, wird es im Graphen zusätzlich durch eine breitere Linienstärke dargestellt.

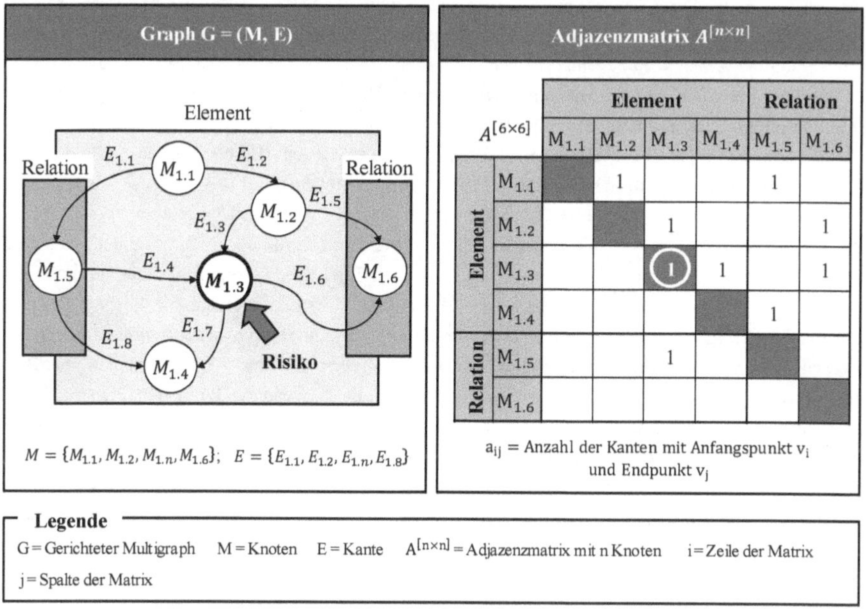

Abbildung 5-22: Zuordnung von Risiken zu Baukastenmerkmalen

Auf der Grundlage der Risikozuordnung zu den Baukastenmerkmalen werden die Veränderungen der Ist-Ausprägungen der vom Risiko betroffenen Baukastenmerkmale ermittelt. Die in Kapitel 5.3.1 ermittelten Ist-Ausprägungen dienen hierfür als Ausgangspunkt. Die Veränderungen der Ist-Ausprägungen der vom Risiko betroffenen Baukastenmerkmale werden innerhalb des Baukastenentwicklungsteams ebenfalls unter Verwendung von empirischen (statistischen) oder kasuistisch-analytischen Methoden ermittelt und können durch ein Delta dargestellt werden. Dabei ist zu untersuchen, ob die durch das Risiko verursachten neuen Ist-Ausprägungen die in Kapitel 5.3.1 definierten Grenzwerte unter- oder überschreiten. Werden die Grenzwerte unter- oder überschritten, ist die Auslegung des Baukastenmerkmals für eine Integration des Risikos während der Vergabedauer des Baukastens nicht ausreichend dimensioniert. Dieser Umstand würde eine technische Änderung zur Folge haben, die unter Umständen zu einer Verblockung führen könnte und aus diesem Grund im Vorfeld durchdacht werden muss. Im Hinblick auf diese technische Änderung muss bereits präventiv eine technische Lösung durch das Baukastenentwicklungsteam erarbeitet werden. Die Beschreibung des Verfahrens zur Auswahl einer spezifischen technischen Lösung aus einer Vielzahl möglicher technischer Lösungen ist nicht Bestandteil dieser Arbeit. Hierfür wird auf bereits vorhandene Literatur verwiesen.[619] An dieser Stelle muss jedoch hinzugefügt werden, dass angesichts des zukünftigen Risikoeintrittszeitpunkts nicht nur die derzeitig verfügbaren, sondern auch die in Zukunft verfügbaren technischen Lösungen in Betracht gezogen werden müssen. So hat beispielsweise ein Lieferant zum Zeitpunkt des Risikoeintritts eine bessere, schnellere und kostengünstigere technische Lösung zur Verfügung, die realisiert werden kann. Für den weiteren Verlauf der Arbeit wird davon ausgegangen, dass in diesem Schritt der Risikoanalyse die optimale technische Lösung für das Unternehmen ausgewählt wird. Im nächsten Schritt muss die bestehende Attribution im Hinblick auf mögliche Anpassungen der Ausprägungsinformationen der betroffenen Baukastenmerkmale aufgrund der technischen Lösung untersucht werden. Hierbei ist es ebenfalls möglich, dass zu der bestehenden Attribution zusätzliche Baukastenmerkmale einschließlich neuer Ausprägungsinformationen hinzugefügt werden müssen. Ein Beispiel hierfür wäre das Überschreiten des in Abbildung 5-20 dargestellten oberen Grenzwertes der Prozessorleistung von 50 MHz. Unter der Annahme, dass es sich hierbei um einen i5-Prozessor des Herstellers Intel handelt und der Sprung auf den leistungsstärkeren i7-Prozessor des gleichnamigen Herstellers die optimale technische Lösung darstellt, müssen die Ausprägungsinformationen mehrerer bereits attribuierter Baukastenmerkmale angepasst werden. Dazu zählen in diesem Beispiel die Ausprägungsinformationen der Baukastenmerkmale Prozessorleistung und Anzahl der Kerne. Anders sieht es jedoch aus, wenn die definierten Grenzwerte der dem Risiko zugeordneten Baukastenmerkmale nicht unter- oder überschritten werden. In diesem Fall ist die Auslegung des Baukastenmerkmals für eine nachträgliche Realisierung des Risikos ausreichend dimensioniert. Es müssen keine weiteren Aktionen vorgenommen werden. Abbildung 5-23 fasst die Vorgehensweise zur Anpassung der Attribution des vom Risiko betroffenen verblockungskritischen Baukastens nochmals zusammen.

619 Vgl. Ehrlenspiel et al. (2013), Integrierte Produktentwicklung, S. 528 ff.; Wartzack (2013), Auswahl- und Bewertungsmethoden, S. 380 ff.; Belener (2008), Technisches Änderungsmanagement modularer Produkte und Prozesse, S. 76 ff.; Köhler (2009), Technische Produktänderungen, S. 140 ff.

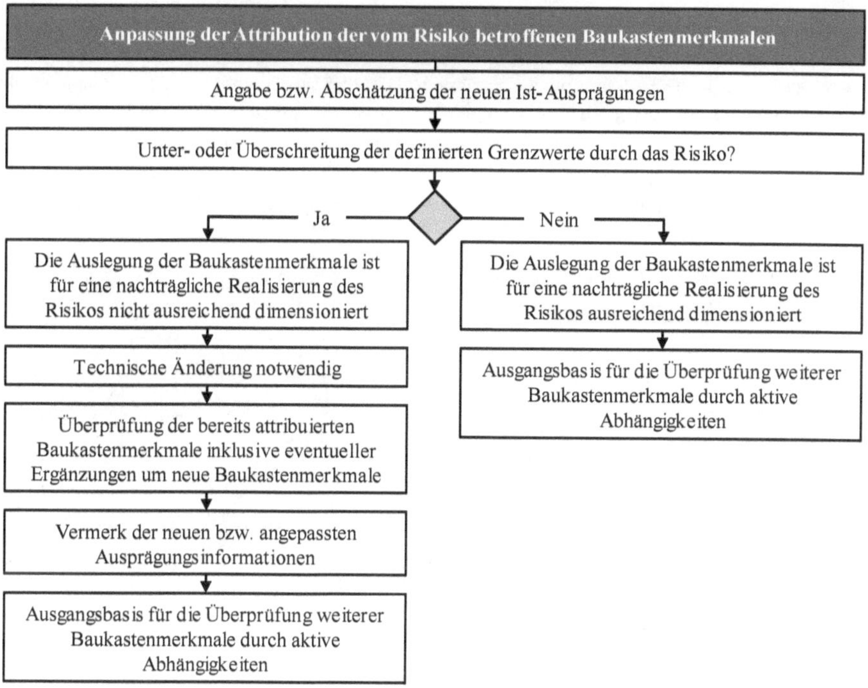

Abbildung 5-23: Vorgehensweise Anpassung der Attribution aufgrund des Risikos

Anhand der Risikozuordnung zu den Baukastenmerkmalen und der beschriebenen Vorgehensweise zur Anpassung der Attribution der vom Risiko betroffenen Baukastenmerkmale können die Auswirkungen des Risikos innerhalb des verblockungskritischen Baukastens gesamthaft bestimmt werden. Dazu wird überprüft, ob ausgehend von den dem Risiko zugeordneten Baukastenmerkmalen aktive Abhängigkeiten zu weiteren Baukastenmerkmalen bestehen. Existieren weitere aktive Abhängigkeiten zu anderen Baukastenmerkmalen, werden basierend auf der Anpassung der Attribution des beeinflussenden Baukastenmerkmals die aktiv abhängigen Baukastenmerkmale auf eine Anpassung hin untersucht. Dieser Schritt wird so lange wiederholt, bis für jedes vom Risiko direkt oder indirekt betroffene Baukastenmerkmal keine aktive Abhängigkeit zu weiteren Baukastenmerkmalen innerhalb des verblockungskritischen Baukastens mehr besteht oder die Ausprägungsinformationen eines Baukastenmerkmals trotz einer aktiven Abhängigkeit nicht verändert werden. In diesen Fällen wird die Auswirkungskette innerhalb des verblockungskritischen Baukastens unterbrochen und kann damit abgeschlossen werden. Abbildung 5-24 zeigt ein Beispiel für den soeben beschriebenen Sachverhalt. Das Baukastenmerkmal $M_{1.3}$, das durch das Risiko innerhalb seiner unteren und oberen Grenzwerte beeinflusst wird, besitzt eine aktive Abhängigkeit zu den Baukastenmerkmalen $M_{1.4}$ und $M_{1.6}$. Das Baukastenmerkmal $M_{1.4}$ erfährt durch die Anpassung der Ist-Ausprägung und die aktive Abhängigkeit mit dem Baukastenmerkmal $M_{1.3}$ eine technische Änderung. Dies wird im Graph durch den Blitz angezeigt. Da keine weitere aktive Abhängigkeit zu anderen Baukastenmerkmalen mehr vorhanden ist, kann die Auswirkungskette innerhalb dieses verblockungskritischen Baukastens abgeschlossen werden. In der Adjazenzmatrix wird diese technische Änderung durch die Schraffierung dargestellt. Das ebenfalls beeinflusste Baukastenmerkmal $M_{1.6}$ erfährt eine Anpassung der Ist-Ausprägung innerhalb seiner Grenzwerte und damit keine technische Änderung. Auch diese Auswirkungskette innerhalb des verblockungskritischen Baukastens kann abgeschlossen werden, da keine weiteren aktiven Abhängigkeiten zu anderen Baukastenmerkmalen mehr vorhanden sind. Die Risikoanalyse innerhalb des verblockungskritischen Baukastens kann damit abgeschlossen werden.

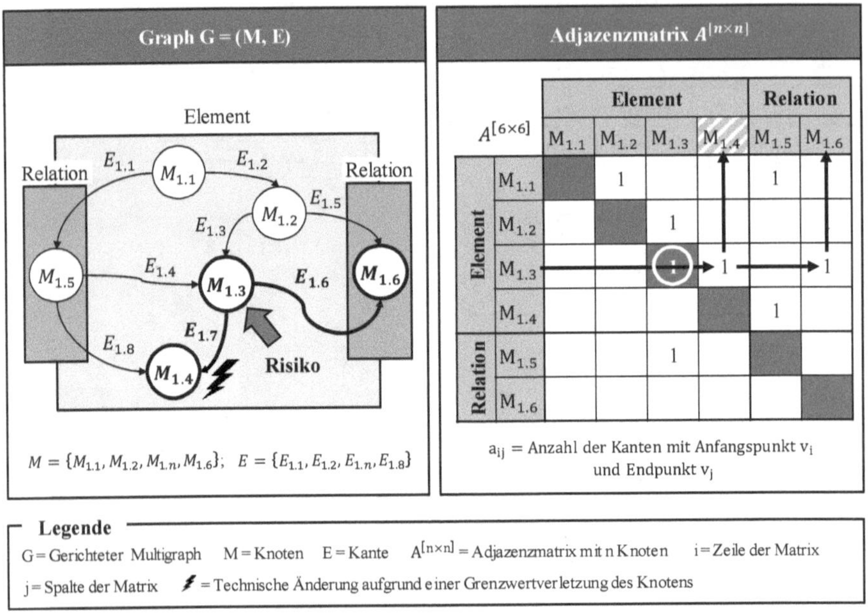

Abbildung 5-24: Auswirkungen des Risikos innerhalb des verblockungskritischen Baukastens

5.3.3 Risikoanalyse im Gesamtsystem Produkt

Im vorhergehenden Kapitel wurde die Risikoanalyse innerhalb von verblockungskritischen Baukästen durchgeführt. Mit dem Ziel, der Problemstellung der Verblockungskritikalität Rechnung zu tragen, werden in diesem Kapitel die Auswirkungen des Risikos auf das Gesamtsystem Produkt, und damit auf weitere Baukästen, anhand von funktionalen und räumlichen Abhängigkeiten untersucht. Hierfür wird der in Kapitel 3.2.2 gewürdigte Ansatz von SCHIFFER entsprechend erweitert. Dieser hat in seiner Arbeit bereits funktionale und räumliche Abhängigkeiten zwischen Baukästen grafisch aufbereitet und diese anschließend qualitativ gewichtet.[620] Qualitative sowie quantitative Gewichtungen von Abhängig-

[620] Vgl. Schiffer (2013), Szenariorobuste Produktarchitekturgestaltung, S. 123 ff.

keiten zwischen Baukästen sagen jedoch nichts darüber aus, inwieweit eine Veränderung der Ist-Ausprägungen des beeinflussenden Baukastenmerkmals die Ist-Ausprägungen des beeinflussten Baukastenmerkmals verändert und ob damit Grenzwerte unter- oder überschritten werden. Darüber hinaus erlaubt eine reine Gewichtung von Abhängigkeiten zwischen Baukästen keine Nachvollziehbarkeit zu einem späteren Zeitpunkt in der Entwicklung im Sinne des Ursache-Wirkungs-Prinzips. Aus diesem Grund folgt die Risikoanalyse im Gesamtsystem Produkt dem gleichen Prinzip wie die Risikoanalyse innerhalb des verblockungskritischen Baukastens. Anstelle von Abhängigkeiten zwischen den Baukastenmerkmalen werden stattdessen funktionale und räumliche Abhängigkeiten zwischen Baukästen behandelt. Auf diese Weise kann überprüft werden, ob weitere Baukästen aufgrund des Risikos von technischen Änderungen betroffen sind. Ausgangspunkt der Risikoanalyse im Gesamtsystem Produkt sind dabei die mit funktionalen oder räumlichen Abhängigkeiten zusammenhängenden Baukastenmerkmale. Besonders hervorzuheben sind in diesem Kontext die Baukastenmerkmale der Dimension Relation.

Dieses Kapitel ist in fünf Schritte untergliedert. Zu Beginn werden die Risikoauswirkungen aufgrund von funktionalen Abhängigkeiten erfasst. In einem zweiten Schritt erfolgt die Formalisierung der aus den funktionalen Abhängigkeiten resultierenden Risikoauswirkungen. Auf Basis dieser Formalisierung wird die Überprüfung weiterer Risikoauswirkungen aufgrund von räumlichen Abhängigkeiten durchgeführt. Der vierte Schritt beschreibt den Umgang mit Zielkonflikten bei räumlichen Abhängigkeiten. Abschließend werden die in den ersten vier Schritten ermittelten Informationen mit den Vergabedauern und Release-Zyklen der betroffenen Baukästen kombiniert, worauf aufbauend Verblockungsübersichten erstellt werden. Die Verblockungsübersichten stellen darüber hinaus das Ergebnis der Analyse von Risiken für verblockungskritische Baukästen dar. Das Vorgehen zur Risikoanalyse im Gesamtsystem Produkt ist in Abbildung 5-25 dargestellt und wird im Folgenden detailliert.

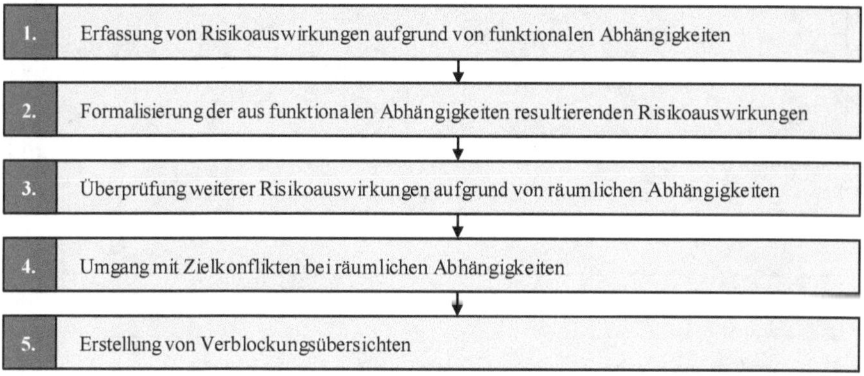

Abbildung 5-25: Vorgehen zur Risikoanalyse im Gesamtsystem Produkt

Erfassung von Risikoauswirkungen aufgrund von funktionalen Abhängigkeiten

Den Ausgangspunkt für die Erfassung von Risikoauswirkungen aufgrund von funktionalen Abhängigkeiten bildet die Anpassung von Ist-Ausprägungen von Baukastenmerkmalen der Dimension Relation. Funktionale Abhängigkeiten sind der Oberbegriff für materielle, energetische oder informationsverarbeitende Abhängigkeiten. Diese funktionalen Abhängigkeiten und die damit verknüpften Baukastenmerkmale wurden bereits in Kapitel 5.3.1 identifiziert und können an dieser Stelle wieder aufgegriffen werden. Auf dieser Grundlage kann eine Auflistung erstellt werden, welche weiteren Baukästen einschließlich ihrer Varianten vom Risiko betroffen sind und diesbezüglich hinsichtlich technischer Änderungen überprüft werden müssen. Dazu müssen die funktional mit dem verblockungskritischen Baukasten verknüpften Baukästen in einem ersten Schritt attribuiert werden. Dies erfolgt analog zur Attribution verblockungskritischer Baukästen in Kapitel 5.3.1. Darauf aufbauend gilt es die Risikoauswirkungen innerhalb des funktional verknüpften Baukastens zu erfassen. Dies geschieht auf die gleiche Art und Weise wie bei der Zuordnung von Risiken zu Bausteinmerkmalen in Kapitel 5.3.2. Ausgangspunkt für die Erfassung der Risikoauswirkungen innerhalb des funktional verknüpften Baukastens ist jedoch nicht das Risiko selbst, sondern die Anpassung der Ist-Ausprägung der von der funktionalen Abhängigkeit betroffenen Baukastenmerkmale der Dimension Relation. Wird bei den verknüpften Baukästen eine weitere Anpassung der Ist-Ausprägung der Baukastenmerkmale der Dimension Relation festgestellt, so muss an dieser Stelle eine weitere Schleife zur Erfassung der Risikoauswirkungen aufgrund von funktionalen Abhängigkeiten durchgeführt werden. Es können somit von einem Risiko eine Vielzahl an Baukästen im Gesamtsystem Produkt aufgrund von funktionalen Abhängigkeiten betroffen sein. Es gilt diesen Schritt so lange zu wiederholen, bis keine Anpassungen von Ist-Ausprägungen von Baukastenmerkmalen der Dimension Relation mehr erfasst werden. Abbildung 5-26 beschreibt beispielhaft den Sachverhalt der Risikoauswirkungen aufgrund von funktionalen Abhängigkeiten.

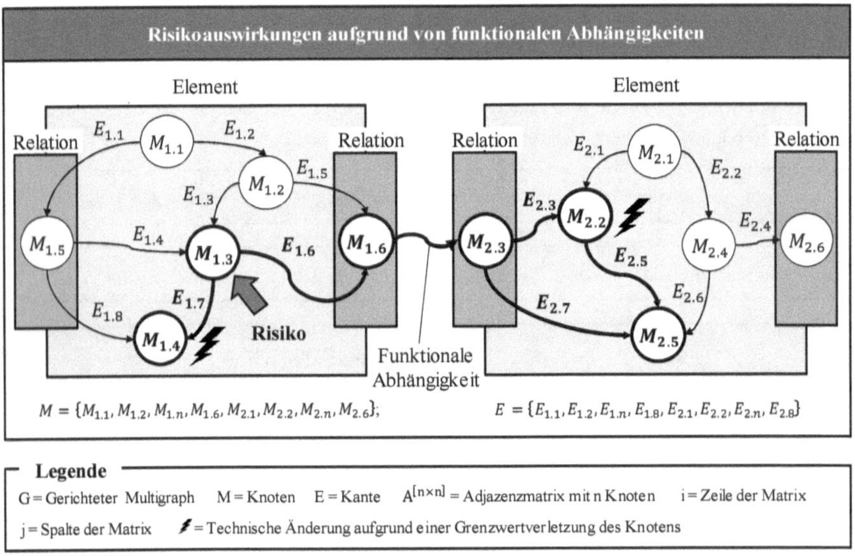

Abbildung 5-26: Erfassung der Risikoauswirkungen bei funktionalen Abhängigkeiten

Auf der linken Seite in Abbildung 5-26 befindet sich der verblockungskritische Baukasten und auf der rechten Seite der funktional verknüpfte Baukasten. Es besteht eine funktionale Abhängigkeit zwischen dem Baukastenmerkmal $M_{1.6}$ der Dimension Relation des verblockungskritischen Baukastens und dem Baukastenmerkmal $M_{2.3}$ der Dimension Relation des verknüpften Baukastens. Das Baukastenmerkmal $M_{1.6}$ erfährt im Rahmen der Risikoauswirkungen innerhalb des verblockungskritischen Baukastens eine Anpassung der Ist-Ausprägung, was durch die breitere Linienstärke gekennzeichnet ist. Aufgrund der funktionalen Abhängigkeit wird auch die Ist-Ausprägung das Baukastenmerkmals $M_{2.3}$ des verknüpften Baukastens angepasst. Das Baukastenmerkmal $M_{2.3}$ besitzt wiederum aktive Abhängigkeiten zu den Baukastenmerkmalen $M_{2.2}$ und $M_{2.5}$. Das Baukastenmerkmal $M_{2.2}$ erfährt durch die aktive Abhängigkeit mit dem Baukastenmerkmals $M_{2.3}$ eine technische Änderung aufgrund der Anpassung der Ist-Ausprägung. Im Graph ist dies durch den Blitz gekennzeichnet. Das Baukastenmerkmal $M_{2.5}$ erhält eine Anpassung der Ist-Ausprägung. Im verknüpften Baukasten ist kein weiteres Baukastenmerkmal der Dimension Relation von einer Anpassung der Ist-Ausprägung betroffen, weshalb die Erfassung der Risikoauswirkungen aufgrund funktionaler Abhängigkeiten an dieser Stelle abgeschlossen werden kann.

Formalisierung der aus funktionalen Abhängigkeiten resultierenden Risikoauswirkungen

Die Formalisierung der Risikoauswirkungen, die sich aus funktionalen Abhängigkeiten ergeben, ist einerseits für die Nachvollziehbarkeit der Risikoauswirkungen im Gesamtsystem Produkt erforderlich. Andererseits soll es darüber hinaus möglich sein, im Sinne einer Managementübersicht auf den ersten Blick alle relevanten Informationen zu erfassen, die im nächsten Schritt, der Überprüfung weiterer Risikoauswirkungen aufgrund von räumlichen Abhängigkeiten, benötigt werden. Hierfür werden sämtliche Baukästen einschließlich ihrer Varianten aufgelistet, die funktional mit dem verblockungskritischen Baukasten verknüpft sind und aufgrund des Risikos einer Anpassung der Ist-Ausprägung eines Baukastenmerkmals oder einer technischen Änderung unterliegen. Erfährt ein Baukasten eine technische Änderung, so ist dies grafisch kenntlich zu machen. Abbildung 5-27 veranschaulicht eine formalisierte Beschreibung der Risikoauswirkungen, die sich aus den funktionalen Abhängigkeiten ergeben, ausgehend vom verblockungskritischen Baukasten 1. Die formalisierte Übersicht über die Risikoauswirkungen, die sich aus den funktionalen Abhängigkeiten ergeben, dient als Eingangsgröße für den nächsten Schritt.

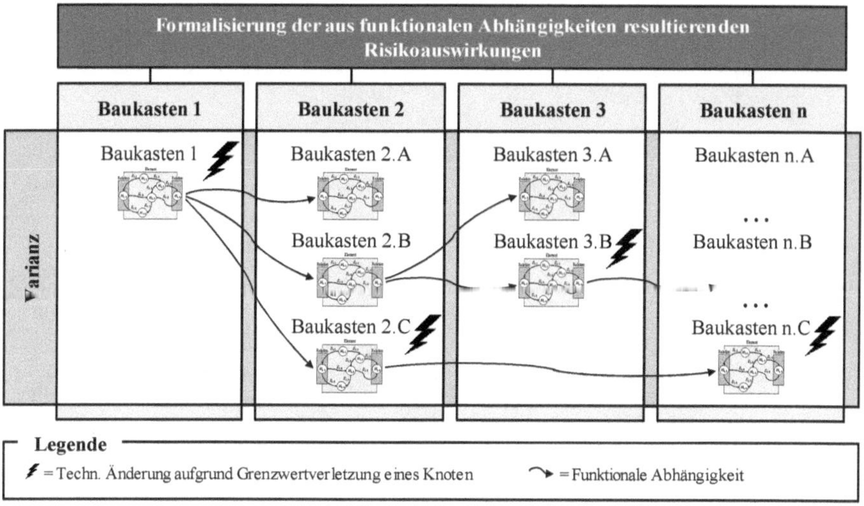

Abbildung 5-27: Formalisierung der von funktionalen Abhängigkeiten betroffenen Baukästen

Überprüfung weiterer Risikoauswirkungen aufgrund von räumlichen Abhängigkeiten

Anhand der Formalisierung der aus funktionalen Abhängigkeiten resultierenden Risikoauswirkungen lassen sich auf einen Blick die Baukästen identifizieren, die aufgrund des Risikos eine technische Änderung erfahren haben. Im Falle einer technischen Änderung, sprich bei einer Über- oder Unterschreitung der definierten Grenzwerte, sind im Rahmen dieser Arbeit neben funktionalen Abhängigkeiten auch die Risikoauswirkungen durch räumliche Abhängigkeiten zu überprüfen. Dies ist darauf zurückzuführen, dass technische Änderungen bestehende räumliche Abhängigkeiten verletzen können. Für die Überprüfung weiterer Risikoauswirkungen aufgrund von räumlichen Abhängigkeiten zwischen zwei oder mehreren Baukästen existieren vier verschiedene Sichten, die berücksichtigt werden müssen. Bei diesen vier zu berücksichtigenden Sichten handelt es sich um die gleichen Sichten wie zur Berechnung der Kennzahl Integrationskomplexität in Kapitel 5.1.1. Die Kennzahl Integrationskomplexität charakterisiert den Integrationsaufwand des Baukastens in das Gesamtsystem Produkt[621] und wurde aus qualitativen Bewertungen von Integrationsverantwortlichen für die funktionale, geometrische, systemtechnische und produktionstechnische Integration ermittelt. Detaillierte Information zum Bewertungsumfang des jeweiligen Integrationsverantwortlichen finden sich in Kapitel 5.1.1. In diesem Zusammenhang dienen die räumlichen Abhängigkeiten als eine Orientierungshilfe für diese Integrationsverantwortlichen, die beurteilen müssen, ob daraus technische Änderungen an weiteren Baukästen resultieren. Die vier Sichten zur Erfassung weiterer Risikoauswirkungen aufgrund von räumlichen Abhängigkeiten werden im Folgenden anhand von Beispielen kurz erläutert und sind in Abbildung 5-28 dargestellt.

621 Vgl. Kapitel 5.1.1

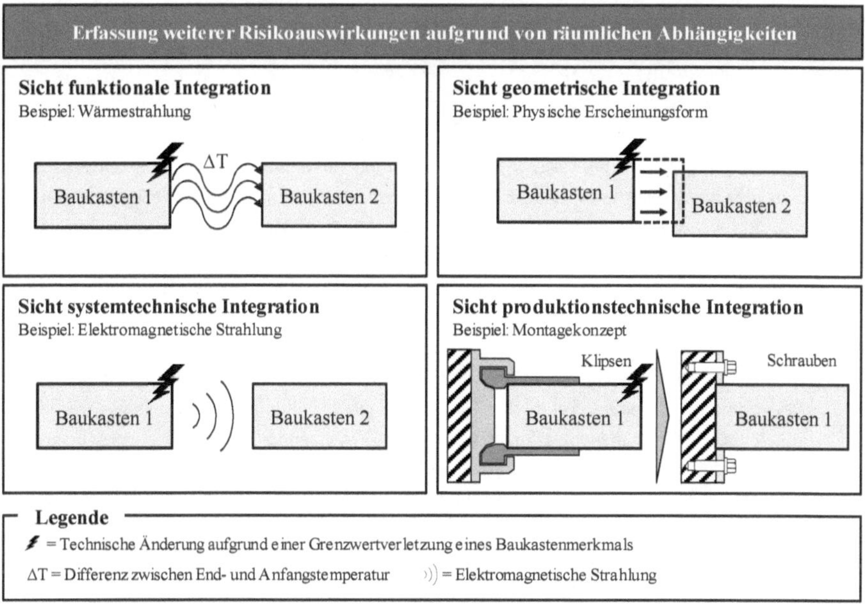

Abbildung 5-28: Risikoauswirkungen aufgrund von räumlichen Abhängigkeiten

Es gibt eine Vielzahl von individuellen räumlichen Abhängigkeiten. Diese Arbeit liefert jedoch keine generische Auflistung oder Zuordnung dieser räumlichen Abhängigkeiten zu den jeweiligen Sichten. Im Folgenden findet sich eine beispielhafte Auswahl pro Sicht. Aus Sicht der funktionalen Integration ist zum Beispiel die räumliche Abhängigkeit der Wärmestrahlung ΔT zu nennen. Als Folge einer technischen Änderung an Baukasten 1 wird eine höhere Wärmestrahlung als bisher emittiert. Bedingt durch diese höhere thermische Abstrahlung von Baukasten 1 kann die Funktionalität des Baukastens 2 beeinträchtigt werden. Der Integrationsverantwortliche muss dies mit Unterstützung des Baukastenentwicklungsteams von Baukasten 2 überprüfen. Aus der Perspektive der geometrischen Integration kann die Ausdehnung der physischen Erscheinungsform von Baukasten 1 auf Baukasten 2 als räumliche Abhängigkeit angeführt werden. Der Baukasten 1 erfährt in dieser Abbildung eine technische Änderung und verletzt den Bauraum von Baukasten 2. Dies bedeutet, dass einer der Baukästen an einem anderen Einbauort im Produkt verortet oder durch eine weitere technische Änderung an die neuen geometrischen Gegebenheiten angepasst werden muss. Eine derartige Untersuchung ist Aufgabe des Integrationsverantwortlichen für die geometrische Integration. Ein Beispiel für eine räumliche Abhängigkeit aus Sicht der systemtechnischen Integration ist die elektromagnetische Strahlung. Aufgrund einer technischen Änderung gibt der Baukasten 1 eine höhere elektromagnetische Strahlung an seine Umgebung ab als vorgesehen. Dies kann die Funktionalität des Baukastens 2 beeinträchtigen. Ob dies der Fall ist, muss vom entsprechenden Integrationsverantwortlichen und dem dazugehörigen Baukastenentwicklungsteam untersucht werden. Aus Sicht des Integrationsverantwortlichen für die produktionstechnische Integration ist zum Beispiel das Montagekonzept des Baukastens zu nennen. Durch eine technische Änderung am Baukasten 1 erhöht sich das Gewicht, was zu einem Wechsel des Montagekonzeptes von Klipsen auf Schrauben führt. Dies kann darauf zurückzuführen sein, dass die Clips die Anforderungen an die Lebensdauer aufgrund von Vibrationen während des Betriebs und des erhöhten Gewichts des Produkts nicht erfüllen können.

Umgang mit Zielkonflikten bei räumlichen Abhängigkeiten

Im Zuge der Überprüfung der Risikoauswirkungen aufgrund von räumlichen Abhängigkeiten kann an einem Einbauort ein Zielkonflikt zwischen den Risikoauswirkungen zweier oder mehrerer räumlicher Abhängigkeiten entstehen. Der Einbauort beschreibt die Position, an der die Funktionen des Baukastens realisiert werden sollen und damit die Lage des Baukastens innerhalb des Gesamtsystems Produkt.[622] Die verschiedenen Einbauorte innerhalb des Gesamtsystems Produkt besitzen wiederum unterschiedliche Rahmenbedingungen, z.B. hinsichtlich der IP-Schutzart[623], die den Lösungsraum des Baukastens mitbestimmen. Dies bedeutet, dass es unter Umständen nicht möglich ist, sämtliche Risikoauswirkungen aufgrund von räumlichen Abhängigkeiten an einem Einbauort umzusetzen, da die Rahmenbedingungen am Einbauort dies nicht zulassen. Aus diesem Grund muss ein Verfahren zum Umgang mit Zielkonflikten bei räumlichen Abhängigkeiten definiert werden. Das Verfahren kann mit der Leitfrage begonnen werden, ob es aufgrund räumlicher Abhängigkeiten einen Zielkonflikt zwischen zwei oder mehreren Baukästen an einem Einbauort gibt. Bei Verneinung dieser Leitfrage ist für den Umgang mit Zielkonflikten bei räumlichen Abhängigkeiten keine Erarbeitung von Verblockungsszenarien erforderlich. Die Risikoauswirkungen aufgrund funktionaler Abhängigkeiten sind damit der Ausgangspunkt für die Erstellung der Verblockungsübersicht im nächsten Schritt dieses Kapitels. Wenn diese Leitfrage bejaht wird, müssen Verblockungsszenarien für den Umgang mit Zielkonflikten bei räumlichen Abhängigkeiten erarbeitet werden (vgl. Abbildung 5-29).

622 Vgl. Arnoscht (2011), Beherrschung von Komplexität bei der Gestaltung von Baukastensystemen, S. 148

623 Die IP-Schutzart beschreibt den Schutzumfang, den ein Gehäuse in Bezug auf Berührung, Staub und Wasser bietet.

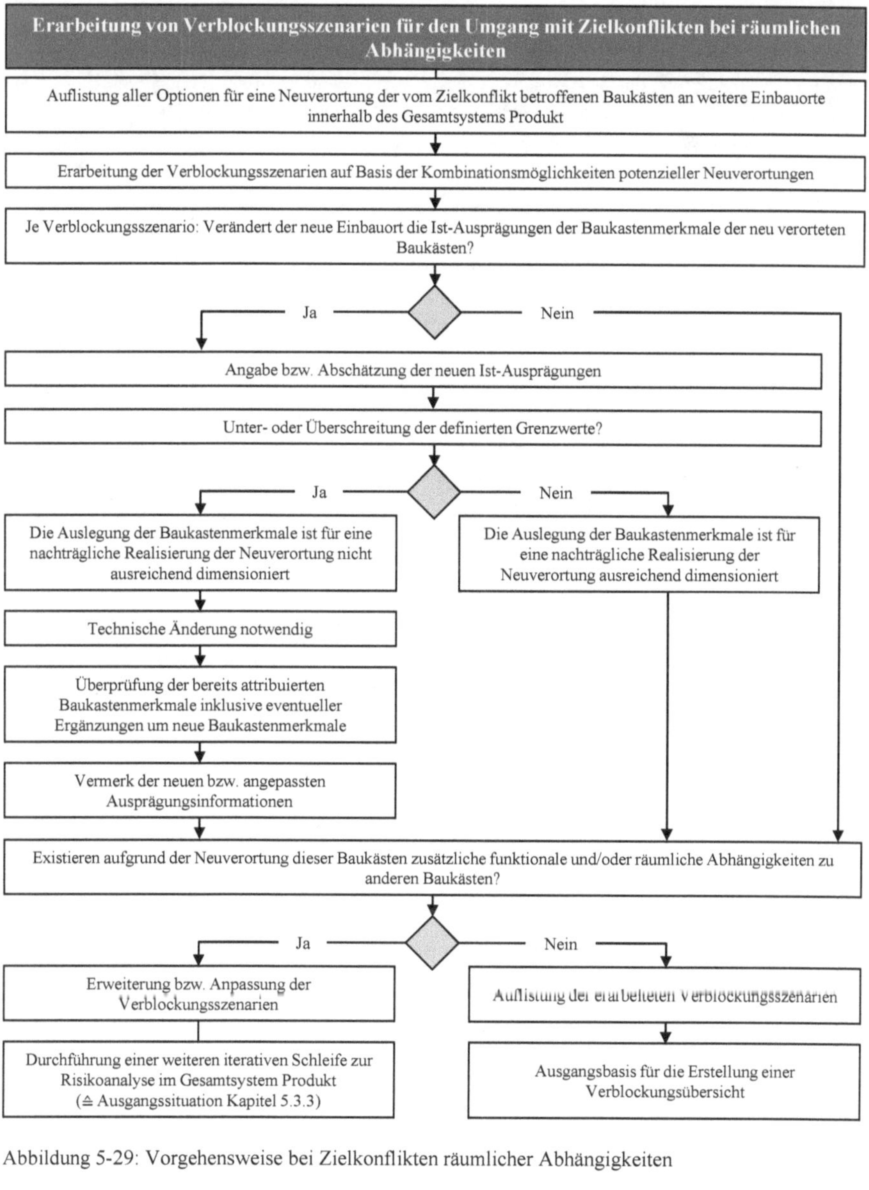

Abbildung 5-29: Vorgehensweise bei Zielkonflikten räumlicher Abhängigkeiten

Der erste Schritt der Vorgehensweise mit Zielkonflikten bei räumlichen Abhängigkeiten ist die Auflistung sämtlicher Optionen für eine Neuverortung der vom Zielkonflikt betroffenen Baukästen an weitere Einbauorte innerhalb der Produktarchitektur. Ausgehend von den Optionen potenzieller Neuverortungen der vom Zielkonflikt betroffenen Baukästen im Gesamtsystem Produkt können die zu betrachtenden

Verblockungsszenarien auf Basis möglicher Kombinationen erarbeitet werden. Für jedes Verblockungsszenario muss untersucht werden, ob sich die Ist-Ausprägungen der Baukastenmerkmale der neuverorteten Baukästen aufgrund des neuen Einbauortes verändern. Wenn Ist-Ausprägungen von Baukastenmerkmalen verändert werden, muss für jedes betroffene Baukastenmerkmal überprüft werden, ob die definierten Grenzwerte unter- oder überschritten werden. Bei einer Unter- oder Überschreitung der Grenzwerte ist die Auslegung der Baukastenmerkmale für eine nachträgliche Realisierung der Neuverortung nicht ausreichend dimensioniert. Dies würde eine technische Änderung während der Vergabedauer des betroffenen Baukastens nach sich ziehen. Wie bereits in Kapitel 5.2.1 beschrieben, könnte diese technische Änderung zu einer Verblockung führen und muss daher im Vorfeld durchdacht werden. Dies bedeutet, dass im Hinblick auf diese technische Änderung eine Auswahl für eine bestimmte technische Lösung im Vorfeld durch das entsprechende Baukastenentwicklungsteam getroffen werden muss. Die neuen bzw. angepassten Ausprägungsinformationen, die sich aus der im Vorfeld durchdachten technischen Änderung ergeben, müssen vermerkt werden. Werden die definierten Grenzwerte der betroffenen Baukastenmerkmale nicht unter- oder überschritten, ist die Ausgestaltung des Baukastenmerkmals für eine nachträgliche Realisierung der Neuverortung ausreichend dimensioniert. Es besteht kein weiterer Handlungsbedarf, wie auch für den Fall, dass sich die Ist-Ausprägungen der Baukastenmerkmale der neuverorteten Baukästen aufgrund des neuen Einbauortes nicht verändern. Im Anschluss an die Überprüfung der Unter- oder Überschreitung definierter Grenzwerte von Baukastenmerkmalen ist abschließend zu untersuchen, ob durch die Neuverortung dieser Baukästen zusätzliche funktionale und/oder räumliche Abhängigkeiten zu anderen Baukästen bestehen. Ist dies der Fall, müssen die bestehenden Verblockungsszenarien erweitert oder angepasst werden. Dies bedeutet, dass eine weitere iterative Schleife zur Risikoanalyse im Gesamtsystem Produkt durchgeführt werden muss. Der Startpunkt der iterativen Schleife entspricht der Ausgangssituation aus Kapitel 5.3.3. Ist dies nicht der Fall, können die entwickelten Verblockungsszenarien aufgelistet werden, was die Ausgangsbasis für den nächsten Schritt in diesem Kapitel, die Erstellung von Verblockungsübersichten, darstellt.

Erstellung von Verblockungsübersichten

Das Ergebnis des Kapitels 5.3 sind die Verblockungsübersichten über die erarbeiteten Verblockungsszenarien. Diese Verblockungsübersichten sind die Voraussetzungen für die Bewertung von Risiken für verblockungskritische Baukästen in Kapitel 5.4. Zur Erstellung von Verblockungsübersichten müssen die in den ersten vier Schritten dieses Kapitels ermittelten Informationen mit den Vergabedauern und dazugehörigen Release-Zyklen der betroffenen Baukästen kombiniert werden. Die Aufbereitung dieser Informationen pro Verblockungsszenario lässt sich anhand von Abbildung 5-30 wie folgt beschreiben.

Als Hilfsmittel zur besseren Visualisierung wird die Abbildung in eine Abszisse und Ordinate unterteilt, ähnlich einem kartesischen Koordinatensystem. In der ersten Zeile wird der verblockungskritische Baukasten angeordnet. In Abbildung 5-30 ist dies der verblockungskritische Baukasten 1, der durch einen Rahmen mit einer breiteren Linienstärke hervorgehoben wird. Die Baukästen, die aufgrund von funktionalen und räumlichen Abhängigkeiten von Risikoauswirkungen betroffen sind, werden unterhalb des verblockungskritischen Baukastens, einschließlich ihrer betroffenen Varianten, entlang der Ordinate aufgelistet. Die Abszisse beschreibt eine Zeitlinie. Die Zeitlinie beginnt mit dem Zeitpunkt, an dem der verblockungskritische Baukasten in die Serienproduktion geht. Für jeden vom Risiko betroffenen Baukasten wird die Vergabedauer mit der Einheit Jahre grafisch dargestellt. Dabei wird zusätzlich zwischen den jeweiligen Generationen des Bausatzes unterschieden. Die zeitlichen Abstände, in denen die unterschiedlichen Generationen veröffentlicht werden, können den in Kapitel 5.1.1 dokumentierten Release-Zyklen der entsprechenden Baukästen entnommen werden. Zum Zeitpunkt des prognostizierten Risikoeintritts, dargestellt durch den Blitz, werden sämtliche vom Risiko betroffenen Baukästen durch ein Kreuz gekennzeichnet. Dieser Ablauf muss für sämtliche Verblockungsszenarien wiederholt werden, die im vorigen Schritt für den Umgang mit räumlichen Abhängigkeiten erarbeitet wurden.

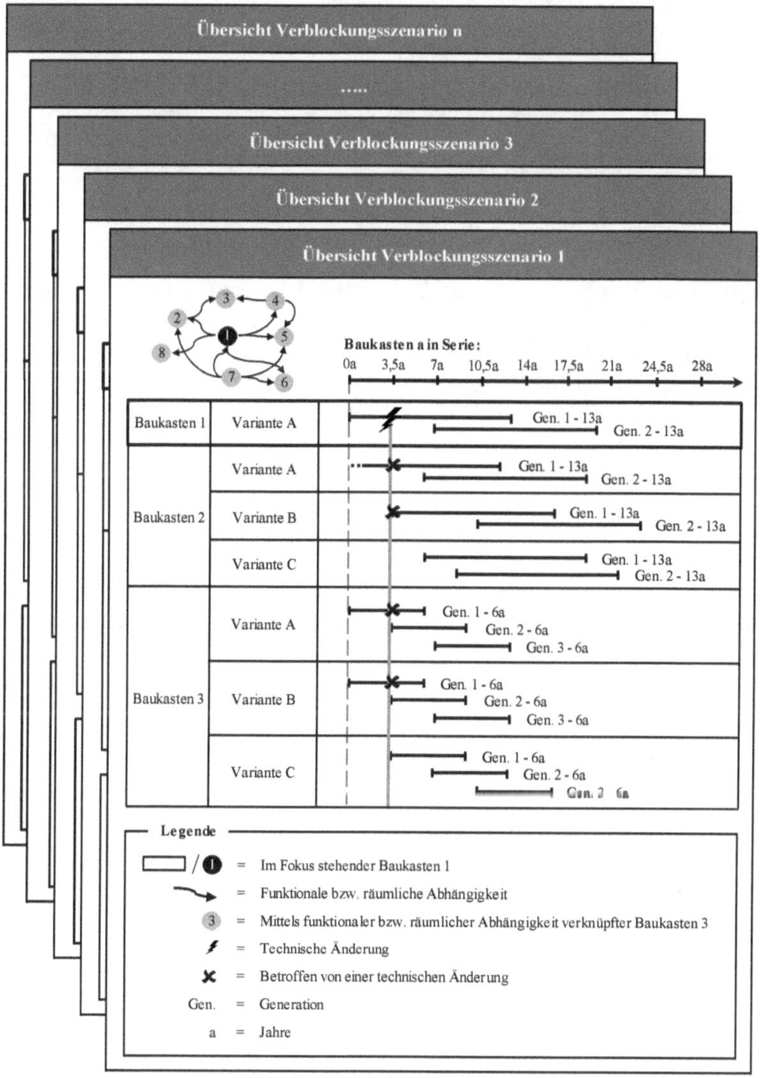

Abbildung 5-30: Erstellung von Verblockungsübersichten je Risiko

5.4 Bewertung von Risiken für verblockungskritische Baukästen

In Kapitel 5.3 wurden die identifizierten Risiken analysiert und darauf aufbauend die Verblockungsübersichten erstellt. Auf dieser Grundlage gilt es im vierten Schritt die Risiken für verblockungskritische Baukästen zu bewerten und damit zu entscheiden, welche Risiken und in welcher Reihenfolge diese Risiken behandelt werden müssen.

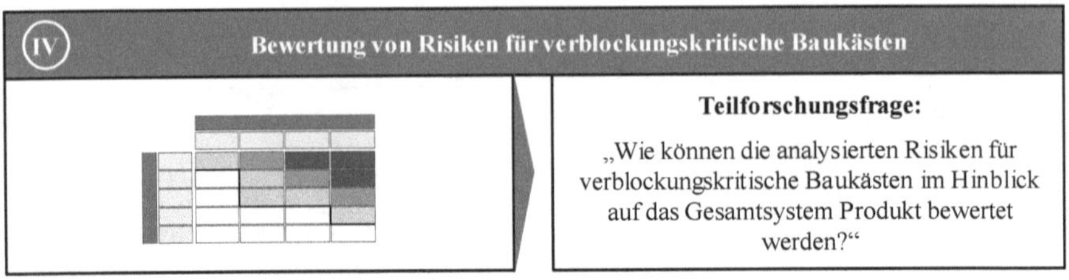

Abbildung 5-31: Bewertung von Risiken für verblockungskritische Baukästen

Zur Beantwortung der Teilforschungsfrage (vgl. Abbildung 5-31) wird in diesem Kapitel ein Entscheidungsmodell mit einer dreistufigen Methode entwickelt. In Kapitel 5.4.1 werden die Risikoparameter bemessen, die ein Risiko charakterisieren. Die Risikoparameter setzen sich in der vorliegenden Arbeit aus der Eintrittswahrscheinlichkeit und den Auswirkungen der Verblockung zusammen. Im nächsten Teilschritt (vgl. Kapitel 5.4.2) wird eine Risikobewertung im Gesamtsystem Produkt durchgeführt, um aus den in Kapitel 5.3.3 erstellten Verblockungsszenarien das Verblockungsszenario mit den geringsten Gesamtauswirkungen einer Verblockung auszuwählen. Im Falle eines Risikoeintritts entspricht dieses Verblockungsszenario der optimalen technischen Lösungswahl für ein Risiko. Die abschließende Priorisierung der bewerteten Risiken in Kapitel 5.4.3 basiert auf einer ganzheitlichen Darstellung der Risiken in einem Portfoliodiagramm, der Risikoeinstufungsmatrix. Anhand von Akzeptanzgrenzen und einer Risikoklassifikation werden die Risiken für die nachfolgende Risikobehandlung in eine Reihenfolge gebracht.

5.4.1 Bemessung von Risikoparametern

Die Bemessung von Risikoparametern entspricht der Festlegung von Ausprägungen für die Risikoparameter auf geeigneten Skalen. Das Ergebnis dieses Kapitels ist eine Bemessungsübersicht der Eintrittswahrscheinlichkeiten und der Auswirkungen im Hinblick auf eine Verblockung. In einem ersten Schritt wird die Risikobemessung im Kontext der Verblockung erörtert. Darauf aufbauend erfolgt die Bemessung der Risikoparameter Eintrittswahrscheinlichkeit und der Auswirkungen einer Verblockung. Die Auswirkungen einer Verblockung werden durch die Auswirkungskriterien einer Verblockungen dargestellt. Die Risikobewertung selbst und die Priorisierung der Risiken untereinander können auf der Grundlage dieser Ergebnisse in den folgenden Kapiteln vorgenommen werden.

Risikobemessung im Kontext der Verblockung

Die Quantifizierbarkeit der Risikoparameter Eintrittswahrscheinlichkeit und der Auswirkungen einer Verblockung bestimmen jeweils das Prinzip der Risikobemessung. Generell kann zwischen einer quantitativen, semi-quantitativen und qualitativen Risikobemessung unterschieden werden. Eine quantitative

Bemessung wird angewendet, wenn die Risikoparameter messbar sind. Eine semi-quantitative Bemessung ist eine kombinierte Bemessungsmethode, bei der qualitativen Bemessungsgrößen ordinalskalierte Bemessungsgrößen zugeordnet werden. Bei einer qualitativen Bemessung werden die Risikoparameter durch eine verbale Beschreibung unterteilt. Darüber hinaus ist zwischen einer Risikobemessung durch einen Punktwert oder ein Intervall zu unterscheiden. Eine Punktbewertung ist sinnvoll, wenn eine genaue und belastbare Datenbasis vorliegt. Wenn jedoch kein genauer Wert angegeben werden kann, ist eine Intervallschätzung zu bevorzugen. Bei einer Intervallschätzung werden die Risikoparameter auf der Basis von Bandbreiten beschrieben. Die Aussagekraft im Vergleich zu einer Punktbewertung ist geringer, aber unzuverlässige Schätzwerte oder scheinbare Ungenauigkeiten werden vermieden.[624] Eine Übersicht über die Möglichkeiten der Risikobemessung ist in Abbildung 5-32 dargestellt.

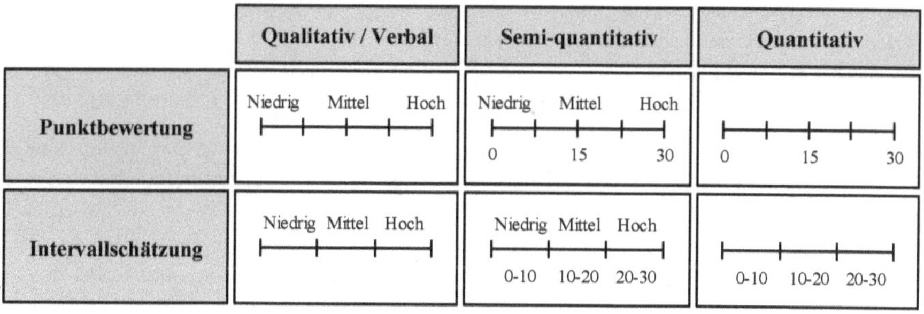

Abbildung 5-32: Möglichkeiten der Risikobemessung[625]

Für die Risikoparameter dieser Arbeit muss festgelegt werden, ob die Risikobemessung qualitativ, semi-quantitativ oder quantitativ erfolgt und ob die Risikoparameter durch eine Punktbewertung oder Intervallschätzung beschrieben werden sollen. Dazu müssen im Vorfeld die folgenden Leitfragen für die Risikobewertung selbst beantwortet werden:

- Wie hoch ist die Anforderung an die Genauigkeit der Risikobewertung?
- Welche Daten sind in welcher Qualität und Quantität für die Risikobewertung vorhanden?
- Wie viel Zeit und Budget steht für die Risikobewertung zur Verfügung?

Hinsichtlich der Anforderung an die Genauigkeit des Ergebnisses kann festgehalten werden, dass das Ergebnis der Risikobewertung (Kapitel 5.4) eine Priorisierung der analysierten Risiken für eine Risikobehandlung darstellt. Auf der Grundlage der in Kapitel 5.5.1 erarbeiteten Risikobehandlungsstrategien wird dann ohnehin betriebswirtschaftlich eine Auswahl der am besten geeigneten Risikobehandlungsstrategien getroffen. Aus diesem Grund ist es nicht notwendig, bei der Risikomessung zu akribisch vorzugehen. Es ist wichtig, ein Optimum an vertretbarem Aufwand im Hinblick auf Praktikabilität und Aussagekraft für die Risikobewertung zu finden.

624 Vgl. Diederichs (2012), Risikomanagement und Risikocontrolling, S. 138

625 In Anlehung an Schorcht (2004), Risikomanagement und Risikocontrolling junger Unternehmen in Wachstumsbranchen, S. 144

Die für die Bewertung von Risiken für verblockungskritische Baukästen benötigten Daten sind zum Teil bereits in den Datenbanken der Unternehmen vorhanden. In der Regel wurden die vorhandenen Daten über bereits eingetretene technische Änderungen nicht sorgfältig, sondern mit geringem Aufwand und nicht im Hinblick auf die Auswirkungskriterien einer Verblockung erhoben. Aus diesem Grund wäre es mit viel Aufwand verbunden, die notwendigen vergangenheitsbezogenen Informationen für die Risikobewertung in dieser Arbeit nachträglich entsprechend aufzubereiten. Oftmals ist dies nicht mehr möglich, da auf Mitarbeiter aus vergangenen Projekten zurückgegriffen werden müsste, die nicht mehr im Unternehmen tätig sind. Darüber hinaus befinden sich verblockungskritische Baukästen in der Regel in einem Umfeld mit hoher Entwicklungsdynamik und Produktarchitekturrelevanz. Damit geht eine Vielzahl neuer, noch unbekannter Risiken einher. Die Eintrittswahrscheinlichkeit für jedes Risiko wird daher individuell bestimmt und kann nur bedingt auf Vergangenheitsdaten zurückgreifen. Die Auswirkungen der Risiken auf das Gesamtsystem Produkt wurden im Rahmen der Risikoanalyse anhand mehrerer unterschiedlicher Verblockungsszenarien dargestellt. Es ist schwer vorstellbar, dass für sämtliche Verblockungsszenarien detaillierte Vergangenheitsdaten zur Verfügung stehen, um eine ausführliche Risikobewertung durchführen zu können.

Die Risikobewertung wird mit den interdisziplinären Baukastenentwicklungsteams durchgeführt, die von dem Risiko betroffen sind. Aufgrund der Möglichkeit, dass sich aus der Risikoanalyse eine Vielzahl von Verblockungsszenarien ergeben können, ist eine detaillierte Risikobewertung mit einem hohen Einsatz von Personalkapazitäten verbunden und daher sehr zeitaufwendig. In Bezug auf den Einsatz von Zeit und Budget lässt sich sagen, dass von beiden Ressourcen so wenig wie möglich und so viel wie nötig eingesetzt werden sollte.

Aus der Beantwortung der Leitfragen lässt sich im Allgemeinen schließen, dass die beiden Risikoparameter, Eintrittswahrscheinlichkeit und Auswirkungen einer Verblockung, nach dem gleichen Prinzip der Risikobemessung betrachtet werden können. Der Risikoparameter Auswirkungen einer Verblockung wird durch die Auswirkungskriterien einer Verblockung dargestellt, die im Folgenden näher beschrieben werden. Hierbei ist zu beachten, dass eventuell nicht alle für die Verblockung relevanten Auswirkungskriterien quantifizierbar dargestellt werden können. Dies ist auf finanzielle und zeitliche Restriktionen sowie die oft begrenzte Verfügbarkeit von Daten in Unternehmen zurückzuführen. Da es oft keine genaue und zuverlässige Datengrundlage über vergangene technische Änderungen für sämtliche Verblockungsszenarien gibt, kann auch kein präziser und verlässlicher Wert für die für diese Arbeit ermittelten Auswirkungskriterien einer Verblockung angegeben werden. Daher sollen sämtliche Auswirkungskriterien einer Verblockung, sofern möglich, quantifizierbar bemessen werden. Erlaubt sind aber auch die semi-quantitative und qualitative Risikobemessung. Darüber hinaus sind für die Auswirkungskriterien einer Verblockung Intervallschätzungen anzuraten, was eine schnelle Risikobewertung durch die betroffenen Baukastenentwicklungsteams begünstigt. Die Anforderung an die Genauigkeit der Risikobewertung wird durch die Verwendung von Intervallen in der Risikobewertung bestätigt, wonach eine geringere Aussagekraft im Vergleich zu einer Punktbewertung akzeptiert wird. Aus diesem Grund werden im Folgenden für die Auswirkungskriterien einer Verblockung Intervallschätzungen verwendet. Für den Risikoparameter Eintrittswahrscheinlichkeit wurde bereits in Kapitel 5.2.3 eine Punktbewertung vorgenommen. Um ein einheitliches Gesamtbild zwischen den Risikoparametern Eintrittswahrscheinlichkeit und Auswirkung zu erhalten, muss im Folgenden die Punktbewertung des Risikoparameters Eintrittswahrscheinlichkeit in eine Intervallschätzung überführt werden.

Damit eine Intervallschätzung auf die beiden Risikoparameter angewendet werden kann, muss eine geeignete Abstufungslogik entwickelt werden, um die Ausmaße der Risikoparameter zu bemessen. Zu diesem Zweck werden Stufen der Eintrittswahrscheinlichkeit und der Auswirkungen einer Verblockung definiert, auf deren Grundlage die Risikobewertung in den folgenden Kapiteln durchgeführt werden kann. Bei der Wahl der Anzahl an Stufen ist zu beachten, dass eine Einschränkung der Auswahlmöglichkeiten eine restriktive Wirkung auf die Befragten haben kann. Die Befragten können den Eindruck haben, dass sie mit der Wahl einer Stufe nur eine unvollständige Bewertung abgeben können. Andererseits haben vorgegebene Stufen auch eine unterstützende Wirkung, indem sie die Wahl einer definierten Stufe mit einer überschaubaren Anzahl deutlich unterschiedlicher Alternativen erleichtern.[626] In der vorliegenden Arbeit wurde die Anzahl der Stufen auf fünf festgelegt <0-1-2-3-4>, die einer textuellen Abstufung von <Keine-Niedrig-Mittel-Hoch-Sehr hoch> entsprechen. Da die Stufe <Keine> nur bei Nichtbetroffenheit gewählt werden kann, existieren eigentlich nur vier Stufen. Dadurch wird ein Ausweichen in die goldene Mitte vermieden, was häufig bei ungeraden Abstufungen zu beobachten ist. Darüber hinaus sind die fünf Stufen im Hinblick auf die erforderliche Genauigkeit der Risikobewertung ausreichend. Im Allgemeinen kann die Anzahl der Stufen für jedes Unternehmen individuell festgelegt werden. In der Praxis hat sich jedoch gezeigt, dass feinere Abstufungen lediglich zu einer Scheingenauigkeit der Risikobewertung führen. In der Regel sind die bewertenden Personen nicht in der Lage, mit zunehmender Anzahl an Stufen automatisch präzisere Risikobewertungen abzugeben.[627]

Anwendung der Risikobemessung auf den Risikoparameter Eintrittswahrscheinlichkeit

Die Eintrittswahrscheinlichkeit in Prozent wurde bereits in Kapitel 5.2.3 bestimmt und kann an dieser Stelle wieder aufgegriffen werden. Die Eintrittswahrscheinlichkeit wird jedoch nicht auf der dort verwendeten Verhältnisskala von eins bis 99 Prozent angegeben. Null Prozent sind nicht möglich, da dies einem nicht identifizierten Risiko entsprechen würde. In dieser Arbeit werden nur identifizierte Risiken berücksichtigt. 100 Prozent entsprechen einem eingetretenen Risiko, was der Definition des Begriffes Problem gleichkommt. In dieser Arbeit werden jedoch nur Risiken betrachtet. Wie im letzten Absatz beschrieben, müssen aus der Eintrittswahrscheinlichkeit in Prozent Intervalle gebildet und durch Stufen der Eintrittswahrscheinlichkeit beschrieben werden (vgl. Abbildung 5-33). Die Unterteilung der Prozentwerte der Eintrittswahrscheinlichkeit erfolgt linear, da dies intuitiver ist und die Anforderungen an die Genauigkeit der Risikobewertung erfüllt. Je nach Unternehmen und den betrachteten Baukästen können die Intervalle der Eintrittswahrscheinlichkeit in Prozent individuell angepasst werden.

---

[626] Vgl. Funke (2006), Online- und Offlinevergleich visueller Analogskalen mit 4- und 8-stufig skalierten Likert-Skalen bei einem Fragebogen zum Verhalten in sozialen Gruppen, S. 4826

[627] Vgl. Schumacher (2016), Risikomanagement für die qualitätsorientierte Entwicklung industrieller Dienstleistungen, S. 147

Bemessung der Eintrittswahrscheinlichkeit				
Eintrittswahrscheinlichkeit in Prozent	1 – 25 %	26 – 50 %	51 – 75 %	76 – 99 %
Stufen der Eintrittswahrscheinlichkeit	1_Niedrig	2_Mittel	3_Hoch	4_Sehr hoch

Abbildung 5-33: Bemessung des Risikoparameters Eintrittswahrscheinlichkeit

Anwendung der Risikobemessung auf den Risikoparameter Auswirkungen von Verblockungen

Die Anwendung der Bemessung des Risikoparameters Auswirkungen einer Verblockung erfolgt nach einem ähnlichen Schema wie die Bemessung des Risikoparameters der Eintrittswahrscheinlichkeit. Wie bereits beschrieben, wird in dieser Arbeit die Höhe der Auswirkungen einer Verblockung anhand von Auswirkungskriterien wiedergegeben. Dazu müssen in einem ersten Schritt die Auswirkungskriterien einer Verblockung ermittelt werden. Die Auswahl der Auswirkungskriterien einer Verblockung erfolgt in Bezug auf die beiden Auswirkungsdimensionen einer Verblockung, die in Kapitel 1.1 behandelt wurden. Die beiden Auswirkungsdimensionen einer Verblockung sind die hohen nachträglichen Änderungs- und Abbruchkosten sowie keine oder zeitlich verzögerte Änderungen.[628] Auf diese Weise wird sichergestellt, dass nachfolgend die für diese Arbeit relevanten Auswirkungskriterien ausgewählt und verwendet werden. Darauf aufbauend können für jedes der ermittelten Auswirkungskriterien einer Verblockung vier Stufen definiert und damit die Bemessung des Risikoparameters Auswirkungen durchgeführt werden.

Zunächst wird die Literatur, die in Kapitel 3.2.2 dem Prinzip der Risikobewertung zugeordnet werden konnte, auf Auswirkungskriterien hin untersucht, die sich einer der beiden Auswirkungsdimensionen der Verblockung zuordnen lassen. Dazu zählen die Beiträge von MARTIN UND ISHII[629] sowie SCHUH ET AL.[630]. MARTIN UND ISHII liefern eine qualitative Schätzung der Kosten für eine technische Änderung einer Komponente.[631] Dieses qualitative Auswirkungskriterium der Verblockung lässt sich der Auswirkungsdimension hohe Änderungs- und Abbruchkosten zuordnen. Für die Anwendung in dieser Arbeit muss die Aussagekraft dieses Auswirkungskriteriums jedoch erhöht werden. Dies kann durch eine Unterteilung in präzisere Auswirkungskriterien einer Verblockung erreicht werden. SCHUH ET AL. bewerten Risiken, indem sie die Auswirkungen eines Risikos ausgehend von einem Baukastenmerkmal anhand der Auswirkungskriterien der zusätzlich anfallenden Kosten und der geplanten Funktionserfüllung untersuchen.[632] Das Auswirkungskriterium der zusätzlich anfallenden Kosten von SCHUH ET AL. ist gleichzusetzen mit dem Auswirkungskriterium der Kosten für eine technische Änderung an einer

---

628 Vgl. Kapitel 1.1

629 Vgl. Martin et al. (2002), Design for variety; Schuh et al. (2017), Design for Changeability

630 Vgl. Schuh et al. (2017), Design for Changeability

631 Vgl. Kapitel 3.2.2; Martin et al. (2002), Design for variety, S. 216 ff.

632 Vgl. Kapitel 3.2.2; Schuh et al. (2017), Design for Changeability, S. 65 f.; Das Baukastenmerkmal ist hierbei ein Synonym für den Begriff Freiheitsgrad.

Komponente von MARTIN UND ISHII. Folglich kann dieses Auswirkungskriterium der Verblockung ebenfalls der Auswirkungsdimension der hohen Änderungs- und Abbruchkosten zugeordnet werden. Darüber hinaus wird das Auswirkungskriterium der zusätzlich anfallenden Kosten in der Dissertation von BREUNIG, die zum Teil aus dem Beitrag von SCHUH ET AL. besteht, weiterführend in die Entwicklungs- und Konstruktionskosten sowie die Herstellkosten unterteilt.[633] Damit kann eine präzisere Bewertung eines Risikos im Hinblick auf eine Verblockung erfolgen. Die Entwicklungs- und Konstruktionskosten bei BREUNIG entsprechen den in Kapitel 5.1.1 beschriebenen Initialkosten. Im weiteren Verlauf dieser Arbeit wird daher für dieses Auswirkungskriterium der Begriff Initialkosten verwendet. Das Auswirkungskriterium der geplanten Funktionserfüllung von SCHUH ET AL. kann der Auswirkungsdimension keine oder zeitlich verzögerte Änderungen zugeordnet werden. Dieses Auswirkungskriterium beschreibt qualitativ den Grad, in dem die den Funktionen zugrunde liegenden Kundenanforderungen erfüllt werden können.[634] Aus diesem Grund wird dieses Auswirkungskriterium in dieser Arbeit in Attraktivität Kundenfunktion umbenannt.

Darüber hinaus beschreiben SCHUMACHER[635] und OEHMEN[636] in ihren Beiträgen weitere Auswirkungskriterien, die im Hinblick auf ihre Anwendung im Rahmen der vorliegenden Arbeit untersucht werden. Die Grundlage hierzu bildeten Diskussionen und Expertengespräche mit Mitarbeitern aus der Automobilindustrie. SCHUMACHER listet im Rahmen des Risikomanagements für eine qualitätsorientierte Entwicklung industrieller Dienstleistungen die Auswirkungskriterien Kosten, Qualität, Verzögerung, Image, Gesundheit und Umwelt bei der Risikobewertung auf.[637] Das Auswirkungskriterium Kosten kann in dieser Arbeit der Auswirkungsdimension hohe Änderungs- und Abbruchkosten zugeordnet werden. Die verbleibenden Auswirkungskriterien Qualität, Verzögerung, Image, Gesundheit und Umwelt sind der Auswirkungsdimension keine oder zeitlich verzögerte Änderungen zuzuordnen. Das Auswirkungskriterium Qualität entspricht dem Auswirkungskriterium einer Verblockung Attraktivität Kundenfunktion dieser Arbeit. Die Auswirkungskriterien Image, Gesundheit und Umwelt können in der vorliegenden Arbeit unter dem Auswirkungskriterium einer Verblockung Reputation zusammengefasst werden. Der Autor OEHMEN unterteilt die Auswirkungskriterien in der Produktentwicklung in das Projektkostenrisiko, Produktkostenrisiko, Projektzeitplanrisiko, Time-to-Market Risiko, Projektqualitätsrisiko, Produktqualitätsrisiko, Umwelt-, Gesundheits- und Sicherheitsrisiko und das Reputationsrisiko.[638] Das Projektkostenrisiko und das Produktkostenrisiko entsprechen den Auswirkungskriterien einer Verblockung Initialkosten und Herstellkosten und können daher der Auswirkungsdimension hohe Änderungs- und Abbruchkosten zugeordnet werden. Das Projektplanrisiko und das Time-to-Market Risiko lassen sich als das Auswirkungskriterium der Verblockung Reaktionszeit zusammenfassen. Das Projekt- und das Produktqualitätsrisiko lassen sich, wie das Auswirkungskriterium Qualität bei SCHUMACHER, im Auswirkungskriterium der Verblockung Attraktivität Kundenfunktion bündeln. Die Auswirkungskriterien Umwelt-, Gesundheits- und Sicherheitsrisiko sowie das Reputationsrisiko entsprechen dem

633 Vgl. Breunig (2017), Produktarchitekturgestaltung mechatronischer Baukastensysteme, S. 149 ff.

634 Vgl. Breunig (2017), Produktarchitekturgestaltung mechatronischer Baukastensysteme, S. 144

635 Vgl. Schumacher (2016), Risikomanagement für die qualitätsorientierte Entwicklung industrieller Dienstleistungen

636 Vgl. Oehmen (2016), Risiko- und Chancenmanagement in der Produktentwicklung

637 Vgl. Schumacher (2016), Risikomanagement für die qualitätsorientierte Entwicklung industrieller Dienstleistungen, S. 146

638 Vgl. Oehmen (2016), Risiko- und Chancenmanagement in der Produktentwicklung, S. 78

Auswirkungskriterium der Verblockung Reputation in dieser Arbeit. Im Rahmen von Expertengesprächen in der Automobilindustrie wurde darüber hinaus festgestellt, dass eine Erhöhung des Gewichts ebenfalls hohe Änderungs- und Abbruchkosten zur Folge haben kann. Dies ist einerseits darauf zurückzuführen, dass man das zusätzliche Gewicht eines Materials direkt in Materialkosten umrechnen kann. Die Materialkosten sind Bestandteil der Herstellungskosten und können somit diesem Auswirkungskriterium zugewiesen werden. Andererseits kann eine Erhöhung des Gewichts an einem Einbauort des Produkts beispielsweise zu einem Ungleichgewicht führen, das zu einer neuen Anordnung von Komponenten innerhalb des Produkts führt und somit hohe Änderungs- und Abbruchkosten nach sich ziehen würde. Aus diesem Grund wurde beschlossen, die Auswirkungsdimension hohe Änderungs- und Abbruchkosten um das Auswirkungskriterium einer Verblockung Gewicht (Erhöhung) zu ergänzen.

Auf dieser Grundlage gibt Abbildung 5-34 einen Überblick über die für diese Arbeit relevanten Auswirkungskriterien einschließlich der dazugehörigen Auswirkungsdimensionen. In der Auswirkungsdimension hohe Änderungs- und Abbruchkosten kann zwischen den Auswirkungskriterien einer Verblockung Herstellkosten, Initialkosten und Gewicht (Erhöhung) unterschieden werden. Der Auswirkungsdimension keine oder zeitlich verzögerte Änderungen können die Auswirkungskriterien einer Verblockung Reaktionszeit, Reputation und Attraktivität Kundenfunktion zugeordnet werden.

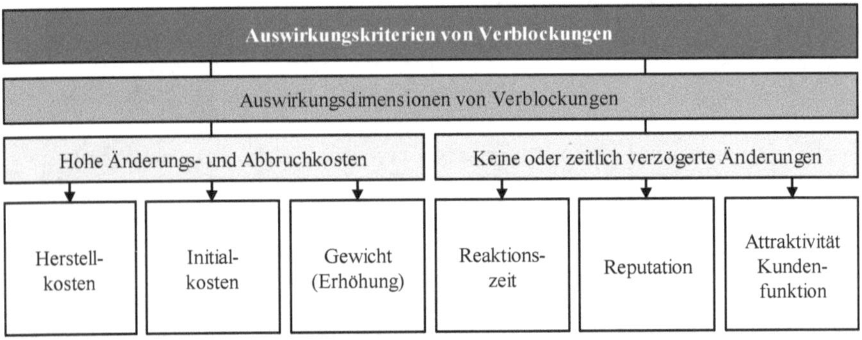

Abbildung 5-34: Auswirkungskriterien einer Verblockung

Nachdem die für diese Arbeit relevanten Auswirkungskriterien einer Verblockung ermittelt wurden, können für jedes dieser Auswirkungskriterien vier Stufen definiert werden, wodurch die Bemessung des Risikoparameters Auswirkungen einer Verblockung ermöglicht wird. Da oft mehrere Auswirkungskriterien gleichzeitig von einem Risiko betroffen sind, muss sichergestellt werden, dass dieselben Stufen von Auswirkungskriterien annähernd die gleiche Bedeutung für das Unternehmen besitzen. Damit können die verschiedenen Auswirkungskriterien untereinander verglichen werden. An dieser Stelle sei darauf hingewiesen, dass die gewählten Stufen auf den Erfahrungen des Autors aus Industrieprojekten basieren und als Richtlinie für die Anwendung gedacht sind. Je nach Branche, Unternehmen und Baukasten können diese Stufen individuell von den Verantwortlichen übernommen oder selbst definiert und vereinbart werden. Die Risikobemessung der Auswirkungsdimension hohe Änderungs- und Abbruchkosten erfolgt in der vorliegenden Arbeit quantitativ. Die Risikobemessung der Auswirkungsdimension keine oder zeitlich verzögerte Änderungen erfolgt semi-quantitativ sowie qualitativ und anhand von Intervallschätzungen. Wenn das Risiko eines der aufgelisteten Auswirkungskriterien eine Verblockung nicht betrifft, kann die Bemessung für dieses Auswirkungskriterium entfallen. Im Folgenden werden die Auswirkungskriterien einer Verblockung samt ihrer Stufen kurz erläutert.

Herstellkosten

Herstellkosten sind die Kosten, die direkt dem Herstellprozess eines Baukastens zugeordnet werden können. Wie bereits in Kapitel 5.1.1 beschrieben, umfassen die Herstellkosten die Materialkosten, die Materialgemeinkosten, die Lohneinzelkosten, die Fertigungsgemeinkosten sowie die Sondereinzelkosten der Fertigung.[639] Das Prinzip der Bemessung ist quantitativ, die Bemessungsgröße ist der Euro und das Delta zum Ausgangswert wird in Prozent ausgedrückt. Die Stufen für dieses Auswirkungskriterium einer Verblockung sind unterteilt in keine Auswirkung (0_Keine), < 5% (1_Niedrig), 5 – 10% (2_Mittel), 10 – 20% (3_Hoch) und > 20% (4_Sehr hoch).

Initialkosten

Initialkosten sind die Summe aller Kosten einer Baukastenentwicklung, die vom Beginn der Entwicklung bis zum Zeitpunkt des ersten Verkaufserlöses anfallen. Die Initialkosten untergliedern sich in die Entwicklungskosten (z.B. Lieferantenentwicklungskosten, eigene Entwicklungskosten zur Absicherung) und die Investitionskosten (z.B. Strukturinvestitionen, Werkzeuge für die Hausfertigung oder Produktinvestitionen, Werkzeuge beim Lieferanten) des Baukastens i.[640] Das Prinzip der Bemessung ist quantitativ, die Bemessungsgröße ist der Euro und das Delta zum Ausgangswert wird in Prozent ausgedrückt. Die Stufen 0_Keine, 1_Niedrig, 2_Mittel, 3_Hoch und 4_Sehr hoch entsprechen den Intervallen Keine Auswirkung, < 5%, 5 – 10%, 10 – 15% und >15% des Auswirkungskriteriums einer Verblockung Initialkosten.

Gewicht (Erhöhung)

In der Physik ist das Gewicht die Größe der Kraft, mit der ein Körper auf seine Unterlage drückt oder nach unten zieht. Populärwissenschaftlich kann dieser Begriff als die Schwere eines Körpers beschrieben werden, die sich durch Wiegen ermitteln lässt.[641] Die Bemessungsgröße ist das Gramm und das Delta zum Ausgangswert wird in Prozent ausgedrückt. Die quantitative Bemessung des Auswirkungskriteriums der Verblockung Gewicht (Erhöhung) wird in die Stufen keine Auswirkung (0_Keine), < 1% (1_Niedrig), 1 – 10% (2_Mittel), 10 – 15% (3_Hoch) und > 25% (4_Sehr hoch) unterteilt.

Reaktionszeit

Die Reaktionszeit wird in der vorliegenden Arbeit definiert als diejenige Zeit, die vom Eintreten des Risikos bis zur Umsetzung der technischen Lösung benötigt wird, mit der eine Verblockung aufgelöst werden kann. Das Prinzip der Bemessung ist semi-quantitativ, d.h. neben einer quantitativen Angabe der Intervalle in Monaten wird eine qualitative Beschreibung hinzugefügt. Die Stufe 0_Keine wird mit Keine Reaktionszeit eingestuft. Die Stufe 1_Niedrig kann mit einer schnellen Umsetzung beschrieben werden, was einer Dauer von < 3 Monaten entspricht. Eine Umsetzung mit spürbarer Verzögerung (3 – 6 Monate) kommt der Stufe 2_Mittel gleich. Die Stufe 3_Hoch kann mit einer Umsetzung mit einer

639 Vgl. Kapitel 5.1.1; Kemmetmüller et al. (2004), Handbuch der Kostenrechnung, S. 177

640 Vgl. Kapitel 5.1.1; Schiffer (2013), Szenariorobuste Produktarchitekturgestaltung, S. 175

641 Vgl. Dudenredaktion (2019), Deutsches Universalwörterbuch, Nomen Gewicht

erheblichen Verzögerung (6 – 12 Monate) charakterisiert werden. Alles > 12 Monaten, sprich einer Umsetzung bis zur nächsten Baukastengeneration, entspricht der Stufe 4_Sehr hoch.

Reputation

Die Reputation ist die Summe vieler Einzelbewertungen von Unternehmen durch Einzelpersonen oder Organisationen. Diese Definition lässt sich auf den Ursprung des lateinischen Wortes „reputatio" zurückführen, was sich mit Berechnung oder Anrechnung übersetzen lässt. Die Faktoren, nach denen die jeweiligen Stakeholder urteilen, sind Glaubwürdigkeit, Zuverlässigkeit, Verlässlichkeit und Verantwortung eines Unternehmens.[642] Das Prinzip der Bemessung ist qualitativ. In Stufen unterteilt lässt sich das Auswirkungskriteriums der Verblockung Reputation wie folgt beschreiben: Keine Auswirkung (0_Keine), Negatives Feedback in der Öffentlichkeit bekannt (1_Niedrig), Öffentliche Diskussionen (2_Mittel), Empfehlungen zum Nichtkauf durch Organisationen (3_Hoch) und Organisierte Proteste und Boykotte (4_Sehr hoch).

Attraktivität Kundenfunktion

Die Attraktivität einer Kundenfunktion wird in dieser Arbeit definiert als die wahrgenommene Anziehungskraft einer technischen Umsetzung von einer nachfrageseitigen Funktion. Die Kundenfunktion charakterisiert die Art des Nutzens, den diese Unternehmensleistung einem Kunden bietet und kann anhand ihres Umsatzes oder anhand davon abgeleiteter Parameter operationalisiert werden.[643] Das Prinzip der Bemessung ist qualitativ. Die Stufen 0_Keine, 1_Niedrig, 2_Mittel, 3_Hoch und 4_Sehr hoch des Auswirkungskriterium der Verblockung Attraktivität Kundenfunktion entsprechen den Intervallen Keine Auswirkung, Unattraktiv für wenige Kunden, Unattraktiv für viele Kunden, Unattraktiv für Mehrheit der Kunden und Unattraktiv für praktisch alle Kunden.

Abbildung 5-35 zeigt zusammengefasst die Bemessung des Risikoparameters Auswirkungen einer Verblockung anhand der ermittelten Auswirkungskriterien einer Verblockung.

---

642 Vgl. Fombrun (1996), Reputation, S. 72

643 Vgl. Kleiner (2009), Ansätze zur Kundensegmentierung und zu deren Implementierung im Finanzdienstleistungssektor, S. 10

Auswirkungsstufen	Auswirkungskriterien der Verblockung					
	Hohe Änderungs- und Abbruchkosten			Keine oder zeitlich verzögerte Änderungen		
	Herstellkosten	**Initialkosten**	**Gewicht (Erhöhung)**	**Reaktionszeit**	**Reputation**	**Attraktivität Kundenfunktion**
0_Keine	Keine Auswirkung	Keine Auswirkung	Keine Auswirkung	Keine Reaktionszeit	Keine Auswirkung	Keine Auswirkung
1_Niedrig	< 5 %	< 5 %	< 1 %	Schnelle Umsetzung (< 3 Monate)	Negatives Feedback in der Öffentlichkeit bekannt	Unattraktiv für wenige Kunden
2_Mittel	5 – 10 %	5 – 10 %	1 – 10 %	Umsetzung mit spürbarer Verzögerung (3 – 6 Monate)	Öffentliche Diskussionen	Unattraktiv für viele Kunden
3_Hoch	10 – 20 %	10 – 15 %	10 – 25 %	Umsetzung mit erheblicher Verzögerung (6 – 12 Monate)	Empfehlungen zum Nichtkauf durch Organisationen	Unattraktiv für Mehrheit der Kunden
4_Sehr hoch	> 20 %	> 15 %	> 25 %	Umsetzung bis zur nächsten BK-Generation (> 12 Monate)	Organisierte Proteste und Boykotte	Unattraktiv für praktisch alle Kunden

Abbildung 5-35: Bemessung des Risikoparameters Auswirkungen einer Verblockung

5.4.2 Risikobewertung im Gesamtsystem Produkt

Dieses Kapitel befasst sich mit der Risikobewertung im Gesamtsystem Produkt. Die im vorangegangenen Kapitel bemessenen Risikoparameter Eintrittswahrscheinlichkeit und Auswirkungen einer Verblockung sowie die in Kapitel 5.3.3 erstellten Verblockungsszenarien bilden hierfür den Ausgangspunkt. Die Verblockungsszenarien stellen für jedes Risiko mögliche Lösungsansätze für das betrachtete Risiko im Gesamtsystem Produkt dar. Das Ergebnis dieses Kapitels wird als die Auswahl des am besten geeigneten Verblockungsszenarios für jedes Risiko im Hinblick auf eine mögliche Verblockung bezeichnet. Dazu müssen zuerst die Risikoparameter Eintrittswahrscheinlichkeit und Auswirkungen einer Verblockung auf ihre Anwendbarkeit für diese Bewertung untersucht und entsprechend beurteilt werden. Der Risikoparameter Eintrittswahrscheinlichkeit wurde bereits in Kapitel 5.2.3 bestimmt und ändert sich für die unterschiedlichen Verblockungsszenarien eines bestimmten Risikos nicht. Daher kann der Risikoparameter Eintrittswahrscheinlichkeit direkt in die entsprechende Stufe der Eintrittswahrscheinlichkeit überführt werden, ist aber nicht geeignet, um die Risiken im Gesamtsystem Produkt zu bewerten. Der Risikoparameter Auswirkungen einer Verblockung wird anhand der in Kapitel 5.4.1 ermittelten Auswirkungskriterien einer Verblockung bestimmt. Eine Bewertung erfolgt pro Risiko individuell in Abhängigkeit vom entsprechenden Verblockungsszenario. Das Resultat der Bewertung ist daher für jedes Verblockungsszenario eines Risikos unterschiedlich. Der Risikoparameter Auswirkungen einer Verblockung ist daher geeignet, die Risiken im Gesamtsystem Produkt zu bewerten.

In einem ersten Schritt werden dazu sämtliche Verblockungsszenarien pro Risiko anhand der Auswirkungskriterien einer Verblockung einzeln bewertet. Diese Einzelbewertungen werden im Anschluss daran zu einer Gesamtbewertungszahl für jedes Verblockungsszenario aggregiert. Auf dieser Basis kann eine Auswahl hinsichtlich des Verblockungsszenarios mit den geringsten Gesamtauswirkungen einer Verblockung getroffen werden.

Bewertung der Auswirkungskriterien einer Verblockung

Bei der Bemessung der Auswirkungskriterien einer Verblockung in Kapitel 5.4.1 wurde zwischen einer quantitativen, qualitativen und semi-quantitativen Bemessung unterschieden. Je nach Prinzip der Bemessung der Auswirkungskriterien sind unterschiedliche Bewertungsansätze erforderlich. Die Bewertung dieser Auswirkungskriterien erfolgt jeweils auf der Grundlage des Deltas zum Ausgangswert unter Verwendung der im vorherigen Kapitel bereits bestimmten fünf Auswirkungsstufen. Im Folgenden wird für jedes Bemessungsprinzip der dazugehörige Bewertungsansatz beschrieben.

Bewertung der quantitativ bemessenen Auswirkungskriterien

Bei den quantitativ bemessenen Auswirkungskriterien Herstellkosten, Initialkosten und Gewicht (Erhöhung) setzt sich der Ausgangswert aus der Addition der Bemessungsgrößen aller im Verblockungsszenario von einer technischen Änderung betroffenen Baukästen, ihrer Varianten und Generationen zusammen. So sind beispielsweise in einem Verblockungsszenario drei Baukästen von einem Risiko betroffen. Das Auswirkungskriterium Herstellkosten besitzt die Bemessungsgröße Euro. Der verblockungskritische Baukasten 1 kann mit zehn Euro Herstellkosten angegeben werden. Die Baukästen 2 und 3, die aufgrund des Risikos ebenfalls von einer technischen Änderung betroffen sind, werden mit fünf und vier Euro beziffert. Der Ausgangswert für das Auswirkungskriterium der Herstellkosten beträgt für dieses Verblockungsszenario somit 19 Euro aus der Addition dieser drei Werte. Teilweise sind diese Informationen bereits als explizit verfügbares Wissen in den Datenbanken der Unternehmen vorhanden. Wenn nicht, müssen die betroffenen Baukastenentwicklungsteams für ihren Baukasten jeweils eine Aussage im Hinblick auf den Wert der Bemessungsgröße machen. Die Werte der Bemessungsgröße können für jeden Baukasten unterschiedlich ausgeprägt sein.

Jedes Baukastenentwicklungsteam ist für seinen Baukasten am besten in der Lage, die Auswirkungen des Risikos auf die Verblockungsszenarien und die damit verbundene Bewertung für das quantitativ bemessene Auswirkungskriterium bereitzustellen. Die Einzelbewertungen je Baukasten erfolgen anhand der in Kapitel 5.4.1 vordefinierten Stufen 0_Keine, 1_Niedrig, 2_Mittel, 3_Hoch und 4_Sehr hoch. Diese Einzelbewertungen müssen anschließend wieder zu einer Gesamtbewertung zusammengeführt werden, da sich die Bewertung eines Auswirkungskriteriums immer auf den Ausgangswert bezieht. Die durch Intervalle beschriebenen Stufen der Einzelbewertungen sind jedoch nur schwer zu einer Gesamtbewertung zusammenzuführen. Diese Zusammenführung der Einzelbewertungen wird darüber hinaus dadurch erschwert, dass jeder Baukasten in einem Verblockungsszenario einen unterschiedlich großen Anteil am Ausgangswert der Bemessungsgröße des Auswirkungskriteriums aufweist. Die Bewertung eines quantitativ bemessenen Auswirkungskriteriums erfolgt daher auf Basis der Berechnung des gewichteten arithmetischen Mittels mit relativer Häufigkeit. Der arithmetische Mittelwert ist definiert als die Summe aller Bewertungen einer betrachteten Grundgesamtheit geteilt durch die Anzahl der Bewertungen.[644] Für die Berechnung wird die numerische Beschreibung der Stufen 0 (Keine), 1 (Niedrig), 2 (Mittel), 3 (Hoch) und 4 (Sehr hoch) verwendet. Die relative Häufigkeit beschreibt in diesem Zusammenhang den Anteil der Bemessungsgröße eines Baukastens an der Summe der Bemessungsgrößen aller Baukästen eines Verblockungsszenarios. Die relative Häufigkeit kann somit nur Werte zwischen 0 und

[644] Vgl. Kohn (2005), Statistik, S. 65 f.

1 annehmen und wird in Prozent angegeben. Damit können Häufigkeitsverteilungen unabhängig von der Grundgesamtheit dargestellt werden. Formelmäßig wird das gewichtete arithmetische Mittel mit relativer Häufigkeit für die vorliegende Arbeit ausgedrückt als:[645]

$$\overline{x_{a,qn,r}} = \sum_{i=1}^{n} x_{a,qn,i,r} \times h(x_{a,qn,i,r})$$

$\overline{x_{a,qn,r}}$: Gewichtetes arithmetisches Mittel mit relativer Häufigkeit für das quantitativ bemessene Auswirkungskriterium a für das Risiko r

$x_{a,qn,i,r}$: Numerische Beschreibung der Einzelbewertung eines Baukastens i für das quantitativ bemessene Auswirkungskriterium a des Risikos r

$h(x_{a,qn,i,r})$: Relative Häufigkeit eines Baukastens für das quantitativ bemessene Auswirkungskriterium a für das Risiko r

Das gewichtete arithmetische Mittel mit relativer Häufigkeit für das quantitativ bemessene Auswirkungskriterium a für das Risiko r wird mit zwei Dezimalstellen nach dem Komma angegeben. Die dazugehörige mögliche Bandbreite, die aus der numerischen Beschreibung der Stufen berechnet werden kann, reicht von einem Minimum von Null bis zu einem Maximum von vier. Ungerade Ergebnisse werden dabei auf die nächstgrößere oder nächstkleinere ganze Zahl auf- oder abgerundet. Ab einem Wert von x,50 wird anstelle einer genaueren Zahl die nächsthöhere ganze Zahl angegeben. Bis zu einem Wert von x,49 wird auf die nächstniedrigere ganze Zahl abgerundet. Abbildung 5-36 beschreibt beispielhaft die Bewertung des Auswirkungskriteriums Herstellkosten anhand des gewichteten arithmetischen Mittels mit relativer Häufigkeit. Zunächst wurden sämtliche Baukästen aufgelistet, die in einem Verblockungsszenario von einer technischen Änderung betroffen sind. Anschließend wurde für diese Baukästen die relative Häufigkeit berechnet, in Prozent dargestellt und die Auswirkungen des Risikos je Baukasten durch eine Einzelbewertung angegeben. Auf der Grundlage dieser Informationen konnte $\overline{x_{Herstellkosten}}$ mit einer Gesamtbewertung von 2,00 (Mittel) ermittelt werden.

---

645 Die allgemein gültige Formel zum gewichteten arithmetischen Mittel mit relativer Häufigkeit findet sich bei Bleymüller (2012), Statistik für Wirtschaftswissenschaftler, S. 13

Bewertung des Auswirkungskriteriums Herstellkosten

Nr.	Baukasten-bezeichnung	Variante	Relative Häufigkeit	Bewertungsstufen 0	1	2	3	4	Gewichtetes arithmetisches Mittel mit relativer Häufigkeit
1	Baukasten 1	Variante 1.A	40,00 %	□	□	□	■	□	40,00 % x 3 (Hoch) = 1,20
2	Baukasten 2	Variante 2.A	20,00 %	□	■	□	□	□	20,00 % x 1 (Niedrig) = 0,20
3	Baukasten 2	Variante 2.B	15,00 %	■	□	□	□	□	15,00 % x 0 (Keine) = 0,00
4	Baukasten 3	Variante 3.A	15,00 %	□	□	■	□	□	15,00 % x 2 (Mittel) = 0,30
5	Baukasten 3	Variante 3.B	10,00 %	□	□	□	■	□	10,00 % x 3 (Hoch) = 0,30

$\overline{x_{Herstellkosten}}$ = **2,00 (Mittel)**

Abbildung 5-36: Exemplarische Bewertung des Auswirkungskriteriums Herstellkosten

Bewertung der qualitativ bemessenen Auswirkungskriterien

Die Bewertung der qualitativ bemessenen Auswirkungskriterien Reputation und Attraktivität Kundenfunktion ist wesentlich subjektiver als die Bewertung der quantitativ bemessenen Auswirkungskriterien. Die Bemessungsgrößen sind nicht objektive oder bekannte, bereits häufig monetarisierte Bemessungsgrößen und daher nur schwer messbar. Infolgedessen gibt es in Unternehmensdatenbanken in der Regel keine vergangenheitsbezogenen Daten über Bewertungen dieser Auswirkungskriterien. Sofern Daten bzw. Bewertungen zu diesen qualitativ bemessenen Auswirkungskriterien vorliegen, existieren diese im Sinne von Lessons Learned auf den Laufwerken einzelner Mitarbeiter oder Abteilungen. Da an dieser Stelle explizites Wissen nur in Einzelfällen vorhanden ist, rückt implizites Wissen und damit die Erfahrungswerte der Mitarbeiter stärker in den Fokus. Für die Bewertung dieser qualitativ bemessenen Auswirkungskriterien auf der Grundlage von implizitem Wissen gibt es mehrere in der Praxis verankerte qualitative Bewertungsverfahren. Dazu gehören z.B. Expertenschätzungen, Checklisten, Nutzwertanalysen, Argumentenbilanzen und Profilanalysen.[646] Da Checklisten, Nutzwertanalysen, Argumentationsbilanzen und Profilanalysen in der Regel einen hohen Aufwand bei gleichzeitig nur scheinbar erhöhter Genauigkeit erfordern, werden diese qualitativen Bewertungsverfahren in dieser Arbeit weder empfohlen noch vertieft behandelt. Im Rahmen dieser Arbeit sind Expertenschätzungen das geeignete Verfahren zur Bewertung der qualitativ bemessenen Auswirkungskriterien, da diese in der Regel mit dem geringsten Aufwand verbunden sind und bei guter Dokumentation der Entscheidungsbegründung eine vergleichbare Aussagekraft wie andere aufwendigere qualitative Bewertungsverfahren aufweisen.

Das interdisziplinäre Team für die Expertenschätzungen besteht aus einer Zusammensetzung von Experten aus den von der Verblockung betroffenen Baukastenentwicklungsteams. Die Expertenschätzungen werden im Rahmen von Workshops oder einer Terminserie durchgeführt. Bei Bedarf werden diese Experten von Mitarbeitern aus dem Vertrieb, der Unternehmensstrategie und von Kunden, Partnern oder Lieferanten unterstützt. Auf diese Weise kann eine große Anzahl an Experten an einem Termin zusam-

---

646 Vgl. Haller (1999), Bewertung der Flexibilität automatisierter Materialflusssysteme der variantenreichen Großserienproduktion, S. 64 ff.; Peter (2011), Innovationscontrolling, S. 25 ff.

menkommen. Daher ist es wichtig, die Zahl der Experten bereits im Vorfeld auf ein notwendiges Minimum zu begrenzen. Wenn sich zu viele Experten an einer Diskussion beteiligen, ist es schwierig, mit wenig Zeitaufwand zielorientiert zu einer abgestimmten Bewertung der qualitativ bemessenen Auswirkungskriterien zu kommen. Hinzu kommt, dass nicht alle Experten zur gleichen Zeit am gleichen Termin teilnehmen können, da im Tagesgeschäft oft mehrere Termine parallel stattfinden. Dies würde bedeuten, dass einige Baukastenentwicklungsteams gegenüber anderen Baukastenentwicklungsteams überproportional vertreten sein können. Da sich die einzelnen Baukastenentwicklungsteams jeweils auf die Entwicklung ihrer eigenen Baukästen konzentrieren, besteht die Gefahr, dass die Expertenschätzung zugunsten eines oder mehrerer weniger Baukästen und zum Nachteil anderer von der Verblockung betroffenen Baukästen getroffen wird. Dies gilt es zu verhindern. Aus diesem Grund nimmt für jedes Baukastenentwicklungsteam jeweils ein Experte, in der Regel der Leiter des Baukastenentwicklungsteams oder ein Vertreter, an den Diskussionen teil. Darüber hinaus werden die Bewertungen durch die Experteneinschätzung direkt im Sinne einer Gesamtbewertung durchgeführt.

Die Bewertungen der qualitativ bemessenen Auswirkungskriterien beginnen mit dem Ziel, sich auf eine gemeinsame Experteneinschätzung zu einigen, die auf mehreren subjektiven Einschätzungen beruht, die anfangs zur Diskussion stehen. Das Ergebnis ist beispielweise die Einigung auf den Wert 1_Niedrig, also negatives Feedback in der Öffentlichkeit bekannt, für das qualitativ bemessene Auswirkungskriterium Reputation für ein Risiko. Diese subjektiven Einzeleinschätzungen können direkt von den teilnehmenden Experten stammen oder wurden bereits im Vorfeld in den jeweiligen Baukastenentwicklungsteams erarbeitet und werden vom Leiter des entsprechenden Baukastenentwicklungsteams vorgebracht. Im Rahmen der Diskussionen kann darüber hinaus ein Moderator hinzugezogen werden. Dieser hat die Aufgabe, alle Teilnehmer zu Wort kommen zu lassen, die Argumente der einzelnen Expertenschätzungen zu dokumentieren, diese zu strukturieren und zu einer gemeinsamen, tragfähigen Entscheidung zu bringen.

Bewertung der semi-quantitativ bemessenen Auswirkungskriterien

Die Bewertung semi-quantitativ bemessener Auswirkungskriterien ist eine Mischform aus der Bewertung der quantitativ und qualitativ bemessenen Auswirkungskriterien. Dies ist darauf zurückzuführen, dass bei der semi-quantitativen Bemessung den qualitativen Bemessungsgrößen ordinalskalierte Bemessungsgrößen zugeordnet werden.[647] Da in der vorliegenden Arbeit lediglich das Auswirkungskriterium Reaktionszeit semi-quantitativ bemessen ist, beziehen sich die folgenden Ausführungen direkt auf dieses Auswirkungskriterium.

Im Sinne einer Terminplanung kann die Bewertung der Reaktionszeit als die Vorwärtsplanung mehrerer Vorgänge, vom Eintreten des Risikos bis zur Auflösung der Verblockung, beschrieben werden. Ein Vorgang ist dabei definiert als ein Ablaufelement zur zeitlichen Beschreibung eines bestimmten Ereignisses mit definiertem Anfang und Ende.[648] Die Terminplanung basiert auf den Ergebnissen der Ablaufplanung. Die Ablaufplanung entspricht der Festlegung der Reihenfolge der jeweiligen Vorgänge. Dazu müssen die Abhängigkeiten zwischen den einzelnen Vorgängen herausgearbeitet werden. Das heißt, es muss geklärt werden, ob die einzelnen Vorgänge nacheinander, parallel oder über eine Verzweigung

---

647 Vgl. Kapitel 5.4.1

648 Vgl. DIN 69900: 2009, Projektmanagement, S. 15

oder Zusammenführung zueinander in Beziehung stehen.[649] Ein Beispiel für eine Zusammenführung von Vorgängen ist, dass alle Entwicklungsvorgänge an den Baukästen eines Verblockungsszenarios abgeschlossen sein müssen, um eine Funktion als Ganzes abzusichern und für die Endkunden freizugeben. Die Verfügbarkeit von Informationen hinsichtlich der Zeitdauer dieser einzelnen Vorgänge besteht zum Teil aus explizitem und implizitem Wissen. Einerseits sind die Zeitdauern von bestimmten Vorgängen bereits aus vergangenen Projekten explizit bekannt oder es gibt in den Unternehmen definierte Prozesse, deren Zeitdauern ebenfalls bekannt sind. Andererseits müssen Zeitdauern implizit durch Expertenschätzungen angegeben werden. Die Expertenschätzungen werden von den für den Vorgang verantwortlichen Experten vorgenommen. Dies gilt insbesondere für neue Vorgänge.

Auf der Grundlage der Ablaufplanung und der Zeitdauer der Vorgänge kann der kritische Pfad bestimmt und der daraus resultierende Endzeitpunkt der Auflösung der Verblockung, ausgehend vom Zeitpunkt des Risikoeintritts, berechnet werden. Die Subtraktion von Endzeitpunkt und Anfangszeitpunkt entspricht der Bewertung und damit der Auswirkungsstufe des semi-quantitativ bemessenen Auswirkungskriteriums Reaktionszeit. Ein Ergebnis dieser Subtraktion für das semi-quantitative Auswirkungskriterium Reaktionszeit kann beispielsweise 4 Monate betragen, was umgerechnet der Auswirkungsstufe 2_Mittel, d.h. einer Umsetzung mit spürbarer Verzögerung (3 – 6 Monate), entspricht. Zur Unterstützung der Ablauf- und Terminplanung können darüber hinaus verschiedene Techniken eingesetzt werden, wie z.B. die Listentechnik, die Balkendiagrammtechnik oder die Netzplantechnik.[650] Die Beschreibung dieser Techniken liegt nicht im Fokus dieser Arbeit und wird daher hier nicht näher vorgestellt. Für weitere Informationen zu den Techniken wird auf die zitierte Literatur verwiesen.

Erstellung von Bewertungsübersichten je Risiko

Nachdem die Auswirkungskriterien einer Verblockung für sämtliche Verblockungsszenarien eines Risikos bewertet worden sind, kann je Risiko eine Bewertungsübersicht aller Einzelbewertungen pro Verblockungsszenario erstellt werden. Dieser Zwischenschritt dient sowohl der Transparenz für das weitere Vorgehen wie auch als Voraussetzung für die Aggregation der Einzelbewertungen zu einer Gesamtbewertungszahl im nächsten Schritt. Abbildung 5-37 zeigt beispielhaft eine Bewertungsübersicht für sämtliche Verblockungsszenarien eines Risikos. Die Einzelbewertungen je Auswirkungskriterium einer Verblockung sind in dieser Abbildung durch eine breitere Linienstärke in Kombination mit einem gepunkteten Hintergrund dargestellt.

---

[649] Vgl. Wieczorrek et al. (2007), Management von IT-Projekten, S. 129

[650] Vgl. Wieczorrek et al. (2007), Management von IT-Projekten, S. 129 ff.

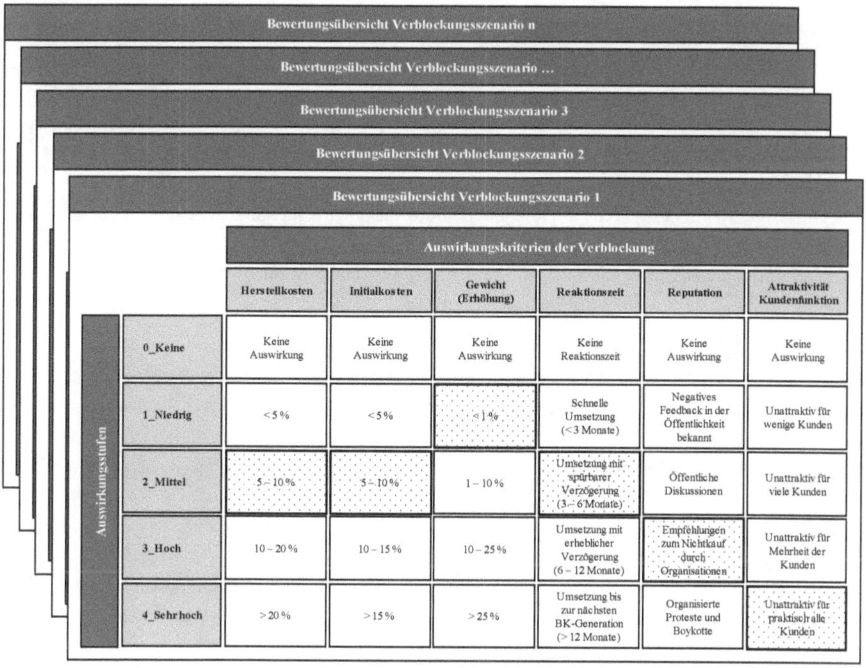

Abbildung 5-37: Erstellung von Bewertungsübersichten je Risiko

Aggregation der Einzelbewertungen der Auswirkungskriterien zu einer Gesamtbewertungszahl

Im Folgenden wird auf Basis der Einzelbewertungen eine Kennzahl entwickelt, mit der eine Gesamtbewertung der Auswirkungen einer Verblockung pro Verblockungsszenario möglich ist. Darauf aufbauend kann für jedes Risiko das Verblockungsszenario mit den geringsten Gesamtauswirkungen einer Verblockung ausgewählt werden. Die Einzelbewertungen der Auswirkungskriterien einer Verblockung können sich gleichzeitig negativ auf die betroffenen Baukästen, das Produkt und damit letztlich auch auf das Unternehmen auswirken. Um die daraus resultierenden Gesamtauswirkungen einer Verblockung je Verblockungsszenario beurteilen zu können, ist eine Aggregation der jeweiligen Einzelbewertungen notwendig. Darüber hinaus führt die Aggregation zu einem höheren Aussagewert als bei einer isolierten Betrachtung der Einzelbewertungen. Der Begriff Aggregation lässt sich auf das lateinische Verb „aggrego“ zurückführen und kann mit „zusammenhäufen“ bzw. „aufhäufen“ übersetzt werden.[651] Die Aggregation kann daher im Rahmen der vorliegenden Arbeit als eine geeignete Kombination der verschiedenen Werte von Einzelbewertungen zu einer Kennzahl im Sinne einer Gesamtbewertungszahl beschrieben werden. Darauf aufbauend kann eine möglichst objektive Rangfolge zwischen den konkurrierenden

[651] Vgl. Georges (2014), Ausführliches lateinisch-deutsches Handwörterbuch, S. 110

Verblockungsszenarien pro Risiko erstellt und das Verblockungsszenario mit den geringsten Gesamtauswirkungen einer Verblockung ausgewählt werden.

Eine Aggregation von Einzelbewertungen zu einer Gesamtbewertung ist durch verschiedene Methoden möglich. Dazu zählen beispielsweise die Addition, logisch-inhaltliche Analysen, einfache numerische Simulationen wie Monte-Carlo-Simulationen und komplexe numerische Simulationen wie das Probabilistics-Risk-Assessment-Verfahren.[652] Aufgrund der Einfachheit, eine objektive Rangfolge für die Verblockungsszenarien eines Risikos festzulegen, fällt die Wahl der Aggregationsmethode in dieser Arbeit auf die Addition, was die Anforderung der Praxistauglichkeit unterstützt. Unter der Addition versteht man den Vorgang des Zusammenzählens von mathematischen Objekten, insbesondere von Zahlen. Der Operator ist das Pluszeichen und die Operanden werden als Summanden bezeichnet. Der Term einer Addition ist die Summe und das Ergebnis heißt Summenwert.[653]

Die Kennzahl zur Bestimmung der Gesamtbewertung der Auswirkungen einer Verblockung pro Verblockungsszenario muss darüber hinaus adaptiv für alle unterschiedlichen Unternehmensstrategien anwendbar sein. Aus diesem Grund wird ein Gewichtungsfaktor g verwendet. Mithilfe dieses Gewichtungsfaktors können die verschiedenen Auswirkungskriterien der Verblockung je nach Unternehmen höher oder niedriger gewichtet werden. Die Gewichtung der Auswirkungskriterien muss immer für alle bislang identifizierten und analysierten Risiken gelten, um die Vergleichbarkeit zwischen den Risiken in Bezug auf den verblockungskritischen Baukasten zu gewährleisten. Ein Automobilhersteller zum Beispiel legt in seiner Unternehmensstrategie einen starken Fokus auf gute fahrdynamische Eigenschaften. Die Produkte, in denen die von der Verblockung betroffenen Baukästen verbaut werden, sind jedoch bereits verhältnismäßig schwer und die damit verbundenen fahrdynamischen Eigenschaften in Bezug auf den Unternehmensanspruch grenzwertig. Eine weitere Gewichtszunahme würde die bereits angespannten fahrdynamischen Eigenschaften überproportional verschlechtern. In diesem Fall kann das Auswirkungskriterium Gewicht (Erhöhung) im Vergleich zu den anderen Auswirkungskriterien höher gewichtet werden. Die Standardeinstellung des Gewichtungsfaktors hat den Wert eins.

Die zu berechnende Kennzahl wird als die gewichtete Gesamtbewertungszahl ($GBZ_{g,s,r}$) für das Verblockungsszenario s des Risikos r bezeichnet. Es gilt für sämtliche Verblockungsszenarien eines Risikos die dazugehörige Gesamtbewertungszahl zu berechnen. Der $GBZ_{g,s,r}$ berechnet sich aus der Summe der Produkte des Gewichtungsfaktors ($g_{a,r}$) des Auswirkungskriteriums a für das Risiko r und der numerischen Beschreibung der Bewertung ($x_{a,s,r}$) des Auswirkungskriteriums a für das Verblockungsszenario s des Risikos r. Formelmäßig wird dies dargestellt mit:

$$GBZ_{g,s,r} = \sum_{i=1}^{6} g_{a,r} \times x_{a,s,r}$$

$GBZ_{g,s,r}$: Gewichtete Gesamtbewertungszahl für das Verblockungsszenario s des Risikos r

$g_{a,r}$: Gewichtungsfaktor des Auswirkungskriteriums a für das Risiko r

---

[652] Vgl. Oehmen (2016), Risiko- und Chancenmanagement in der Produktentwicklung, S. 82 f.

[653] Vgl. Iaccarino-Lutkat et al. (2014), Mathe an Stationen 3, S. 25; Pomberger et al. (2008), Algorithmen und Datenstrukturen, S. 30

$x_{a,s,r}$: Numerische Beschreibung der Bewertung des Auswirkungskriteriums a des Verblockungsszenarios s des Risikos r

Auswahl des Verblockungsszenarios mit den geringsten Gesamtauswirkungen einer Verblockung

Zur Auswahl des Verblockungsszenarios mit den geringsten Gesamtauswirkungen einer Verblockung werden die berechneten Gesamtbewertungszahlen sämtlicher Verblockungsszenarien eines Risikos miteinander verglichen. Ausgewählt wird das Verblockungsszenario mit der geringsten Gesamtbewertungszahl. Die mathematische Funktion für diesen Auswahlprozess lautet wie folgt:

$$GBZ_{opt,r} = min(GBZ_{g,1,r}, GBZ_{g,2,r}, GBZ_{g,3,r}, GBZ_{g,n,r}, GBZ_{g,n+1,r})$$

In dieser Formel stellt die $GBZ_{opt,r}$ die Gesamtbewertungszahl des Verblockungsszenarios mit den geringsten Gesamtauswirkungen einer Verblockung für das Risiko r dar. Diese wird ermittelt aus der kleinsten Gesamtbewertungszahl der Verblockungsszenarien des Risikos r. Bei der Anwendung des Auswahlschrittes in der Praxis kann es vorkommen, dass zwei oder mehrere Verblockungsszenarien je Risiko die gleichen Gesamtbewertungszahlen aufweisen. Für diesen Fall können neben Beschlüssen auf der Basis von Expertenschätzungen zwei weitere Lösungsoptionen aufgeführt werden. Zum einen kann der Gewichtungsfaktor $g_{a,r}$ zur Berechnung der Gesamtbewertungszahl feiner angepasst werden. Dabei ist zu beachten, dass die Anpassung der Gewichtung durch diesen Schritt dann für alle identifizierten und analysierten Risiken angepasst werden muss, um die Vergleichbarkeit der Risiken in Bezug auf den verblockungskritischen Baukasten weiterhin gewährleisten zu können. Zum anderen können anstatt der Rundung bei der Bewertung der quantitativ bemessenen Auswirkungskriterien die ungeraden, auf zwei Nachkommastellen angegebenen Werte verwendet werden. Dies entspräche jedoch einer einseitigen Gewichtung seitens der quantitativ bemessenen Auswirkungskriterien. Infolgedessen müssten auch die qualitativ und semi-quantitativ bemessenen Auswirkungskriterien genauer spezifiziert werden, was einer Quantifizierung dieser Auswirkungskriterien entsprechen würde und damit nicht Teil dieser Arbeit ist. Auf diesen Aspekt wird an dieser Stelle nicht näher eingegangen und auf die kritische Reflexion der Anwendungserfahrung in Kapitel 6.2 und den Ausblick dieser Arbeit in Kapitel 7 verwiesen. Folglich wird bei gleichen Gesamtbewertungszahlen die erste Lösungsoption, die feinere Anpassung des Gewichtungsfaktors $g_{a,r}$, empfohlen. Dieses Vorgehen ermöglicht es, für alle Risiken das Verblockungsszenario mit den geringsten Gesamtauswirkungen einer Verblockung auszuwählen. Im weiteren Verlauf dieser Arbeit wird für den Risikoparameter Auswirkung einer Verblockung nur noch die Gesamtbewertungszahl $GBZ_{opt,r}$ bzw. die Bewertungsübersicht des Verblockungsszenarios mit den geringsten Gesamtauswirkungen einer Verblockung verwendet.

Diese Gesamtbewertungszahl $GBZ_{opt,r}$ sagt jedoch nichts über die Ausprägung dieses Risikoparameters in Bezug auf eine Gesamtauswirkungsstufe aus, weshalb diese Gesamtbewertungszahl im Sinne eines Lageparameters in eine Gesamtauswirkungsstufe überführt werden muss. Die Überführung der $GBZ_{opt,r}$ basiert auf der Berechnung des gewichteten Mittelwertes. Der gewichtete Mittelwert ist definiert als die Division der Summe der gewichteten Einzelbewertungen durch die Summe der Gewichtungen.[654] Die

[654] Vgl. Oestreich et al. (2014), Keine Panik vor Statistik!, S. 83 f.

Summe der gewichteten Einzelbewertungen entspricht in der vorliegenden Arbeit der Gesamtbewertungszahl des Verblockungsszenarios mit den geringsten Gesamtauswirkungen einer Verblockung für das jeweilige Risiko. Die Anzahl der Auswirkungskriterien einer Verblockung ist auf den Wert sechs festgelegt. Formelmäßig wird dies dargestellt mit:

$$\bar{x}_{g,GAS,opt,r} = \frac{GBZ_{opt,r}}{\sum_{i=1}^{6} g_{a,r}} = \frac{\sum_{i=1}^{6} g_{a,r} \times x_{a,opt,r}}{\sum_{i=1}^{6} g_{a,r}}$$

$\bar{x}_{g,GAS,opt,r}$: Gewichteter Mittelwert für die Gesamtauswirkungsstufe GAS des Verblockungsszenarios mit den geringsten Gesamtauswirkungen einer Verblockung opt des Risikos r

$GBZ_{opt,r}$: Gesamtbewertungszahl des Verblockungsszenarios mit den geringsten Gesamtauswirkungen einer Verblockung opt für das Risiko r

$g_{a,r}$: Gewichtungsfaktor des Auswirkungskriteriums a für das Risiko r

$x_{a,opt,r}$: Numerische Beschreibung der Bewertung des Auswirkungskriteriums a des Verblockungsszenarios mit den geringsten Gesamtauswirkungen einer Verblockung opt des Risikos r

Die mögliche Bandbreite, die sich aus der Berechnung des gewichteten Mittelwerts für die Gesamtauswirkungsstufe des Verblockungsszenarios mit den geringsten Gesamtauswirkungen einer Verblockung für ein Risiko ergeben kann, reicht von einem Minimalwert von Null bis zu einem Maximalwert von vier. Ungerade Ergebnisse werden auf- oder abgerundet. Ab einem Wert von x,50 wird auf die nächstgrößere ganze Zahl aufgerundet. Bis zu einem Wert von x,49 wird die nächstkleinere Zahl angegeben. Die sich daraus ergebenden ganzen Zahlen <0-1-2-3-4> für die Gesamtauswirkungsstufen entsprechen den in Kapitel 5.4.1 definierten fünf textuellen Abstufungen <Keine-Niedrig-Mittel-Hoch-Sehr hoch>. Dadurch ergibt sich für jedes Risiko die Gesamtauswirkungsstufe einer Verblockung für das Verblockungsszenario mit den geringsten Auswirkungen einer Verblockung.

5.4.3 Priorisierung der bewerteten Risiken

Im vorangegangenen Kapitel wurden für alle Risiken jeweils die Verblockungsszenarien mit den geringsten Gesamtauswirkungen einer Verblockung ausgewählt. Diese Auswahl erfolgte auf der Grundlage des Risikoparameters Auswirkungen einer Verblockung. Der Risikoparameter Eintrittswahrscheinlichkeit wurde in diesem Zusammenhang nicht benötigt. Die Priorisierung der bewerteten Risiken hingegen erfordert jedoch eine ganzheitliche Betrachtung der Risiken und damit die Berücksichtigung beider Risikoparameter. Dies lässt sich auf die ursachen- und wirkungsbezogene Sichtweise des Risikobegriffs zurückführen.[655] Das Ergebnis der Priorisierung ist ein Überblick darüber, welche Risiken überhaupt und in welcher Reihenfolge behandelt werden müssen. Zunächst werden die bewerteten Risiken auf der Grundlage einer Risikoeinstufungsmatrix dargestellt. Im Anschluss daran werden in der Risikoeinstufungsmatrix Akzeptanzgrenzen für Risiken definiert, um akzeptable Risiken von inakzeptablen

---

[655] Vgl. Kapitel 3.1.2

Risiken zu unterscheiden. Darauf aufbauend können die inakzeptablen Risiken priorisiert werden, was dem Ausgangspunkt für die Risikobehandlung in Kapitel 5.5 entspricht.

Ganzheitliche Darstellung der Risiken

Um eine Aussage darüber treffen zu können, welche Risiken am schwersten wiegen bzw. welche Risiken als akzeptabel oder inakzeptabel einzustufen sind, ist zuerst eine ganzheitliche Darstellung der Risiken erforderlich. Laut DUDEN bezieht sich das Adjektiv ganzheitlich auf eine Ganzheit und damit auf eine aus zwei oder mehreren zusammengehörigen Teilen bestehende Einheit.[656] Im Rahmen der vorliegenden Arbeit entspricht dies einer Kombination der Risikoparameter Eintrittswahrscheinlichkeit und Auswirkungen einer Verblockung. Diese ganzheitliche Darstellung der Risiken kann sowohl rechnerisch als auch grafisch erfolgen.

Bei der rechnerischen Darstellung von Risiken wird eine Kennzahl durch Multiplikation der beiden Risikoparameter Eintrittswahrscheinlichkeit und Auswirkungen gebildet. Bei einigen Verfahren, z.B. bei der in der FMEA[657] verwendeten Risikoprioritätszahl RPZ, können weitere Faktoren hinzugefügt werden. Bei der FMEA beschreibt dieser dritte Faktor die Entdeckungswahrscheinlichkeit des Risikos. Eine rechnerische Darstellung vereinfacht die ganzheitliche Darstellung von Risiken und führt zu einer klaren Priorisierung auf Basis einer Kennzahl. Damit wird jedoch die Möglichkeit einer differenzierten Betrachtung der beiden Risikoparameter aufgegeben, da der Informationsgehalt durch die Verdichtung reduziert wird. Dies würde bedeuten, dass ein Risiko mit niedriger Eintrittswahrscheinlichkeit und sehr hohen Auswirkungen einer Verblockung dasselbe ist wie ein Risiko mit sehr hoher Eintrittswahrscheinlichkeit und niedrigen Auswirkungen einer Verblockung. Dies sind jedoch offensichtlich unterschiedliche Sachverhalte. Die Kennzahl würde somit nur das Wertepaar widerspiegeln, nicht aber die Zuordnung der Werte zu den Risikoparametern Eintrittswahrscheinlichkeit und Auswirkungen einer Verblockung. Aus diesem Grund ist es nicht sinnvoll, die Risiken rechnerisch im Sinne einer Verdichtung der Einzelkennzahlen zu einer gemeinsamen Kennzahl darzustellen.

Zur Veranschaulichung und Differenzierung der beiden Risikoparameter werden daher die Risiken in ihrer Ganzheit grafisch dargestellt. Risikokurven, Polarprofile, Polaritätsprofile und Portfoliodiagramme sind dafür besonders gut geeignet.[658] Im Folgenden wird jede dieser grafischen Darstellungsmöglichkeiten kurz beschrieben und im Hinblick auf ihre Anwendung für dieses Kapitel diskutiert. Für weiterführende Informationen wird an dieser Stelle auf die zitierte Literatur verwiesen. Risikokurven stellen Wahrscheinlichkeitsverteilungen von Risiken in einem zweidimensionalen kartesischen Koordinatensystem dar. In dieser Arbeit werden jedoch keine Wahrscheinlichkeitsverteilungen verwendet. Daher ist eine grafische Darstellung von Risiken anhand von Risikokurven nicht möglich. Im Vergleich zu Risikokurven besteht ein Polarprofil aus drei Dimensionen und verzichtet auf Wahrscheinlichkeitsverteilungen. Auf der x- und y-Achse können die unterschiedlichen Auswirkungskriterien einer Verblockung, in Form einer Netzdarstellung oder Risikospinne, und auf der z-Achse die Eintrittswahrschein-

[656] Vgl. Dudenredaktion (2019), Deutsches Universalwörterbuch, Adjektiv ganzheitlich und Substantiv Ganzheit

[657] Die Abkürzung FMEA steht für Fehlermöglichkeits- und Einflussanalyse.

[658] Vgl. Dahmen (2002), Prozessorientiertes Risikomanagement zur Handhabung von Produktrisiken, S. 75 ff.; Schumacher (2016), Risikomanagement für die qualitätsorientierte Entwicklung industrieller Dienstleistungen, S. 149 ff.

lichkeit dargestellt werden. Die Erstellung eines Polarprofils gestaltet sich aufgrund der Dreidimensionalität kompliziert und unübersichtlich. Aus diesem Grund ist die Priorisierung von Risiken durch die Anwender auf der Grundlage dieser Darstellungsform nicht intuitiv und somit fehleranfällig. Die Anforderung der Praxistauglichkeit kann daher nicht erfüllt werden, was zum Ausschluss dieser grafischen Darstellungsmöglichkeit von Risiken führt. Darüber hinaus können alle Auswirkungskriterien einer Verblockung in Verbindung mit der Eintrittswahrscheinlichkeit auch ohne die dritte Dimension in tabellarischer Form, in einem Polaritätsprofil, dargestellt werden. Ein Vorteil gegenüber dem dreidimensionalen Polaritätsprofil ist die vereinfachte Erstellung eines Polaritätsprofils. Im Vergleich zu den bisher in Kapitel 5.4 erarbeiteten Informationen bietet das Polaritätsprofil aufgrund seiner tabellarischen Form jedoch nur einen begrenzten Mehrwert. Das Polaritätsprofil hat, wie das Polarprofil, das Problem einer erschwerten Priorisierung, weshalb es in der vorliegenden Arbeit nicht angewendet wird. Bei der Darstellung von Risiken in Portfoliodiagrammen werden die den Sachverhalt charakterisierenden Dimensionen auf zwei senkrecht zueinanderstehenden Achsen aufgetragen. Aufgrund der übersichtlichen und leicht verständlichen Darstellung in Kombination mit der einfachen Handhabung haben sich Portfoliodiagramme in der Praxis bewährt. Aus diesem Grund sollen in dieser Arbeit Portfoliodiagramme für die ganzheitliche Darstellung von Risiken verwendet werden.

Die Darstellung in einem Portfoliodiagramm ermöglicht einen übersichtlichen Vergleich unterschiedlicher Risiken. Wie bereits in Kapitel 3.2.2 festgelegt, ist bei der Anwendung von Portfoliodiagrammen der Portfolioansatz nach BAUER ET AL. heranzuziehen und entsprechend anzupassen.[659] Die Autoren verwenden den Parameter Beeinflussungsgrad für die Ordinate, was in der vorliegenden Arbeit dem Risikoparameter Auswirkungen einer Verblockung entspricht. Auf der Abszisse stellen BAUER ET AL. den Unsicherheitsgrad dar, der nachfolgend mit dem Risikoparameter Eintrittswahrscheinlichkeit gleichgesetzt wird.[660] Die Achsen des zweidimensionalen Portfolios sind entsprechend den in Kapitel 5.4.1 definierten Abstufungen linear skaliert. Demnach wird der auf der Abszisse befindliche Risikoparameter Eintrittswahrscheinlichkeit durch die vier Stufen der Eintrittswahrscheinlichkeit 1_Niedrig (1 – 25 %) , 2_Mittel (26 – 50 %), 3_Hoch (51 – 75 %) und 4_Sehr hoch (76 – 99 %) ausgedrückt. Die Ordinate Auswirkungen einer Verblockung ist fünffach unterteilt in die Gesamtauswirkungsstufen 0_Keine, 1_Niedrig, 2_Mittel, 3_Hoch und 4_Sehr hoch, die im vorangegangenen Kapitel ermittelt wurden. Dies verleiht dem Portfolio eine Kachel-Optik und wird daher im Folgenden als Risikoeinstufungsmatrix bezeichnet. Werden zwei oder mehrere Risiken in einer Kachel platziert, können diese innerhalb dieser Kachel beliebig angeordnet werden. Die Anordnung von Risiken innerhalb einer Kachel ändert nichts im Hinblick auf die anschließende Priorisierung der Risiken. Die Abbildung 5-38 zeigt eine beispielhafte Einordnung von Risiken in einer Risikoeinstufungsmatrix.

---

659 Vgl. Kapitel 3.2.2 – Prinzip d) Risiken bewerten

660 Vgl. Bauer et al. (2013), An approach for cycle-robust platform design, S. 7

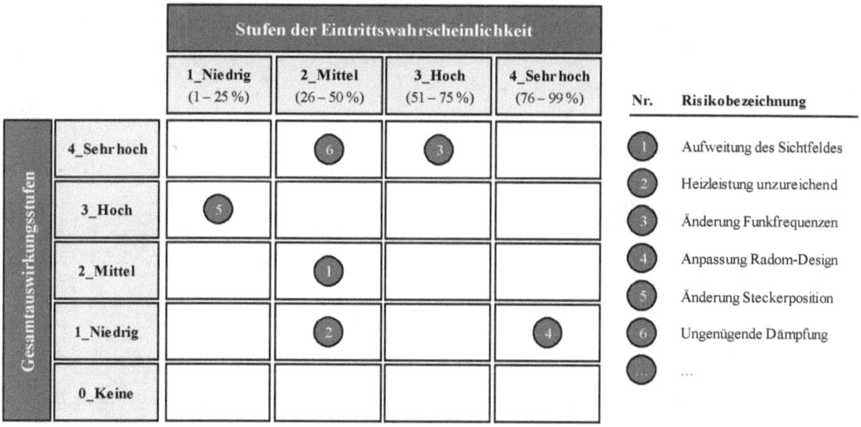

Abbildung 5-38: Beispielhafte Einordnung von Risiken in der Risikoeinstufungsmatrix

Einführung von Akzeptanzgrenzen für Risiken in der Risikoeinstufungsmatrix

Die bloße Einordnung von Risiken in der Risikoeinstufungsmatrix im Sinne einer ganzheitlichen Darstellung sagt jedoch nichts über die Akzeptanz bzw. eine Reihenfolge von Risiken aus. Jedes Unternehmen hat eine unterschiedlich hohe Risikobereitschaft und verfolgt daher eine andere Risikostrategie. Die gängigsten Risikostrategien in der Literatur lassen sich in die drei Begriffe risikoavers, risikoneutral und risikoaffin unterteilen.[661] Auf der Grundlage dieser drei Stoßrichtungen können eine Vielzahl weiterer Risikostrategien formuliert und produktspezifisch zugewiesen werden. Da sich die Risikostrategien folglich von Produkt zu Produkt unterscheiden können, ergeben sich hier Wechselwirkungen mit den von den Produkten verwendeten Baukästen. In der Automobilindustrie verfolgen beispielsweise preissensiblere Produkte, wie Fahrzeuge der Kompaktklasse, eher risikoaverse Strategien. Die in diesen Produkten verwendeten Baukästen betreiben einen höheren Aufwand im Rahmen der Risikobehandlung, um mögliche monetäre Schäden zu minimieren. Folglich kann die Risikoeinstufungsmatrix Anhaltspunkte für den im nächsten Kapitel 5.5 zu tätigenden Umfang der Risikobehandlung liefern.

Den ersten Anhaltspunkt liefert die Risikoeinordnungsmatrix, indem die eingeordneten Risiken je nach Unternehmen und Anwendungskontext in akzeptable und inakzeptable Risiken unterteilt werden. Dies kann durch die Eintragung einer Akzeptanzgrenze erfolgen. Die Akzeptanzgrenzen werden nicht unabhängig für die Risikoparameter Eintrittswahrscheinlichkeit und Auswirkungen einer Verblockung festgelegt, sondern als eine Kombination davon. Die Festlegung der Akzeptanzgrenzen muss von den Teamleitern der von der Verblockung betroffenen Baukästen, in Absprache mit den für die Unternehmensrisikostrategie verantwortlichen Ansprechpartnern, vorgenommen werden. Im Idealfall erfolgt eine proaktive Vorgabe aus dem Risikomanagementteam für die jeweiligen Baukästen der jeweiligen Produktgruppen. Die Akzeptanzgrenzen in der Risikoeinstufungsmatrix machen auf einen Blick deutlich, welche Risiken diese Akzeptanzgrenze unter- oder überschreiten und somit als akzeptabel oder inakzeptabel

661 Vgl. Finke (2005), Grundlagen des Risikomanagements, S. 19

eingestuft werden können. Akzeptable Risiken können im weiteren Verlauf der Arbeit zunächst vernachlässigt werden. Wichtig ist jedoch, dass diese Risiken im Rahmen der Risikoüberwachung regelmäßig überprüft werden, um festzustellen, ob sich im Laufe der Zeit signifikante Veränderungen für die Bewertung ergeben, die zu Anpassungen der Einordnung der Risiken in der Risikoeinstufungsmatrix führen. Inakzeptable Risiken bilden die Grundlage für die anschließende Priorisierung von Risiken. Abbildung 5-39 zeigt ein Beispiel für eine Akzeptanzgrenze für Risiken in der Risikoeinordnungsmatrix.

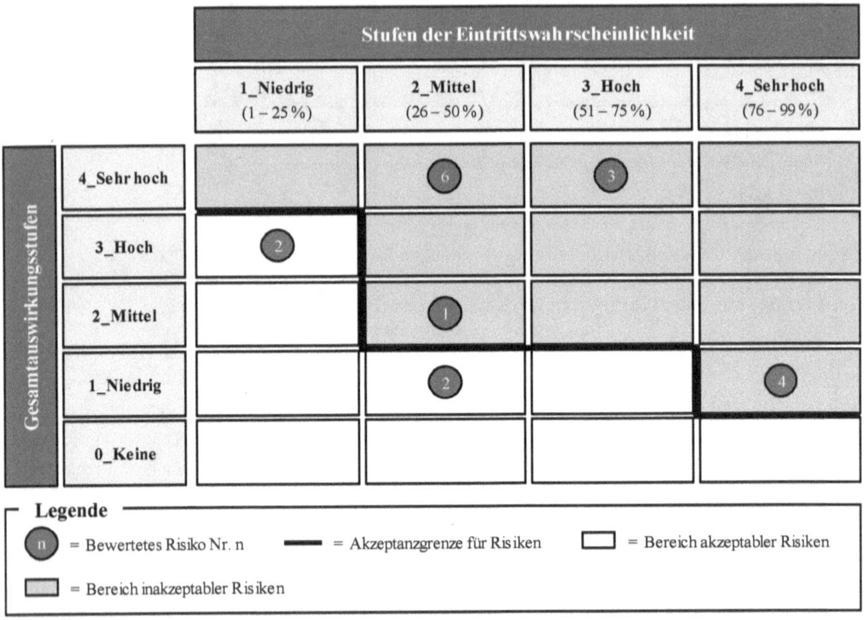

Abbildung 5-39: Akzeptanzgrenze für Risiken in der Risikoeinstufungsmatrix

Priorisierung der inakzeptablen Risiken

Der abschließende Schritt bei der Bewertung von Risiken für verblockungskritische Baukästen ist die Priorisierung der inakzeptablen Risiken, die gleichzeitig den Ausgangspunkt für die Risikobehandlung im nächsten Kapitel 5.5 darstellt. Idealerweise werden sämtliche inakzeptable Risiken gleichzeitig behandelt. In der Praxis ist dies aufgrund begrenzter zeitlicher und personeller Kapazitäten nur schwer möglich. Durch eine Klassifizierung dieser Risiken hinsichtlich ihrer Bedeutung für das Unternehmen kann die Priorität bestimmt werden, mit der die inakzeptablen Risiken behandelt werden müssen. Auf diese Weise wird sichergestellt, dass die kritischsten Risiken im Hinblick auf eine Verblockung zuerst behandelt werden.

Im Rahmen der Risikoklassifizierung wird folglich die Unterscheidung zwischen akzeptablen und inakzeptablen Risiken auf eine detailliertere Aufschlüsselung der inakzeptablen Risiken ausgedehnt. Daraus ergeben sich definierte Risikoklassen, denen eine Priorität zugeordnet werden kann. Bei der Verwendung einer Risikoeinstufungsmatrix zur Klassifizierung von Risiken empfiehlt es sich, die Risikoklassen entlang der vorgegebenen Kacheln entsprechend der bereits definierten Akzeptanzgrenze zu strukturieren. Diese Klassifizierung erfolgt, wie die Festlegung der Akzeptanzgrenzen für Risiken in der Risikoeinstufungsmatrix, durch die Teamleiter der von der Verblockung betroffenen Baukästen, in Absprache mit den für die Risikostrategie des Unternehmens zuständigen Ansprechpartnern. Alternativ existiert im Unternehmen ein Risikomanagementteam, das proaktiv eine Risikoklassifizierung für die jeweiligen Baukästen festlegen kann. Eine farbliche Unterscheidung der Kacheln, die einer bestimmten Risikoklasse zugeordnet sind, unterstützt grafisch die Differenzierung der Risikoklassen in der Risikoeinstufungsmatrix. Auf diese Weise wird sofort ersichtlich, welche Risiken in eine bestimmte Risikoklasse fallen. In den vorliegenden Arbeiten wird in absteigender Reihenfolge zwischen den drei Risikoklassen Risikopriorität 1, Risikopriorität 2 und Risikopriorität 3 unterschieden. Innerhalb der Risikoklassen ist keine weitere Priorisierung der Risiken erforderlich, da dies aufgrund der Intervallschätzungen nur zu Scheingenauigkeiten führen würde und für die Risikobehandlung nicht relevant ist. Dieser Sachverhalt ist in Abbildung 5-40 dargestellt.

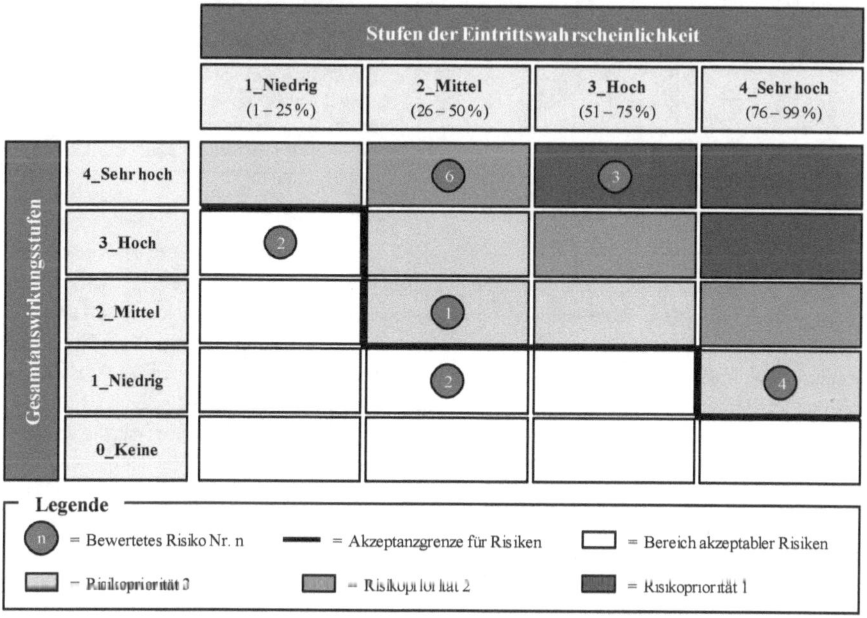

Abbildung 5-40: Priorisierung von Risiken in der Risikoeinstufungsmatrix

Risiken mit einer Risikopriorität 1 werden im weiteren Verlauf dieser Arbeit vorrangig behandelt. Dabei handelt es sich um Risiken mit einer hohen oder sehr hohen Stufe der Eintrittswahrscheinlichkeit und einer hohen oder sehr hohen Gesamtauswirkungsstufe. Dazu zählt beispielsweise das bewertete Risiko Nr. 3. Sobald die Risikobehandlung sämtlicher Risiken mit der Risikopriorität 1 abgeschlossen ist, werden Risiken mit der Risikopriorität 2 behandelt. Ein Beispiel hierfür ist das bewertete Risiko mit der Nummer sechs. Dieses Risiko wurde mit einer mittleren Stufe der Eintrittswahrscheinlichkeit und einer sehr hohen Stufe der Gesamtauswirkungen bewertet und kann daher der Risikopriorität 2 zugeordnet werden. Die Risiken mit einer Risikopriorität 3 werden zuletzt behandelt. Fällt eine große Anzahl von

Risiken in diese Risikoklasse, lohnt es sich, diese Risiken im Hinblick auf den daraus resultierenden Aufwand für die Risikobehandlung weiter zu reduzieren. Eine Möglichkeit, den Arbeitsaufwand bei der Risikobehandlung und damit die Zahl der zu behandelnden Risiken zu verringern, besteht darin, die Akzeptanzgrenze von Risiken anzuheben. Alternativ kann für jedes dieser Risiken eine individuelle Entscheidung auf der Grundlage von Expertengesprächen oder weiteren Analysen hinsichtlich der Berücksichtigung für eine Risikobehandlung bzw. der Behandlungsreihenfolge getroffen werden.

5.5 Behandlung von Risiken für verblockungskritische Baukästen

Im letzten Schritt soll der Teil der resilienten Baukastengestaltung entwickelt werden, der sich mit der Behandlung der beurteilten Risiken auf der Grundlage definierter Risikobehandlungsstrategien befasst (vgl. Abbildung 5-41). Die in Kapitel 5.4 priorisierten Risiken bilden dafür die Grundlage.

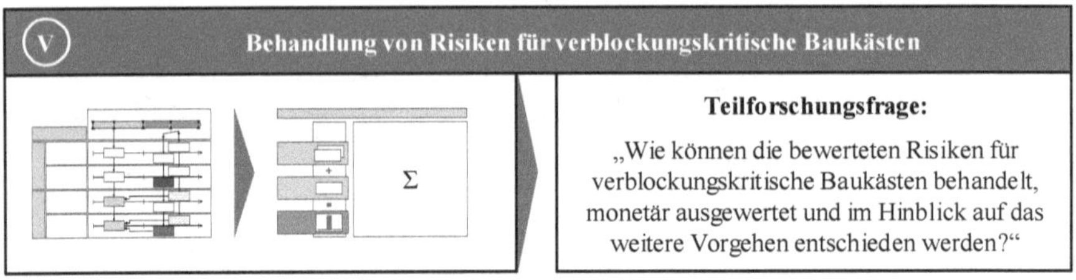

Abbildung 5-41: Auswahl der geeignetsten Risikobehandlungsstrategie

Das Ziel der Behandlung von Risiken für verblockungskritische Baukästen besteht in der Auswahl der geeignetsten Risikobehandlungsstrategie für ein spezifisches Risiko. Die Auswahl erfolgt nach betriebswirtschaftlichen Aspekten. Zur Beantwortung der Teilforschungsfrage (vgl. Abbildung 5-41) wird in diesem Kapitel ein Erklärungs-/Entscheidungsmodell mit einer vierstufigen Methode entwickelt. Im ersten methodischen Teilschritt wird für verblockungskritische Baukästen ein Überblick über die aus der Literatur bekannten und in der Praxis anzuwendenden Risikobehandlungsstrategien erarbeitet und beschrieben. Die Risikobehandlungsstrategien beziehen sich nur auf die technischen Aspekte des Baukastens. Im folgenden Teilschritt wird für jede Risikobehandlungsstrategie der Verlauf der Risikobehandlung für den Eintritt und den Nichteintritt von Risiken aus betriebswirtschaftlicher Sicht schematisch dargestellt. Dieser Teilschritt folgt dem Ausblick nach ALLEN ET AL.[662] Demnach müssen bei den Risikobehandlungsstrategien Eintrittswahrscheinlichkeiten berücksichtigt werden, um den Entscheidungsprozess nach betriebswirtschaftlichen Aspekten weiter zu präzisieren.[663] Darüber hinaus schlägt sich ein Risiko wirkungsbezogen in einer negativen Abweichung von einer festgelegten Zielgröße oder einem entgangenen Gewinn nieder.[664] Insofern wird im Falle des Eintretens eines Risikos zwischen einem Schaden und einem entgangenen Gewinn unterschieden. Darauf aufbauend können die für die Quantifizierung der Risikobehandlungsstrategien relevanten Kostenarten beschrieben werden. Die anschließende Quantifizierung der Risikobehandlungsstrategien basiert auf der Kapitalwertmethode,

---

[662] Vgl. Allen et al. (2019), Over-Design Versus Redesign as a Response to Future Requirements, S. 16

[663] Vgl. Kapitel 3.2.2

[664] Vgl. Kapitel 3.1.2

durch die zukünftige Zahlungsströme auf den Beginn der Investition abgezinst werden. Anhand der Kapitalwertmethode können Investitionen vergleichbar gemacht werden, bei denen Zahlungsströme zu unterschiedlichen Zeitpunkten erfolgen. Es wird empfohlen, die Risikobehandlungsstrategie mit dem höchsten Kapitalwert auszuwählen.

5.5.1 Erarbeitung von Risikobehandlungsstrategien

Im Hinblick auf die Behandlung von Risiken sind Risikobehandlungsstrategien geplante Vorgehensweisen und damit definierte Rahmenbedingungen zur Erreichung festgelegter Absichten und Ziele eines Unternehmens.[665] Zielsetzung der Risikobehandlungsstrategien müssen demnach die Zielsetzung dieser Arbeit (Kapitel 1.2) widerspiegeln. Das Ziel der Risikobehandlungsstrategien dieser Arbeit und damit das Ergebnis dieses Kapitels lässt sich als die Entwicklung von geplanten Vorgehensweisen für den Umgang mit Risiken für verblockungskritische Baukästen beschreiben. Das Unternehmen soll damit in der Lage sein, seinen Endkunden über die Vergabedauer der Baukästen zusätzliche Funktionen anbieten zu können sowie technische Änderungen und die daraus resultierenden Abbruch- und Änderungskosten zu reduzieren.[666] Der Fokus liegt auf den technischen Aspekten der Baukästen.

Wie bereits in Kapitel 3.2.2 beschrieben, wurden in der für diese Arbeit relevanten Literatur bereits zwei grundsätzliche Stoßrichtungen für Risikobehandlungsstrategien identifiziert. Einerseits wird der Gestaltungsumfang der Baukästen optimal auf die initialen Rahmenbedingungen und die vorgegebenen Entwicklungsziele angepasst, was einer Nichtgestaltung der Risikostrukturen entspricht. Das bedeutet, dass die Risikoparameter Eintrittswahrscheinlichkeit sowie Auswirkungen einer Verblockung unverändert bleiben. Die Risiken werden damit akzeptiert. Andererseits werden die Risikostrukturen gestaltet und damit die Parameter Eintrittswahrscheinlichkeit und Auswirkungen einer Verblockung auf ein gewünschtes Maß reduziert. Dies bedeutet, dass der Gestaltungsumfang bereits initial so konzipiert wird, dass sowohl die initialen Rahmenbedingungen als auch Risiken über die Vergabedauer berücksichtigt werden. Die Risiken werden somit durch präventive Mehrinhalte behandelt, die zu Produktionsstart noch nicht benötigt werden.[667] Diese beiden Stoßrichtungen dienen als Hilfestellung bei der Klassifizierung und Auswahl der für diese Arbeit relevanten Risikobehandlungsstrategien. Die Grundlage dazu bilden die Beiträge von ROMEIKE[668] und ALLEN ET AL.[669] ROMEIKE definiert in seiner Arbeit drei allgemeine, nicht branchen- oder anwendungsspezifische Risikobehandlungsstrategien. Namentlich sind das keine aktive Risikobehandlung, die korrektive Risikobehandlung und die präventive Risikobehandlung. Die Risikobehandlungsstrategien keine aktive Risikobehandlung und korrektive Risikobehandlung werden vom Autor der Stoßrichtung der Nichtgestaltung der Risikostrukturen zugeordnet. Bei keiner aktiven Risikobehandlung wird das Risiko selbst übernommen und bei der korrektiven Risikobehandlung werden die Risikofolgen im Falle des Risikoeintritts korrektiv vermindert. Die präventive Risikobehandlung wird der Stoßrichtung der Gestaltung der Risikostrukturen zugeordnet. Diese Risikobehandlungsstrategie begrenzt die Risikofolgen präventiv, indem sie die Eintrittswahrscheinlichkeit

665 Vgl. Definitionen des Begriffs Strategie bei Simon (2003), Integrative Strategie, S. 277 f.

666 Vgl. Kapitel 1.2

667 Vgl. Kapitel 3.2.2

668 Vgl. Romeike (2003), Der Prozess der Risikosteuerung und -kontrolle – Der Autor verwendet in diesem Zusammenhang den Begriff Risikopolitik. Im Rahmen dieser Arbeit wird der Begriff Risikobehandlung verwendet.

669 Vgl. Allen et al. (2019), Over-Design Versus Redesign as a Response to Future Requirements

und/oder die Auswirkungen einer Verblockung reduziert.[670] ALLEN ET AL. bestätigen diese Risikobehandlungsstrategien aus einer technischen Perspektive. Ausgehend vom initialen Gestaltungsumfang kann entschieden werden, ob ein beurteiltes Risiko mit einer technischen Änderung, sprich einer korrektiven Risikobehandlung, oder mit einer Überdimensionierung, also einer präventiven Risikobehandlung mit präventivem Verbau, behandelt werden soll. Darauf aufbauend weisen die Autoren in ihrem Ausblick darauf hin, dass zusätzlich zu den existierenden Risikobehandlungsstrategien eine weitere Risikobehandlungsstrategie entwickelt werden soll, die ein teilweises Überdimensionieren mit partiellen technischen Änderungen verknüpft. Dies entspricht einer Kombination der Risikobehandlungsstrategien korrektive Risikobehandlung und präventive Risikobehandlung.[671] Damit können die von Produktionsbeginn an verbauten Mehrinhalte und die damit verbundenen Mehrkosten anteilig reduziert und erst im Bedarfsfall, also beim Risikoeintritt, ausgelöst werden. Die Risikoparameter Eintrittswahrscheinlichkeit und Auswirkungen einer Verblockung werden hierbei ebenfalls präventiv reduziert, was einer Gestaltung der Risikostrukturen entspricht. Diese Risikobehandlungsstrategie wird im Folgenden ebenfalls ausgearbeitet und als präventive Risikobehandlung mit reaktivem Verbau bezeichnet.

Zusammenfassend können vier Risikobehandlungsstrategien bestimmt werden. Die Risikobehandlungsstrategien keine aktive Risikobehandlung und korrektive Risikobehandlung werden der Stoßrichtung der Nichtgestaltung der Risikostrukturen zugeordnet. Eine Gestaltung der Risikostrukturen kann durch die Risikobehandlungsstrategien präventive Risikobehandlung mit präventivem Verbau und präventive Risikobehandlung mit reaktivem Verbau realisiert werden. Die Übersicht der für diese Arbeit relevanten Risikobehandlungsstrategien, einschließlich der dazugehörigen Stoßrichtungen, ist in Abbildung 5-42 dargestellt.

Abbildung 5-42: Übersicht Risikobehandlungsstrategien

Nachdem die für diese Arbeit relevanten Risikobehandlungsstrategien identifiziert wurden, ist es notwendig, die Risikobehandlungsstrategien im Kontext des Baukastenlebenszyklus zu betrachten. Auf diese Weise kann festgestellt werden, zu welchen Meilensteinen entsprechende Maßnahmen zur Realisierung der jeweiligen Risikobehandlungsstrategie durchzuführen sind. In der vorliegenden Arbeit sind Maßnahmen als Handlungen bzw. Regelungen definiert, die etwas Bestimmtes bewirken sollen.[672] In

670 Vgl. Romeike (2003), Der Prozess der Risikosteuerung und -kontrolle, S. 235 f.

671 Vgl. Allen et al. (2019), Over-Design Versus Redesign as a Response to Future Requirements, S. 2

672 Vgl. Dudenredaktion (2018), Das Bedeutungswörterbuch, S. 653

diesem Zusammenhang müssen zunächst die relevanten Meilensteine für die Risikobehandlungsstrategien vorab hervorgehoben und beschrieben werden. Wie bereits in Kapitel 2.3.2 definiert, beginnt der Baukastenlebenszyklus mit dem Start der Baukastenentwicklung. Nach Abschluss der Strategie-, Initial- und Konzeptphase wird der Baukasten zur weiteren Industrialisierung an einen internen oder externen Lieferanten vergeben. Dies geschieht anhand eines Entwicklungsvertrags, in dem sämtliche Anforderungen an den Baukasten detailliert festgelegt sind. Der damit verbundene Meilenstein wird als Vergabe bezeichnet und ist für die Durchführung von Maßnahmen zur Realisierung der Risikobehandlungsstrategien relevant. Dies lässt sich damit begründen, dass die Vergabe der letztmögliche Zeitpunkt ist, zu dem eine Auswahl zwischen den Risikobehandlungsstrategien getroffen werden kann, ohne dem Lieferanten im Falle einer technischen Änderung Änderungs- und/oder Abbruchkosten bezahlen zu müssen. Am Ende der Industrialisierung und damit dem Ende des Baukastenentwicklungsprozesses erfolgt der Produktionsbeginn.[673] Dieser Meilenstein markiert für den Baukasten den Beginn der Laufzeit am Markt. Der Meilenstein des prognostizierten Risikoeintritts liegt in der Phase der Laufzeit am Markt. Da es sich hierbei um eine Prognose und damit um eine Vorhersage der zukünftigen Entwicklung[674] handelt, ist der Eintritt des Risikos mit einer gewissen Unsicherheit behaftet. Aus diesem Grund wird bei diesem Meilenstein zwischen dem Eintritt des Risikos und Nichteintritt des Risikos unterschieden. In Abhängigkeit von dieser Unterscheidung und der betrachteten Risikobehandlungsstrategie gilt es zu diesem Meilenstein bestimmte Maßnahmen durchzuführen. Das Produktionsende markiert das Ende der Laufzeit am Markt und damit das Ende des Baukastenlebenszyklus. Abbildung 5-43 gibt einen Überblick über die soeben beschriebenen, relevanten Meilensteine für die Risikobehandlungsstrategien über den Baukastenlebenszyklus.

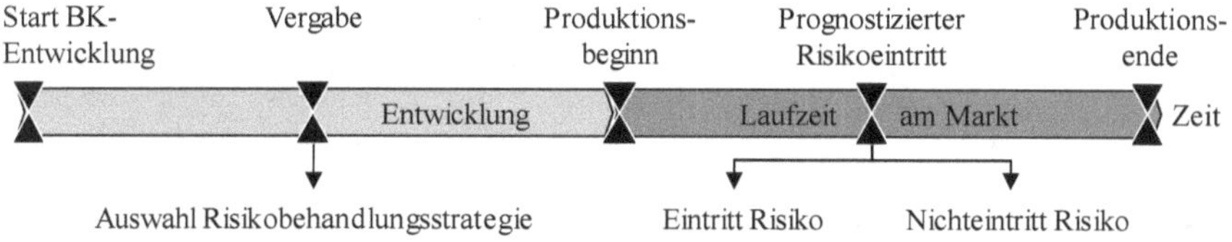

Abbildung 5-43: Relevante Meilensteine für Risikobehandlungsstrategien

Anhand der Beschreibung der für die Risikobehandlungsstrategien relevanten Meilensteine können den Risikobehandlungsstrategien zu diesen Meilensteinen die zur Umsetzung erforderlichen Maßnahmen zugeordnet werden. Dazu zählen die Vergabe und der prognostizierte Risikoeintritt mit den Unterfällen Eintritt Risiko und Nichteintritt Risiko. Im Folgenden werden die Risikobehandlungsstrategien in die Nichtgestaltung der Risikostrukturen und Gestaltung der Risikostrukturen unterteilt und anhand der zu tätigenden Maßnahmen erläutert. Dies bildet die Grundlage für die Auswahl der nach betriebswirtschaftlichen Gesichtspunkten am besten geeigneten Risikobehandlungsstrategie in den folgenden Kapiteln. Für einen direkten Vergleich der Risikobehandlungsstrategien wird an dieser Stelle auf Abbildung 4-15

673 Vgl. Kapitel 2.3.2
674 Vgl. Barth (2010), Prognoseberichterstattung, S. 13

oder Abbildung 5-49 verwiesen. Dies zeigen eine Gegenüberstellung aller Risikobehandlungsstrategien und ihrer Maßnahmen.

Nichtgestaltung von Risikostrukturen

Die Nichtgestaltung von Risikostrukturen umfasst die Risikobehandlungsstrategien keine aktive Risikobehandlung und korrektive Risikobehandlung. Bei der Nichtgestaltung von Risikostrukturen werden die Risikoparameter Eintrittswahrscheinlichkeit und Auswirkungen einer Verblockung am Meilenstein der Vergabe nicht reduziert. Folglich werden zu diesem Meilenstein keine Maßnahmen durchgeführt. Die beiden Risikobehandlungsstrategien werden im Folgenden beschrieben.

Keine aktive Risikobehandlung

Bei keiner aktiven Risikobehandlung werden die Auswirkungen einer Verblockung vom Unternehmen vollständig übernommen, falls ein Risiko eintritt. Die daraus resultierenden Nachteile für das Unternehmen werden somit uneingeschränkt akzeptiert. Ein Vorteil dieser Risikobehandlungsstrategie besteht jedoch darin, dass sämtliche vom Risiko betroffenen Baukästen und deren Entwicklungsteams keine weiteren Entwicklungsaufwände durchführen müssen und somit keine weiteren Kosten auslösen. Zusammenfassend lässt sich sagen, dass diese Risikobehandlungsstrategie nur dann angewendet werden sollte, wenn es aus Kostengesichtspunkten äußerst sinnvoll erscheint, da Innovationen und schnelles Reagieren auf Risiken entscheidend für den wirtschaftlichen Erfolg und das Überleben eines Unternehmens sind.[675] Abbildung 5-44 zeigt die Maßnahmen, die an den Meilensteinen Vergabe und prognostizierter Risikoeintritt für diese Risikobehandlungsstrategie zu ergreifen sind.

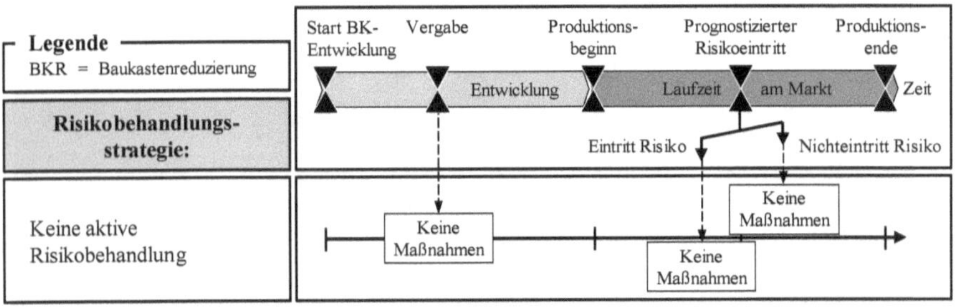

Abbildung 5-44: Maßnahmen keine aktive Risikobehandlung[676]

Es werden zu den Meilensteinen Vergabe und prognostizierter Risikoeintritt, einschließlich der Unterteilung in die beiden Fällen Eintritt des Risikos und Nichteintritt des Risikos, jeweils keine Maßnahmen ergriffen. Im Kontext der vorliegenden Arbeit bedeutet keine Maßnahme keine Handlung. Es ist daher nicht notwendig, diesen Maßnahmentyp detaillierter zu beschreiben.

Korrektive Risikobehandlung

---

675 Vgl. Kapitel 1.1

676 Die Maßnahmen der Fälle Eintritt Risiko und Nichteintritt Risiko sind dem Meilenstein des prognostizierten Risikoeintritts zuzuordnen. In der Abbildung sind diese jedoch diagonal versetzt dargestellt, um beim Leser eine gedankliche Trennung der beiden Fälle gewährleisten zu können.

Bei der korrektiven Risikobehandlung werden die Auswirkungen einer Verblockung auf das Unternehmen korrektiv reduziert, sobald das Risiko eingetreten ist. Der Vorteil dieser Risikobehandlungsstrategie besteht darin, dass bis zum Meilenstein des prognostizierten Risikoeintritts keine Kosten in Form von weiteren Entwicklungsaufwänden oder erhöhten Herstellkosten anfallen. Der damit verbundene Nachteil im Falle eines Risikoeintritts ist die hohe Reaktionszeit, bis die Auswirkungen des Risikos und damit einer möglichen Verblockung korrektiv behandelt werden können. Zudem sind die zusätzlich anfallenden Einmalaufwände und Herstellkosten nicht in einem Wettbewerbsumfeld verhandelbar. Seit dem Meilenstein der Vergabe besteht eine Monopolstellung seitens des Lieferanten, die zu unplausiblen Kosten aufseiten des Unternehmens führen kann. Die Maßnahmen, die an den Meilensteinen Vergabe und prognostizierter Risikoeintritt zu ergreifen sind, werden nachstehend anhand von Abbildung 5-45 erläutert.

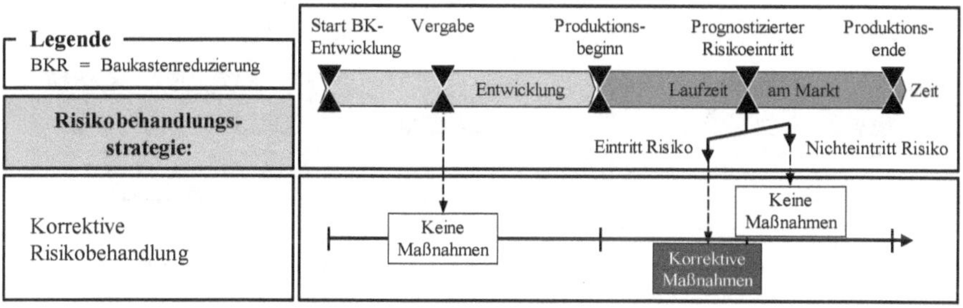

Abbildung 5-45: Maßnahmen korrektive Risikobehandlung[677]

Zum Meilenstein der Vergabe werden keine Maßnahmen ergriffen, was gleichbedeutend mit keiner Handlung ist. Im Falle eines Risikoeintritts zum Meilenstein des prognostizierten Risikoeintritts werden die Auswirkungen einer Verblockung auf das Unternehmen durch korrektive Maßnahmen reduziert. Dieser Maßnahmentyp kann als Synonym für technische Änderungen verwendet werden, weshalb an dieser Stelle lediglich auf Kapitel 2.3.4 und die dort zitierte Literatur verwiesen wird. Im Falle, dass das Risiko nicht eintritt, sind keine Maßnahmen erforderlich, da das Unternehmen von keinen Auswirkungen einer Verblockung betroffen ist und die Risikostrukturen nicht gestaltet wurden.

Gestaltung von Risikostrukturen

Im Rahmen der Gestaltung von Risikostrukturen werden die Risikobehandlungsstrategien präventive Risikobehandlung mit präventivem Verbau und präventive Risikobehandlung mit reaktivem Verbau betrachtet. Bei der Gestaltung von Risikostrukturen werden die Risikoparameter Eintrittswahrscheinlichkeit und Auswirkungen einer Verblockung am Meilenstein der Vergabe durch präventive Maßnahmen auf ein gewünschtes Maß reduziert. Präventive Maßnahmen sind vorbeugende Handlungen, die bereits zum Meilenstein der Vergabe den Verbau von technischen Mehrinhalten zu definierten Zeitpunkten in der Zukunft berücksichtigen. Die Berücksichtigung von technischen Mehrinhalten durch präventive

---

677 Die Maßnahmen der Fälle Eintritt Risiko und Nichteintritt Risiko sind dem Meilenstein des prognostizierten Risikoeintritts zuzuordnen. In der Abbildung sind diese jedoch diagonal versetzt dargestellt, um beim Leser eine gedankliche Trennung der beiden Fälle gewährleisten zu können.

Maßnahmen führt zu einer gewissen inhärenten Flexibilität in den entsprechenden Baukästen, die sich damit innerhalb eines definierten Gültigkeitsbereichs in Bezug auf Risiken anpassungsfähig verhalten können.[678] Dies macht die Baukästen robuster gegenüber technischen Änderungen und ermöglicht eine schnelle Reaktion auf Risiken, was in der vorliegenden Arbeit als Planungssicherheit bezeichnet wird. Die Gestaltung der Risikostrukturen durch den Einsatz von präventiven Maßnahmen ist somit ein Ansatz, um das in Kapitel 2.4.2 beschriebene und in der Dissertationsstudie bestätigte Spannungsfeld zwischen der Planungssicherheit und Flexibilität hinsichtlich zukünftiger Rahmenbedingungen bzw. Risiken aufzulösen. In diesem Zusammenhang sind daher die drei Ursachenkategorien zur Auflösung des beschriebenen Spannungsfeldes zu berücksichtigen. Werden Risikostrukturen in Baukästen durch die Berücksichtigung von technischen Mehrinhalten gestaltet, müssen die präventiven Maßnahmen folglich immer das Produkt bzw. dessen Architektur, die Vergabe im Einkauf und den Business Case umfassen (vgl. Abbildung 5-46).[679] Dies gilt nicht nur für die verblockungskritischen Baukästen, sondern auch für die verknüpften Baukästen, die von einer Änderungsweitergabe betroffen sind.

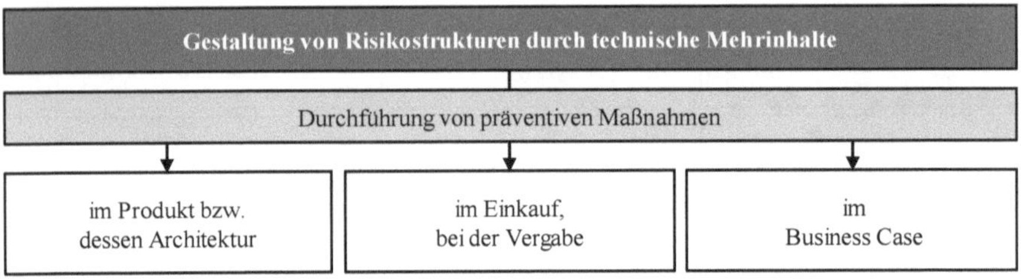

Abbildung 5-46: Gestaltung von Risikostrukturen in Baukästen durch präventive Maßnahmen

Die Autoren, die in Kapitel 3.2.2 dem Prinzip e) – Risiken behandeln zugeordnet werden konnten, beschreiben in ihren Beiträgen bereits Ansatzpunkte, die sich der Gestaltung von Risikostrukturen durch technische Mehrinhalte zuordnen lassen. Im Folgenden werden diese Ansätze im Hinblick auf Anknüpfungspunkte untersucht, wie den drei Ursachenkategorien mit präventiven Maßnahmen begegnet werden kann.

MARTIN UND ISHII schlagen im Zusammenhang mit präventiven Maßnahmen vor, die Kopffreiheit pro Spezifikation für die Baukästen allgemein zu erhöhen, um so die Empfindlichkeit der Komponenten gegenüber Änderungen der Spezifikation zu reduzieren.[680] Um die Flexibilität der Produktgestaltung zu verbessern, empfehlen PALANI RAJAN ET AL. zwei Optionen. Dazu gehört die Reduzierung des Änderungsumfangs durch Erhöhung der Anzahl oder Größe von virtuellen oder tatsächlichen Pufferzonen im Produkt als präventive Maßnahme. Darüber hinaus sollte der Leistungsumfang des Produkts erweitert werden.[681] Für die Autoren KEESE ET AL. muss es zur Verbesserung der Flexibilität in der Produktgestaltung Raum für Änderungen in der Geometrie, Ausrichtung und Position der Module geben. Darüber

678 Vgl. Ulrich (1975), Der allgemeine Systembegriff, S. 33; Dudenredaktion (2018), Das Bedeutungswörterbuch, S. 395; Spath (2008), Organisatorische Wandlungsfähigkeit produzierender Unternehmen, S. 12

679 Vgl. Burggräf et al. (2019), Data on the current state of modular systems in a highly dynamic environment, S. 9; Kapitel 2.4.2

680 Vgl. Martin et al. (2002), Design for variety, S. 224 f.

681 Vgl. Palani Rajan et al. (2003), Design for Flexibility - Measures And Guidelines, S. 8 f.

hinaus sollten freie Schnittstellen bereitgestellt werden.[682] Für NEUMANN ET AL. ist die Überdimensionierung eine Methode zur Vermeidung von Unsicherheiten durch Änderungen an betroffenen Systemelementen.[683] Bei SCHIFFER kann das funktionale Over-Engineering und das Schnittstellen Over-Engineering der Berücksichtigung von Risiken durch präventive Maßnahmen im Baukasten zugeordnet werden. Beim funktionalen Over-Engineering handelt es sich um eine Überdimensionierung einer Funktion bzw. eines Kundenmerkmals in seinen Ausprägungen. Das Over-Engineering der Schnittstelle geht oft mit dem funktionalen Over-Engineering einher. Die Schnittstelle wird dabei bereits im Baukastenentwicklungsprozess so konzipiert, dass sie eine Kraft, Stromstärke, Datenvolumen, etc. übertragen kann, die für viele Anwendungen nicht erforderlich ist.[684]

Bei der Betrachtung der Ansatzpunkte der oben beschriebenen Autoren fällt auf, dass sich die Mehrheit der Autoren auf die Gestaltung von Risikostrukturen durch präventive Maßnahmen im Produkt bzw. dessen Architektur konzentriert. Dabei steht die Überdimensionierung der Merkmalsausprägungen der Baukästen bzw. Komponenten im Vordergrund. Lediglich PALANI ET AL. und KEESE ET AL. beschreiben den Zusammenhang zwischen der Überdimensionierung der Baukästen bzw. der Merkmalsausprägungen und dem daraus resultierenden erhöhten Bauraumbedarf.[685] Auf Basis dieser Grundlagen lässt sich dieser Sachverhalt auf die beiden verbleibenden Risikobehandlungsstrategien übertragen, die im Folgenden erörtert werden. Die Gestaltung von Risikostrukturen durch präventive Maßnahmen im Einkauf, bei der Vergabe und im Business Case wird von den identifizierten Autoren nicht thematisiert. Die Grundprinzipien, die für diese beiden Kategorien von präventiven Maßnahmen gelten, werden im Zusammenhang mit den Risikobehandlungsstrategien präventive Risikobehandlung mit präventivem Verbau und präventive Risikobehandlung mit reaktiven Verbau näher erläutert.

Präventive Risikobehandlung mit präventivem Verbau

Bei der präventiven Risikobehandlung mit präventivem Verbau werden sämtliche technischen Mehrinhalte, die zur Vermeidung einer Verblockung erforderlich sind, von Produktionsbeginn an präventiv im Produkt bzw. dessen Architektur verbaut. Der Vorteil dieser Risikobehandlungsstrategie liegt in der direkten Umsetzung der Risiken aufgrund der nicht vorhandenen Reaktionszeit und damit in der Vermeidung jeglicher Verblockungen. Es besteht jedoch der Nachteil, dass im Falle des Nichteintritts des Risikos ein hoher monetärer Schaden entsteht, da eine präventive Risikobehandlung dann nicht erforderlich war. Abbildung 5-47 zeigt die Maßnahmen, die an den Meilensteinen Vergabe und prognostizierter Risikoeintritt zu ergreifen sind.

682 Vgl. Keese et al. (2007), An enhanced change modes and effects analysis (CMEA) tool for measuring product flexibility with applications to consumer products, S. 9 ff.

683 Vgl. Neumann et al. (2012), Adapting Product and Development Process for Risk Reduction in New Product Development, S. 271

684 Vgl. Schiffer (2013), Szenariorobuste Produktarchitekturgestaltung, S. 148 ff.

685 Vgl. Palani Rajan et al. (2003), Design for Flexibility - Measures And Guidelines, S. 8 f.; Keese et al. (2007), An enhanced change modes and effects analysis (CMEA) tool for measuring product flexibility with applications to consumer products, S. 9 ff.

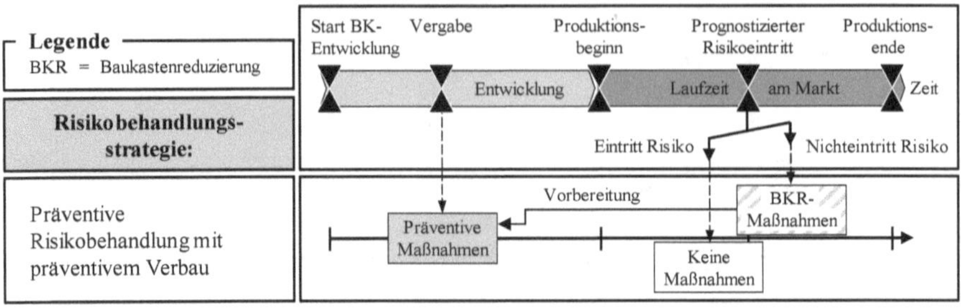

Abbildung 5-47: Maßnahmen der präventiven Risikobehandlung mit präventivem Verbau[686]

Zum Meilenstein der Vergabe müssen präventive Maßnahmen durchgeführt werden. Die Voraussetzung für eine zielgerichtete Risikobehandlung durch präventive Maßnahmen ist eine detaillierte Analyse des Risikos und seiner Abhängigkeiten im Gesamtsystem Produkt. Das Ergebnis von Kapitel 5.3 kann zu diesem Zweck wiederverwendet werden. Dabei handelt es sich um die Aufbereitung der risikobedingten Veränderungen der Baukastenmerkmale, ihrer Ausprägungen und zusätzlichen Bauraumbedarfe in Form von unterschiedlichen Verblockungsszenarien. Basierend auf dieser Risikoanalyse im Gesamtsystem Produkt wurde in Kapitel 5.4.2 für jedes Risiko das am besten geeignete Verblockungsszenario ausgewählt. Die damit verbundenen Merkmalsausprägungen der betroffenen Baukästen bestimmen den technischen Mehrinhalt, der zur Vermeidung der Verblockung erforderlich ist. Dieser technische Mehrinhalt muss nun an dieser Stelle in den mit dem Lieferanten abzuschließenden Entwicklungsvertrag aufgenommen und schriftlich vereinbart werden. Aus betriebswirtschaftlicher Sicht wird dieser Umstand höchstwahrscheinlich zu höheren Einmalaufwänden während der Industrialisierung und zu höheren Herstellkosten ab Produktionsbeginn führen. Benötigen die betroffenen Baukästen im Vergleich zur Ausgangssituation zusätzlichen Bauraum, so muss dieser in den entsprechenden Produkten bzw. deren Architektur zur Verfügung gestellt werden.

Im Falle eines Risikoeintritts zum Meilenstein des prognostizierten Risikoeintritts sind keine weiteren Maßnahmen erforderlich; auf das Risiko kann direkt und ohne Reaktionszeit reagiert werden. In diesem Falle kommt es zu keiner Verblockung. Dies ist darauf zurückzuführen, dass der Baukasten bereits zur Vergabe präventiv auf den Risikoeintritt vorbereitet und die dafür notwendigen technischen Mehrinhalte von Produktionsbeginn an verbaut wurden.

Wurden die Risikostrukturen gestaltet und das Risiko tritt nicht ein, müssen die ab Produktionsbeginn präventiv verbauten technischen Mehrinhalte, sofern möglich, vollständig aus den Baukästen entfernt bzw. auf ein Minimum reduziert werden. Die Reduzierung präventiver Mehrinhalte in Baukästen wird als Baukastenreduzierungsmaßnahme bezeichnet und muss mit den Lieferanten zur Vergabe vorbereitet und vertraglich vereinbart werden. Die Vorbereitung der Baukastenreduzierungsmaßnahmen ist somit Teil der präventiven Maßnahmen. Eine vollständige Entfernung der technischen Mehrinhalte in Bau-

686 Die Maßnahmen der Fälle Eintritt Risiko und Nichteintritt Risiko sind dem Meilenstein des prognostizierten Risikoeintritts zuzuordnen. In der Abbildung sind diese jedoch diagonal versetzt dargestellt, um beim Leser eine gedankliche Trennung der beiden Fälle gewährleisten zu können.

kästen ist aus betriebswirtschaftlicher Sichtweise jedoch nicht immer sinnvoll. Dies würde beispielsweise den Umbau von Produktionslinien beim Lieferanten erfordern, was aus betriebswirtschaftlicher Sicht mit einem hohen Einmalaufwand verbunden wäre. Aus diesem Grund ist es nicht möglich, eine generelle Aussage zu treffen, dass alle technischen Mehrinhalte immer und unter allen Umständen entfernt werden müssen. In jedem Fall muss mit dem Lieferanten ein Optimum zwischen den anfallenden Einmalaufwänden und den Einsparungen bei den Herstellkosten erarbeitet werden. Die Erstellung von einkaufsseitigen Angeboten für die Entfernung von technischen Mehrinhalten steht jedoch nicht im Fokus dieser Arbeit. An dieser Stelle wird auf die kritische Reflexion der Anwendungserfahrung in Kapitel 6.2 und den Ausblick dieser Arbeit in Kapitel 7 verwiesen.

Präventive Risikobehandlung mit reaktivem Verbau

Bei der präventiven Risikobehandlung mit reaktivem Verbau wird von Produktionsbeginn an präventiv lediglich ein Mindestmaß an technischen Mehrinhalten in das Produkt bzw. dessen Architektur eingebaut. Erst im Bedarfsfall, d.h. bei Eintritt des Risikos, werden die technischen Mehrinhalte in ihrer Gesamtheit verbaut, um eine Verblockung zu vermeiden bzw. zu reduzieren. Der Vorteil dieser Risikobehandlungsstrategie ist daher ein geringer monetärer Schaden, wenn das Risiko nicht eintritt, bei zugleich präventiver Risikobehandlung. Demgegenüber steht der Nachteil einer verkürzten, aber dennoch vorhandenen Reaktionszeit im Vergleich zur korrektiven Risikobehandlung. Die Maßnahmen, die dafür an den Meilensteinen Vergabe und prognostizierter Risikoeintritt zu ergreifen sind, werden im Folgenden anhand von Abbildung 5-48 erläutert.

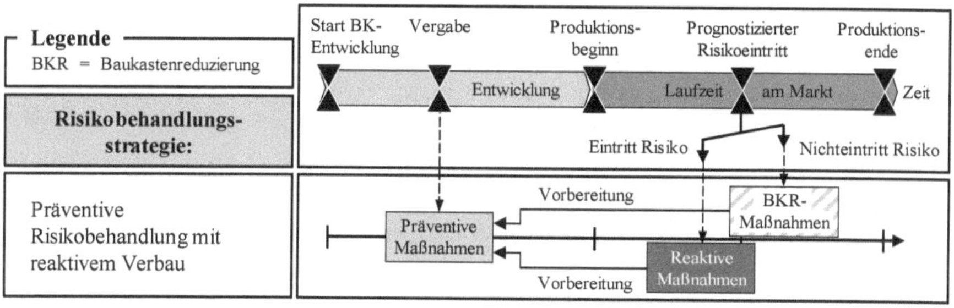

Abbildung 5-48: Maßnahmen der präventiven Risikobehandlung mit reaktivem Verbau[687]

Entsprechend der Risikobehandlungsstrategie der präventiven Risikobehandlung mit präventivem Verbau müssen auch in dieser Risikobehandlungsstrategie präventive Maßnahmen zum Meilenstein der Vergabe getroffen werden. Die Grundlage für eine zielgerichtete Risikobehandlung durch präventive Maßnahmen ist auch an dieser Stelle eine detaillierte Analyse des Risikos und seiner Abhängigkeiten im Gesamtsystem Produkt. Das Ergebnis ist eine Übersicht über die technischen Mehrinhalte, die zur

[687] Die Maßnahmen der Fälle Eintritt Risiko und Nichteintritt Risiko sind dem Meilenstein des prognostizierten Risikoeintritts zuzuordnen. In der Abbildung sind diese jedoch diagonal versetzt dargestellt, um beim Leser eine gedankliche Trennung der beiden Fälle gewährleisten zu können.

Vermeidung einer Verblockung erforderlich sind.[688] Im Rahmen dieser Risikobehandlungsstrategie werden die technischen Mehrinhalte nun unterteilt und im Sinne von präventiven Maßnahmen für den Meilenstein Produktionsbeginn und die Fälle Eintritt bzw. Nichteintritt Risiko für den Meilenstein des prognostizierten Risikoeintritts beschrieben.

Zu Produktionsbeginn werden bei dieser Risikobehandlungsstrategie nur ein geringer Anteil an technischen Mehrinhalten oder gar keine technischen Mehrinhalte in das Produkt bzw. dessen Architektur verbaut. Diese Entscheidung hängt stark von der Reaktionszeit ab, die das Unternehmen auf ein Risiko zulässt. Tendenziell lässt sich sagen: Je länger die Reaktionszeit sein kann, desto weniger technische Mehrinhalte sollten bereits zu Produktionsbeginn verbaut sein und umgekehrt. Wenn zu Produktionsbeginn bereits geringe Anteile an technischen Mehrinhalten in das Produkt bzw. dessen Architektur verbaut werden, so muss dies in den Entwicklungsvertrag mit dem Lieferanten aufgenommen und schriftlich vereinbart werden. Aus betriebswirtschaftlicher Sicht wird dies wahrscheinlich zu höheren Einmalaufwänden während der Industrialisierung und zu höheren Herstellkosten ab Produktionsbeginn führen. Der verbleibende Rest an technischen Mehrinhalten, die zu Produktionsbeginn nicht verbaut wurden, müssen als reaktive Maßnahme im Falle des Risikoeintritts umgesetzt werden. Wenn zu Produktionsbeginn keine technischen Mehrinhalte in das Produkt bzw. dessen Architektur verbaut werden, müssen sämtliche technischen Mehrinhalte als reaktive Maßnahmen im Falle des Risikoeintritts implementiert werden. Reaktive Maßnahmen können beschrieben werden als das Delta zwischen 100% der technischen Mehrinhalte, die zur Vermeidung einer Verblockung erforderlich sind, und den technischen Mehrinhalten, die bereits zu Produktionsbeginn verbaut werden. Diese reaktiven Maßnahmen müssen bereits zur Vergabe vorbereitet und in den Entwicklungsvertrag mit dem Lieferanten überführt werden. Die Überführung der zu berücksichtigenden technischen Mehrinhalte in einen mit dem Lieferanten abgeschlossenen Entwicklungsvertrag steht nicht im Fokus dieser Arbeit. An dieser Stelle wird auf die kritische Reflexion der Anwendungserfahrung in Kapitel 6.2 und den Ausblick dieser Arbeit in Kapitel 7 verwiesen.

Im Falle des Risikoeintritts werden folglich die restlichen technischen Mehrinhalte, die zur Verringerung der Auswirkungen einer Verblockung auf das Unternehmen erforderlich sind, reaktiv in den Baukasten integriert und anschließend im Produkt bzw. dessen Architektur verbaut. Das bedeutet, dass die mit den reaktiven Maßnahmen verbundenen Mehrkosten nur bei Bedarf, d.h. bei Risikoeintritt, ausgelöst werden. Wird im Rahmen der reaktiven Maßnahmen mehr Bauraum benötigt, muss dieser bereits ab dem Meilenstein der Vergabe in den entsprechenden Produkten bzw. deren Architektur eingeplant sein. Dieser Bauraum darf nicht durch andere Baukästen belegt werden, da dies die Durchführung der reaktiven Maßnahme verhindern würde.

Wenn das Risiko nicht eintritt und technische Mehrinhalte bereits ab Produktionsbeginn präventiv verbaut wurden, müssen diese nach Möglichkeit wieder vollständig aus den Baukästen entfernt bzw. auf ein Minimum reduziert werden. Die Reduzierung von präventiv verbauten technischen Mehrinhalten erfolgt durch Baukastenreduzierungsmaßnahmen. Diese müssen bereits zum Meilenstein der Vergabe

688 Für weitere Informationen zur Analyse des Risikos und seiner Abhängigkeiten im Gesamtsystem Produkt sei an dieser Stelle auf die Risikobehandlungsstrategie präventive Risikobehandlung mit präventivem Verbau verwiesen.

mit dem Lieferanten, einschließlich der hierdurch anfallenden Kosten, vorbereitet und vertraglich vereinbart werden. Dieser Maßnahmentyp ist bereits in der Risikobehandlungsstrategie der präventiven Risikobehandlung mit präventivem Verbau beschrieben. Da das Vorgehen identisch ist, wird für weitere Informationen zu Baukastenreduzierungsmaßnahmen auf diese Risikobehandlungsstrategie verwiesen.

Gegenüberstellung der Risikobehandlungsstrategien

Abbildung 5-49 zeigt die direkte Gegenüberstellung aller Risikobehandlungsstrategien im Rahmen der resilienten Baukastengestaltung und der damit verbundenen Maßnahmen.

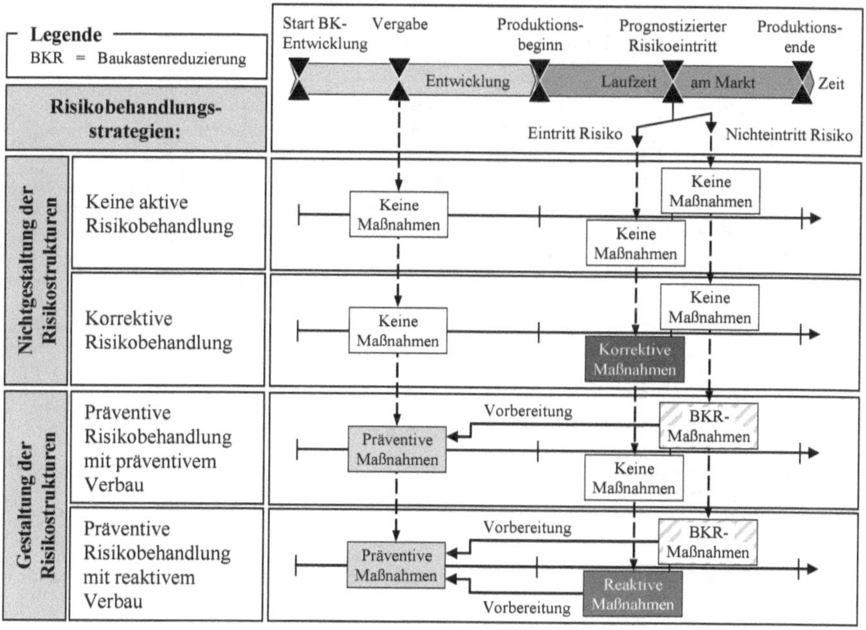

Abbildung 5-49: Vergleich der Risikobehandlungsstrategien[689]

5.5.2 Betriebswirtschaftliche Auswertung von Risikobehandlungsstrategien

Die Auswirkungen der unterschiedlichen Risikobehandlungsstrategien auf die betrachteten Baukästen und das Gesamtsystem Produkt sind unterschiedlich, teilweise stark unterschiedlich. Infolgedessen sind auch die Auswirkungen einer Verblockung für jede Risikobehandlungsstrategie unterschiedlich. Damit wird auch die Betriebswirtschaft des Unternehmens unterschiedlich stark beeinflusst. Um eine zuverlässige Aussage über den Nutzen einer Risikobehandlungsstrategie für das Unternehmen treffen zu können, müssen die angewendeten Maßnahmen monetär bewertbar sein. Aus diesem Grund beschäftigt sich

[689] Die Maßnahmen der Fälle Eintritt Risiko und Nichteintritt Risiko sind dem Meilenstein des prognostizierten Risikoeintritts zuzuordnen. In der Abbildung sind diese jedoch diagonal versetzt dargestellt, um beim Leser eine gedankliche Trennung der beiden Fälle gewährleisten zu können.

dieses Kapitel mit der betriebswirtschaftlichen Auswertung von Risikobehandlungsstrategien. Die Ergebnisse sind Beschreibungen der betriebswirtschaftlichen Verläufe der Risikobehandlungsstrategien für den Eintritt und Nichteintritt des Risikos. Der Risikoeintritt wird weiter in die Fälle Schaden und entgangener Gewinn unterteilt. Abbildung 5-50 gibt einen Überblick über die in diesem Kapitel zu erfassenden Inhalte und einen Ausblick auf das Vorgehen für die Auswahl der geeignetsten Risikobehandlungsstrategie in Kapitel 5.5.4.

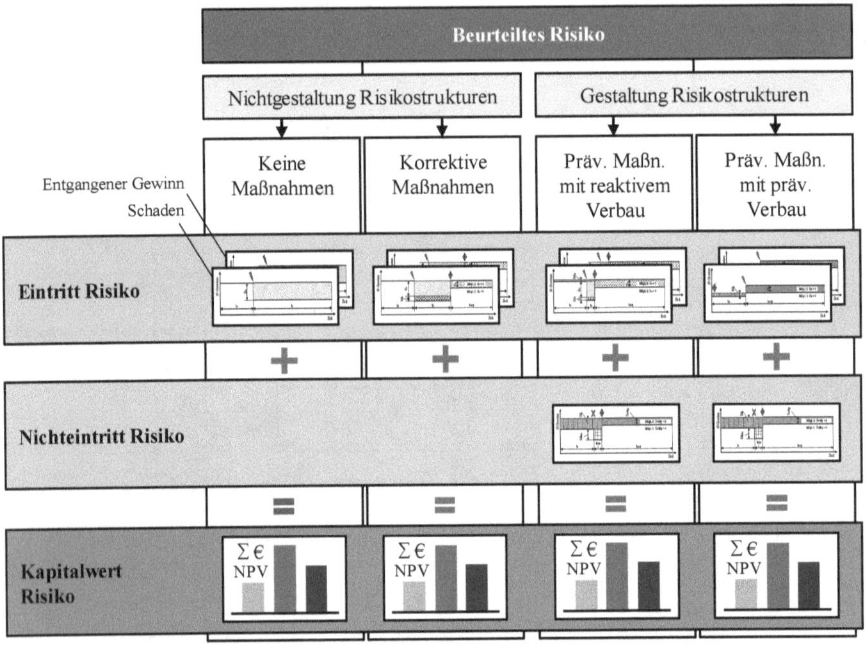

Abbildung 5-50: Überblick zur Auswahl der geeignetsten Risikobehandlungsstrategie

Im Zuge der Beschreibung der betriebswirtschaftlichen Verläufe der Risikobehandlungsstrategien ist festzuhalten, dass sämtliche Abbildungen in einem zweidimensionalen Koordinatensystem einheitlich dargestellt werden. Die Zeit (t) wird auf der Abszisse und der durchschnittliche Gewinn (Ø-Gewinn) auf der Ordinate angezeigt. Durch die Verwendung des Durchschnitts auf der Ordinate und den Verzicht auf eine Unterteilung der Abszisse in Zeitscheiben lassen sich übersichtliche Grobschemata zu den Risikobehandlungsstrategien visualisieren. Die Starthöhe des durchschnittlichen Gewinns beträgt in jedem Koordinatensystem 100%. Eine optisch unterschiedliche Starthöhe in den Abbildungen ergibt sich aus dem Platzbedarf der jeweiligen Abbildung. Bei den präventiven Risikobehandlungsstrategien entspricht die Oberkante der vertikalen Linien 100% des durchschnittlichen Gewinns. Diese werden durch präventive Maßnahmenkosten zu Beginn reduziert, dargestellt durch die vertikalen Linien. Detaillierte Informationen zu den präventiven Maßnahmen finden sich in Abbildung 5-54, Abbildung 5-55 und Abbildung 5-57. Im Folgenden werden die betriebswirtschaftlichen Verläufe der Risikobehandlungsstrategien für die Fälle Eintritt und Nichteintritt des Risikos vorgestellt.

Eintritt Risiko

Für den Eintritt des Risikos werden die betriebswirtschaftlichen Verläufe der Risikobehandlungen für alle vier Risikobehandlungsstrategien mit den Fällen Schaden und entgangener Gewinn beschrieben (vgl. Abbildung 5-51).

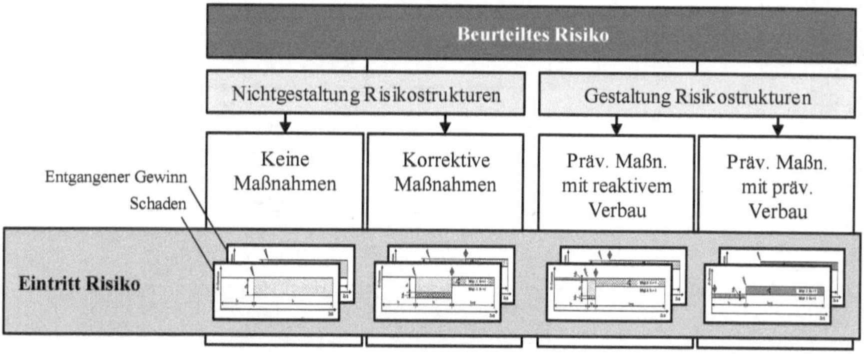

Abbildung 5-51: Betriebswirtschaftliche Verläufe Eintritt Risiko

Betriebswirtschaftliche Verläufe Risikobehandlungsstrategie 1 – Keine Maßnahmen

Die betriebswirtschaftlichen Verläufe der Risikobehandlungsstrategie 1 – Keine Maßnahmen samt den für eine monetäre Bewertung und Entscheidung erforderlichen Kostenarten sind für den Eintritt des Risikos in Abbildung 5-52 dargestellt. Im Schadensfall kann der betriebswirtschaftliche Verlauf wie folgt beschrieben werden: Nach einer bestimmten Zeit bis zum Eintreten des Risikos (t_e) sinkt im Falle eines Risikoeintritts (Blitz) der durchschnittliche Gewinn um eine bestimmte Schadenshöhe je Baukasten (S_e). Der monetäre Schaden über die Zeit hält für die Schadensdauer (t_s) an. Für diese Risikobehandlungsstrategie entspricht die Schadensdauer der Dauer zwischen dem Risikoeintritt und dem Produktionsende.

Für den entgangenen Gewinn kann der betriebswirtschaftliche Verlauf wie folgt beschrieben werden: Nach einer bestimmten Zeit bis zum Eintreten des Risikos (t_e) kann im Falle eines Risikoeintritts (Blitz) ein möglicher höherer Gewinn nicht realisiert werden, symbolisiert durch die Höhe des entgangenen Gewinns je Baukasten (G_e). Der entgangene Gewinn über die Zeit hält für den Zeitraum des entgangenen Gewinns (t_{eg}) an. Für diese Risikobehandlungsstrategie entspricht der Zeitraum des entgangenen Gewinns der Dauer zwischen dem Risikoeintritt und dem Produktionsende.

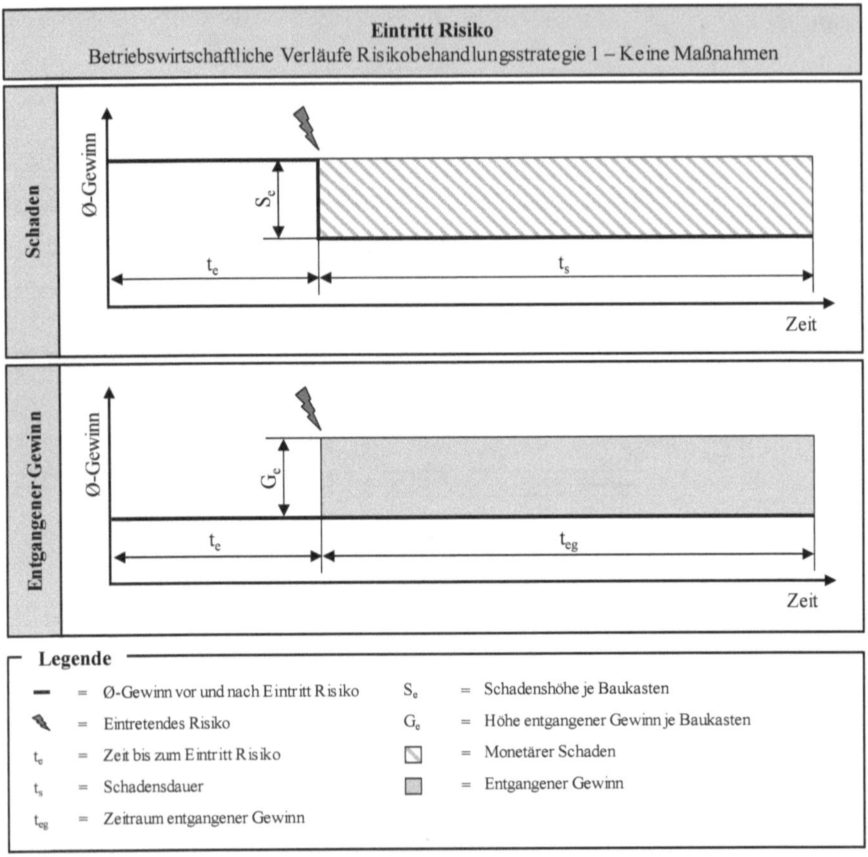

Abbildung 5-52: Betriebswirtschaftlicher Verlauf Risikobehandlungsstrategie 1 Eintritt Risiko

Betriebswirtschaftliche Verläufe Risikobehandlungsstrategie 2 – Korrektive Maßnahmen

Die betriebswirtschaftlichen Verläufe der Risikobehandlungsstrategie 2 – Korrektive Maßnahmen samt den für eine monetäre Bewertung und Entscheidung erforderlichen Kostenarten sind für den Eintritt des Risikos in Abbildung 5-53 dargestellt. Im Schadensfall kann der betriebswirtschaftliche Verlauf wie folgt beschrieben werden: Nach einer bestimmten Zeit bis zum Eintreten des Risikos (t_e) sinkt im Falle eines Risikoeintritts (Blitz) der durchschnittliche Gewinn um eine bestimmte Schadenshöhe je Baukasten (S_e) und die Höhe der korrektiven Maßnahmenkosten je Baukasten (M_k). Tritt das Risiko ein, muss nicht zwangsläufig ein monetärer Schaden erfolgen. Dies kann ebenso mit zeitlicher Verzögerung geschehen. Der monetäre Schaden hält für die Schadensdauer (t_s) an. Für diesen Fall beschreibt die Schadensdauer den Zeitraum zwischen dem Risikoeintritt und der Behebung des Problems (Raute). Die korrektiven Maßnahmenkosten fallen auch nach der Behebung des Problems bis Produktionsende an. Aus Gründen der Übersichtlichkeit wurde dieser Umfang in der Abbildung nicht dargestellt. Für die Berechnung in Kapitel 5.5.4 sind diese jedoch zu berücksichtigen. Für die verbleibende Zeit bis Produktionsende existieren zwei Möglichkeiten, die zu betrachten sind. Für die Möglichkeit 1 ist die Höhe des verbleibenden Schadens je Baukasten (S_v) größer als Null. Der verbleibende monetäre Schaden dauert für die verbleibende Zeit bis Produktionsende (t_{eop}) an. Für die Möglichkeit 2 ist die Höhe des verbleibenden Schadens je Baukasten Null. Der durchschnittliche Gewinn entspricht der Ausgangshöhe vor dem Risikoeintritt.

Für den entgangenen Gewinn kann der betriebswirtschaftliche Verlauf wie folgt beschrieben werden: Nach einer bestimmten Zeit bis zum Eintreten des Risikos (t_e) kann im Falle eines Risikoeintritts (Blitz) ein möglicher höherer Gewinn nicht realisiert werden, symbolisiert durch die Höhe des entgangenen Gewinns je Baukasten (G_e). Zusätzlich sinkt der durchschnittliche Gewinn um die Höhe der korrektiven Maßnahmenkosten je Baukasten (M_k). Tritt das Risiko ein, muss nicht zwangsläufig gleichzeitig ein entgangener Gewinn erfolgen. Dies kann ebenso mit zeitlicher Verzögerung geschehen. Der entgangene Gewinn hält für den Zeitraum des entgangenen Gewinns (t_{eg}) an. Für diesen Fall beschreibt der Zeitraum des entgangenen Gewinns den Zeitraum zwischen dem Risikoeintritt und der Behebung des Problems (Raute). Die korrektiven Maßnahmenkosten fallen auch nach der Behebung des Problems an. Aus Gründen der Übersichtlichkeit wurde dieser Umfang in der Abbildung nicht dargestellt. Für die Berechnung in Kapitel 5.5.4 sind diese jedoch zu berücksichtigen. Für die verbleibende Zeit bis Produktionsende existieren zwei Möglichkeiten, die zu betrachten sind. Für die Möglichkeit 1 ist die Höhe des verbleibenden entgangenen Gewinns je Baukasten (G_{ve}) größer als Null. Der verbleibende entgangene Gewinn dauert für die verbleibende Zeit bis Produktionsende (t_{eop}) an. Für die Möglichkeit 2 ist die Höhe des verbleibenden entgangenen Gewinns je Baukasten Null. Der durchschnittliche Gewinn entspricht der Ausgangshöhe vor dem Risikoeintritt.

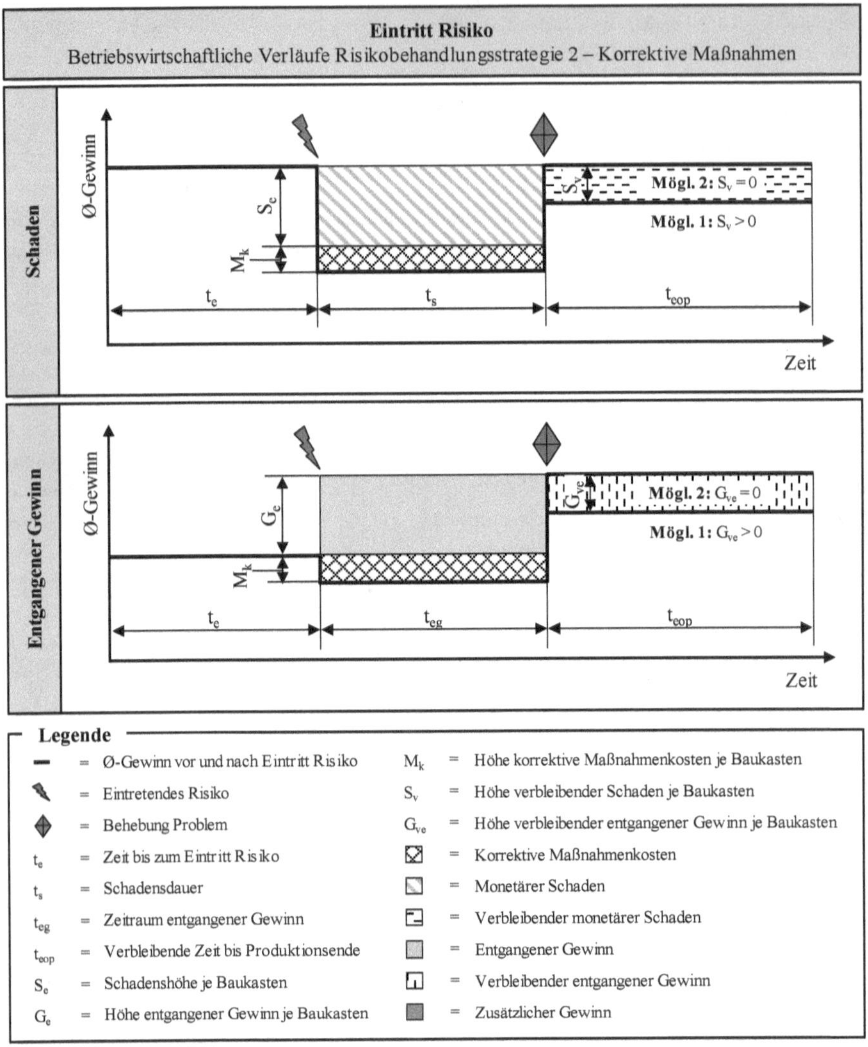

Abbildung 5-53: Betriebswirtschaftlicher Verlauf Risikobehandlungsstrategie 2 Eintritt Risiko[690]

690 Tritt das Risiko ein, muss nicht zwangsläufig gleichzeitig ein monetärer Schaden oder entgangener Gewinn erfolgen. Dies kann ebenso mit zeitlicher Verzögerung geschehen. Außerdem fallen nach der Behebung des Problems (Raute) weiterhin korrektive Maßnahmenkosten an. Aus Gründen der Übersichtlichkeit wurde dieser Umfang in der Abbildung nicht dargestellt. Für die Berechnung in Kapitel 5.5.4 sind diese jedoch zu berücksichtigen.

Betriebswirtschaftliche Verläufe Risikobehandlungsstrategie 3 – Präventive Maßnahmen mit präventivem Verbau

Die betriebswirtschaftlichen Verläufe der Risikobehandlungsstrategie 3 – Präventive Maßnahmen mit präventivem Verbau samt den für eine monetäre Bewertung und Entscheidung erforderlichen Kostenarten sind für den Eintritt des Risikos in Abbildung 5-54 dargestellt. Im Schadensfall und für den Fall des entgangenen Gewinns ist der betriebswirtschaftliche Verlauf weitestgehend ähnlich. Dies liegt daran, dass das Problem bei Risikoeintritt sofort gelöst werden kann und somit keine Schadenshöhe je Baukasten bzw. keine Höhe des entgangenen Gewinns je Baukasten entsteht. Der einzige Unterschied liegt in der Höhe des durchschnittlichen Gewinns nach Risikoeintritt. Die beiden Fälle können wie folgt beschrieben werden:

Bei dieser Risikobehandlungsstrategie wird das Problem behoben, bevor das Risiko eintritt. Dies geschieht durch den präventiven Verbau der präventiven Maßnahmen. Damit ist die Starthöhe des durchschnittlichen Gewinns durch die Höhe der präventiven Maßnahmenkosten je Baukasten (M_p) reduziert. Die präventiven Maßnahmenkosten fallen bis Produktionsende (t_{eop}) an. Aus Gründen der Übersichtlichkeit wurde dieser Umfang in der Abbildung nicht dargestellt. Für die Berechnung in Kapitel 5.5.4 sind diese jedoch zu berücksichtigen. Das Risiko tritt nach einer bestimmten Zeit (t_e) ein. Durch den präventiven Verbau der Maßnahmen ist das Problem bereits gelöst und eine unmittelbare Aktion bzw. Reaktion auf das Problem möglich. Dadurch existieren für die verbleibende Zeit bis Produktionsende zwei Möglichkeiten, die zu betrachten sind. Für die Möglichkeit 1 ist die Höhe des zusätzlichen Gewinns je Baukasten (G_z) Null. Der durchschnittliche Gewinn entspricht dem durchschnittlichen Gewinn ohne die Höhe der präventiven Maßnahmenkosten. Dieser Zustand dauert für die verbleibende Zeit bis Produktionsende (t_{eop}) an. Für die Möglichkeit 2 ist die Höhe des zusätzlichen Gewinns je Baukasten größer als Null. Es kann für die verbleibende Zeit bis Produktionsende ein zusätzlicher Gewinn erzielt werden.

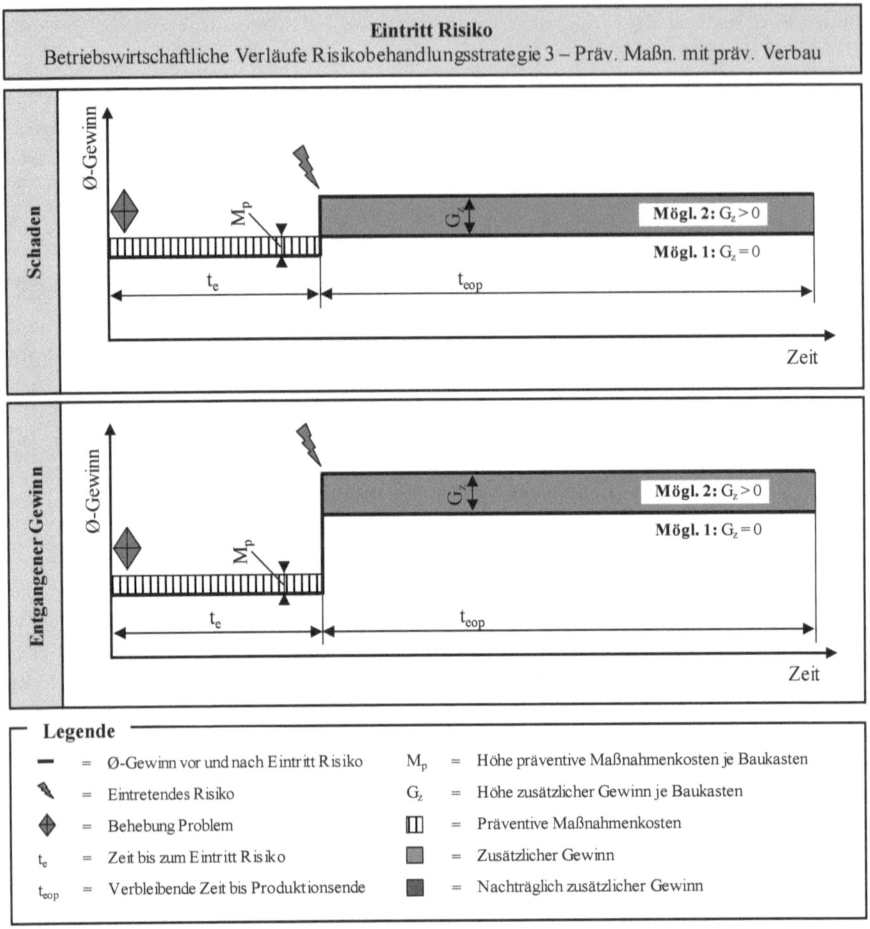

Abbildung 5-54: Betriebswirtschaftlicher Verlauf Risikobehandlungsstrategie 3 Eintritt Risiko[691]

Betriebswirtschaftliche Verläufe Risikobehandlungsstrategie 4 – Präventive Maßnahmen mit reaktivem Verbau

Die betriebswirtschaftlichen Verläufe der Risikobehandlungsstrategie 4 – Präventive Maßnahmen mit reaktivem Verbau samt den für eine monetäre Bewertung und Entscheidung erforderlichen Kostenarten sind für den Eintritt des Risikos in Abbildung 5-55 dargestellt. Im Schadensfall kann der betriebswirtschaftliche Verlauf wie folgt beschrieben werden: Die Starthöhe des durchschnittlichen Gewinns ist

691 Nach der Behebung des Problems (Raute) fallen weiterhin präventive Maßnahmenkosten bis Produktionsende an. Aus Gründen der Übersichtlichkeit wurde dieser Umfang in der Abbildung nicht dargestellt. Für die Berechnung in Kapitel 5.5.4 sind diese jedoch zu berücksichtigen.

durch die Höhe der präventiven Maßnahmenkosten je Baukasten (M_p) reduziert. Die präventiven Maßnahmenkosten fallen bis Produktionsende (t_{eop}) an. Aus Gründen der Übersichtlichkeit wurde dieser Umfang in der Abbildung nicht dargestellt. Für die Berechnung in Kapitel 5.5.4 sind diese jedoch zu berücksichtigen. Nach einer bestimmten Zeit bis zum Eintreten des Risikos (t_e) sinkt im Falle eines Risikoeintritts (Blitz) der durchschnittliche Gewinn um eine bestimmte Schadenshöhe je Baukasten (S_e) und um die Höhe der reaktiven Maßnahmenkosten je Baukasten (M_r). Tritt das Risiko ein, muss nicht zwangsläufig gleichzeitig ein monetärer Schaden erfolgen. Dies kann ebenso mit zeitlicher Verzögerung geschehen. Der monetäre Schaden hält für die Schadensdauer (t_s) an. Für diesen Fall beschreibt die Schadensdauer den Zeitraum zwischen dem Risikoeintritt und der Behebung des Problems (Raute). Die reaktiven Maßnahmenkosten fallen auch nach der Behebung des Problems bis Produktionsende an. Aus Gründen der Übersichtlichkeit wurden diese in der Abbildung nicht dargestellt. Für die Berechnung in Kapitel 5.5.4 sind diese jedoch zu berücksichtigen. Für die verbleibende Zeit bis Produktionsende existieren zwei Möglichkeiten, die zu betrachten sind. Für die Möglichkeit 1 ist die Höhe des verbleibenden Schadens je Baukasten (S_v) größer als Null. Der monetäre Schaden dauert für die verbleibende Zeit bis Produktionsende (t_{eop}) an. Für die Möglichkeit 2 ist die Höhe des verbleibenden Schadens je Baukasten Null. Der durchschnittliche Gewinn entspricht der Ausgangshöhe vor dem Risikoeintritt.

Für den entgangenen Gewinn kann der betriebswirtschaftliche Verlauf wie folgt beschrieben werden: Die Starthöhe des durchschnittlichen Gewinns ist durch die Höhe der präventiven Maßnahmenkosten je Baukasten (M_p) reduziert. Die präventiven Maßnahmenkosten fallen bis Produktionsende (t_{eop}) an. Aus Gründen der Übersichtlichkeit wurde dieser Umfang in der Abbildung nicht dargestellt. Für die Berechnung in Kapitel 5.5.4 sind diese jedoch zu berücksichtigen. Nach einer bestimmten Zeit bis zum Eintreten des Risikos (t_e) kann im Falle eines Risikoeintritts (Blitz) ein möglicher höherer Gewinn nicht realisiert werden, symbolisiert durch die Höhe des entgangenen Gewinns je Baukasten (G_e). Zusätzlich sinkt der durchschnittliche Gewinn um die Höhe der reaktiven Maßnahmenkosten je Baukasten (M_k). Tritt das Risiko ein, muss nicht zwangsläufig gleichzeitig ein entgangener Gewinn erfolgen. Dies kann ebenso mit zeitlicher Verzögerung geschehen. Der entgangene Gewinn hält für den Zeitraum des entgangenen Gewinns (t_{eg}) an. Für diesen Fall beschreibt der Zeitraum des entgangenen Gewinns den Zeitraum zwischen dem Risikoeintritt und der Behebung des Problems (Raute). Die reaktiven Maßnahmenkosten fallen auch nach der Behebung des Problems bis Produktionsende an. Aus Gründen der Übersichtlichkeit wurde dieser Umfang in der Abbildung nicht entsprechend dargestellt. Für die Berechnung in Kapitel 5.5.4 sind diese jedoch zu berücksichtigen. Für die verbleibende Zeit bis Produktionsende existieren zwei Möglichkeiten, die zu betrachten sind. Für die Möglichkeit 1 ist die Höhe des verbleibenden entgangenen Gewinns je Baukasten (G_{ve}) größer als Null. Der verbleibende entgangene Gewinn dauert für die verbleibende Zeit bis Produktionsende an. Für die Möglichkeit 2 ist die Höhe des verbleibenden entgangenen Gewinns je Baukasten Null. Der durchschnittliche Gewinn entspricht der Ausgangshöhe vor dem Risikoeintritt.

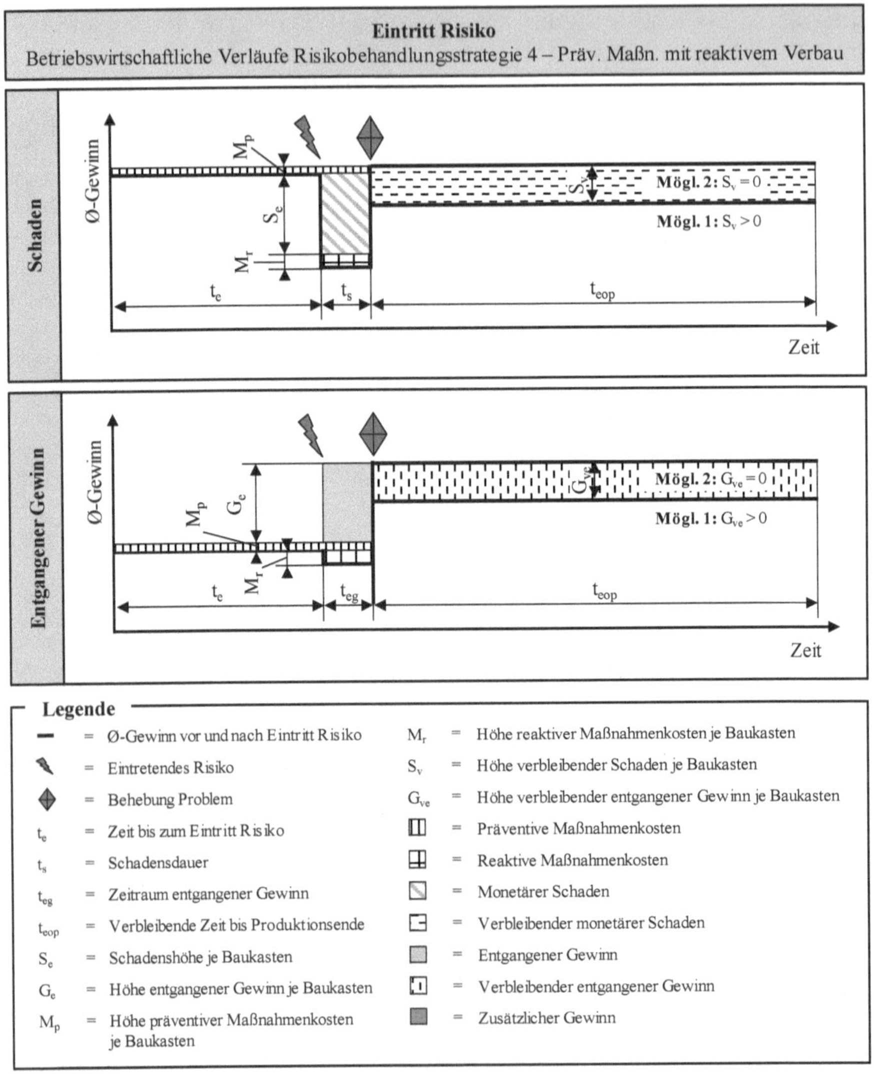

Abbildung 5-55: Betriebswirtschaftlicher Verlauf Risikobehandlungsstrategie 4 Eintritt Risiko[692]

[692] Tritt das Risiko ein, muss nicht zwangsläufig gleichzeitig ein monetärer Schaden oder entgangener Gewinn erfolgen. Dies kann ebenso mit zeitlicher Verzögerung geschehen. Außerdem fallen nach der Behebung des Problems (Raute) präventive und reaktive Maßnahmenkosten bis Produktionsende an. Aus Gründen der Übersichtlichkeit wurde dieser Umfang in der Abbildung nicht dargestellt. Für die Berechnung in Kapitel 5.5.4 sind diese jedoch zu berücksichtigen.

Nichteintritt Risiko

Für den Nichteintritt des Risikos werden die betriebswirtschaftlichen Verläufe der Risikobehandlungen für die beiden Risikobehandlungsstrategien beschrieben, die dem Oberpunkt der Gestaltung der Risikostrukturen zugeordnet werden können (vgl. Abbildung 5-56). Diese Risikobehandlungsstrategien erfahren für den Nichteintritt des Risikos keine Veränderung des durchschnittlichen Gewinns. Es sind dafür keine weiteren Maßnahmen erforderlich. Die Risikobehandlungsstrategien 1 und 2 erfordern daher keine Beschreibung von betriebswirtschaftlichen Verläufen. Die betriebswirtschaftlichen Verläufe für die Gestaltungsstrategien 3 und 4 sind identisch. Beide Risikobehandlungsstrategien berücksichtigen präventive Maßnahmen, die auch nach Nichteintritt des Risikos noch Kosten verursachen können. Diese Kosten der präventiven Maßnahmen gilt es für den Nichteintritt des Risikos, im Sinne von Baukastenreduzierungsmaßnahmen, zu minimieren. Bei den Baukastenreduzierungsmaßnahmen sind folglich eventuelle Remananzkosten[693] zu berücksichtigen. Darüber hinaus wird für den Nichteintritt des Risikos nicht zwischen den Fällen Schaden und entgangener Gewinn unterteilt. Dies liegt daran, dass im Gegensatz zum Risikoeintritt keine Schadenshöhe je Baukasten und keine Höhe des entgangenen Gewinns je Baukasten existiert.

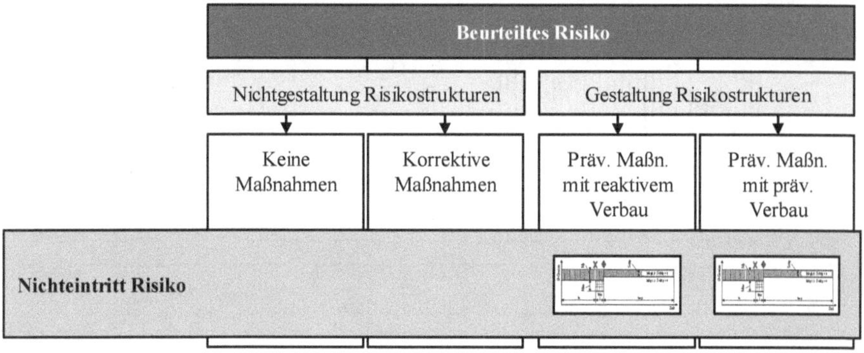

Abbildung 5-56: Betriebswirtschaftliche Verläufe Nichteintritt Risiko

Betriebswirtschaftlicher Verlauf Risikobehandlungsstrategien 3 und 4 – Baukastenreduzierungsmaßnahmen bei präventiven Maßnahmen

Der betriebswirtschaftliche Verlauf der Risikobehandlungsstrategien 3 und 4 – Baukastenreduzierungsmaßnahmen bei präventiven Maßnahmen samt den für eine monetäre Bewertung und Entscheidung erforderlichen Kostenarten ist für den Nichteintritt des Risikos in Abbildung 5-57 dargestellt. Dieser kann wie folgt beschrieben werden: Die Starthöhe des durchschnittlichen Gewinns ist durch die Höhe der präventiven Maßnahmenkosten je Baukasten (M_p) reduziert. Die präventiven Maßnahmenkosten fallen bis zur Behebung des Problems (Raute) an. Das Problem entspricht für den Nichteintritt des Risikos den

693 Remanenzkosten sind verbleibende Kosten, die noch für ein Produkt anfallen, obwohl das Produkt, für das sie anfallen, nicht mehr oder nur in geringerem Umfang produziert wird. Vgl. Hirschbach (2003), Globalisierungsstrategien, S. 581

präventiven Maßnahmenkosten, die weiterhin ohne einen Nutzen zu bezahlen sind. Nach einer bestimmten Zeit bis zum Eintreten des Risikos (t_e) sinkt für den Nichteintritt des Risikos (Kreuz) der durchschnittliche Gewinn um die Höhe der Maßnahmenkosten der Baukastenreduzierungsmaßnahme (M_{bkr}). Die Maßnahmenkosten der Baukastenreduzierungsmaßnahme halten für die Zeit bis zur Behebung des Problems (t_{bkr}) an. Für die verbleibende Zeit bis Produktionsende (t_{eop}) existieren zwei Möglichkeiten, die zu betrachten sind. Für die Möglichkeit 1 ist die Höhe des verbleibenden monetären Schadens je Baukasten der präventiven Maßnahmen (S_{vMp}) größer als Null. Es verbleiben somit Remanenzkosten, die das Unternehmen weiterhin zu leisten hat. Der verbleibende monetäre Schaden der präventiven Maßnahmen dauert für die verbleibende Zeit bis Produktionsende an. Für die Möglichkeit 2 ist die Höhe des verbleibenden monetären Schadens je Baukasten der präventiven Maßnahmen gleich Null. Der durchschnittliche Gewinn entspricht der Ausgangshöhe vor dem Nichteintritt des Risikos. Demzufolge verbleiben keine Remanenzkosten.

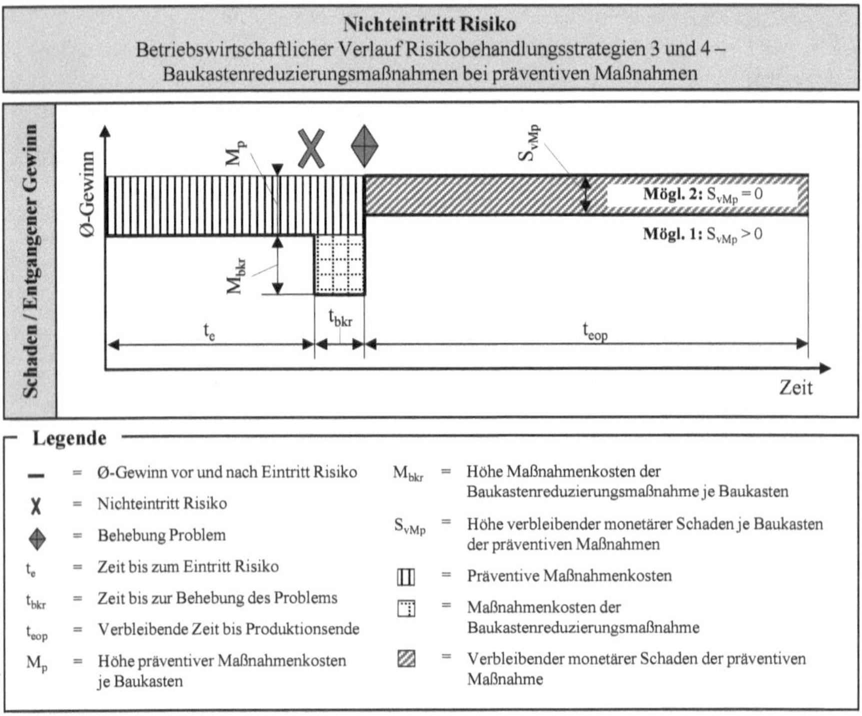

Abbildung 5-57: Betriebswirtschaftlicher Verlauf Risikobehandlungsstrategie Nichteintritt Risiko

5.5.3 Beschreibung ermittelter Kostenarten

Kostenarten sind Gruppierungen von Kosten mit gleichen Merkmalen, die in der Regel nach der Art der verbrauchten Produktionsfaktoren[694] differenziert werden.[695] Die Frage, die hinsichtlich einer Gruppierung von Kosten zu stellen ist, lautet: Wodurch werden die Kosten verursacht?[696] Anhand dieser Hilfsfragestellung und auf der Grundlage der betriebswirtschaftlichen Verläufe der Risikobehandlungsstrategien (Kapitel 5.5.1) konnten für diese Arbeit sechs Kostenarten ermittelt werden. Dazu zählen der monetäre Schaden, der entgangene Gewinn, die Maßnahmenkosten (korrektiv, reaktiv, präventiv und Baukastenreduzierungsmaßnahme), der verbleibende monetäre Schaden, der verbleibende entgangene Gewinn und der zusätzliche Gewinn. Mit dem Ziel, eine Ausgangsbasis für die Quantifizierung der Risikobehandlungsstrategien in Kapitel 5.5.4 zu schaffen, werden diese Kostenarten im Folgenden näher beschrieben.

Monetärer Schaden

Der monetäre Schaden gibt Aufschluss über die Kosten, die dem Unternehmen im Falle eines Risikoeintritts entstehen, bis das Problem durch korrektive oder reaktive Maßnahmen behoben ist oder der Baukasten nicht mehr produziert wird. Monetäre Schäden sind in der Regel regulatorische Strafzahlungen für das Unternehmen oder nicht getätigte Verkäufe bzw. Preissenkungen von Produkten. Folglich können aus einem Risiko mehrere Arten von monetärem Schaden mit unterschiedlichen Schadenshöhen resultieren. Ein Beispiel für diese Kostenart aus der Automobilindustrie waren die Auswirkungen auf das Risiko der Einführung von WLTP[697] im Jahr 2018, mit dem Ziel, realitätsnähere Ergebnisse beim Kraftstoffverbrauch zu erzielen. Nicht alle Automobilhersteller konnten die damit verbundenen erweiterten Anforderungen an die betroffenen Baukästen, wie Motoren und Abgassysteme, zur Homologation rechtzeitig erfüllen. Infolgedessen durften bestimmte Fahrzeuge über einen längeren Zeitraum nicht verkauft werden, was für diese Unternehmen zu einem monetären Schaden führte. Dieser monetäre Schaden konnte wiederum direkt bestimmten Baukästen zugeordnet werden. Zur Berechnung des monetären Schadens des Risikos r (MS_r) wird jeweils die Summe aus der Multiplikation der Schadenshöhe der Schadensart d des Risikos r ($S_{e,r,d}$) und der Auftrittshäufigkeit des monetären Schadens der Schadensart d des Risikos r ($H_{r,d,AmS}$) gebildet. Formelmäßig wird dies dargestellt mit:

$$MS_r = \sum_{i=1}^{d} S_{e,r,d} \times H_{r,d,AmS}$$

MS_r: Monetärer Schaden des Risikos r

$S_{e,r,d}$: Schadenshöhe der Schadensart d des Risikos r

---

694 Produktionsfaktoren sind alle notwendigen materiellen und immateriellen Voraussetzungen, die für die Produktion von Gütern und Waren verwendet werden müssen. Beispiele hierfür sind Betriebsmittel, Materialien und menschliche Arbeit. Vgl. Ehrlenspiel et al. (2014), Kostengünstig Entwickeln und Konstruieren, S. 419

695 Vgl. Ehrlenspiel et al. (2014), Kostengünstig Entwickeln und Konstruieren, S. 423; DIN 32990: 1989, Kosteninformationen, S. 3

696 Vgl. Ehrlenspiel et al. (2014), Kostengünstig Entwickeln und Konstruieren, S. 420

697 WLTP ist die Abkürzung für Worldwide Harmonized Light-Duty Vehicles Test Procedure

$H_{r,d,Ams}$: Auftrittshäufigkeit des monetären Schadens der Schadensart d des Risikos r

Entgangener Gewinn

Der entgangene Gewinn gibt Aufschluss über den nicht realisierten Gewinn, der dem Unternehmen im Falle eines Risikoeintritts entsteht, bis das Problem durch korrektive oder reaktive Maßnahmen behoben ist oder der Baukasten nicht mehr produziert wird. Ein entgangener Gewinn entsteht, wenn dem Kunden eine Dienstleistung oder eine Funktion angeboten werden könnte, die notwendigen technischen Rahmenbedingungen jedoch nicht vorhanden sind oder in den aktuellen Produktarchitekturen nicht realisiert werden können. Ein Beispiel für diese Kostenart ist das Risiko einer eventuellen Nichtrealisierung einer Innovation während des Produktlebenszyklus eines Baukastens. Diese Innovation kann aufgrund eines Mangels an Bauraum mit der aktuellen Baukastengeneration nicht realisiert werden. Um diese Innovation umzusetzen, muss die nachfolgende Baukastengeneration abgewartet werden. In der Zeit bis zur nächsten Baukastengeneration hätte ein höherer Gewinn für das Unternehmen erzielt werden können. Zur Berechnung des entgangenen Gewinns des Risikos r (EG_r) wird jeweils die Summe aus der Multiplikation der Höhe des entgangenen Gewinns der entgangenen Gewinnart f des Risikos r ($G_{e,r,f}$) und der Auftrittshäufigkeit des entgangenen Gewinns der entgangenen Gewinnart f des Risikos r ($H_{r,f,AeG}$) gebildet. Die Formel dazu lautet:

$$EG_r = \sum_{i=1}^{f} G_{e,r,f} \times H_{r,f,AeG}$$

EG_r: Entgangener Gewinn des Risikos r

$G_{e,r,f}$: Höhe des entgangenen Gewinns der entgangenen Gewinnart f des Risikos r

$H_{r,f,AeG}$: Auftrittshäufigkeit des entgangenen Gewinns der entgangenen Gewinnart f des Risikos r

Maßnahmenkosten (korrektiv, reaktiv, präventiv und Baukastenreduzierungsmaßnahme)

Die Maßnahmenkosten geben Auskunft darüber, mit welchen Kosten das Risiko vor und/oder nach dem Eintritt des Risikos, je nach ausgewählter Risikobehandlungsstrategie, behandelt wird. Die Berechnungsweise der korrektiven, reaktiven, präventiven Maßnahmenkosten und Maßnahmenkosten für eine Baukastenreduzierungsmaßnahme ist identisch. Im Folgenden wird daher lediglich allgemein auf die Kostenart Maßnahmenkosten der Maßnahme M für das Risiko r eingegangen. Bei der Quantifizierung der Risikobehandlungsstrategien in Kapitel 5.5.4 können sich trotz gleicher Berechnungsweise unterschiedliche Werte für die jeweiligen Maßnahmenkosten ergeben. Dies ist auf unterschiedliche Verhandlungspositionen und Marktentwicklungen zurückzuführen, die sich über die Zeit einstellen und damit zu Veränderungen der anfallenden Kostenstrukturen führen werden. Ein Beispiel aus der Automobilbranche für diese Kostenart war die Durchführung einer korrektiven Maßnahme an einem Radar, der im System Fahrzeug für autonome Fahrfunktionen benötigt wird. Das dafür verantwortliche Risiko war das Eintreten einer zusätzlichen autonomen Fahrfunktion nach der Vergabe und damit während des Baukastenlebenszyklus. Zu Beginn des Baukastenentwicklungsprozesses wurden die notwendigen technischen Mehrinhalte im Baukasten nicht berücksichtigt, was zu einer technischen Änderung während des Baukastenlebenszyklus geführt hat. Dies führte in der Folge zu zusätzlichen Herstellkosten und Einmalaufwänden, die zu Beginn der Vergabe nicht eingeplant waren. Die Berechnung der Maßnahmenkosten der

Maßnahme M für das Risiko r ($K_{M,r}$) erfolgt über die Addition der Delta-Entwicklungskosten der Maßnahme M für das Risiko r am Baukasten i ($\Delta K_{Ent,M,i,r}$) mit den Delta-Investitionskosten der Maßnahme M für das Risiko r am Baukasten i ($\Delta K_{Inv,M,i,r}$) und der Multiplikation der Delta-Herstellkosten der Maßnahme M für das Risiko r am Baukasten i ($\Delta HK_{M,i,r}$) mit der von der Maßnahme M betroffenen Stückzahl des Baukastens i ($n_{M,i}$). Anschließend wird über sämtliche von der Maßnahme M betroffenen Baukästen die Summe gebildet. Die Maßnahmenkosten lassen sich wie folgt berechnen:

$$K_{M,r} = \sum_{i=1}^{i}\left(\Delta K_{Init,M,i,r} + \sum_{i}\Delta K_{SUM,HK,M,i,r}\right) = \sum_{i=1}^{i}\left(\Delta K_{Ent,M,i,r} + \Delta K_{Inv,M,i,r} + \sum_{i}\Delta HK_{M,i,r} \times n_{M,i}\right)$$

$K_{M,r}$:	Maßnahmenkosten der Maßnahme M für das Risiko r
$\Delta K_{Init,M,i,r}$:	Delta-Initialkosten der Maßnahme M für das Risiko r am Baukasten i
$\Delta K_{SUM,HK,M,i,r}$:	Delta-Summe Herstellkosten der Maßnahme M für das Risiko r am Baukasten i
$\Delta K_{Ent,M,i,r}$:	Delta-Entwicklungskosten der Maßnahme M für das Risiko r am Baukasten i
$\Delta K_{Inv,M,i,r}$:	Delta-Investitionskosten der Maßnahme M für das Risiko r am Baukasten i
$\Delta HK_{M,i,r}$:	Delta-Herstellkosten der Maßnahme M für das Risiko r am Baukasten i
$n_{M,i}$:	Von der Maßnahme M betroffene Stückzahl des Baukastens i

Verbleibender monetärer Schaden

Der verbleibende monetäre Schaden gibt Aufschluss über die Kosten, die nach Risikoeintritt und trotz Durchführung einer Maßnahme verbleiben. Ein verbleibender monetärer Schaden für den Eintritt des Risikos entsteht, wenn eine technische Anforderung nicht bedarfsgerecht erfüllt werden kann und daher Einschränkungen im Produkt oder bei der Funktionsumsetzung durch Baukästen vorgenommen werden müssen. Wie bei der Kostenart monetärer Schaden können aus einem Risiko mehrere Schadensarten mit unterschiedlichen Schadenshöhen verbleiben. Ein Beispiel für einen verbleibenden monetären Schaden sind die möglichen Strafzahlungen für die Überschreitung des Flottengrenzwertes von 95g CO_2/km für alle neu zugelassenen Fahrzeuge eines Automobilherstellers in der Europäischen Union ab 2020. Der Flottengrenzwert ermöglicht es den Automobilherstellern, Fahrzeuge mit höheren CO_2-Emissionen und Fahrzeuge mit niedrigeren CO_2-Emissionen zu verrechnen. Übersteigt die durchschnittliche CO_2-Emission die beschlossene CO_2-Flottengrenze, kostet jedes Gramm CO_2 einen Betrag von 95 Euro und muss mit der Anzahl der im vergangenen Jahr in der Europäischen Union zugelassenen Fahrzeuge multipliziert werden. Das Risiko in diesem Beispiel kann folglich als Überschreitung der zulässigen CO_2-Flottengrenzwerte für neu zugelassene Fahrzeuge beschrieben werden. Im Falle eines Risikoeintritts, einer Überschreitung des CO_2-Flottengrenzwertes und fehlender technischer Rahmenbedingungen in der aktuellen Produktarchitekturgeneration, wie z.B. einem Mangel an Bauraum, können an den betroffenen Baukästen keine technischen Maßnahmen zur Behebung des Problems getroffen werden. Infolgedessen müssen der Europäischen Union bis zum Produktionsende der Produktarchitektur jährlich Strafzahlungen überwiesen werden. Die Berechnung des verbleibenden monetären Schadens des Risikos r (VMS_r) erfolgt analog zur Kostenart des monetären Schadens. Die Kostenart setzt sich folglich aus der Summe der Multiplikation der verbleibenden Schadenshöhe der Schadensart d des Risikos r

($S_{ve,r,,d}$) und der Auftrittshäufigkeit des verbleibenden monetären Schadens der Schadensart d des Risikos r ($H_{r,d,AvemS}$) zusammen. Die Kostenart wird wie folgt berechnet:

$$VMS_r = \sum_{i=1}^{d} S_{ve,r,d} \times H_{r,d,AvemS}$$

VMS_r: Verbleibender monetärer Schaden des Risikos r

$S_{ve,r,d}$: Verbleibende Schadenshöhe der Schadensart d des Risikos r

$H_{r,d,AvemS}$: Auftrittshäufigkeit des verbleibenden monetären Schadens der Schadensart d des Risikos r

Die Kostenart des verbleibenden monetären Schadens umfasst ebenfalls den verbleibenden monetären Schaden der präventiven Maßnahme. Der verbleibende monetäre Schaden der präventiven Maßnahme beschreibt die anfallenden Kosten für die Möglichkeit, dass das Risiko nicht eintritt und die nicht mehr benötigten präventiven Maßnahmen nicht mehr vollständig aus dem Baukasten entfernt werden können. Ein Beispiel für einen verbleibenden monetären Schaden einer präventiven Maßnahme ist ein Stromverteiler mit einem zusätzlichen Ausgang mit erweitertem Gehäuse und Sicherung, der bereits zu Produktionsbeginn realisiert ist. Diese zusätzlichen Umfänge führen zu höheren Herstellkosten und werden zu Produktionsbeginn nicht benötigt. Das Risiko eines zusätzlichen Verbrauchers, der an diesem zusätzlichen Ausgang angeschlossen werden sollte, tritt nicht ein. Das Unternehmen hat mit dem jeweiligen Lieferanten vereinbart, dass die zusätzliche Sicherung ohne Änderungskosten entfallen kann. Das erweiterte Gehäuse kann jedoch aufgrund hoher Werkzeugänderungskosten nicht entfallen. Dieser Umstand führt bei dem betroffenen Unternehmen bis zum Produktionsende zu einem Abfluss an monetären Mitteln aufgrund des verbleibenden Deltas an Herstellkosten bzw. vereinbarten Initialkosten. Die Berechnung des verbleibenden monetären Schadens der präventiven Maßnahme des Risikos r ($VMS_{pM,r}$) erfolgt analog zur Kostenart der Maßnahmenkosten. Die Kostenart setzt sich folglich aus der Addition der Delta-Entwicklungskosten des verbleibenden monetären Schadens der präventiven Maßnahme pM für das Risiko r am Baukasten i ($\Delta K_{Ent,VMS,pM,i,r}$) mit den Delta-Investitionskosten des verbleibenden monetären Schadens der präventiven Maßnahme pM für das Risiko r am Baukasten i ($\Delta K_{Inv,VMS,pM,i,r}$) und der Multiplikation der Delta-Herstellkosten des verbleibenden monetären Schadens der präventiven Maßnahme pM für das Risiko r am Baukasten i ($\Delta HK_{VMS,pM,,i,r}$) mit der vom verbleibenden monetären Schaden der präventiven Maßnahme pM betroffenen Stückzahl des Baukastens i ($n_{VMS,pM,,i}$) zusammen. Anschließend wird über sämtliche vom verbleibenden monetären Schaden der präventiven Maßnahme pM betroffenen Baukästen die Summe gebildet. Die Kostenart wird wie folgt berechnet:

$$VMS_{pM,r} = \sum_{i=1}^{i} \left(\Delta K_{Ent,VMS,pM,i,r} + \Delta K_{Inv,VMS,pM,i,r} + \sum_{i} \Delta HK_{VMS,pM,i,r} \times n_{VMS,pM,i} \right)$$

$VMS_{pM,r}$: Verbleibender monetärer Schaden der präventiven Maßnahmen pM für das Risiko r

$\Delta K_{Init,VMS,pM,i,r}$: Delta-Initialkosten der Maßnahme M des verbleibenden monetären Schadens der präventiven Maßnahme pM für das Risiko r am Baukasten i

$\Delta K_{SUM,HK,VMS,pM,i,r}$: Delta-Summe Herstellkosten des verbleibenden monetären Schadens der präventiven Maßnahme pM für das Risiko r am Baukasten i

$\Delta K_{Ent,VMS,pM,i,r}$: Delta-Entwicklungskosten des verbleibenden monetären Schadens der präventiven Maßnahme pM für das Risiko r am Baukasten i

$\Delta K_{Inv,VMS,pM,i,r}$: Delta-Investitionskosten des verbleibenden monetären Schadens der präventiven Maßnahme pM für das Risiko r am Baukasten i

$\Delta HK_{VMS,pM,i,r}$: Delta-Herstellkosten des verbleibenden monetären Schadens der präventiven Maßnahme pM für das Risiko r am Baukasten i

$n_{VMS,pM,i}$: Von dem verbleibenden monetären Schaden der präventiven Maßnahme pM betroffene Stückzahl des Baukastens i

Verbleibender entgangener Gewinn

Der verbleibende entgangene Gewinn gibt Aufschluss über den nicht realisierbaren Gewinn, der nach Risikoeintritt trotz Durchführung einer Maßnahme verbleibt. Ein verbleibender entgangener Gewinn entsteht, wenn eine technische Anforderung nicht bedarfsgerecht erfüllt werden kann und daher Einschränkungen im Produkt oder bei der Funktionsumsetzung anhand von Baukästen vorgenommen werden müssen. Ein Beispiel für einen verbleibenden entgangenen Gewinn kann bei einem Steuergerät für autonome Fahrfunktionen wie folgt formuliert werden: Das Risiko für diesen Baukasten ist eine zu geringe Prozessorleistung für eine zusätzliche autonome Fahrfunktion, die dem Endkunden während des Baukastenlebenszyklus zum Kauf angeboten werden könnte. Das Risiko tritt ein. Aufgrund eines Bauraummangels ist es nicht möglich, den benötigten weiteren Prozessor in dem Steuergerät zu integrieren. Die daraus resultierende unzureichende Prozessorleistung im Steuergerät führt dazu, dass die autonome Fahrfunktion nur bei Geschwindigkeiten von bis zu 160 km/h statt 210 km/h ausgeführt werden kann. Der direkte Wettbewerber kann die Funktion ohne Einschränkungen anbieten. Aus diesem Grund kann dem Endkunden, im Vergleich zum Wettbewerber, lediglich ein niedrigerer Verkaufspreis angeboten werden. Zur Berechnung des verbleibenden entgangenen Gewinns des Risikos r (VEG_r) wird jeweils die Summe aus der Multiplikation der Höhe des verbleibenden entgangenen Gewinns der entgangen Gewinnart f des Risikos r ($G_{ve,r,f}$) und der Auftrittshäufigkeit des entgangenen Gewinns der entgangenen Gewinnart f des Risikos r ($H_{r,f,AveG}$) gebildet. Die Kostenart kann formelmäßig wie folgt berechnet werden:

$$VEG_r = \sum_{i=1}^{f} G_{ve,r,f} \times H_{r,f,AveG}$$

VEG_r: Verbleibender entgangener Gewinn des Risikos r

$G_{ve,r,f}$: Höhe des verbleibenden entgangenen Gewinns der entgangenen Gewinnart f des Risikos r

$H_{r,f,AveG}$: Auftrittshäufigkeit des verbleibenden entgangenen Gewinns der entgangenen Gewinnart f des Risikos r

Zusätzlicher Gewinn

Der zusätzliche Gewinn besteht ausschließlich in Risikobehandlungsstrategie 4 – Präventive Maßnahmen mit präventivem Verbau[698] und ist vergleichbar mit der Kostenart Einnahmen bei ALLEN ET AL.[699] Die Kostenart zusätzlicher Gewinn gibt Auskunft über die Möglichkeit eines Nachverkaufs bestimmter Dienstleistungen und Funktionen an Kunden, die ihr Produkt bereits vor Risikoeintritt mit einem Baukasten gekauft haben, der mit präventiven Maßnahmen ausgestattet ist. Der Kunde hat sozusagen bereits präventiv die notwendige Hardware verbaut und erhält nachträglich die Möglichkeit, dieses Potenzial durch ein kostenpflichtiges Software-Update oder Aftersales-Angebote zu nutzen. Ein Beispiel aus der Automobilindustrie wäre hier der digitale Nachverkauf autonomer Fahrfunktionen vom Fahrzeughersteller Tesla. Dies erfolgt über das Infotainmentsystem des jeweiligen Produkts. Das dazugehörige Risiko wäre die eventuelle Nichtrealisierung einer Innovation. Zur Berechnung des zusätzlichen Gewinns auf das Risiko r (ZG_r) wird die Summe aus der Multiplikation der Höhe des zusätzlichen Gewinns der Gewinnart g nach Maßnahme M ($G_{z,M,g}$) und der Auftrittshäufigkeit des zusätzlichen Gewinns der Gewinnart g nach Maßnahme M ($H_{M,g,AzG}$) ermittelt. Die Kostenart wird wie folgt berechnet:

$$ZG_{i,r} = \sum_{i=1}^{g} G_{z,M,g} \times H_{M,g,AzG}$$

$ZG_{i,r}$: Zusätzlicher Gewinn auf das Risiko r in Bezug auf den Baukasten i

$G_{z,M,g}$: Höhe des zusätzlichen Gewinns der Gewinnart g nach Maßnahme M

$H_{M,g,AzG}$: Auftrittshäufigkeit des zusätzlichen Gewinns der Gewinnart g nach Maßnahme M

5.5.4 Quantifizierung von Risikobehandlungsstrategien

Auf Grundlage der betriebswirtschaftlichen Verläufe der Risikobehandlungsstrategien in Kapitel 5.5.2 und der Beschreibung der ermittelten Kostenarten (Kapitel 5.5.3) erfolgt nun die Quantifizierung der Risikobehandlungsstrategien. In Anlehnung an die Vorgehensweise nach ALLEN ET AL.[700] basiert dieser Schritt auf der Kapitalwertmethode. Die Kapitalwertmethode ist ein Rechenmodell der dynamischen Investitionsberechnung und hat gegenüber statischen Modellen den Vorteil, dass sie den Zeitpunkt der Zahlungen berücksichtigt und auf den Beginn der Investition diskontiert. Dadurch ist es möglich, Investitionen zu vergleichen, bei denen Zahlungen zu unterschiedlichen Zeitpunkten anfallen. Der Kapitalwert wird ausgedrückt als:

$$NPV = \sum_{k=a_i}^{a_f} A_k \times (1+v)^{-k}$$

In dieser Formel ist der NPV der Kapitalwert der Zahlungsreihe, A_k sind die Periodenwerte der Zahlungsreihe, a_i und a_f sind die Anfangs- und Endperioden der Zahlungsreihe und v ist der Abzinsungssatz

698 Vgl. Kapitel 5.5.1

699 Vgl. Allen et al. (2019), Over-Design Versus Redesign as a Response to Future Requirements, S. 5 ff.

700 Vgl. Allen et al. (2019), Over-Design Versus Redesign as a Response to Future Requirements

pro Periode.[701] Die Formel zur Berechnung des Kapitalwertes kann auf die verschiedenen Risikobehandlungsstrategien angewendet werden, sofern sichergestellt ist, dass die Voraussetzungen für die Anwendung der Kapitalwertmethode erfüllt sind:[702]

- Die Nutzungsdauer der Investitionsobjekte ist bekannt
- Die Höhe der Ein- und Auszahlungen der einzelnen Perioden sind bekannt
- Es existiert ein vollkommener, unbeschränkter Kapitalmarkt[703]
- Der Kalkulationszinssatz bleibt über die einzelnen Perioden gleich
- Sämtliche Zahlungen erfolgen am Ende der jeweiligen Periode
- Ein Liquidationserlös nach Ablauf der Nutzungsdauer ist mit einer Einzahlung in der letzten Periode gleichzusetzen

In der vorliegenden Arbeit sind die Sollzinssätze gleich den Habenzinssätzen, d.h. das Unternehmen wendet für alle unternehmensinternen Projekte einen einheitlichen Zinssatz an. Dieser muss von den Projekten erfüllt bzw. für Wirtschaftlichkeitsberechnungen verwendet werden. Die Höhe der Ein- und Auszahlungen und damit die Werte zur Berechnung der entsprechenden Kostenarten pro Periode kann durch qualitative und quantitative Prognoseverfahren ermittelt werden. Dabei ist die Existenz von Vergangenheitsdaten maßgebend.[704] Liegen keine oder kaum historische Daten vor, werden qualitative Prognoseverfahren eingesetzt.[705] Dazu gehören im Rahmen dieser Arbeit Expertenschätzungen in Bezug auf einen monetären Schaden oder einen entgangenen Gewinn. In großen Unternehmen sind diese Spezialisten oft direkt in Baukastenentwicklungsteams angesiedelt. Nach der Bündelung des gemeinsamen Wissens erstellen die an der Entwicklung beteiligten Schnittstellenpartner eine gemeinsame Prognose. Sind historische Daten zu den Auswirkungen eines Risikos im Unternehmen vorhanden, können quantitative Prognoseverfahren eingesetzt werden. Damit ist es möglich, Prognosen mit mathematisch-statistischen Methoden zu erstellen. Im Rahmen der Zeitreihenanalyse werden die Verfahren der gleitenden Mittelwertbildung, der einfachen oder doppelten exponentiellen Glättung, der Regressionsanalyse oder das Drei-Faktor-Modell nach WINTER[706] verwendet.[707] Unabhängig von den verwendeten Prognoseverfahren ist es das Ziel, möglichst genaue Prognosen zu erhalten. Für eine detaillierte Darstellung der Prognoseverfahren wird auf die zitierte Literatur verwiesen.

---

701 Vgl. Allen et al. (2019), Over-Design Versus Redesign as a Response to Future Requirements, S. 5 ff.

702 Vgl. Aschauer et al. (2011), Einführung in die Unternehmensbewertung, S. 26 f.; Gothe (2001), Die Kapitalwertmethode und die Grenzen ihrer Anwendung, S. 4 f.

703 Ein vollkommener, unbeschränkter Kapitalmarkt bedeutet, dass Kapital in beliebiger Höhe und Stückelung aufgenommen werden kann (unbeschränkter Kapitalmarkt) und es gilt die Prämisse der Vergleichbarkeit, d.h. es gibt nur einen Zinssatz, zu dem Kapital angelegt oder aufgenommen werden kann, sodass Sollzinsen gleich Haben-Zinsen sind (vollkommener Kapitalmarkt). Vgl. Clausius (2000), Grundlagen des Finanzwesens in hierarchischen Modulen, S. 207

704 Vgl. Kiener et al. (2009), Produktions-Management, S. 164

705 Vgl. Kiener et al. (2009), Produktions-Management, S. 164 f.

706 Vgl. Makridakis (1998), Forecasting, S. 161 ff.

707 Vgl. Schiffer (2013), Szenariorobuste Produktarchitekturgestaltung, S. 179; Kiener et al. (2009), Produktions-Management, S. 165 ff.

Im Folgenden wird die Berechnung der Kapitalwerte für die vier Risikobehandlungsstrategien dieser Arbeit für die Fälle Schaden und entgangener Gewinn vorgestellt. Die Grundformel der Berechnung der Kapitalwerte ist für alle Risikobehandlungsstrategien identisch, es ändert sich lediglich die Berechnungslogik für die Periodenwerte (A_k). Aus diesem Grund wird nachfolgend lediglich auf die Berechnungslogik der Periodenwerte je Risikobehandlungsstrategie eingegangen. Diese setzen sich aus den in Kapitel 5.5.3 beschriebenen Kostenarten zusammen. Ein negatives Vorzeichen vor einer Kostenart zeigt einen Abfall des durchschnittlichen Gewinns an, während ein positives Vorzeichen einen Anstieg des durchschnittlichen Gewinns angibt. An dieser Stelle sei nochmals auf den Ausblick von ALLEN ET AL. verwiesen, welche die Anwendung von Eintrittswahrscheinlichkeiten bei der Berechnung von Risikobehandlungsstrategien vorschlagen. Damit soll der Entscheidungsprozess für die monetär am besten geeignete Risikobehandlungsstrategie weiter detailliert und verbessert werden.[708] Aus diesem Grund wird in Abhängigkeit von den entsprechenden Risikobehandlungsstrategien die Eintrittswahrscheinlichkeit (P_E) für den Eintritt des Risikos und die Eintrittswahrscheinlichkeit (P_{NE}) für den Nichteintritt des Risikos angewendet. Da mehrere Investitionsobjekte miteinander verglichen werden, ist letztendlich das Projekt mit dem höchsten Kapitalwert auszuwählen.[709]

Berechnung Kapitalwerte Risikobehandlungsstrategie 1 – Keine Maßnahmen

Die Berechnung der Kapitalwerte für die Risikobehandlungsstrategie 1 – Keine Maßnahmen in Bezug auf das Risiko r ist in Abbildung 5-58 für die Fälle Schaden und entgangener Gewinn dargestellt. Für diese Risikobehandlungsstrategie muss nur der Eintritt des Risikos berücksichtigt werden. Der Nichteintritt des Risikos kann vernachlässigt werden, da hierbei keine Veränderung des durchschnittlichen Gewinns entsteht. Die Berechnung der Periodenwerte besteht für den Schadensfall aus der Kostenart monetärer Schaden des Risikos r (MS_r) mit negativem Vorzeichen. Für den entgangenen Gewinn bestehen die Periodenwerte aus der negativen Kostenart entgangener Gewinn des Risikos r (EG_r).

---

708 Vgl. Kapitel 3.2.2 – Prinzip e) Risiken behandeln; Allen et al. (2019), Over-Design Versus Redesign as a Response to Future Requirements, S. 16

709 Vgl. Aschauer et al. (2011), Einführung in die Unternehmensbewertung, S. 27; Kahre et al. (2018), Financial Management, S. 84

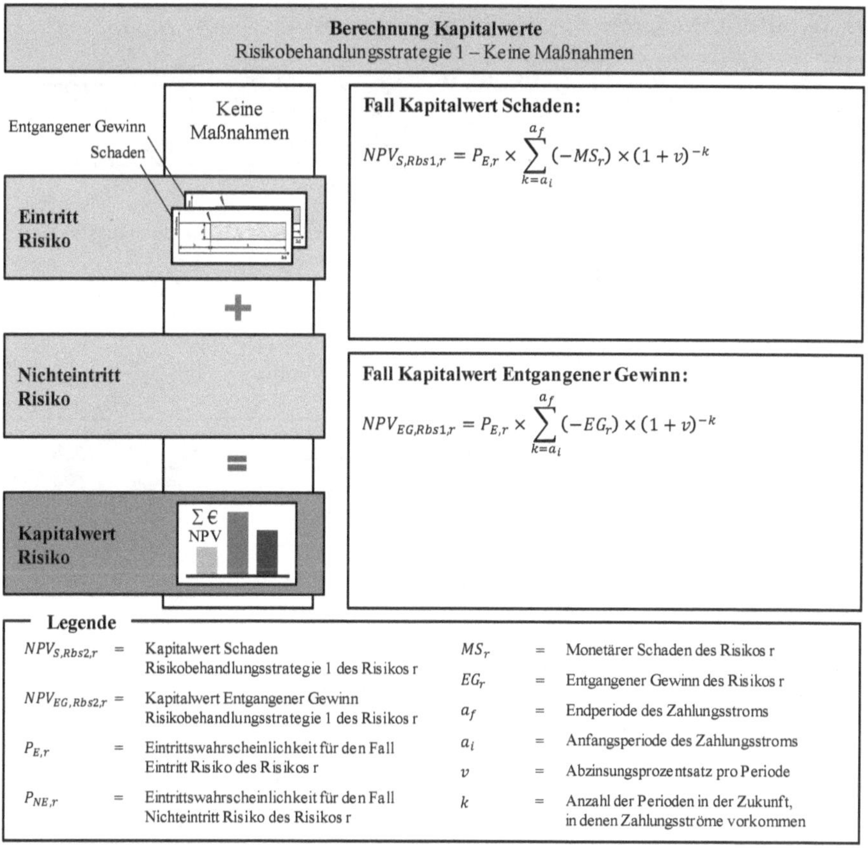

Abbildung 5-58: Berechnung Kapitalwerte Risikobehandlungsstrategie 1

Berechnung Kapitalwerte Risikobehandlungsstrategie 2 – Korrektive Maßnahmen

Die Berechnung der Kapitalwerte für die Risikobehandlungsstrategie 2 – Korrektive Maßnahmen in Bezug auf das Risiko r ist in Abbildung 5-59 für die Fälle Schaden und entgangener Gewinn dargestellt. Für diese Risikobehandlungsstrategie muss, analog zur Risikobehandlungsstrategie 1 – Keine Maßnahmen (vgl. Abbildung 5-58), nur der Eintritt des Risikos berücksichtigt werden. Der Nichteintritt des Risikos kann vernachlässigt werden, da hierbei keine Veränderung des durchschnittlichen Gewinns entsteht. Die Periodenwerte für den Fall Schaden bestehen aus der negativen Kostenart monetärer Schaden des Risikos r (MS_r) subtrahiert um die Kostenarten Kosten der korrektiven Maßnahme des Risikos r ($K_{kM,r}$) und den verbleibenden monetären Schaden des Risikos r (VMS_r). Die Periodenwerte für den Fall entgangener Gewinn errechnen sich aus der negativen Kostenart entgangener Gewinn des Risikos r

(EG_r) abzüglich der Kostenarten Kosten der korrektiven Maßnahme des Risikos r ($K_{kM,r}$) und dem verbleibenden entgangenen Gewinn des Risikos r (VEG_r).

Berechnung Kapitalwerte
Risikobehandlungsstrategie 2 – Korrektive Maßnahmen

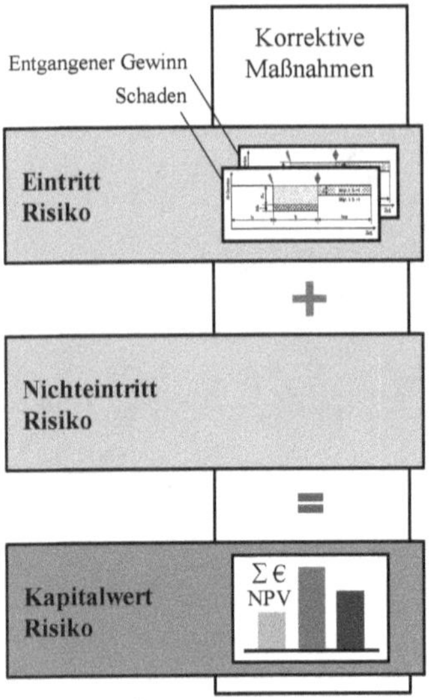

Fall Kapitalwert Schaden:

$$NPV_{S,Rbs2,r} = P_{E,r} \times \sum_{k=a_i}^{a_f} \left(-MS_r - K_{kM,r} - VMS_r\right) \times (1+v)^{-k}$$

Fall Kapitalwert Entgangener Gewinn:

$$NPV_{EG,Rbs2,r} = P_{E,r} \times \sum_{k=a_i}^{a_f} \left(-EG_r - K_{kM,r} - VEG_r\right) \times (1+v)^{-k}$$

Legende

$NPV_{S,Rbs2,r}$	=	Kapitalwert Schaden Risikobehandlungsstrategie 2 des Risikos r	EG_r	=	Entgangener Gewinn des Risikos r
$NPV_{EG,Rbs2,r}$	=	Kapitalwert Entgangener Gewinn Risikobehandlungsstrategie 2 des Risikos r	VMS_r	=	Verbleibender monetärer Schaden des Risikos r
$P_{E,r}$	=	Eintrittswahrscheinlichkeit für den Fall Eintritt Risiko des Risikos r	VEG_r	=	Verbleibender monetärer Schaden des Risikos r
$P_{NE,r}$	=	Eintrittswahrscheinlichkeit für den Fall Nichteintritt Risiko des Risikos r	a_f	=	Endperiode des Zahlungsstroms
$K_{kM,r}$	=	Maßnahmenkosten der korrektiven Maßnahme kM für das Risiko r	a_i	=	Anfangsperiode des Zahlungsstroms
MS_r	=	Monetärer Schaden des Risikos r	v	=	Abzinsungsprozentsatz pro Periode
			k	=	Anzahl der Perioden in der Zukunft, in denen Zahlungsströme vorkommen

Abbildung 5-59: Berechnung Kapitalwerte Risikobehandlungsstrategie 2

Berechnung Kapitalwerte Risikobehandlungsstrategie 3 – Präventive Maßnahmen mit präventivem Verbau

Die Berechnung der Kapitalwerte für die Risikobehandlungsstrategie 3 – Präventive Maßnahmen in Bezug auf das Risiko r mit präventivem Verbau ist in Abbildung 5-60 für die Fälle Schaden und entgangener Gewinn dargestellt. Für diese Risikobehandlungsstrategie muss zusätzlich zum Eintritt des Risikos auch der Nichteintritt des Risikos berücksichtigt werden. Dies liegt daran, dass sich der durchschnittliche Gewinn aufgrund der durch die präventiven Maßnahmen verursachten Kosten ändert, auch wenn das Risiko nicht eintritt. Aus diesem Grund wird der Kapitalwert für die Risikobehandlungsstrategie 3 – Präventive Maßnahmen mit präventivem Verbau durch Addition der Kapitalwerte der Fälle Eintritt und Nichteintritt Risiko, multipliziert mit den jeweiligen Eintrittswahrscheinlichkeiten, berechnet. Die Berechnung der Periodenwerte für den Schadensfall ist identisch mit der für den entgangenen Gewinn. Das Problem kann sofort nach Eintritt eines Risikos gelöst werden, sodass weder eine Schadenshöhe je Baukasten noch ein entgangener Gewinn pro Baukasten entsteht.[710] Für den Eintritt des Risikos werden die Periodenwerte berechnet, indem die negative Kostenart Kosten der präventiven Maßnahmen des Risikos r ($K_{pM,r}$) um die Kostenart des zusätzlichen Gewinns des Risikos r (ZG_r) addiert wird. Für den Nichteintritt des Risikos errechnen sich die Periodenwerte aus der negativen Kostenart Kosten der präventiven Maßnahme des Risikos r ($K_{pM,r}$) abzüglich der Kosten der Baukastenreduzierungsmaßnahme des Risikos r ($K_{bkrM,r}$) und dem verbleibenden monetären Schaden der präventiven Maßnahme des Risikos r ($VMS_{pM,r}$).

[710] Vgl. Kapitel 5.5.1 – Betriebswirtschaftliche Verläufe Risikobehandlungsstrategie 4

Berechnung Kapitalwerte
Risikobehandlungsstrategie 3 – Präventive Maßnahmen mit präventivem Verbau

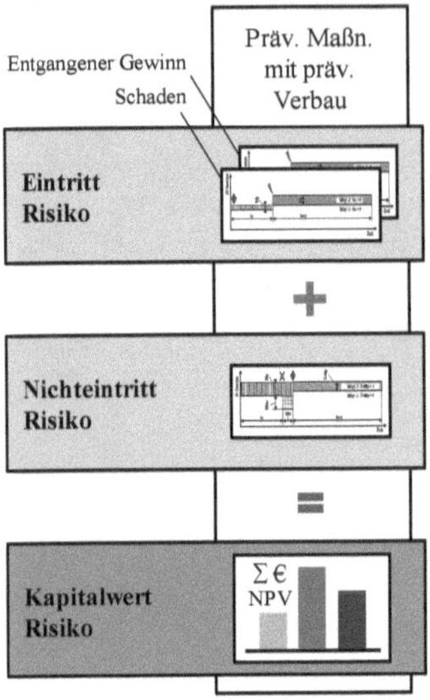

Fall Kapitalwert Schaden / Entgangener Gewinn:

$$NPV_{SuEG,Rbs4,r}$$

$$= \left[P_{E,r} \times \sum_{k=a_i}^{a_f} \left(-K_{pM,r} + ZG_r\right) \times (1+v)^{-k}\right]$$

$$+ \left[P_{NE,r} \times \sum_{k=a_i}^{a_f} \left(-K_{pM,r} - K_{bkrM,r} - VMS_{pM,r}\right) \times (1+v)^{-k}\right]$$

Legende

$NPV_{SuG,Rbs3,r}$	=	Kapitalwert Schaden und Entgangener Gewinn Risikobehandlungsstrategie 3 des Risikos r	$VMS_{pM,r}$	=	Verbleibender monetärer Schaden der präventiven Maßnahmen pM des Risikos r
$P_{E,r}$	=	Eintrittswahrscheinlichkeit für den Fall Eintritt Risiko des Risikos r	ZG_r	=	Zusätzlicher Gewinn des Risikos r
$P_{NE,r}$	=	Eintrittswahrscheinlichkeit für den Fall Nichteintritt Risiko des Risikos r	a_f	=	Endperiode des Zahlungsstroms
$K_{bkrM,r}$	=	Maßnahmenkosten der Baukastenreduzierungsmaßnahme bkrM für das Risiko r	a_i	=	Anfangsperiode des Zahlungsstroms
			v	=	Abzinsungsprozentsatz pro Periode
			k	=	Anzahl der Perioden in der Zukunft, in denen Zahlungsströme vorkommen

Abbildung 5-60: Berechnung Kapitalwerte Risikobehandlungsstrategie 3

Berechnung Kapitalwerte Risikobehandlungsstrategie 4 – Präventive Maßnahmen mit reaktivem Verbau

Die Berechnung der Kapitalwerte für die Risikobehandlungsstrategie 4 – Präventive Maßnahmen in Bezug auf das Risiko r mit reaktivem Verbau ist in Abbildung 5-61 für die Fälle Schaden und entgangener Gewinn dargestellt. Für diese Risikobehandlungsstrategie wird neben dem Eintritt des Risikos auch der Nichteintritt des Risikos berücksichtigt. Dies ist darauf zurückzuführen, dass sich aufgrund der durch die Präventivmaßnahmen verursachten Kosten der Durchschnittsgewinn ändert, auch wenn das Risiko nicht eintritt. Aus diesem Grund wird der Kapitalwert für die Risikobehandlungsstrategie 3 – Präventive Maßnahmen mit präventivem Verbau aus der Addition der Kapitalwerte der Fälle Eintritt und Nichteintritt Risiko, multipliziert mit den entsprechenden Eintrittswahrscheinlichkeiten, berechnet.

Im Schadensfall können die Periodenwerte für den Risikoeintritt und den Nichteintritt des Risikos wie folgt beschrieben werden: Für den Eintritt des Risikos werden die Periodenwerte berechnet, indem die negative Kostenart Kosten der präventiven Maßnahmen des Risikos r ($K_{pM,r}$) um die Kostenarten des monetären Schadens des Risikos r (MS_r), den Kosten für die reaktive Maßnahme des Risikos r ($K_{rM,r}$) und den verbleibenden monetären Schaden des Risikos r (VMS_r) subtrahiert werden. Für den Nichteintritt des Risikos setzen sich die Periodenwerte aus der negativen Kostenart Kosten der präventiven Maßnahme des Risikos r ($K_{pM,r}$) abzüglich der Kosten der Baukastenreduzierungsmaßnahme des Risikos r ($K_{bkrM,r}$) und dem verbleibenden monetären Schaden der präventiven Maßnahme des Risikos r ($VMS_{pM,r}$) zusammen.

Für den entgangenen Gewinn können die Periodenwerte für den Eintritt des Risikos und Nichteintritt des Risikos folgendermaßen beschrieben werden: Für den Risikoeintritt berechnen sich die Periodenwerte, indem die negative Kostenart Kosten der präventiven Maßnahmen des Risikos r ($K_{pM,r}$) um die Kostenarten des entgangenen Gewinns des Risikos r (EG_r), den Kosten für die reaktive Maßnahme des Risikos r ($K_{rM,r}$) und den verbleibenden entgangenen Gewinn des Risiko r (VEG_r) subtrahiert werden. Für den Nichteintritt des Risikos setzen sich die Periodenwerte aus der negativen Kostenart Kosten der präventiven Maßnahme des Risikos r ($K_{pM,r}$) abzüglich der Kosten der Baukastenreduzierungsmaßnahme des Risikos r ($K_{bkrM,r}$) und dem verbleibenden monetären Schaden der präventiven Maßnahme des Risiko r ($VMS_{pM,r}$) zusammen.

Berechnung Kapitalwerte
Risikobehandlungsstrategie 4 – Präventive Maßnahmen mit reaktivem Verbau

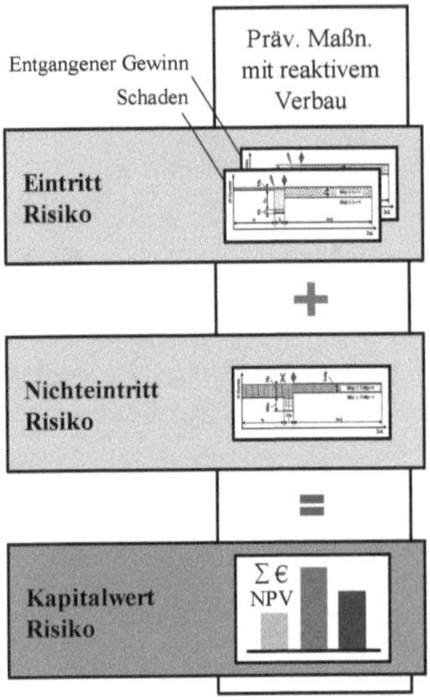

Fall Kapitalwert Schaden:

$NPV_{S,Rbs3,r}$

$$= \left[P_{E,r} \times \sum_{k=a_i}^{a_f} (-K_{pM,r} - MS_r - K_{rM,r} - VMS_r) \times (1+v)^{-k} \right]$$

$$+ \left[P_{NE,r} \times \sum_{k=a_i}^{a_f} (-K_{pM,r} - K_{bkrM,r} - VMS_{pM,r}) \times (1+v)^{-k} \right]$$

Fall Kapitalwert Entgangener Gewinn:

$NPV_{EG,Rbs3,r}$

$$= \left[P_{E,r} \times \sum_{k=a_i}^{a_f} (-K_{pM,r} - EG_r - K_{rM,r} - VEG_r) \times (1+v)^{-k} \right]$$

$$+ \left[P_{NE,r} \times \sum_{k=a_i}^{a_f} (-K_{pM,r} - K_{bkrM,r} - VMS_{pM,r}) \times (1+v)^{-k} \right]$$

Legende

$NPV_{S,Rbs3,r}$ = Kapitalwert Schaden Risikobehandlungsstrategie 3 des Risikos r

$NPV_{EG,Rbs3,r}$ = Kapitalwert Entgangener Gewinn Risikobehandlungsstrategie 3 des Risikos r

$P_{E,r}$ = Eintrittswahrscheinlichkeit für den Fall Eintritt Risiko des Risikos r

$P_{NE,r}$ = Eintrittswahrscheinlichkeit für den Fall Nichteintritt Risiko des Risikos r

$K_{pM,r}$ = Maßnahmenkosten der präventiven Maßnahme pM für das Risiko r

$K_{rM,r}$ = Maßnahmenkosten der reaktiven Maßnahme rM für das Risiko r

$K_{bkrM,r}$ = Maßnahmenkosten der Baukastenreduzierungsmaßnahme bkrM für das Risiko r

MS_r = Monetärer Schaden des Risikos r

EG_r = Entgangener Gewinn des Risikos r

VMS_r = Verbleibender monetärer Schaden des Risikos r

$VMS_{pM,r}$ = Verbleibender monetärer Schaden der präventiven Maßnahmen pM des Risikos r

VEG_r = Verbleibender entgangener Gewinn des Risikos r

a_f = Endperiode des Zahlungsstroms

a_i = Anfangsperiode des Zahlungsstroms

v = Abzinsungsprozentsatz pro Periode

k = Anzahl der Perioden in der Zukunft, in denen Zahlungsströme vorkommen

Abbildung 5-61: Berechnung Kapitalwerte Risikobehandlungsstrategie 4

Zur Bestimmung der am besten geeigneten Risikobehandlungsstrategie für ein spezifisches Risiko im Hinblick auf die resiliente Baukastengestaltung werden die errechneten Kapitalwerte miteinander verglichen. Abschließend wird die Risikobehandlungsstrategie mit dem höchsten Kapitalwert ausgewählt. Unabhängig von den Fällen Schaden oder entgangener Gewinn lautet die mathematische Funktion für diesen Auswahlprozess wie folgt:

$$NPV_{opt,r} = max(NPV_{Rbs1,r}, NPV_{Rbs2,r}, NPV_{Rbs3,r}, NPV_{Rbs4,r})$$

In dieser Formel ist der $NPV_{opt,Rbs,r}$ der Kapitalwert der optimalen Risikobehandlungsstrategie des Risikos r. Dieser wird ermittelt aus dem maximalen Kapitalwert der Risikobehandlungsstrategien eins bis vier des Risikos r.

5.6 Zwischenfazit: Detaillierung der resilienten Baukastengestaltung

Gegenstand dieses Kapitels war die Detaillierung des fünfstufigen modellbasierten Ansatzes zur resilienten Baukastengestaltung, wie in Kapitel 4.3 vorgestellt. Nachfolgend werden die wesentlichen Inhalte und Ergebnisse von Kapitel 5 noch einmal zusammengefasst.

Einleitend wurde in Kapitel 5.1 die Erarbeitung eines Kennzahlensystems zur Bestimmung verblockungskritischer Baukästen vorgestellt. In einem ersten Teilschritt wurden geeignete Kennzahlen ermittelt und ein Kennzahlensystem auf Basis einer Auswahl relevanter Kennzahlen konzipiert. Das Kennzahlensystem besteht aus der $\text{Verblockungs-Kritikalitäts-Zahl}_{\text{Entwicklungsdynamik}}$ und der $\text{Verblockungs-Kritikalitäts-Zahl}_{\text{Produktarchitekturrelevanz}}$. Anhand dieses Kennzahlensystems und einer Ausreißeranalyse konnten im Gesamtsystem Produktarchitektur verblockungskritische Baukästen ermittelt werden. Diese Auswahl wurde getroffen, um die Praxistauglichkeit des modellbasierten Ansatzes zu gewährleisten. Die mit diesem Erklärungs-/Entscheidungsmodell ermittelten Baukästen bilden die Eingangsgröße für die nächsten Teilschritte.

Darauf aufbauend wurde in Kapitel 5.2 ein Vorgehen zur Identifikation von Risiken für verblockungskritische Baukästen erarbeitet. Zur Unterstützung des Vorgehens wurden in einem ersten Teilschritt Suchfelder für die Risiken, die Risikofaktoren, erarbeitet. Dazu zählen die unternehmensinternen Risikofaktoren Innovationen, Umgebungsbedingungen und Industrialisierungs-/Optimierungsmaßnahmen sowie die unternehmensexternen Risikofaktoren Wettbewerberaktivitäten und Regulatorik/Industriestandards. Darauf aufbauend wurden spezifische analytische und intuitive Verfahren zur Identifikation von Risiken vorgestellt. Die Beschreibung der Risiken setzt sich zusammen aus einer detaillierten Fehler-Ursachen-Analyse, dem Zeitpunkt des Risikoeintritts, der Eintrittswahrscheinlichkeit des Risikos und der Überprüfung möglicher zusätzlicher Risiko-Baukasten-Abhängigkeiten.

In Kapitel 5.3 wurde ein Vorgehen für die Analyse der identifizierten Risiken für verblockungskritische Baukästen entwickelt. Dazu wurden in einem ersten Teilschritt die verblockungskritischen Baukästen anhand einer spezifisch entwickelten Klassifizierungslogik attribuiert. Dies beinhaltet die Erfassung der Baukastenmerkmale und die Ermittlung der dazugehörigen Ausprägungsinformationen. Darauf aufbauend können die Risikoauswirkungen innerhalb des verblockungskritischen Baukastens anhand einer Aufbereitung der Abhängigkeiten zwischen den Baukastenmerkmalen ermittelt werden. Anhand von funktionalen und räumlichen Abhängigkeiten zu weiteren Baukästen lassen sich die Risikoauswirkungen im Gesamtsystem Produkt bestimmen. Die Verarbeitung dieser Informationen durch die Erstellung von Verblockungsszenarien bildet die Ausgangssituation für den nächsten Teilschritt.

In Kapitel 5.4 wird die Bewertung von Risiken für verblockungskritische Baukästen beschrieben. Dazu werden im ersten Teilschritt die das Risiko charakterisierenden Parameter, d.h. die Eintrittswahrscheinlichkeit und Auswirkungen einer Verblockung, bemessen. Im nächsten Teilschritt kann daraufhin der Grad der Bedrohung für ein bestimmtes Risiko ermittelt werden. Dazu wird eine Risikobewertung im Gesamtsystem Produkt durchgeführt und für jedes Risiko das Verblockungsszenario mit den geringsten

Gesamtauswirkungen einer Verblockung ausgewählt. Auf der Grundlage der Festlegung auf ein weiterzuverfolgendes Verblockungsszenario kann die Priorisierung der bewerteten Risiken vorgenommen werden. Hierfür werden die Risiken ganzheitlich in einer Risikoeinstufungsmatrix dargestellt und abschließend in eine Reihenfolge gebracht. Die Reihenfolge der Risiken wird durch Akzeptanzgrenzen und eine Risikoklassifikation festgelegt.

Abschließend wurde die Behandlung von Risiken für verblockungskritische Baukästen in Kapitel 5.5 detailliert. Dieses Kapitel basiert auf der Erarbeitung von Risikobehandlungsstrategien, die aus der Literatur bekannt sind und in der Praxis angewendet werden sollen. Darauf aufbauend wurde für jede Risikobehandlungsstrategie der Verlauf der Risikobehandlung für den Eintritt und den Nichteintritt von Risiken aus betriebswirtschaftlicher Sicht schematisch dargestellt. Aufgrund der Definition des Begriffs Risiko ist es für den Eintritt von Risiken notwendig, die Fälle Schaden und entgangener Gewinn zu unterscheiden. Auf dieser Grundlage konnten die Kostenarten ermittelt und beschrieben werden, die zur Quantifizierung der Risikobehandlungsstrategien erforderlich sind. Die Quantifizierung der Risikobehandlungsstrategien für ein spezifisches Risiko basiert auf der Kapitalwertmethode. Es wird empfohlen, die Risikobehandlungsstrategie mit dem höchsten resultierenden Kapitalwert auszuwählen. Ausgehend davon kann die optimale Risikobehandlungsstrategie für ein bestimmtes Risiko ermittelt werden.

6 Demonstration und kritische Reflexion

Ziel dieses Kapitels ist es, die Anwendbarkeit des modellbasierten Ansatzes, der in Kapitel 4 grob konzipiert und in Kapitel 5 ausführlich beschrieben wurde, zu demonstrieren sowie kritisch zu beleuchten. Zu diesem Zweck wurde eine Fallstudie bei der Automobile AG durchgeführt, dem gleichen Unternehmen, auf dem die in Kapitel 2.4.1 beschriebenen Herausforderungen der Baukastengestaltung basieren. Es handelt sich folglich um einen weltweit tätigen Premium-Automobilhersteller, der gezielt auf Premium-Qualität setzt. Die Automobile AG strukturiert ihre Produkte in Baureihen und verfügt über ein diversifiziertes Produktspektrum sowie eine breite Kundenzielgruppe. Die Automobile verwenden zum größten Teil Baukästen aus den Bereichen Interieur, Exterieur, Fahrdynamik, Antrieb, Elektrik/Elektronik und autonomes Fahren. Auf eine detailliertere Beschreibung der Ausgangssituation wird an dieser Stelle verzichtet und auf Kapitel 2.4.1 verwiesen. Nachfolgend wird in Kapitel 6.1 die resiliente Baukastengestaltung angewendet. Die kritische Reflexion der Anwendungserfahrung (Kapitel 6.2) schließt das Kapitel ab.

6.1 Anwendung der resilienten Baukastengestaltung

Die Anwendung der resilienten Baukastengestaltung umfasst alle fünf Schritte, um für verblockungskritische Baukästen nachhaltig Änderungs- und Abbruchkosten zu reduzieren und für diese Baukästen die Grundlage für die Abbildung weiterer kundenrelevanter Funktionen über die Vergabedauer zu schaffen.

Der erste Schritt besteht darin, die Bestimmung verblockungskritischer Baukästen im Gesamtsystem Produkt zu demonstrieren. Hierfür muss zunächst die verfügbare Datenbasis aufgearbeitet werden, die sich aus sämtlichen Baukästen des Unternehmens zusammensetzt. In diesem Schritt wird jedoch nur eine Auswahl von 25 von der Automobile AG ausgewählten Baukästen gezeigt, um aus wettbewerbsrelevanten Gründen keine Rückschlüsse auf die Produktstruktur zu ermöglichen. In Wirklichkeit ist die Anzahl der im Unternehmen vorhandenen Baukästen deutlich höher. Die Benennung der Baukästen musste ebenfalls anonymisiert werden und erfolgt deshalb nicht mit dem Klarnamen. Hierbei basiert der Name auf einer Zuweisung zu einer fortlaufenden Nummerierung ohne eindeutige Zuweisung zu einem Entwicklungsbereich. Es galt für sämtliche Baukästen der Automobile AG die relevanten Daten zum Aufbau des Verblockungs-Kritikalitäts-Portfolios bzw. zur Berechnung der beiden Verblockungs-Kritikalitäts-Zahlen für die Dimensionen Entwicklungsdynamik und Produktarchitekturrelevanz zu ermitteln. Dazu zählen in der vorliegenden Arbeit die Daten für die Kennzahlen der durchschnittlichen Änderungsrate, den Release-Zyklus-Faktor, die betriebswirtschaftliche Wertigkeit und das Profil der Integrationskomplexität (vgl. Abbildung 5-5). Die Daten für den Release-Zyklus-Faktor und die betriebswirtschaftliche Wertigkeit konnten dem unternehmenseigenen ERP-System entnommen werden. Die durchschnittliche Änderungsrate konnte weitgehend ebenfalls aus dem unternehmenseigenen ERP-System bezogen werden, musste aber durch Daten aus Expertengesprächen ergänzt werden. Das Profil der Integrationskomplexität besteht ausschließlich aus Daten aus Expertengesprächen. Um die Anforderungen an die Praxistauglichkeit zu erfüllen und damit den Aufwand für die Anwendung zu reduzieren, wurden alle ermittelten Daten in Form eines Kalkulationstools in Microsoft Excel zusammengeführt und miteinander verknüpft. Die Ergebnisse sind die jeweiligen Werte für die vier Kennzahlen zur Ermittlung der Verblockungs-Kritikalitäts-Zahl$_{\text{Entwicklungsdynamik}}$ und Verblockungs-Kritikalitäts-Zahl$_{\text{Produktarchitekturrelevanz}}$. Auf der Grundlage dieser Ergebnisse konnten die Baukästen im Verblockungs-Kritikalitäts-Portfolio eingeordnet werden. Wie bereits in Kapitel 5.1.3 beschrieben, kommt es zu einer Verdichtung im Verblockungs-Kritikalitäts-Portfolio nahe dem Nullpunkt. Dies ist auf die mehrfache Normierung der Kennzahlen zurückzuführen. Aus diesem Grund mussten Baukästen mit hohem Einfluss auf das Kennzahlensystem identifiziert und als Ausreißer deklariert werden. Ein Auszug der Ergebnisse dieser Ausreißeranalyse ist in Abbildung 6-1 dargestellt.

Baukasten i	**Mittlere absolute Abweichung vom Median**		**Standardabweichung**	
	Ausreißer (ja/nein)		Ausreißer (ja/nein)	
	VKZ Entwicklungsdynamik	VKZ Produktarchitekturrelevanz	VKZ Entwicklungsdynamik	VKZ Produktarchitekturrelevanz
1	Nein	Nein	Nein	Nein
2	Nein	Nein	Nein	Nein
3	Nein	Nein	Nein	Nein
4	Nein	Nein	Nein	Nein
5	Nein	Nein	Nein	Nein
6	Ja	Nein	Ja	Nein
7	Nein	Nein	Nein	Nein
8	Nein	Nein	Nein	Nein
9	Nein	Nein	Nein	Nein
10	Ja	Nein	Ja	Nein
11	Nein	Nein	Nein	Nein
12	Nein	Nein	Nein	Nein
13	Nein	Nein	Nein	Nein
14	Nein	Nein	Nein	Nein
15	Ja	Ja	Ja	Ja
16	Nein	Nein	Nein	Nein
17	Nein	Nein	Nein	Nein
18	Nein	Nein	Nein	Nein
19	Nein	Nein	Nein	Nein
20	Nein	Ja	Nein	Ja
21	Nein	Nein	Nein	Nein
22	Nein	Nein	Nein	Nein
23	Nein	Nein	Nein	Nein
24	Nein	Nein	Nein	Nein
25	Nein	Nein	Nein	Nein

Abbildung 6-1: Auszug der Ergebnisse der Ausreißeranalyse

Die Ermittlung dieser Ausreißer erfolgte anhand der vorgestellten zwei Ansätze zur Ermittlung von Ausreißern durch Vertrauensintervalle. Dazu zählen die Verfahren der mittleren absoluten Abweichung vom Median und der Standardabweichung. Werden die Vertrauensintervalle der beiden Ansätze in einer Dimension des Verblockungs-Kritikalitäts-Portfolios überschritten, wird der Baukasten als Ausreißer für die entsprechende Dimension klassifiziert. In Abbildung 6-1 ist festzustellen, dass sowohl der Ansatz der mittleren absoluten Abweichung vom Median als auch die Standardabweichung im Ergebnisauszug der Ausreißeranalyse eine dreimalige Überschreitung der Vertrauensintervalle für die Verblockungs-Kritikalitäts-Zahl$_{Entwicklungsdynamik}$ und die zweimalige Überschreitung der Vertrauensintervalle der Verblockungs-Kritikalitäts-Zahl$_{Produktarchitekturrelevanz}$ bestätigen. Diese Baukästen konnten entsprechend ihrer Dimension des Verblockungs-Kritikalitäts-Portfolios als Ausreißer bezeichnet werden. Für die VKZ$_{Entwicklungsdynamik}$ handelt es sich hierbei um die Baukästen mit den Nummern 6, 10 und 15 aus den Unternehmensbereichen Autonomes Fahren, Elektrik/Elektronik und Antrieb. Für die VKZ$_{Produktarchitekturrelevanz}$ sind die Baukästen mit den Nummern 15 und 20 aus den Unternehmensbereichen Antrieb und Fahrdynamik zu nennen. Im nächsten Schritt wurden die Ausreißer der jeweiligen Dimension als 100%-Werte definiert und die Werte der VKZ$_{Entwicklungsdynamik}$ und VKZ$_{Produktarchitekturrelevanz}$ ohne die Ausreißer erneut berechnet. Das Ergebnis dieser Neuberechnung ist im neuen Verblockungs-Kritikalitäts-Portfolio in Abbildung 6-2 dargestellt. Die Ausreißer sind farblich unterschiedlich dargestellt, um diese auf den ersten Blick zu erkennen. An dieser Stelle sei nochmals auf die Darstellungsbeschränkung der Automobile AG auf 25 zufällig ausgewählte Baukästen hingewiesen.

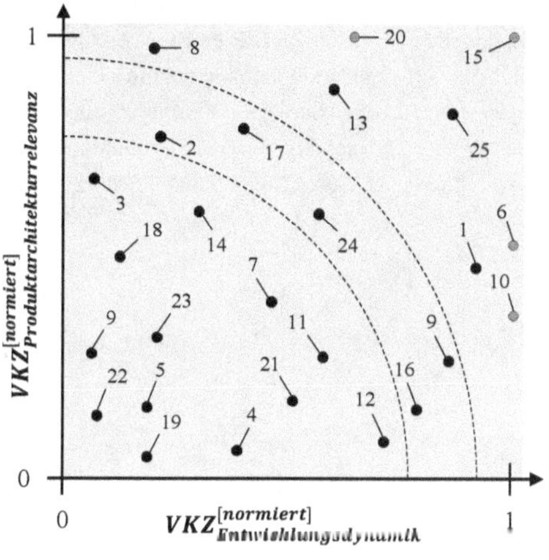

Abbildung 6-2: Verblockungs-Kritikalitäts-Portfolio nach der Ausreißeranalyse

Die verblockungskritischen Baukästen, die nach Abbildung 6-2 in den weiteren Schritten der resilienten Baukastengestaltung zu berücksichtigen waren, befinden sich einerseits außerhalb des äußeren Kreises und andererseits teilweise im Übergangsbereich. Bei den Baukästen außerhalb des äußeren Kreises handelt es sich hierbei um die Ausreißer mit den Nummern 6, 10, 15, 20 und die Baukästen mit den Nummern 1, 8, 13, 25. Die Baukästen mit den Nummern 2, 9, 16, 17 und 24 befinden sich im Übergangsbereich. Diese Baukästen müssen individuell in Form von Expertengesprächen oder Workshops analysieren werden, auf deren Grundlage eine Entscheidung hinsichtlich des weiteren Vorgehens mit diesen

Baukästen getroffen werden kann. In dieser Arbeit wurden die Baukästen mit den Nummern 1, 6, 8, 9, 10, 13, 15, 17, 20, 24 und 25 als verblockungskritische Baukästen eingestuft.

Für die weiteren Schritte im Risikomanagementprozess wird der Baukasten intelligenter Stromverteiler aus der Liste der verblockungskritischen Baukästen ausgewählt. Dieser Baukasten hat in der Vergangenheit eine große Anzahl an Änderungen erfahren und wird nun erstmals mit Halbleitern anstelle von Schmelzsicherungen ausgestattet. Der intelligente Stromverteiler ist eines der Kernelemente einer neuen Fahrzeugarchitektur, mit der eine Vielzahl innovativer Konzepte realisiert werden können. Ein Beispiel für ein innovatives Konzept ist die Umsetzung kürzerer Reaktionszeiten im Falle eines Kurzschlusses und die daraus resultierende Reduzierung der Kabelquerschnitte des zugehörigen Kabelbaums. Für diesen Baukasten wird nun exemplarisch der Schritt der Risikoidentifikation durchgeführt. Dies erfolgte für den intelligenten Stromverteiler in einem Workshop mit Experten aus allen an der Baukastenentwicklung beteiligten Abteilungen. Dazu gehören Experten aus den Entwicklungsabteilungen, dem Einkauf von Stromverteilern, die Produktintegratoren für die angedachten Bauräume, die Gesamtfahrzeugentwicklung, Ansprechpartner aus den Rechtsabteilungen und Vertreter der Strategieabteilungen. Diese Experten haben relevante Risiken für den intelligenten Stromverteiler identifiziert und dabei Verfahren angewandt, die hier nicht im Detail beschrieben werden. Für eine gezielte Diskussion, Ergänzung und Beschreibung der Risiken in diesem Workshop wurde in diesem Zusammenhang eine Kategorisierung der Risiken durch die in Kapitel 5.2 vorgestellten Risikofaktoren vorgenommen. Dabei wurde darauf geachtet, dass keine Risiken doppelt oder in verschiedenen Risikofaktoren gleichzeitig aufgeführt wurden. Zu den Risikofaktoren dieser Arbeit gehören die unternehmensinternen Risikofaktoren Innovationen, Umgebungsbedingungen und Industrialisierungs-/Optimierungsmaßnahmen sowie die unternehmensexternen Risikofaktoren Wettbewerberaktivitäten und Regulatorik/Industriestandards. Die einzelnen identifizierten Risiken wurden in eine Risikoliste aufgenommen.

Risikoliste des Baukastens intelligenter Stromverteiler					
Risikobezeichnung	**Risikofaktor**	**Eintritts-zeitpunkt**	**Eintritts-wahrschein-lichkeit**	**Risiko-Baukasten-Kausalität**	
				Kausalität	**Weitere betroffene Baukästen**
Anschluss einer zusätzlichen elektrischen Wärmepumpe	Industrialisierungs-/Optimierungsmaß-nahmen	01 / 2024	70 %	1:1	-
20% erhöhter Energiebedarf des Verbrauchers Frontradar	Industrialisierungs-/Optimierungsmaß-nahmen	01 / 2022	40 %	1:1	-
Verursachung von EMV-Störungen bei umliegenden Komponenten	Industrialisierungs-/Optimierungsmaß-nahmen	07 / 2025	20 %	1:n	BK-Gruppierung stromverteilende Komponenten
Betriebstemperatur zu hoch	Industrialisierungs-/Optimierungsmaß-nahmen	03 / 2023	30 %	1:1	-
Erweiterung der Baukastenfunktionalität um informationsverarbeitende Umfänge	Innovationen	07 / 2024	10 %	1:1	-
Unterdimensioniertes EMV-Konzept	Regulatorik/ Industriestandards	01 / 2022	60 %	1:n	BK-Gruppierung stromverteilende Komponenten

Abbildung 6-3: Auszug der Risikoliste des Baukastens intelligenter Stromverteiler

Die Abbildung 6-3 zeigt einen Auszug aus den identifizierten Risiken für den intelligenten Stromverteiler. Diese Risikoliste besteht aus den Spalten Risikobezeichnung, dem zugehörigen Risikofaktor, dem Eintrittszeitpunkt sowie der Eintrittswahrscheinlichkeit des Risikos und der Beschreibung der Risiko-Baukasten-Kausalität. Letzteres besteht aus der Beschreibung der Kausalität (1:1 / 1:n) und den weiteren betroffenen Baukästen. Die entsprechende Fehler-Ursache-Analyse zur Vervollständigung einer aussagekräftigen Risikobeschreibung wurde separat durchgeführt.

Im Folgenden wird das Risiko des Anschlusses einer zusätzlichen elektrischen Wärmepumpe näher betrachtet und daran die weiteren Schritte des Risikomanagementprozesses exemplarisch dargestellt. Der dazugehörige Risikofaktor ist der Risikofaktor Industrialisierungs-/Optimierungsmaßnahmen. Nach Ansicht der an der Baukastenentwicklung beteiligten Experten wird das Risiko, aufgrund des Produktionsstarts eines neuen Fahrzeuges, im Januar 2024 eintreten und die Eintrittswahrscheinlichkeit beträgt 70%. Das Risiko kann dem Baukasten direkt zugeordnet werden, weshalb die Kausalität mit 1:1 angegeben wurde. Somit sind keine weiteren Baukästen von dem Risiko betroffen. Um ein Verständnis einschließlich der Herkunft des Risikos sicherzustellen, wird die zugehörige Fehler-Ursachen-Analyse vorgestellt. Das Risiko des Anschlusses einer zusätzlichen elektrischen Wärmepumpe ist auf die Erstanwendung eines neuartigen Zellenkonzepts für den Hochvoltspeicher zurückzuführen. Dadurch würde in der Erprobung des Hochvoltspeichers festgestellt werden, dass die Belastung der Zellen im Dauerbetrieb zu hoch ist. Dieser Umstand würde dazu führen, dass die Temperatur im Hochvoltspeicher zu hoch ansteigt und die Kühlung des Hochvoltspeichers unzureichend ist. Da eine softwareseitige Reduzierung der Antriebsleistung für das Unternehmen keine vertretbare Option darstellt, resultiert diese Wirkkette in dem Risiko des Anschlusses einer zusätzlichen elektrischen Wärmepumpe. Abbildung 6-4 veranschaulicht dies grafisch.

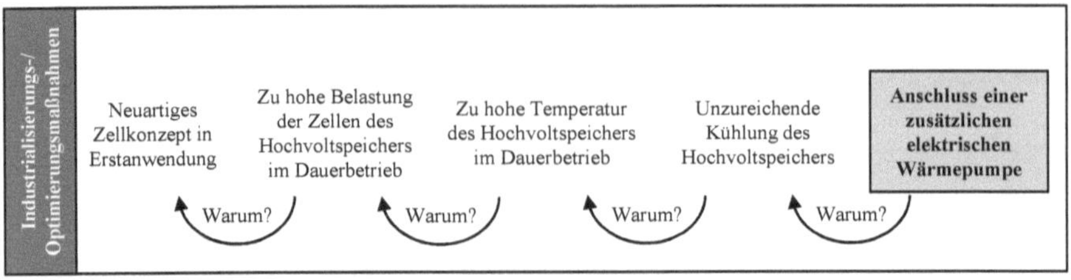

Abbildung 6-4: Ursache-Fehler-Analyse Beispielrisiko intelligenter Stromverteiler

Die Risikoanalyse wird für den Baukasten intelligenter Stromverteiler und das Risiko des Anschlusses einer zusätzlichen elektrischen Wärmepumpe durchgeführt. Dazu wurde der intelligente Stromverteiler zunächst anhand seiner Baukastenmerkmale auf Basis der generischen Klassifizierungslogik attribuiert. Auf der obersten Ebene des intelligenten Stromverteilers war es anfangs schwierig, die Baukastenmerkmale zu erfassen, die den Baukasten charakterisieren. Der intelligente Stromverteiler wurde daraufhin gedanklich in seine inhärenten Elemente unterteilt. Zu den inhärenten Elementen des intelligenten Stromverteilers gehören der Stromeingang, die Stromausgänge, die Halbleiterschalter und die Stromschiene. Auf diese Weise war es möglich, diesen Baukasten mit einem vertretbaren Aufwand hinsichtlich der Praxistauglichkeit bei gleichzeitig hoher Aussagekraft zu charakterisieren. Mit der Ermittlung der Ausprägungsinformationen der erfassten Baukastenmerkmale konnte die Attribution des intelligenten Stromverteilers abgeschlossen werden.

Die Risikoauswirkungen innerhalb des intelligenten Stromverteilers können auf Basis der Attribution dieses verblockungskritischen Baukastens analysiert werden. Dazu werden initial die Abhängigkeiten zwischen den Baukastenmerkmalen anhand eines Graphen aufbereitet. Auf eine Darstellung der Abhängigkeiten in einer Adjazenzmatrix wurde verzichtet, da ein Graph eine bessere Übersichtlichkeit für die Workshop-Teilnehmer bietet. Im Anschluss daran konnte das Risiko des Anschlusses der zusätzlichen elektrischen Wärmepumpe den betreffenden Baukastenmerkmalen des intelligenten Stromverteilers zugeordnet werden. Zu den Baukastenmerkmalen, die dem Risiko zugeordnet werden können, gehören die Länge des intelligenten Stromverteilers, der Leitwert der Stromschiene und die Stromklasse der Halbleiterschalter. Durch die aktiven Abhängigkeiten innerhalb des intelligenten Stromverteilers, d.h. wenn die betrachteten Baukastenmerkmale weitere Baukastenmerkmale beeinflussen, konnten die Risikoauswirkungen Schritt für Schritt ermittelt werden. Die in Kapitel 5.3.2 detailliert beschriebene Vorgehensweise zur Anpassung der Attribution der vom Risiko betroffenen Baukastenmerkmale bildet den Handlungsrahmen dafür. Das Ergebnis hierzu bildet ein Auszug der Risikoauswirkungen innerhalb des intelligenten Stromverteilers in Abbildung 6-5. Um die Übersichtlichkeit innerhalb der Abbildung zu erhöhen, sind die inhärenten Elemente des intelligenten Stromverteilers zusätzlich eingerahmt.

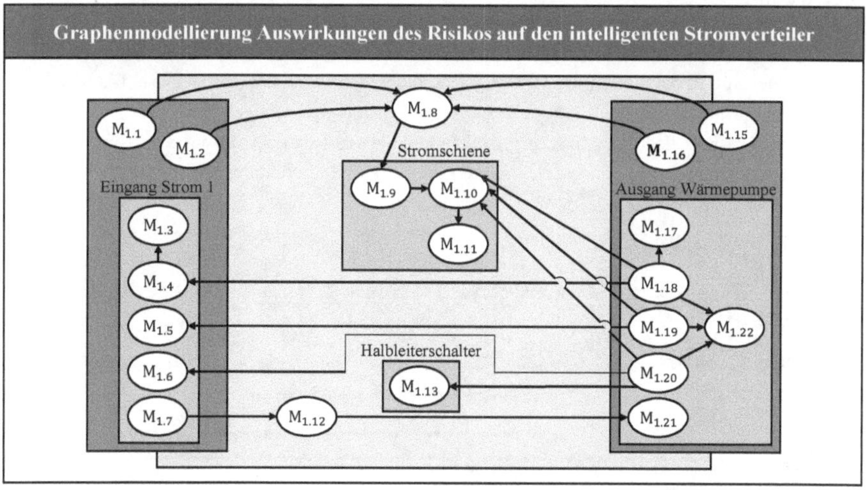

Legende

$M_{1.1}$	= Anzahl belegter Stromeingänge	$M_{1.12}$	= Betriebsspannung
$M_{1.2}$	= Anzahl freier Stromeingänge	$M_{1.13}$	= Stromklasse Halbleiterschalter
$M_{1.3}$	= Kontaktierung intelligenter Stromverteiler	$M_{1.14}$	= Ruhestrom Halbleiterschalter
$M_{1.4}$	= Dauerstrom intelligenter Stromverteiler	$M_{1.15}$	= Anzahl belegter Ausgänge
$M_{1.5}$	= Laststrom intelligenter Stromverteiler	$M_{1.16}$	= Anzahl freier Ausgänge
$M_{1.6}$	= Peakstrom intelligenter Stromverteiler	$M_{1.17}$	= Kontaktierung Wärmepumpe
$M_{1.7}$	= Eingangsspannung intelligenter Stromverteiler	$M_{1.18}$	= Dauerstrom Wärmepumpe
$M_{1.8}$	= Länge intelligenter Stromverteiler	$M_{1.19}$	= Laststrom Wärmepumpe
$M_{1.9}$	= Länge Stromschiene	$M_{1.20}$	= Peakstrom Wärmepumpe
$M_{1.10}$	= Leitwert Stromschiene	$M_{1.21}$	= Ausgangsspannung Wärmepumpe
$M_{1.11}$	= Material Stromschiene	$M_{1.22}$	= Sicherungswert Wärmepumpe
□	= Baukastenmerkmale der Dimension Element	▒	= Gruppierung von Baukastenmerkmalen
■	= Baukastenmerkmale der Dimension Relation		

Abbildung 6-5: Auszug Risikoauswirkungen innerhalb des intelligenten Stromverteilers

Darüber hinaus gibt es aus Sicht des verblockungskritischen Baukastens eine überschaubare Anzahl räumlicher und eine Vielzahl energetischer, d.h. funktionaler Abhängigkeiten. Dies ist darauf zurückzuführen, dass der intelligente Stromverteiler die Stromversorgung einer Vielzahl weiterer Baukästen sicherstellt und den zu verteilenden Strom aus der Lichtmaschine bzw. der Starterbatterie bezieht. Die funktionalen Abhängigkeiten, die vom Risiko des Anschlusses einer zusätzlichen elektrischen Wärmepumpe beeinflusst wurden, beziehen sich ausschließlich auf den Baukasten elektrische Wärmepumpe. Die Lichtmaschine bzw. die Starterbatterie als Stromquelle und damit die Eingangsgröße des intelligenten Stromverteilers kann den zusätzlichen Strombedarf ohne technische Änderungen decken. Weiterhin kann gesagt werden, dass keine räumlichen Abhängigkeiten beim intelligenten Stromverteiler oder bei der zusätzlichen elektrischen Wärmepumpe durch das Risiko verletzt wurden. Es wurden jedoch zwei Verblockungsszenarien erstellt, da die zusätzliche elektrische Wärmepumpe an zwei Stellen im Produkt verortet werden kann. Darauf aufbauend wurde in Kombination mit Informationen zur Vergabedauer und den Release-Zyklen der beiden Baukästen die dazugehörigen Verblockungsübersichten erstellt. Für den intelligenten Stromverteiler und die zusätzliche elektrische Wärmepumpe wird jeweils nur eine Variante entwickelt. Für die Zukunft ist geplant, alle 3,5 Jahre eine neue Generation dieser Baukästen neu zu entwickeln. Die Vergabedauern über alle Baukastengenerationen betragen sechs Jahre. Der Eintrittszeitpunkt des Risikos liegt 3,5 Jahre nach dem Produktionsstart und betrifft die erste Generation des intelligenten Stromverteilers und der elektrischen Wärmepumpe. Abbildung 6-6 zeigt die beschriebene Verblockungsübersicht.

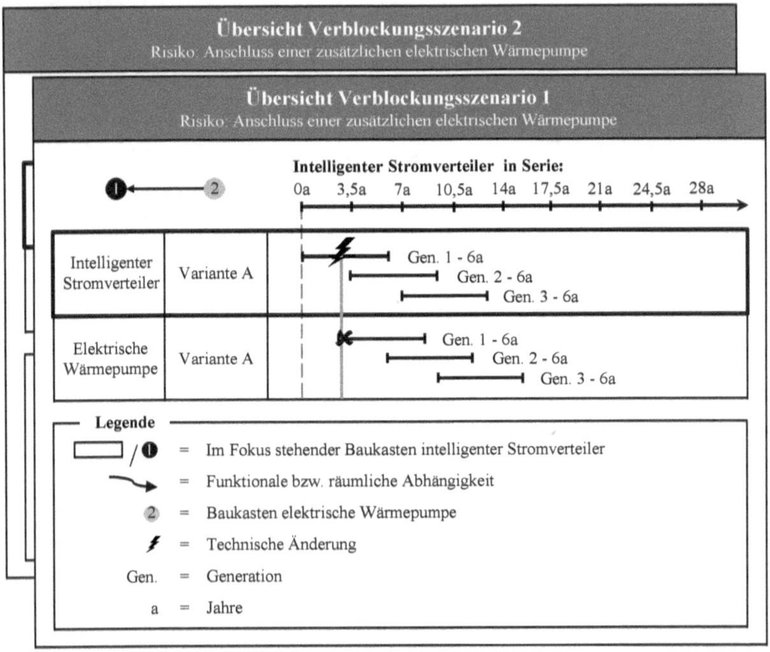

Abbildung 6-6: Verblockungsübersicht Anschluss einer zusätzlichen elektrischen Wärmepumpe

Im Rahmen der Risikobewertung wird entschieden, welche Risiken und in welcher Reihenfolge diese Risiken behandelt werden müssen. Die Risikobewertung erfolgt auf Grundlage der in Kapitel 5.4.1 bemessenen Risikoparameter Eintrittswahrscheinlichkeit und Auswirkungen einer Verblockung. Zuerst muss für jedes identifizierte und analysierte Risiko das Verblockungsszenario mit den geringsten Gesamtauswirkungen einer Verblockung aus den erstellten Verblockungsszenarien ausgewählt werden. Dieser Schritt wird wie auch schon bei der Risikoanalyse am Risiko des Anschlusses einer zusätzlichen elektrischen Wärmepumpe exemplarisch beschrieben. Die maximale Anzahl an Verblockungsszenarien für dieses Risiko sind die in Abbildung 6-6 dargestellten beiden Verblockungsszenarien. Die Auswahl des Verblockungsszenarios mit den geringsten Gesamtauswirkungen einer Verblockung erfolgt auf der Grundlage der geringsten Gesamtbewertungszahl eines Verblockungsszenarios. Zur Berechnung der Gesamtbewertungszahl für das Verblockungsszenario 1 ($GBZ_{Verblockungsszenario1}$) und zur Gesamtbewertungszahl für das Verblockungsszenario 2 ($GBZ_{Verblockungsszenario2}$) werden die sechs Auswirkungskriterien einer Verblockung für beide Verblockungsszenarien bewertet, mit einem Gewichtungsfaktor je Auswirkungskriterium multipliziert und die daraus resultierenden Produkte aufsummiert. Die Gewichtungsfaktoren für die Auswirkungskriterien einer Verblockung waren für sämtliche Auswirkungskriterien mit dem Wert 1 versehen und müssen daher nicht näher spezifiziert werden. Die $GBZ_{Verblockungsszenario1}$ hat den Wert 12 und die $GBZ_{Verblockungsszenario2}$ besitzt den Wert 13. Das Verblockungsszenario 1 hat die kleinste Gesamtbewertungszahl und wird daher für die Risikopriorisierung verwendet.

Zur Priorisierung der Risiken werden zunächst alle bewerteten Risiken in eine Risikoeinstufungsmatrix eingetragen. Die Gesamtauswirkungsstufen werden aus dem gewichteten Mittel der Gesamtbewertungszahl der ausgewählten Verblockungsszenarien berechnet. Die Gesamtauswirkungsstufe für das Risiko 1, Anschluss einer zusätzlichen elektrischen Wärmepumpe, beträgt 4_Sehr hoch. Die Eintrittswahrscheinlichkeit dieses Risikos liegt bei 70% (vgl. Abbildung 6-3) und wird daher in die Stufe 3_Hoch umgerechnet. Die Akzeptanzgrenzen und die Risikoklassifizierung innerhalb der Risikoeinstufungsmatrix wurden bereits im Vorfeld von den Teamleitern der von der Verblockung betroffenen Baukästen in Absprache mit den für die Risikostrategie des Unternehmens zuständigen Ansprechpartnern festgelegt. Die Abbildung 6-7 zeigt die Einteilung inklusive Priorisierung der Risiken in der Risikoeinstufungsmatrix.

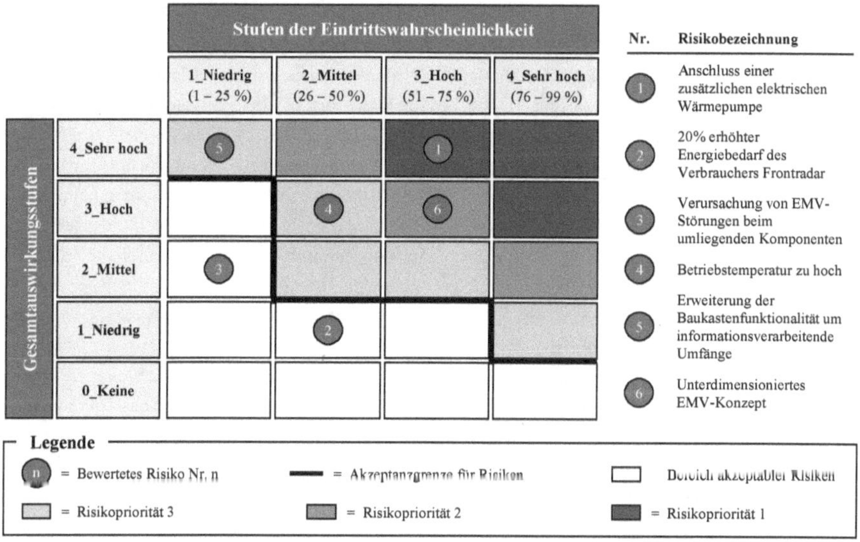

Abbildung 6-7: Priorisierung der Risiken in der Risikoeinstufungsmatrix

Die Risiken, die bei der Risikobehandlung berücksichtigt werden, befinden sich im Bereich der inakzeptablen Risiken oberhalb der Akzeptanzgrenze. Das sind die Risiken mit den Nummern 1, 4, 5 und 6. Die Risiken mit den Nummern 2 und 3 liegen im Bereich der akzeptablen Risiken unterhalb der Akzeptanzgrenze und werden im Verlauf der Baukastenentwicklung im Hinblick auf mögliche Veränderungen, die eine Neubewertung erforderlich machen, weiter überwacht. Die inakzeptablen Risiken wurden in drei Risikoklassen mit der Priorität 1, Priorität 2 und Priorität 3 weiter unterteilt. Die Reihenfolge der Risiken für die Risikobehandlung ist wie folgt: Das Beispielrisiko 1, Anschluss einer zusätzlichen elektrischen Wärmepumpe, gehört zur Risikoklasse Priorität 1 und wird bei der Risikobehandlung vorrangig behandelt. Die Risikoklasse Priorität 2 beinhaltet das Risiko mit der Nummer 6 und wird daher behandelt, sobald die Risikobehandlung von Risiko 1 abgeschlossen ist. Die Risiken mit einer Risikopriorität 3 werden zuletzt behandelt. Dazu zählen die Risiken mit den Nummern 4 und 5.

Die Behandlung von Risiken erfolgt ebenfalls anhand des Beispiels des Anschlusses einer zusätzlichen elektrischen Wärmepumpe, die zur Kühlung für den Hochvoltspeicher von Elektrofahrzeugen verwendet werden kann. Es wird der Fall Schaden beschrieben, da beim Eintreten des Risikos ein finanzieller Verlust erwartet wird. Das Risiko würde 100% der Stückzahlen betreffen. Initial sollten vier Verbraucher an vier Ausgänge angeschlossen werden und das Risiko resultiert in einem weiteren, zusätzlichen Ausgang. Die Eintrittswahrscheinlichkeit für das Risiko ($P_{E,r}$) beträgt 70%, woraus sich eine Wahrscheinlichkeit von 30% für das Nichteintreten des Risikos ($P_{NE,r}$) ergibt. Der Produktionsstart für den Baukasten intelligenter Stromverteiler ist 2021, das Risiko soll im Januar 2024 eintreten und das Produktionsende ist für 2030 angesetzt. Die Anfangsperiode der Zahlungsreihe liegt im Jahr 2021. Auf diesen Wert werden die Zahlungen auf- bzw. abgezinst. Der Abzinsungssatz pro Periode vom Unternehmen beträgt 25%. An diesem Zinssatz müssen sich sämtliche Projekte in diesem Unternehmen orientieren. Auf der Grundlage dieser Informationen werden im Folgenden die vier Risikobehandlungsstrategien beschrieben.

Bei der Risikobehandlungsstrategie keine aktive Risikobehandlung erfährt der intelligente Stromverteiler keine Maßnahmen zum Meilenstein der Vergabe. Der Baukasten wird daher zum Produktionsstart im Jahr 2021 auf vier Ausgänge ausgelegt. Das bedeutet kein zusätzlicher Ausgang für das Risiko des Anschlusses einer zusätzlichen elektrischen Wärmepumpe. Im Falle eines Nichteintretens des Risikos müssen dadurch keine Maßnahmen ergriffen werden, da keine technischen Mehrinhalte präventiv in den intelligenten Stromverteiler integriert wurden. Tritt das Risiko im Januar 2024 ein, werden keine Maßnahmen zur Problembeseitigung ergriffen und der zusätzliche Verbraucher kann nicht angeschlossen werden. Neben der vollständigen Akzeptanz der Auswirkungen einer Verblockung würde dies auch bedeuten, dass die Temperatur im Hochvoltspeicher bei starker Beanspruchung der Fahrzeuge zu hoch ansteigt und die Fahrzeugleistung für den Kunden vorübergehend reduziert werden müsste. Diese Auswirkung wird vom Unternehmen nicht akzeptiert. Die Schlussfolgerung daraus ist, dass das Unternehmen mit dieser Risikobehandlungsstrategie nicht mehr in der Lage wäre, eines dieser Elektrofahrzeuge zu verkaufen. Dies würde zu einem immens hohen finanziellen Verlust führen, den das Unternehmen ebenfalls nicht akzeptieren würde. Sollte das Risiko eintreten, würde es sich für den Fall des Risikoeintritts mit ziemlicher Gewissheit lohnen, eine andere Risikobehandlungsstrategie zu verfolgen. Aus diesem Grund kann diese Risikobehandlungsstrategie im Hinblick auf die Auswahl der am besten geeigneten Risikobehandlungsstrategie in Bezug auf dieses Risiko vernachlässigt werden.

Bei der Risikobehandlungsstrategie korrektive Risikobehandlung wird der intelligente Stromverteiler zu Produktionsbeginn im Jahr 2021 ebenfalls auf vier Ausgänge ausgelegt. Der Baukästen erfährt zum Meilenstein der Vergabe keine Maßnahmen. Tritt das Risiko nicht ein, müssen ebenfalls keine Maßnahmen ergriffen werden, da keine technischen Mehrinhalte als präventive Maßnahmen in den Baukasten integriert wurden. Im Falle des Risikoeintritts könnte das Problem bereits zwei Jahre vor Risikoeintritt, also im Jahr 2022, erkannt werden. Dies hat den Hintergrund, dass die Erstanwendung des neuartigen Zellenkonzepts für den Hochvoltspeicher und damit das Risiko des Anschlusses einer zusätzlichen elektrischen Wärmepumpe an ein konkretes Fahrzeugprojekt gekoppelt ist, das zu diesem Zeitpunkt unter realen Bedingungen getestet werden soll. Bei dieser Risikobehandlungsstrategie werden die Auswirkungen einer Verblockung bei Risikoeintritt durch korrektive Maßnahmen beseitigt bzw. reduziert. Die korrektiven Maßnahmen können als eine komplette Neuentwicklung des intelligenten Stromverteilers beschrieben werden. Dieser Umstand resultiert in hohen Abbruchkosten für den bestehenden intelligenten Stromverteiler und führt zu weiteren Einmalaufwänden für die Umstellung der bereits existierenden Fertigungslinie auf das neue Konzept. Die Herstellkosten für den neuentwickelten intelligenten Stromverteiler liegen über dem Niveau, das bereits bei der Vergabe hätte ausgehandelt werden können. Dies ist darauf zurückzuführen, dass die Lieferantenbeziehung monopolistisch geprägt ist und somit die Kosten für die korrektiven Maßnahmen nicht unter Wettbewerbsbedingungen verhandelt werden können. In diesem Zusammenhang ist weiterhin zu beachten, dass für den neuentwickelten intelligenten Stromverteiler eine neue Halterung entwickelt werden muss, um diesen an der Karosserie zu befestigen. Die Entwicklungszeit für die Neuentwicklung von 2022 bis Januar 2024 ist ausreichend. Das bedeutet, dass keine Verschiebung des Produktionsbeginns bzw. einer Reaktionszeit zu erwarten ist und somit kein monetärer Schaden entsteht. Darüber hinaus existiert für diese Risikobehandlungsstrategie ebenfalls kein verbleibender monetärer Schaden, da die technischen Rahmenbedingungen für die Neuentwicklung des Stromverteilers bereits gegeben sind.

Bei der Risikobehandlungsstrategie der präventiven Risikobehandlung mit präventivem Verbau erfährt der intelligente Stromverteiler zum Meilenstein der Vergabe präventive Maßnahmen. Es wird mit dem Lieferanten verhandelt, den Baukasten bereits zum Produktionsstart im Jahr 2021 mit einer Gehäuseerweiterung und der entsprechenden Sicherung für einen zusätzlichen Ausgang auszustatten. Daraus resultieren höhere Einmalaufwände für die Industrialisierung und höhere Herstellkosten ab Produktionsbeginn aufgrund der präventiv verbauten technischen Mehrinhalte, die bei Produktionsbeginn noch nicht benötigt werden. Dies entspricht den präventiven Maßnahmenkosten. Die Auswirkungen einer Verblockung werden bereits zu Produktionsbeginn vermieden bzw. reduziert. Tritt das Risiko im Januar 2024 ein, kann direkt und ohne weitere Maßnahmen auf das Risiko reagiert werden. Es gibt keine Reaktionszeit und damit auch keinen finanziellen Verlust im Sinne eines monetären Schadens. Mit diesem Risiko kann kein zusätzlicher Gewinn erzielt werden, da der Kunde ein einschränkungsfreies Fahrzeug erwartet. Ein digitaler Nachverkauf des Anschlusses einer zusätzlichen elektrischen Wärmepumpe ist deshalb nicht geplant. Tritt das Risiko nicht ein, ist der intelligente Stromverteiler um die Gehäuseerweiterung und die Sicherung überdimensioniert. Die zusätzliche Sicherung kann in diesem Fall entfernt werden. Hierfür müssen dem Lieferanten keine weiteren Maßnahmenkosten bezahlt werden, da die Baukastenreduzierungsmaßnahme bereits zum Meilenstein der Vergabe mit dem Lieferanten vorverhandelt wurde. Der verbleibende monetäre Schaden der präventiven Maßnahmen ist die verbleibende und nicht mehr benötigte Gehäuseerweiterung, die bis Produktionsende weiterbezahlt werden muss. Die Entfernung der Gehäuseerweiterung hätte einen Umbau der Produktionsanlagen zur Folge, was sich betriebswirtschaftlich nicht rentieren würde.

Bei der Risikobehandlungsstrategie der präventiven Risikobehandlung mit reaktivem Verbau werden zum Meilenstein der Vergabe ebenfalls präventive Maßnahmen für den intelligenten Stromverteiler durchgeführt. Mit dem Lieferanten wird vereinbart, den Baukasten zu Produktionsbeginn im Jahr 2021 mit einer Gehäuseerweiterung auszustatten, um einen zusätzlichen Ausgang für den Anschluss einer zusätzlichen elektrischen Wärmepumpe bereitzustellen. Die Mehrkosten, die durch den höheren Entwicklungsaufwand und die höheren Herstellkosten ab Produktionsbeginn entstehen, entsprechen den präventiven Maßnahmenkosten. Die dazugehörige Sicherung soll jedoch nicht bereits zu Produktionsbeginn verbaut werden, sondern nur reaktiv im Falle des Risikoeintritts im Januar 2024. Die dazugehörigen reaktiven Maßnahmenkosten für die Sicherung werden bereits zur Vergabe verhandelt. Dadurch kann innerhalb von einer kurzen Reaktionszeit auf das Risiko reagiert und die Auswirkungen einer Verblockung auf ein Minimum reduziert werden. Es verbleibt kein monetärer verbleibender Schaden, da die technischen Rahmenbedingungen gegeben sind und keine Unsicherheit hinsichtlich der Umsetzung besteht. Tritt das Risiko nicht ein, ist der intelligente Stromverteiler um die Gehäuseerweiterung überdimensioniert. Wie bereits bei der Risikobehandlungsstrategie der präventiven Risikobehandlung mit präventivem Verbau beschrieben, würde die Entfernung der Gehäuseerweiterung einen Umbau der Produktionsanlagen zur Folge haben. Da dies betriebswirtschaftlich nicht vertretbar wäre, müssen die Herstellkosten für die nicht benötigte Gehäuseerweiterung bis Produktionsende weiter bezahlt werden. Dies entspricht dem verbleibenden monetären Schaden der präventiven Maßnahme. Da die Sicherung bei Produktionsbeginn nicht präventiv in dem Baukasten verbaut wurde, können keine präventiven Maßnahmen aus dem Baukasten entfernt werden. Es gibt daher keinen Bedarf an einer Baukastenreduzierungsmaßnahme, und daher fallen für die Maßnahme auch keine Kosten an.

Auf Basis dieser Informationen wurde anschließend für den intelligenten Stromverteiler und das Risiko des Anschlusses einer zusätzlichen elektrischen Wärmepumpe die am besten geeignete Risikobehandlungsstrategie zur Vermeidung bzw. Reduzierung der Auswirkungen einer Verblockung ermittelt. Den höchsten Kapitalwert für dieses Risiko besitzt die Risikobehandlungsstrategie 4 – Präventive Maßnahmen mit reaktivem Verbau (vgl. Abbildung 6-8). Aus diesem Grund sollte dem Risiko des Anschlusses einer zusätzlichen elektrischen Wärmepumpe mit einer präventiven Risikobehandlung mit reaktivem Verbau begegnet werden.

		Risikobehandlungsstrategie 1	Risikobehandlungsstrategie 2	Risikobehandlungsstrategie 3	Risikobehandlungsstrategie 4
Anfangsperiode der Zahlungsreihe	2021				
Abzinsungssatz pro Periode	25%				
Eintrittswahrscheinlichkeit Risiko	70%	Keine aktive Risikobehandlung	Korrektive Risikobehandlung	Präventive Risikobehandlung mit präventivem Verbau	Präventive Risikobehandlung mit reaktivem Verbau
Kapitalwert Risiko	[Mio. €]	-	-1,8	-0,94	-0,9

Abbildung 6-8: Gegenüberstellung der Kapitalwerte der Risikobehandlungsstrategien

6.2 Kritische Reflexion der Anwendungserfahrung

Nach Anwendung der fünf Schritte des modellbasierten Ansatzes kann festgestellt werden, dass die vorliegende Arbeit eine sinnvolle Unterstützung in der frühen Phase des Baukastenentwicklungsprozesses darstellt und dem Anwender eine handlungsorientierte Richtung in Form von einer Werkzeugkiste für den Umgang mit verblockungskritischen Baukästen und der anschließenden resilienten Baukastengestaltung bietet. An dieser Stelle sind die in Kapitel 4.2 formulierten formalen sowie inhaltlichen Anforderungen an diese Arbeit und insbesondere die Anwendung der resilienten Baukastengestaltung in der Praxis (Kapitel 6.1) kritisch zu beleuchten.

Die vorgestellten formalen Anforderungen wurden vollständig erfüllt. Der modellbasierte Ansatz zur resilienten Baukastengestaltung weist eine formale und empirische Richtigkeit auf, da die Modelle eine für die Erfüllung der Abbildungseigenschaften ausreichende Ähnlichkeit aufweisen und darüber hinaus reproduzierbar, widerspruchsfrei und nachprüfbar gestaltet wurden. Darüber hinaus liefert der modellbasierte Ansatz inhaltliche und formale Antworten auf die spezifisch gestellten Fragen, sodass die formale Anforderung an die Produktivität als erfüllt angesehen werden kann. Die Handhabbarkeit des modellbasierten Ansatzes wird durch eine einfache Anwendbarkeit und ein akzeptables Nutzen-Aufwand-Verhältnis für die zu erzielenden Ergebnisse gewährleistet. Die Modelle können des Weiteren mit geringem Aufwand befüllt und angewendet werden. Optimierungspotenzial besteht in der weiteren Verbesserung der Handhabbarkeit des modellbasierten Ansatzes, indem alle Teilschritte auf Basis von Microsoft Excel in ein gemeinsames Tool übertragen und untereinander vernetzt werden. Dies erhöht das Kosten-Nutzen-Verhältnis weiter und entlastet den Anwender. Dies wiederum erfordert einen Moderator oder in diesem Tool geschulte Anwender.

Die an den modellbasierten Ansatz gestellten inhaltlichen Anforderungen konnten ebenfalls erfüllt werden. Die Gestaltung von und Reaktion auf Risiken durch Baukästen konnte erreicht werden und erzeugt die notwendige Flexibilität der Baukastengestaltung. Durch die Anwendung des modellbasierten Ansatzes können die Änderungs- und Abbruchkosten für die verblockungskritischen Baukästen reduziert und dem Endkunden zusätzliche Funktionen über die Vergabedauer dieser Baukästen angeboten werden. Darüber hinaus können Risiken im Hinblick auf ihre Konsolidierung und Berücksichtigung im Baukastenentwicklungsprozess detailliert betrachtet und die Interdependenzen zwischen den Baukästen durch die Analyse der funktionalen und räumlichen Abhängigkeiten berücksichtigt werden. Die inhaltlichen Anforderungen aus Praxis und Theorie spiegeln sich in den fünf Schritten zur resilienten Baukastengestaltung wider. Die Anwendung der resilienten Baukastengestaltung hat zu Hinweisen für die Verbesserung des vorgestellten modellbasierten Ansatzes geführt, die im Folgenden aufbereitet werden.

Die Anwendung der Bestimmung verblockungskritischer Baukästen im Gesamtsystem Produkt zeigt, dass verblockungskritische Baukästen auf Basis des Verblockungs-Kritikalitäts-Portfolios und der beiden Verblockungs-Kritikalitäts-Zahlen systematisch ermittelt werden können. Darüber hinaus zeigt die Fallstudie, dass die für die Umsetzung benötigten Daten in der Praxis verfügbar sind und entsprechend aufbereitet werden können. Im Hinblick auf die ordinalskalierte Kennzahl Profil der Integrationskomplexität besteht jedoch weiterer Entwicklungsbedarf. Diese Kennzahl wird derzeit aus mehreren Expertengesprächen ermittelt. Dabei ist sorgfältig auf die Vergleichbarkeit der Expertenbewertungen untereinander zu achten, um die hohe Aussagekraft der Kennzahl gewährleisten zu können. Daher ist zu prüfen, ob für diese Kennzahl eine Kardinalskalierung auf Basis unternehmenseigener, bereits vorliegender Daten möglich ist und so der Erhebungsaufwand weiter reduziert werden kann.

Ein wichtiges Kriterium für die Identifikation von Risiken für verblockungskritische Baukästen ist die gemeinsame Kommunikationsgrundlage für die Einordnung der Risiken durch die ermittelten Risikofaktoren. Die Anwendung hat das Bild bestätigt, dass durch diese Suchfelder die Risikoidentifikation für die Entwickler konkreter wird und Risiken im Team mit einem gemeinsamen Verständnis diskutiert, ergänzt und beschrieben werden können. Hinsichtlich der Anwendung methodischer Verfahren zur Risikoidentifikation wurde festgestellt, dass ein praxisorientierter Ansatz im Sinne eines bestmöglichen Aufwand-Nutzen-Verhältnisses bevorzugt wurde. Es wird jedoch als durchaus sinnvoll empfunden, mehrere Verfahren detailliert und konsequent durchzuarbeiten, um so die bestmögliche Grundlage im

Hinblick auf Risiken darstellen zu können. Der Zeitaufwand hierfür wurde von den Entwicklern jedoch als zu hoch eingeschätzt. Der Wunsch an dieser Stelle ist eine Übersicht über die für den jeweiligen Anwendungsfall zur Identifikation von Risiken am besten geeigneten Verfahren. Dabei muss die mehrstufige Systemhierarchie pro Risikofaktor mitberücksichtigt werden, da unabhängig von dem betrachteten Risikofaktor die Risiken auf verschiedenen Stufen der Systemhierarchie entstehen können.

Bei der Anwendung der Analyse von Risiken für verblockungskritische Baukästen konnten weitere Erkenntnisse gesammelt werden, insbesondere im Hinblick auf die allgemeine Anwendbarkeit des modellbasierten Ansatzes. In der Praxis besteht in Baukastenentwicklungsteams oftmals keine Transparenz über Abhängigkeiten zwischen Baukastenmerkmalen innerhalb des eigenen Baukastens und im Gesamtsystem Produkt. Das dafür erforderliche Wissen liegt in der Regel gebündelt bei einzelnen Personen, meistens bei den verantwortlichen Baukastenentwicklern, vor. Im Falle einer Änderung einer Ist-Ausprägung eines Baukastenmerkmals bestehen für die betroffenen Schnittstellenpartner zwei Optionen. Die Schnittstellenpartner müssen beim verantwortlichen Baukastenentwickler ohne die Möglichkeit der Nachvollziehbarkeit das erforderliche Verständnis erfragen oder die Analyse trotz möglicher Fehleranfälligkeit selbst durchführen. Die Attribution von verblockungskritischen Baukästen mit anschließender Aufbereitung von Abhängigkeiten ist hierfür ein geeigneter dokumentenbasierter Ansatz, um Risikoauswirkungen in Baukastenentwicklungsteams transparent abbilden zu können. Darüber hinaus wäre es möglich, die Risikoauswirkungen modellgestützt anstatt dokumentenbasiert zu erfassen. Das modellbasierte Systems Engineering bietet hierfür einen zukunftsweisenden Lösungsansatz. Die Vorteile liegen in der weiteren Verbesserung der teaminternen und -externen Kommunikation, der Reduktion der Komplexität im Baukastenentwicklungsprozess und der Nachvollziehbarkeit von Änderungen der Ist-Ausprägungen von Baukastenmerkmalen.

Die Bewertung von Risiken für verblockungskritische Baukästen wurde von den Anwendern ebenfalls positiv aufgenommen. Die Anzahl von vier Stufen, die für die Bewertung der Risikoparameter Eintrittswahrscheinlichkeit und Auswirkungen einer Verblockung definiert wurden, wurden bestätigt. Die Bewertung der beiden Risikoparameter konnte somit mit überschaubarem Aufwand durchgeführt werden. Eine zunehmende Anzahl an Stufen hat zu deutlich mehr Diskussionen, aber nicht automatisch zu präziseren Risikobewertungen durch die Beteiligten geführt. Diesbezüglich hatten die Beteiligten den Eindruck, dass sie es mit Scheingenauigkeiten zu tun haben. Der Risikoparameter Auswirkungen einer Verblockung wird anhand der Auswirkungskriterien einer Verblockung bewertet. Bei der Bewertung dieses Risikoparameters werden sowohl quantitativ als auch qualitativ bemessene Auswirkungskriterien einer Verblockung zu einer Gesamtbewertungszahl der Verblockung zusammengeführt. Hier besteht Weiterentwicklungsbedarf. Es ist schwierig, qualitativ und quantitativ bemessene Auswirkungskriterien zusammenzuführen, da die qualitativ bemessenen Auswirkungskriterien im Gegensatz zu den quantitativ bemessenen Auswirkungskriterien rein auf Expertenschätzungen beruhen. Dabei muss mit großer Wachsamkeit auf die Vergleichbarkeit zwischen sämtlichen Risiken und deren zu bewertenden Verblockungsszenarien geachtet werden. Je nach Anwendungskontext ist daher zu prüfen, ob die qualitativ bemessenen Auswirkungskriterien durch bereits im Unternehmen vorhandene quantitative Auswirkungskriterien ersetzt werden können.

Die erarbeiteten Risikobehandlungsstrategien sind eine wichtige Orientierungshilfe für die Behandlung von Risiken für verblockungskritische Baukästen. Die Anwendung hat das Bild bestätigt, dass dadurch die Risikobehandlung für die Anwender konkreter wird. Es besteht jedoch noch weiterer Entwicklungsbedarf bei den präventiven Risikobehandlungsstrategien. Hier sollten wissenschaftliche Ansätze für die Erstellung von einkaufsseitigen Angeboten für die Entfernung von technische Mehrinhalte und die Überführung der zu berücksichtigenden technischen Mehrinhalte in einen mit dem Lieferanten geschlossenen Entwicklungsvertrag entwickelt werden. Ein weiterer positiver Punkt bei der Behandlung von Risiken für verblockungskritische Baukästen ist die betriebswirtschaftlich hohe Vergleichbarkeit der verschiedenen Risikobehandlungsstrategien. Durch die Identifizierung und periodische Zuordnung der erforderlichen Kostenarten für jede Risikobehandlungsstrategie kann die Kapitalwertrechnung genutzt werden, um verschiedene Zahlungsreihen gegenüberzustellen, die mit einer intuitiven Abschätzung nicht analysiert werden können. Darüber hinaus wäre es möglich, die Variablen im Erklärungs-/Entscheidungsmodell toolgestützt um Sensitivitäten zu erweitern und den Kapitalwert in Bezug auf unvollkommene Informationen automatisiert berechnen zu können. Die daraus resultierenden Ergebnisse können damit in Punktewolken dargestellt und anhand von Clusteranalysen spezifischen Risikobehandlungsstrategien zugewiesen werden. Dadurch wäre es möglich, eine Vielzahl möglicher Zukunftsszenarien mit reduziertem Zeitaufwand zu erstellen und damit die Anwendbarkeit der resilienten Baukastengestaltung weiter zu verbessern.

7 Zusammenfassung und Ausblick

Die Produktvielfalt in der Automobilindustrie ist in den vergangenen Jahrzehnten stetig gewachsen. Ein Grund dafür ist der Verdrängungswettbewerb, in dem weitere Marktanteile nur zulasten anderer Hersteller erreicht werden können. Als Folge daraus versuchen die Automobilhersteller, ihre eigenen Produkte durch Alleinstellungsmerkmale, wie z.B. Produktinnovationen, vom Wettbewerb abzuheben. Dadurch werden die Produktlebenszyklen kontinuierlich verkürzt, die Marktsegmente weiter unterteilt und konsequent neue Marktsegmente erschlossen. Infolgedessen nehmen die Produktvielfalt und der internationale Kostendruck weiter zu. In dieser Dichotomie zwischen „Economies of Scale" und „Economies of Scope" verwenden Unternehmen der Automobilindustrie Produktbaukästen, um die Komplexität breiter Produktprogramme zu beherrschen und betriebswirtschaftliche Vorteile durch Skaleneffekte zu realisieren.

Technische Änderungen während der Vergabedauer reduzieren die Skaleneffekte von Baukästen. Dies gilt insbesondere für Baukästen, die sich in einem hochdynamischen Umfeld befinden. Ein hochdynamisches Umfeld führt zu einer hohen Veränderlichkeit der betroffenen Baukästen, ihrer Abhängigkeiten zu anderen Baukästen und den Anforderungen, die über die Vergabedauer zu erfüllen sind. Sind diese Baukästen durch räumliche und funktionale Abhängigkeiten im Produkt Fahrzeug stark vernetzt, so ist im Falle einer technischen Änderung das Gesamtsystem Fahrzeug sowie fahrzeugübergreifend das den Baukasten verwendende Fahrzeugportfolio ein inflexibles Konstrukt. Dieser Sachverhalt wird als Verblockung bezeichnet. Die Auswirkungen können einerseits als hohe Änderungskosten bei mehreren Baukästen beschrieben werden, da die technischen Änderungen über Schnittstellen hinweg weitergegeben werden. Andererseits ist es möglich, dass aufgrund nicht vorhandener technischer Rahmenbedingungen oder betriebswirtschaftlicher Gründe keine technischen Änderungen vorgenommen werden können, was zu einem Risiko einer verzögerten Reaktionsfähigkeit auf Risiken führt. Die daraus resultierende mangelnde Kundenorientierung kann wiederum zu Stückzahlverlusten an den Wettbewerb führen. Die bestehenden Baukastenentwicklungsprozesse sind weitgehend statisch und integrieren die Risiken eines hochdynamischen Umfelds nicht ausreichend.

Ein Lösungsansatz für diese Problemstellung ist das Risikomanagement, mit dem eine Vielzahl unterschiedlicher Ansätze der strategischen Vorausschau in der Baukastenentwicklung berücksichtigt und ein Ansatz für das beschriebene Problem entwickelt werden kann. Ziel der vorliegenden Arbeit war es daher, vor dem Hintergrund der beschriebenen Ausgangssituation einen modellbasierten Ansatz zur systematischen Identifikation, Analyse, Bewertung und Behandlung von Risiken für verblockungskritische Baukästen in einem hochdynamischen Umfeld zu entwickeln. Dies unterstützt die Darstellung kundenwerter Funktionen, ermöglicht eine schnelle Reaktion auf Risiken über die Baukastenlebenszyklen sowie eine Minimierung von Änderungs- und Abbruchkosten.

Im Anschluss an die Motivation und Zielsetzung dieser Arbeit wurden im Rahmen des ersten Kapitels der zugrunde liegende Forschungsprozess nach ULRICH ET AL. wie auch der Aufbau der Arbeit vorgestellt. Im zweiten Kapitel wurden die Grundlagen des Forschungsgegenstands Baukastengestaltung behandelt. Das Kapitel beschäftigt sich mit den Grundprinzipien und Begrifflichkeiten aus den Themenbereichen „Technische Systeme“, „Produktarchitekturen“ und „Baukästen“, die im Rahmen dieser Arbeit verknüpft wurden und daher für das Verständnis der Dissertation notwendig sind. Darauf aufbauend wurde der Handlungsbedarf aus Sicht der Praxis herausgearbeitet. Die Grundlage dafür bildeten die Erfahrungen des Autors aus unterschiedlichen Industrieprojekten zum Forschungsgegenstand der vorliegenden Arbeit. In diesem Zusammenhang wurden zwei konkrete Fallbeispiele aus der Automobilindustrie präsentiert, aus denen Besonderheiten bei der Gestaltung von Baukästen abgeleitet wurden. Diese Besonderheiten wurden durch eine unternehmensübergreifende Studie des Werkzeugmaschinenlabors der RWTH Aachen mit 39 Teilnehmern bestätigt, was den Entwicklungsbedarf der Arbeit aufzeigte und damit die Grundlage für das weitere Vorgehen gebildet hat. Eine wesentliche Herausforderung bestand demnach darin, dass die zukünftigen Rahmenbedingungen bzw. Risiken und ihre Auswirkungen nicht systematisch identifiziert, analysiert, bewertet und in Abstimmung mit den betroffenen Produkten bzw. deren Architekturen, im Business Case oder bei der Vergabe im Einkauf berücksichtigt werden konnten.

Auf Grundlage des identifizierten Handlungsbedarfs aus Sicht der Praxis wurden in Kapitel 3 die problemrelevanten Theorien analysiert und interpretiert. Das Risikomanagement bildet die Grundlage für die resiliente Baukastengestaltung. Vor diesem Hintergrund wurde in einem ersten Schritt der Begriff Risiko beleuchtet, indem die Entwicklung von Risiken und Perspektiven der Risikowahrnehmung erörtert und daraus die Risikodefinition für die vorliegende Arbeit abgeleitet wurde. Darauf aufbauend konnten die Grundlagen des Risikomanagements und damit die Ziele, Aufgaben und Prozessschritte des Risikomanagements sowie die Definition des Risikomanagementansatzes klar formuliert werden. Um die wissenschaftlichen Ansätze für den Forschungsgegenstand Baukastengestaltung zu untersuchen, wurde das Risikomanagement für Baukästen durch Prinzipien in fünf voneinander abhängigen Bereichen beschrieben und eine systematische Literaturrecherche durchgeführt. Ausgehend von einer Grundpopulation von 7706 Artikeln entstand eine finalisierte Datengrundlage mit 12 Artikeln. Die bereits bestehenden Ansätze wurden einer würdigenden Untersuchung unterzogen, indem für jeden Ansatz analysiert wurde, ob für die definierten Prinzipien bereits erarbeitete Ergebnisse vorliegen. Auf der Grundlage dieser würdigenden Untersuchung wurden die bereits erarbeiteten Ergebnisse für jedes Prinzip zusammengefasst und eine Auswahl an weiterzuentwickelnden bzw. integrierbaren Bausteinen auf der Grundlage der in der Zielsetzung der Arbeit (Kapitel 1.2), des Handlungsbedarfs dieser Arbeit (Kapitel 2.4.3) und Forschungsausblicken der identifizierten Ansätze getroffen. Zum Abschluss des Kapitels wurde für jedes der fünf Prinzipien der daraus resultierende Forschungsbedarf in Form von Forschungsfragen abgeleitet.

Das Ziel des vierten Kapitels war es, ein Grobkonzept zur resilienten Baukastengestaltung zu entwickeln. Zu Beginn wurden die methodologischen Grundlagen definiert und Anforderungen definiert, um die inhaltliche und formale Korrektheit des modellbasierten Ansatzes zu gewährleisten. Die formalen Anforderungen basieren auf den Aussagen nach PATZAK und die inhaltlichen Anforderungen bestehen aus den Anforderungen aus der Zielsetzung der Arbeit, dem Objektbereich der Arbeit, aus der Praxis und aus der Theorie. Anschließend wurde das Grobkonzept der resilienten Baukastengestaltung einschließlich der erzielten Erkenntnisse vorgestellt. Das Grobkonzept besteht aus fünf Partialmodellen, die sich jeweils mit Lösungsansätzen zu den in Kapitel 3.2.2 definierten Forschungsfragen befassen.

Die in Kapitel 4 vorgestellten Partialmodelle wurden im fünften Kapitel detailliert. Initial wurden anhand eines Erklärungs-/Entscheidungsmodells verblockungskritische Baukästen im Gesamtsystem Produkt bestimmt. Dieses Partialmodell besitzt vier Teilschritte und entspricht einer Fokussierung auf die relevanten Baukästen, die im weiteren Verlauf der Arbeit berücksichtigt werden müssen. Die Bestimmung verblockungskritischer Baukästen im Gesamtsystem Produkt wurde durch ein zweidimensionales Kennzahlensystem realisiert. In einem ersten Schritt wurden Kennzahlen durch eine Literaturrecherche ermittelt, die grundsätzlich für die Bewertung einer Verblockungskritikalität geeignet sind. Diese Kennzahlen wurden in Form von Expertengesprächen hinsichtlich ihrer Aussagekraft und ihres Erhebungsaufwands bewertet. Das Ergebnis bildeten vier Einzelkennzahlen, die in das Kennzahlensystem überführt wurden. Das Kennzahlensystem besteht aus einem zweidimensionalen Rechensystem und wird als Verblockungs-Kritikalitäts-Portfolio bezeichnet. Die Abszisse wird mit der Verblockungs-Kritikalitäts-$\text{Zahl}_{\text{Entwicklungsdynamik}}$ (Abszisse) und die Ordinate mit der Verblockungs-Kritikalitäts-$\text{Zahl}_{\text{Architekturrelevanz}}$ beschrieben. Im nächsten Schritt wurde der Umgang mit identifizierten Ausreißern behandelt, um eine Verfälschung der Ergebnisse zu vermeiden. Abschließend wurde das Verblockungs-Kritikalitäts-Portfolio segmentiert, sodass die verblockungskritischen Baukästen anhand ihrer Position bestimmt werden können.

Im nächsten Partialmodell galt es die Identifikation der Risiken für die verblockungskritischen Baukästen abzubilden und zu formalisieren. Das hierfür entwickelte Beschreibungsmodell ist in drei Teilschritte untergliedert und dient dazu, alle Risiken in einem 360-Grad-Überblick zu erfassen und für den weiteren Risikomanagementprozess detailliert zu beschreiben. Im ersten Schritt wurden auf der Basis einer Literaturrecherche unternehmensinterne und -externe Risikofaktoren, d.h. Suchfelder für die Risiken, ermittelt und beschrieben. Das Ergebnis bildeten die unternehmensinternen Risikofaktoren Innovationen, Umgebungsbedingungen und Industrialisierungs-/Optimierungsmaßnahmen sowie die unternehmensexternen Risikofaktoren Wettbewerberaktivitäten und Regulatorik/Industriestandards. Auf dieser Basis wurden analytische und intuitive Verfahren zur Risikoidentifikation vorgestellt, die auf die ermittelten Risikofaktoren angewendet werden können. Dies erfolgt in dieser Arbeit in Abhängigkeit vom Vorliegen qualitativer oder quantitativer Input- und Output-Informationen und in Abhängigkeit vom Zeithorizont der Vergabedauer der betrachteten verblockungskritischen Baukästen. Der dritte Schritt ist die aussagekräftige Beschreibung der identifizierten Risiken als Ausgangsbasis für eine anschließende Analyse und Bewertung der Risiken. Dazu müssen eine detaillierte Fehler-Ursachen-Analyse durchgeführt sowie der Zeitpunkt des Risikoeintritts, die Eintrittswahrscheinlichkeit des Risikoeintritts ermittelt und mögliche zusätzliche Risiko-Baukasten-Abhängigkeiten bestimmt werden.

Im dritten Partialmodell wurde ein Erklärungsmodell entwickelt, um Risiken für verblockungskritische Baukästen zu analysieren. Dieses Partialmodell besteht aus drei Teilschritten und hat das Ziel, sich auf der Grundlage detaillierter Beschreibungen der identifizierten Risiken der damit einhergehenden Risikoauswirkungen bewusst zu werden. In einem ersten Schritt wurden verblockungskritische Baukästen durch die Anwendung einer generischen Klassifizierungslogik von Baukastenmerkmalen attribuiert. Bei der Attribution werden die jeweiligen Baukastenmerkmale der Dimensionen Element und Relation erfasst sowie die dazugehörigen Ausprägungsinformationen ermittelt. Auf dieser Grundlage wurden die Abhängigkeiten zwischen den Baukastenmerkmalen innerhalb der verblockungskritischen Baukästen unter Verwendung von Graphen oder Adjazenzmatrizen aufbereitet. Durch die Zuordnung der identifizierten Risiken zu Baukastenmerkmalen lassen sich die Risikoauswirkungen innerhalb des verblockungskritischen Baukastens erfassen. Ausgehend davon werden im nächsten Schritt die Risikoauswirkungen im Gesamtsystem Produkt anhand funktionaler und räumlicher Abhängigkeiten untersucht. Das Ergebnis dieses Kapitels ist die Erstellung von Verblockungsszenarien. Dazu werden die Informationen zu den Risikoauswirkungen im Gesamtsystem Produkt mit den Vergabedauern und dazugehörigen Release-Zyklen der betroffenen Baukästen kombiniert und grafisch aufbereitet.

Im nächsten Partialmodell galt es die Bewertung von Risiken für verblockungskritische Baukästen zu erarbeiten. Das hierfür entwickelte Entscheidungsmodell gliedert sich in drei Teilschritte und dient als Entscheidungsgrundlage, welche Risiken und in welcher Reihenfolge die Risiken behandelt werden müssen. Im ersten Schritt wurden die Parameter bemessen, die ein Risiko charakterisieren. Das sind die Eintrittswahrscheinlichkeit und die Auswirkungen einer Verblockung. Der Risikoparameter Auswirkungen einer Verblockung setzt sich zusammen aus den Auswirkungskriterien einer Verblockung. Dazu zählen die Herstellkosten, Initialkosten, Gewicht (Erhöhung), Reaktionszeit, Reputation und Attraktivität Kundenfunktion. Im nächsten Schritt wurde die Risikobewertung im Gesamtsystem Produkt auf der Grundlage der Bemessung dieser Risikoparameter in Kombination mit den bereits erstellten Verblockungsszenarien durchgeführt. Das Ergebnis dieses Schrittes ist die Auswahl des Verblockungsszenarios mit den geringsten Gesamtauswirkungen einer Verblockung für jedes Risiko. Dazu wurden zunächst die Verfahren zur Bewertung der Auswirkungskriterien einer Verblockung erläutert und auf dieser Grundlage für jedes Verblockungsszenario eines Risikos eine Gesamtbewertungszahl berechnet und damit das Verblockungsszenario mit der geringsten Gesamtbewertungszahl ausgewählt. Der dritte Schritt ist die Priorisierung der bewerteten Risiken anhand eines Portfoliodiagramms, der Risikoeinstufungsmatrix. Die beiden Risikoparameter Eintrittswahrscheinlichkeit und Auswirkungen einer Verblockung wurden dafür auf zwei senkrecht zueinander stehenden Achsen aufgetragen. Darauf aufbauend konnten die Risiken entsprechend der bemessenen Risikoparameter in die Risikoeinstufungsmatrix eingetragen und in eine Reihenfolge gebracht werden. Die Reihenfolge der Risiken wurde durch die Festlegung einer Akzeptanzgrenze und einer anschließenden Risikoklassifikation bestimmt.

Als letztes Partialmodell wurde ein Erklärungs-/Entscheidungsmodell zur Behandlung von Risiken für verblockungskritische Baukästen eingeführt. Anhand eines vierstufigen Ansatzes wurde es möglich, die betriebswirtschaftlich am besten geeignete Risikobehandlungsstrategie für ein spezifisches Risiko auszuwählen, um die Baukästen flexibel zu gestalten. Im ersten Schritt wurden vier Risikobehandlungsstrategien erarbeitet, die in der Literatur bereits beschrieben und in der Praxis angewendet werden sollen. Im darauffolgenden Schritt wurden diese Risikobehandlungsstrategien betriebswirtschaftlich ausgewertet. Dazu wurde in Abhängigkeit von der jeweiligen Risikobehandlungsstrategie eine Unterteilung in Bezug auf das Eintreten und Nichteintreten von Risiken vorgenommen. Für den Eintritt des Risikos wurde eine weitere Unterscheidung in die Fälle Schaden und entgangener Gewinn getroffen, die auf der Definition des Begriffs Risiko in dieser Arbeit basiert. Ausgehend von der betriebswirtschaftlichen Auswertung der Risikobehandlungsstrategien konnten im nächsten Schritt sämtliche Kostenarten identifiziert, beschrieben und jeweils mit einem Beispiel veranschaulicht werden. Der dritte Schritt beschreibt die Quantifizierung der Risikobehandlungsstrategien anhand der Kapitalwertmethode. Die Kapitalwertmethode ist ein geeigneter Ansatz, um Investitionen mit Zahlungsreihen zu vergleichen, die sich in zeitlicher und monetärer Hinsicht unterscheiden. Dazu wurde zunächst die Formel zur Berechnung des Kapitalwerts vorgestellt und die Voraussetzungen für die Anwendung der Kapitalwertmethode behandelt. Darauf aufbauend konnte die Berechnung der Kapitalwerte für die vier Risikobehandlungsstrategien dieser Arbeit für die Fälle Schaden und entgangener Gewinn vorgestellt werden. Zur Umsetzung wird die Risikobehandlungsstrategie mit dem höchsten Kapitalwert empfohlen.

Die Demonstration und kritische Reflexion des entwickelten modellbasierten Ansatzes wurde im sechsten Kapitel durchgeführt. Als anonymisiertes Anwenderunternehmen wurde die Automobile AG gewählt. Dabei handelt es sich um einen weltweit tätigen Premium-Automobilhersteller, der sich gezielt auf Premium-Qualität konzentriert. Die Automobile AG strukturiert ihre Produkte in Baureihen und verfügt über ein diversifiziertes Produktspektrum sowie eine breite Kundenzielgruppe. Basierend auf der Ausgangssituation des Unternehmens wurden die Schritte der resilienten Baukastengestaltung angewendet und die Ergebnisse in das Unternehmen überführt. Die einzelnen Teilmodelle erwiesen sich hierbei als konsistent und die Anwendbarkeit des modellbasierten Ansatzes konnte belegt werden. Abschließend wurde die Demonstration kritisch hinterfragt, woraus Vorschläge für die Weiterentwicklung der vorliegenden Arbeit abgeleitet werden konnten.

Der in dieser Arbeit konzipierte modellbasierte Ansatz leistet einen wichtigen Beitrag zur langfristigen Sicherung von Skaleneffekten für Baukästen, die sich in einem hochdynamischen Umfeld mit hoher Produktarchitekturrelevanz befinden. Vor dem Hintergrund der beschriebenen Forcierung auf die Berücksichtigung von Risiken im Entwicklungsprozess von verblockungskritischen Baukästen konnte ein praktischer Mehrwert in der Automobilindustrie geschaffen werden. Aus wissenschaftlicher Sicht stellen insbesondere die erarbeiteten, betriebswirtschaftlich ausgewerteten und quantifizierten Risikobehandlungsstrategien einen Fortschritt dar. Damit kann die Vergleichbarkeit der Risikobehandlungsstrategien untereinander gewährleistet werden. Zusammenfassend lässt sich sagen, dass durch diese Arbeit ein Fortschritt in der Wissenschaft und Praxis erzielt werden konnte.

Die übergeordnete Vision, zu der die vorliegende Arbeit einen Beitrag leistet, besteht in einer Art Konfigurator zur Ableitung konkreter Empfehlungen für den Umgang mit Risiken in der Entwicklung von verblockungskritischen Baukästen. Durch die systematische Identifikation, Analyse, Bewertung und Behandlung von Risiken bei der Konzeption dieser Baukästen konnte das Risikomanagement als integraler Bestandteil einer resilienten Baukastengestaltung in der Automobilindustrie positioniert werden. Entsprechend dieser Vision lassen sich neben den im sechsten Kapitel beschriebenen Weiterentwicklungspotenzialen weitere konsekutive Forschungsaktivitäten ableiten. So könnte untersucht werden, wie mit Risiken umgegangen werden kann, die bei der Konzeption der verblockungskritischen Baukästen noch nicht identifizierbar sind. Nicht immer sind bereits in der Konzeptphase der Baukastenentwicklung sämtliche Risiken bekannt und können mit dem in dieser Arbeit vorgestellten modellbasierten Ansatz bearbeitet werden. Das Resultat dessen könnte eine pauschale Aussage im Sinne einer Überdimensionierung sein, die zur Vergabe pauschal in den Baukasten integriert wird, um flexibel auf weitere Risiken reagieren zu können.

8 Literaturverzeichnis

Ahsen, A. v., Integriertes Qualitäts- und Umweltmanagement: Mehrdimensionale Modellierung und Anwendung in der deutschen Automobilindustrie, Wiesbaden: Deutscher Universitätsverlag, 2006.

Aleksic, S., Nachhaltige Weiterentwicklung von modularen Produktarchitekturen durch Release-Management, Dissertation, RWTH Aachen, Aachen: Apprimus, 2016.

Allen, J. D., Stevenson, P. D., Mattson, C. A., Hatch, N. W., Over-Design Versus Redesign as a Response to Future Requirements, In: Journal of Mechanical Design, 141. Jg., Nr. 3, 2019, S. 1–19.

Arnoscht, J., Beherrschung von Komplexität bei der Gestaltung von Baukastensystemen, Dissertation, RWTH Aachen, Aachen: Apprimus, 2011.

Aschauer, E.; *Purtscher, V.*, Einführung in die Unternehmensbewertung, Wien: Linde, 2011.

Audi AG, Geschäftsberichte 2008-2018, URL: https://www.audi.com/de/company/investor-relations/reports-and-key-figures/annual-reports.html [Stand: 28.07.2020].

Baldwin, C., Clark, K., Modularity-In-Design: An Analysis Based On the Theory Of Real Options, Havard Business School, Cambridge, MA, 1994.

Baldwin, C. Y.; *Clark, K. B.*, Design rules: Volume 1 - The power of modularity, Cambridge, MA: MIT Press, 2000.

Barbosa, L. M., Lacerda, D. P., Piran, F. A. S., Dresch, A., Exploratory analysis of the variables prevailing on the effects of product modularization on production volume and efficiency, In: International Journal of Production Economics, 193. Jg., 2017, S. 677–690.

Baregheh, A., Rowley, J., Sambrook, S., Towards a multidisciplinary definition of innovation, In: Management Decision, 47. Jg., Nr. 8, 2009, S. 1323–1339.

Barg, S. J., Kontextbezogene Auslegung von Produktbaukästen, Dissertation, RWTH Aachen, Aachen: Apprimus, 2018.

Barth, D., Prognoseberichterstattung: Praxis, Determinanten und Kapitalmarktwirkungen bei deutschen börsennotierten Unternehmen, Frankfurt a.M: Peter Lang GmbH Internationaler Verlag der Wissenschaften, 2010.

Bauer, W., Elezi, F., Maurer, M., An approach for cycle-robust platform design. In: Lindemann, U. (Hrsg.), Design for harmonies - Proceedings of the 19th International Conference on Engineering Design, Seoul, Korea: Design Society, 2013, S. 417–426.

Bauer, W., Elezi, F., Roth, M., Maurer, M., Determination of the required product platform flexibility from a change perspective. In: 2015 9th Annual IEEE Systems Conference, Vancouver, BC, Canada: IEEE, 2015, S. 20–26.

Bäumers, Y., Wirtschaftlicher Detaillierungsgrad der Montageablaufplanung, Dissertation, RWTH Aachen, Aachen: Apprimus, 2016.

Belener, P. M., Technisches Änderungsmanagement modularer Produkte und Prozesse, Dissertation, Ruhr-Universität Bochum, Aachen: Shaker, 2008.

Bleicher, K., Das Konzept Integriertes Management: Visionen - Missionen - Programme, Frankfurt am Main: Campus, 2011.

Bleymüller, J., Statistik für Wirtschaftswissenschaftler, München: Vahlen, 2012.

Bliss, C., Management von Komplexität: Ein integrierter, systemtheoretischer Ansatz zur Komplexitätsreduktion, Wiesbaden: Gabler, 2000.

BMW Group, Geschäftsberichte 2008-2018, URL: https://www.bmwgroup.com/de/investor-relations/finanzberichte.html [Stand: 28.07.2020].

BMW Group, i8, URL: https://www.bmw.de/de/neufahrzeuge/bmw-i/i8-coupe/2017/auf-einen-blick.html [Stand: 26.05.2019].

Bollmann, O., Neuhausen, J., Andre, F., Alternative fuels and powertrains: Automotive strategy in a world of diverse mobility, URL: https://www.strategyand.pwc.com/media/file/Alternative-fuels-and-powertrains.pdf [Stand: 26.05.2019].

Borowski, K.-H., Das Baukastensystem in der Technik, Berlin: Springer, 1961.

Brandt, L. S., Architekturgesteuerte Elektrik/Elektronik Baukastenentwicklung im Automobil, Dissertation, Technische Universität München, München, 2016.

Braun, H., Risikomanagement - eine spezifische Controllingaufgabe, Dissertation, Universität Stuttgart, Darmstadt: Toeche-Mittler, 1984.

Breitkopf, J., Die Rolle von Stammkanälen im Mehrkanalbetrieb: Untersucht am Beispiel der Automobilindustrie, Dissertation, Universität St. Gallen, St. Gallen, 2007.

Brenig, H.-W., Ludäscher, S., Link, M., Sicherheitskultur in den Ingenieurwissenschaften. In: Lange, H.-J., Wendekamm, M., Endreß, C. (Hrsg.), Dimensionen der Sicherheitskultur, Wiesbaden: Springer, 2014, S. 145–161.

Breunig, S., Produktarchitekturgestaltung mechatronischer Baukastensysteme, Dissertation, RWTH Aachen, Aachen: Apprimus, 2017.

Bruehwiler, B., Risk Management: Eine Aufgabe der Unternehmungsführung, Bern, Stuttgart: Paul Haupt, 1980.

Brünger, C., Nutzenkonsistente Risikopriorisierung: Die Risk-Map im Kontext rationaler Entscheidungen, Dissertation, Universität Paderborn, Wiesbaden: Gabler, 2011.

Buekers, J., van Holderbeke, M., Bierkens, J., Int Panis, L., Health and environmental benefits related to electric vehicle introduction in EU countries, In: Transportation Research Part D: Transport and Environment, 33. Jg., 2014, S. 26–38.

Burggräf, P., Dannapfel, M., Hehl, F., Wenzl, M., Freyer, B., Data on the current state of modular systems in a highly dynamic environment: Empirical analyses in the manufacturing industry and automotive industry of Germany, In: Data in Brief, 27. Jg., 2019, S. 1–20.

Burggräf, P., Wagner, J., Koke, B., Artificial intelligence in production management: A review of the current state of affairs and research trends in academia. In: 2018 International Conference on Information Management and Processing, London, UK, 2018, S. 82–88.

Burggräf, P., Wagner, J., Weißer, T., Knowledge-based problem solving in physical product development: A methodological review, In: Expert Systems with Applications, 5. Jg., 2020, S. 1–14.

Burggräf, P., Weißer, T., Wagner, J., Data on the current state of problem solving and improvement during physical product development within complex (manufacturing) systems, In: Data in Brief, 23. Jg., 2019, S. 1–5.

Buttler, G., Ein einfaches Verfahren zur Identifikation von Ausreißern bei multivariaten Daten, In: Diskussionspapier, 09. Jg., 1996, S. 1–25.

Cilliers, P., Boundaries, Hierarchies and Networks in Complex Systems, In: International Journal of Innovation Management, 5. Jg., Nr. 2, 2001, S. 135–147.

Clausius, E., Grundlagen des Finanzwesens in hierarchischen Modulen, Berlin/Boston: De Gruyter, 2000.

Conrat Niemberg, J.-I., Änderungskosten in der Produktentwicklung, Dissertation, Technische Universität München, München, 1997.

Cooper, R. G., Top oder Flop in der Produktentwicklung: Erfolgsstrategien - Von der Idee zum Launch, Weinheim: Wiley-VCH, 2002.

Daenzer, W. F.; Huber, F., Systemdenken. In: Daenzer, W. F, Huber, F. (Hrsg.), Systems Engineering: Methodik und Praxis, Zürich: Industrielle Organisation, 2002, S. 4–26.

Dahmen, J. W., Prozessorientiertes Risikomanagement zur Handhabung von Produktrisiken, Dissertation, RWTH Aachen, Aachen: Shaker, 2002.

Daimler AG, Definition Autonomes Fahren, URL: https://www.daimler.com/innovation/autonomes-fahren/special/definition.html [Stand: 26.05.2019].

Daimler AG, Geschäftsberichte 2008-2018, URL: https://www.daimler.com/investoren/berichte/geschaeftsberichte/ [Stand: 28.07.2020].

Dellanoi, R., Kommunalitäten bei der Entwicklung variantenreicher Produktfamilien, Dissertation, Universität St. Gallen, Bamberg: Difo-Druck, 2006.

DIN 32990, Kosteninformationen - Begriffe zu Kosteninformationen in der Maschinenindustrie, Deutsches Institut für Normung: 1989, Berlin: Beuth.

DIN 6789-3, Dokumentationssystematik - Änderungen von Dokumenten und Gegenständen, Deutsches Institut für Normung: 1990, Berlin: Beuth.

DIN 69900, Projektmanagement - Netzplantechnik; Beschreibung und Begriffe, Deutsches Institut für Normung: 2009, Berlin: Beuth.

DIN ISO 31000, Risikomanagement - Leitlinien, Deutsches Institut für Normung: 2018, Berlin: Beuth.

Dickson, R., Cherry, G. M., Boland, A., Carrying Out a Systematic Review as a Master's Thesis. In: Boland, A., Cherry, G. M., Dickson, R. (Hrsg.), Doing a systematic review: A student's guide, Los Angeles, London, New Delhi, Singapore, Washington DC: Sage Publications, 2014, S. 1–16.

Diederichs, M., Risikomanagement und Risikocontrolling, Dissertation, Technische Universität Dortmund, München: Franz Vahlen, 2012.

Dudenredaktion, Das Bedeutungswörterbuch, Bibliographisches Institut, 2018.

Dudenredaktion, Deutsches Universalwörterbuch: Das umfassende Bedeutungswörterbuch der deutschen Gegenwartssprache, Berlin: Bibliographisches Institut; Duden, 2019.

Duntemann, G. H., Principal Component Analysis, Newbury Park, California: Sage Publications, 1993.

Eckert, C., Clarkson, P. J., Zanker, W., Change and customisation in complex engineering domains, In: Research in Engineering Design, 15. Jg., Nr. 1, 2004, S. 1–21.

Ehrlenspiel, K., Integrierte Produktentwicklung: Denkabläufe, Methodeneinsatz, Zusammenarbeit, München: Carl Hanser, 2009.

Ehrlenspiel, K., Kiewert, A., Lindemann, U., Mörtl, M., Kostengünstig Entwickeln und Konstruieren: Kostenmanagement bei der integrierten Produktentwicklung, Berlin: Springer, 2014.

Ehrlenspiel, K.; Meerkamm, H., Integrierte Produktentwicklung: Denkabläufe, Methodeneinsatz, Zusammenarbeit, München: Carl Hanser, 2013.

Ehrmann, H., Kompakt-Training Risikomanagement: Rating - Basel II, Ludwigshafen: Friedrich Kiehl, 2005.

Ericsson, A.; Erixon, G., Controlling Design Variants: Modular Product Platforms, Dearborn, MI: Society of Manufacturing Engineers, 1999.

Farhana, M.; *Bimenyimana, E.*, Design Driven Innovation as a Differentiation Strategy: In the Context of Automotive Industry, In: Journal of Technology Management & Innovation, 10. Jg., Nr. 2, 2015, S. 24–38.

Fasse, F.-W., Risk-Management im strategischen internationalen Marketing, Dissertation, Universität Duisburg, Hamburg: Steuer- und Wirtschaftsverlag, 1995.

Feldhusen, J.; *Grote, K.-H.*, Der Produktentstehungsprozess. In: Feldhusen, J, Grote, K.-H. (Hrsg.), Pahl/Beitz Konstruktionslehre: Methoden und Anwendung erfolgreicher Produktentwicklung, Berlin, Heidelberg: Springer, 2013, S. 11–24.

Feldhusen, J.; *Grote, K.-H.*, Produktplanung. In: Feldhusen, J, Grote, K.-H. (Hrsg.), Pahl/Beitz Konstruktionslehre: Methoden und Anwendung erfolgreicher Produktentwicklung, Berlin, Heidelberg: Springer, 2013.

Feldhusen, J., Grote, K.-H., Göpfert, J., Tretow, G., Technische Systeme. In: Feldhusen, J, Grote, K.-H. (Hrsg.), Pahl/Beitz Konstruktionslehre: Methoden und Anwendung erfolgreicher Produktentwicklung, Berlin, Heidelberg: Springer, 2013, S. 237–279.

Ferrarese, A.; *Monteiro de Carvalho, M.*, Time-to-need: A portfolio tool to balance the time-to-market, In: Journal of Manufacturing Technology Management, 25. Jg., Nr. 6, 2014, S. 812–826.

Ferreira, F., Faria, J., Azevedo, A., Marques, A. L., Product lifecycle management in knowledge intensive collaborative environments: An application to automotive industry, In: International Journal of Information Management, 37. Jg., Nr. 1, 2017, S. 1474–1487.

Fiege, S., Risikomanagement- und Überwachungssystem nach KonTraG: Prozess, Instrumente, Träger, Wiesbaden: Deutscher Universitätsverlag, 2006.

Finke, R., Grundlagen des Risikomanagements: Quantitative Risikomanagement-Methoden für Einsteiger und Praktiker, Weinheim: Wiley-VCH, 2005.

Firchau, N.; *Franke, H.-J.*, Methoden zur Variantenbeherrschung in der Produktentwicklung. In: Franke, H.-J., Hesselbach, J., Huch, B., Firchau, N. (Hrsg.), Variantenmanagement in der Einzel- und Kleinserienfertigung, München, Wien: Carl Hanser, 2002, S. 52–86.

Firchau, N. L., Variantenoptimierende Produktgestaltung, Dissertation, Technische Universität Braunschweig, Göttingen: Cuvillier, 2003.

Fombrun, C. J., Reputation: Realizing value from the corporate image, Boston, Mass.: Harvard Business School Press, 1996.

Fricke, E.; *Schulz, A. P.*, Design for changeability (DfC): Principles to enable changes in systems throughout their entire lifecycle, In: Systems Engineering, 8. Jg., Nr. 4, 2005, S. 342–359.

Friederici, I., Die strategischen Instrumente des Managementsystems: Führungs- und Handlungskompetenz durch fünf Grundbausteine - Visionen und Leitlinien, Ziele und Maßnahmen, Organisation und Führung, dynamische Qualitätssteigerung, Systemüberwachung und -bewertung, Wien: Linde, 2000.

Funke, F., Online- und Offlinevergleich visueller Analogskalen mit 4- und 8-stufig skalierten Likert-Skalen bei einem Fragebogen zum Verhalten in sozialen Gruppen. In: Rehberg, K.-S. (Hrsg.), Soziale Ungleichheit, kulturelle Unterschiede, Frankfurt am Main, New York: Campus, 2006, S. 4826–4838.

Fürer, G., Risk management im internationalen Bankgeschäft, Dissertation, Universität Zürich, Bern: Paul Haupt, 1990.

Gäfgen, G., Theorie der wirtschaftlichen Entscheidungen: Untersuchungen zur Logik und ökonomischen Bedeutung des rationalen Handelns, Tübingen: J.C.B. Mohr (Paul Siebeck), 1968.

Gartzen, T., Diskrete Migration als Anlaufstrategie für Montagesysteme, Dissertation, RWTH Aachen, Aachen: Apprimus, 2012.

Gausemeier, J.; *Plass, C.*, Zukunftsorientierte Unternehmensgestaltung: Strategien, Geschäftsprozesse und IT-Systeme von morgen, München: Carl Hanser, 2013.

Gebler, C., Risikomanagement und Rating für Unternehmer: Tipps und Anregungen für die tägliche Arbeit, Berlin: Beuth, 2005.

Geiger, O., Kennzahlenorientiertes Entwicklungscontrolling: Ein ganzheitliches, kennzahlenbasiertes Planungs-, Steuerungs- und Kontrollinstrument zur Analyse des Entwicklungsbereichs industrieller Unternehmen, Dissertation, Technische Universität Braunschweig, Aachen: Shaker, 2000.

Georges, K. E., Ausführliches lateinisch-deutsches Handwörterbuch: Band 1 (A-B), Berlin: Books on Demand, 2014.

Gershenson, J. K., Prasad, G. J., Zhang, Y., Product modularity: Definitions and benefits, In: Journal of Engineering Design, 14. Jg., Nr. 3, 2003, S. 295–313.

Gietl, G.; *Lobinger, W.*, Risikomanagement für Geschäftsprozesse, München: Carl Hanser, 2005.

Gille, C., Gestaltung von Produktänderungen im Kontext hybrider Produkte: Kostenanalyse am Beispiel der Groß- und Kleinserienfertigung im Maschinenbau, Dissertation, Universität Stuttgart, Wiesbaden: Springer, 2013.

Gomeringer, A., Eine integrative, prognosebasierte Vorgehensweise zur strategischen Technologieplanung für Produkte, Dissertation, Universität Stuttgart, Heimsheim: Jost-Jetter, 2007.

Göpfert, J., Modulare Produktentwicklung: Zur gemeinsamen Gestaltung von Technik und Organisation, Wiesbaden: Deutscher Universitätsverlag, 1998.

Gothe, U., Die Kapitalwertmethode und die Grenzen ihrer Anwendung: Diplom De, 2001.

Greniewski, H.; *Kempisty, M.*, Kybernetische Systemtheorie ohne Mathematik, Berlin: Dietz, 1966.

Griem, H., Der Prozess der Unternehmensentscheidung bei unvollkommener Information: Eine Ablauf- und Problemanalyse, Berlin: Duncker & Humblot, 1968.

Grundmann, T., Ein anwendungsorientiertes System für das Management von Produkt- und Prozessrisiken, Dissertation, RWTH Aachen, Aachen: Apprimus, 2008.

Gutmannsthal-Krizanits, H., Risikomanagement von Anlagenprojekten: Analyse, Gestaltung und Controlling aus Contractor-Sicht, Wiesbaden: Springer, 1994.

Hab, G.; *Wagner, R.*, Projektmanagement in der Automobilindustrie: Effizientes Management von Fahrzeugprojekten entlang der Wertschöpfungskette, Wiesbaden: Springer, 2013.

Hager, F.-P.; *Strub, C.*, «System; Systematik; systematisch». In: Ritter, J., Gründer, K., Gabriel, G., Hager, F.-P., Strub, C. (Hrsg.), Historisches Wörterbuch der Philosophie, Basel: Schwabe, 2007, S. 824–853.

Hahn, J., Eigenschaftsbasierte Fahrzeugkonzeption: Eine Methodik in der frühen Konzeptphase, Wiesbaden: Springer, 2017.

Hall, A. D.; *Fagen, R. E.*, Definition of System. In: Buckley, W. (Hrsg.), Systems Research for Behavioral Science: A Sourcebook, Somerset: Taylor and Francis, 2008, S. 149–166.

Haller, M., Bewertung der Flexibilität automatisierter Materialflusssysteme der variantenreichen Großserienproduktion, München: Utz, 1999.

Haller, M., Sicherheit durch Versicherung? Gedanken zur künftigen Rolle der Versicherung, Bern, Frankfurt am Main: Lang, 1975.

Haller, M., Risiko-Management - Eckpunkte eines integrierten Konzepts. In: Jacob, H., Adam, D., Hansmann, K.-W., Hilke, W., Müller, W., Pressmar, D., Scheer, A.-W. (Hrsg.), Risiko-Management, Wiesbaden: Gabler, 1986, S. 7–43.

Hänggi, R., Risikomanagement und Simultaneous Engineering, Dissertation, Universität St. Gallen, St. Gallen, 1996.

Harashima, F., Tomizuka, M., Fukuda, T., Mechatronics: "What Is It, Why, and How?" An editorial, In: IEEE/ASME Transactions on Mechatronics, 1. Jg., Nr. 1, 1996, S. 1–4.

Härterich, S., Risk management von industriellen Produktions- und Produktrisiken, Karlsruhe: Versicherungswirtschaft, 1987.

Hasenmüller, P., Unternehmensrisiko Klimawandel: Risiken managen und Chancen strategisch nutzen, Wiesbaden: GWV Fachverlage, 2009.

Hein, D., Strategisches Risikomanagement im Maschinen- und Anlagenbau, Dissertation, RWTH Aachen, Aachen: Shaker, 2007.

Heinicke, M., Resilienzorientierte Beurteilung von Produktionsstrukturen, Magdeburg: Universitätsbibliothek, 2017.

Herder-Dorneich, P., Wirtschaftssysteme: Systemtheorie einer allgemeinen Mikroökonomik, Wiesbaden: Verlag für Sozialwissenschaften, 1972.

Hesselbach, J.; *Menge, M.*, Methoden zur Variantenbeherrschung in der Produktion. In: Franke, H.-J., Hesselbach, J., Huch, B., Firchau, N. (Hrsg.), Variantenmanagement in der Einzel- und Kleinserienfertigung, München, Wien: Carl Hanser, 2002, S. 87–105.

Heyn, M., Methodik zur schnittstellenorientierten Gestaltung von Entwicklungskooperationen, Dissertation, RWTH Aachen, Aachen: Shaker, 1999.

Hirschbach, O., Globalisierungsstrategien. In: Bullinger, H.-J., Warnecke, H. J., Westkämper, E. (Hrsg.), Neue Organisationsformen im Unternehmen, Berlin, Heidelberg: Springer Berlin Heidelberg, 2003, S. 572–586.

Holzheu, F.; *Wiedemann, P. M.*, Perspektiven der Risikowahrnehmung. In: Becker, U. (Hrsg.), Risiko ist ein Konstrukt: Wahrnehmungen zur Risikowahrnehmung, München: Knesebeck, 1993, S. 9–19.

Hornung, K., Reichmann, T., Diederichs, M., Controlling-Wissen - Risikomanagement - Teil 1: Konzeptionelle Ansätze zur pragmatischen Realisierung gesetzlicher Anforderungen, In: Controlling: Zeitschrift für erfolgsorientierte Unternehmenssteuerung, 11. Jg., Nr. 3, 1999, S. 317–326.

Hu, J.; *Cardin, M.-A.*, Generating flexibility in the design of engineering systems to enable better sustainability and lifecycle performance, In: Research in Engineering Design, 26. Jg., Nr. 2, 2015, S. 121–143.

Hubka, V.; *Eder, W. E.*, Theory of Technical Systems: A Total Concept Theory for Engineering Design, Berlin, Heidelberg: Springer, 1988.

Hung Vo, P., Die Automobilindustrie und die Bedeutung innovativer Industrie 4.0 Technologien, Hamburg: Diplomica, 2016.

Hüttenrauch, M.; *Baum, M.*, Effiziente Vielfalt: Die dritte Revolution in der Automobilindustrie, Berlin, Heidelberg: Springer, 2008.

Iaccarino-Lutkat, E.; *Frenz, P.*, Mathe an Stationen 3: Inklusion, Hamburg: Auer, 2014.

Ihara, A., Fujibayashi, D., Suwa, H., Kula, R. G., Matsumoto, K., Understanding When to Adopt a Library: A Case Study on ASF Projects. In: Balaguer, F., Di Cosmo, R., Garrido, A. (Hrsg.), Open Source Systems: Towards Robust Practices. 13th IFIP WG 2.13 International Conference, OSS 2017, Buenos Aires, Argentina, May 22-23, 2017, Proceedings, 2017, S. 128–138.

ISO/IEC Guide 73, Risk management - Vocabulary - Guidelines for use in standards, International Organization for Standardization: 2002.

Jarratt, T. A. W., Eckert, C. M., Caldwell, N. H. M., Clarkson, P. J., Engineering change: An overview and perspective on the literature, In: Research in Engineering Design, 22. Jg., Nr. 2, 2011, S. 103–124.

Jayaram, J., Oke, A., Prajogo, D., The antecedents and consequences of product and process innovation strategy implementation in Australian manufacturing firms, In: International Journal of Production Research, 52. Jg., Nr. 15, 2013, S. 4424–4439.

Jeschke, A., Beitrag zur wirtschaftlichen Bewertung von Standardisierungs-Maßnahmen in der Einzel- und Kleinserienfertigung durch die Konstruktion, Dissertation, Technische Universität Braunschweig, Braunschweig, 1997.

Jiang, L.; *Allada, V.*, Design for Robustness of Modular Product Families for Current and Future Markets. In: Proceeding of the DETC 2001 ASME Design Engineering Technical Conferences and Computers and Information in Engineering Conference, Pittsburg, PA, 2001, S. 173–182.

Jonen, A., Semantische Analyse des Risikobegriffs: Strukturierung der betriebswirtschaftlichen Risikodefinitionen und literaturempirische Auswertung, Leibniz-Informationszentrum Wirtschaft, Technische Universität Kaiserslauten, 2007.

Jose, A.; *Tollenaere, M.*, Modular and platform methods for product family design: Literature analysis, In: Journal of Intelligent Manufacturing, 16. Jg., Nr. 3, 2005, S. 371–390.

Jung, C., Anforderungsklärung in interdisziplinärer Entwicklungsumgebung, Dissertation, Technische Universität München, München, 2006.

Junge, M., Controlling modularer Produktfamilien in der Automobilindustrie: Entwicklung und Anwendung der Modularisierungs-Balanced-Scorecard, Dissertation, Universität Mainz, Wiesbaden: Deutscher Universitätsverlag, 2005.

Kahre, B., Laier, R., Vanini, U., Financial Management: Die fnanzielle Führung von Unternehmen, München: Franz Vahlen, 2018.

Kampker, A., Burggräf, P., Deutskens, C., Maue, A., Förstmann, R., Integrated Product and Process Development: Modular Production Architectures based on Process Requirements, In: Procedia CIRP, 20. Jg., 2014, S. 109–114.

Kampker, A., Burggräf, P., Swist, M., Nowacki, C., Assessment and Configuration of a Product Production System. In: Zaeh, M. F. (Hrsg.), Enabling Manufacturing Competitiveness and Economic Sustainability, Cham: Springer, 2014, S. 147–152.

Kampker, A., Kreisköther, K., Treichel, P., Möller, T., Boelsen, Y., Elektromobilität: Trends und Herausforderungen der zukünftigen Großserienproduktion. In: Frenz, W. (Hrsg.), Handbuch Industrie 4.0: Recht, Technik, Gesellschaft, Berlin, Heidelberg: Springer, 2020, S. 661–680.

Kampker, A., Maue, A., Deutskens, C., Forstmann, R., Standardization and innovation: Dissolving the contradiction with modular production architectures. In: 2014 4th International Electric Drives Production Conference (EDPC), Nürnberg: IEEE, 2014, S. 1–6.

Kampker, A., Schuh, G., Burggräf, P., Nowacki, C., Swist, M., Cost innovations by integrative product and production development, In: CIRP Annals - Manufacturing Technology, 61. Jg., Nr. 1, 2012, S. 431–434.

Kampker, A., Vallée, D., Schnettler, A., Thomes, P., Kasperk, G., Brost, W., et al., Grundlagen: Grundlagen einer Zukunftstechnologie. In: Kampker, A., Vallée, D., Schnettler, A. (Hrsg.), Elektromobilität: Grundlagen einer Zukunftstechnologie, Berlin: Springer, 2018, 3-86.

Karthik, K.; Janardhan Reddy, K., Engineering Changes in Product Design: A Review, In: IOP Conference Series: Materials Science and Engineering, 149. Jg., 2016, S. 12001.

Kashkoush, M.; ElMaraghy, H., Optimum Overall Product Modularity, In: Procedia CIRP, 44. Jg., 2016, S. 55–60.

Keese, D. A., Takawale, N. P., Seepersad, C. C., Wood, K. L., An enhanced change modes and effects analysis (CMEA) tool for measuring product flexibility with applications to consumer products. In: Proceedings of the 2006 ASME International Design Engineering Technical Conferences and Computers and Information in Engineering Conference, New York, NY, 2007, S. 873–888.

Kemmetmüller, W.; Bogensberger, S., Handbuch der Kostenrechnung: Das Grundlagenwerk zu Kostenrechnung und Kostenmanagement, Wien: Service, 2004.

Kersten, F., Simulation in der Investitionsplanung, Dissertation, Universität Münster, Wiesbaden: Gabler, 1996.

Kiener, S., Maier-Scheubeck, N., Obermaier, R., Weiß, M., Produktions-Management: Grundlagen der Produktionsplanung und -steuerung, München: Oldenbourg, 2009.

Kirchner, M., Risikomanagement: Problemaufriss und praktische Erfahrungen unter Einbeziehung eines sich ändernden unternehmerischen Umfeldes, München: Hampp, 2002.

Klaus, G.; Buhr, M., Philosophisches Wörterbuch 2: Lamaismus bis Zweckmäßigkeit, Berlin: Verlag das europäische Buch, 1976.

Kleiner, T., Ansätze zur Kundensegmentierung und zu deren Implementierung im Finanzdienstleistungssektor: Eine empirische Analyse im Privatkundensegment von Banken, Wiesbaden: Gabler, 2009.

Klir, G. J., Trends in general systems theory, New York, London, Sydney, Toronto: Wiley-Interscience, 1972.

Köhler, C., Technische Produktänderungen: Analyse und Beurteilung von Lösungsmöglichkeiten auf Basis einer Erweiterung des CPM/PDD-Ansatzes, Dissertation, Universität des Saarlandes, 2009.

Kohlhase, N., Strukturieren und Beurteilen von Baukastensystemen: Strategien, Methoden, Instrumente, Dissertation, Technische Hochschule Darmstadt, Düsseldorf: VDI-Verlag, 1997.

Kohn, W., Statistik: Datenanalyse und Wahrscheinlichkeitsrechnung, Berlin, Heidelberg: Springer, 2005.

Kosiol, E., Einführung in die Betriebswirtschaftslehre: Die Unternehmung als wirtschaftliches Aktionszentrum, Wiesbaden: Gabler, 1968.

Kubicek, H., Heuristische Bezugsrahmen und heuristisch angelegte Forschungsdesign als Elemente einer Konstruktionsstrategie empirischer Forschung, Berlin, 1977.

Kupsch, P., Risikomanagement. In: Corsten, H, Reiß, M. (Hrsg.), Handbuch Unternehmungsführung: Konzepte - Instrumente - Schnittstellen, Wiesbaden: Gabler, 1995, S. 529–543.

Küting, K., Grundsatzfragen von Kennzahlen als Instrumenten der Unternehmensführung, In: Wirtschaftswissenschaftliches Studium: Zeitschrift für Studium und Forschung, 12. Jg., Nr. 5, 1983, S. 237–241.

Lampón, J. F., Cabanelas, P., Frigant, V., The new automobile modular platforms: From the product architecture to the manufacturing network approach, MPRA, University Library of Munich, Germany, 2017.

Lange, O., Wholes and Parts: A General Theory of System Behaviour, Oxford, London, Edinburgh, New York, Paris, Frankfurt: Pergamon Press, 1965.

Langer, S.; *Lindemann, U.*, Managing clycles in development processes: Analysis and classification of external context factors. In: Proceedings of ICED 09, the 17th International Conference of Engineering Design, Glasgow, Schottland: Design Society, 2009, S. 539–550.

Lau, A. K.W., Critical success factors in managing modular production design: Six company case studies in Hong Kong, China, and Singapore, In: Journal of Engineering and Technology Management, 28. Jg., Nr. 3, 2011, S. 168–183.

Lauwaert, M., Playing outside the box – on LEGO toys and the changing world of construction play, In: History and Technology, 24. Jg., Nr. 3, 2008, S. 221–237.

Lemke, H., MQB: Die Modul-Baukasten-Strategie des Volkswagen-Konzerns im Zusammenspiel mit globalen Systemlieferanten, URL: http://www.rkw-bw.de/rde/pdf/RKW-Organisation-2013/Vortrag-Lemke-VW.pdf [Stand: 28.07.2020].

Lenders, M., Beschleunigung der Produktentwicklung durch Lösungsraum-Management, Dissertation, RWTH Aachen, Aachen: Apprimus, 2009.

Levy, Y.; *J. Ellis, T.*, A Systems Approach to Conduct an Effective Literature Review in Support of Information Systems Research, In: Informing Science - The International Journal of an Emerging Transdiscipline, 9. Jg., 2006, S. 181–212.

Lück, W., Risikomanagementsystem und Überwachungssystem nach KonTraG. In: Reichmann, T. (Hrsg.), Controlling: kompakt, kompetent, konsequent, Dortmund: Gesellschaft für Controlling, 1999, S. 18–33.

Lück, W., Managementrisiken. In: Dörner, D. (Hrsg.), Praxis des Risikomanagements: Grundlagen, Kategorien, branchenspezifische und strukturelle Aspekte, Stuttgart: Schäffer-Poeschel, 2000, S. 311–343.

Ludewig, J.; *Lichter, H.*, Software Engineering: Grundlagen, Menschen, Prozesse, Techniken, Heidelberg: dpunkt.verlag, 2010.

Lührig, T., Risikomanagement in der Produktentwicklung der deutschen Automobilindustrie: Von der Konzeptentwicklung bis zum Produktionsanlauf, Aachen: Shaker, 2006.

Lynch, R.; *Jin, Z.*, Knowledge and innovation in emerging market multinationals: The expansion paradox, In: Journal of Business Research, 69. Jg., Nr. 5, 2016, S. 1593–1597.

MacDuffie, J. P., Sethuraman, K., Fisher, M. L., Product Variety and Manufacturing Performance: Evidence form the International Automotive Assembly Plant Study, In: Management Science, 42. Jg., Nr. 3, 1996, S. 350–369.

Macharzina, K.; *Wolf, J.*, Unternehmensführung - Das internationale Managementwissen: Konzepte - Methoden - Praxis, Wiesbaden: Gabler, 2018.

Mag, W., Risiko und Ungewissheit. In: Albers, W., Born, K. E., Dürr, E., Hesse, H., Kraft, A., Lampert, H., et al. (Hrsg.), Handwörterbuch der Wirtschaftswissenschaft, Stuttgart, New York, Tübingen, Göttingen, Zürich: Gustav Fischer, 1981, S. 478–494.

Mag, W., Planung und Unsicherheit. In: Wittmann, W., Kern, W., Köhler, R., Küpper, H.-U., Wysocki, K. von (Hrsg.), Enzyklopädie der Betriebswirtschaftslehre, Stuttgart: Schäffer-Poeschel, 1993, S. 3200–3216.

Mag, W., Unternehmungsplanung, München: Vahlen, 1995.

Makridakis, S. G., Forecasting: Methods and application, New York, 1998.

Marti, K., Übungsbuch zum Grundkurs Mathematik für Ingenieure, Natur- und Wirtschaftswissenschaftler, Heidelberg: Physica, 2010.

Martin, M. V.; *Ishii, K.*, Design for variety: Developing standardized and modularized product platform architectures, In: Research in Engineering Design, 13. Jg., Nr. 4, 2002, S. 213–235.

Meffert, H., Marketing: Grundlagen marktorientierter Unternehmensführung; Konzepte, Instrumente, Praxisbeispiele, Mit neuer Fallstudie VW Golf, Wiesbaden: Gabler, 2005.

Meffert, H., Burmann, C., Kirchgeorg, M., Marketing: Grundlagen marktorientierter Unternehmensführung; Konzepte - Instrumente - Praxisbeispiele, Wiesbaden: Gabler, 2012.

Meier, J., Produktarchitekturtypen globalisierter Unternehmen, Dissertation, RWTH Aachen, Aachen: Shaker, 2007.

Meier, P., Risikomanagement in Technologieunternehmen: Grundlagen, Methoden, Checklisten und Implementierung, Weinheim: Wiley-VCH, 2005.

Meierbeck, R., Strategisches Risikomanagement der Beschaffung: Entwicklung eines ganzheitlichen Modells am Beispiel der Automobilindustrie, Dissertation, Universität Bayreuth, Lohmar: Josef Eul, 2010.

Mesarovic, M. D.; *Macko, D.*, Foundations for a Scientific Theory of Hierarchical Systems. In: Whyte, L. L., Wilson, A. G., Wilson, D. (Hrsg.), Hierarchical structures - Proceedings of the Symposium Hierarchical Structure in Nature and Artifact, New York: American Elsevier, 1968, S. 29–50.

Meyer, M. H.; *Lehnerd, A.*, The power of product platforms: Building value and cost leadership, New York: Free Press, 1997.

Meyer, M. H., Osiyevskyy, O., Libaers, D., van Hugten, M., Does Product Platforming Pay Off?, In: Journal of Product Innovation Management, 35. Jg., Nr. 1, 2018, S. 66–87.

Meyer, R., Die Entwicklung des betriebswirtschaftlichen Risiko- und Chancenmanagements. In: Kalwait, R. (Hrsg.), Risikomanagement in der Unternehmensführung: Wertgenerierung durch chancen- und kompetenzorientiertes Management, Weinheim: Wiley-VCH, 2008, S. 23–60.

Mikus, B., Make-or-buy-Entscheidungen in der Produktion: Führungsprozesse, Risikomanagement, Modellanalysen, Dissertation, Universität Göttingen, Wiesbaden: Deutscher Universitätsverlag, 1998.

Milling, P., Die Konzipierung von Entscheidungsmodellen sozialer Systeme. In: Bea, F. X., Bohnet, A., Klimesch, H. (Hrsg.), Systemmodelle: Anwendungsmöglichkeiten des systemtheoretischen Ansatzes, München: Oldenbourg, 1979, S. 39–79.

Möller, K.; *Schmälzle, H.*, Messung und Steuerung im Innovationsprozess, Göttingen: Georg-August-Universität Göttingen, 2008.

Mugler, J., Risk Management in der Unternehmung, Wien: Dr. Anton Orac, 1979.

Müller, D., Intelligente Unterstützung für ein aufgabenorientiertes Anforderungsmanagement in der Integrierten Produktentwicklung, Dissertation, Technische Universität Clausthal, Aachen: Shaker, 2007.

Müller, M., Modularisierung von Produkten: Entwicklungszeiten und -kosten reduzieren, München: Hanser, 2000.

Nasvytis, A., Die Gesetzmäßigkeiten kombinatorischer Technik, Berlin, Heidelberg: Springer, 1953.

Nemuth, T., Risikomanagement bei internationalen Bauprojekten, Dissertation, Technische Universität München, Renningen: Expert, 2006.

Neubürger, K. W., Chancen- und Risikobeurteilung im strategischen Management: Die informatorische Lücke, Stuttgart: Poeschel, 1989.

Neuhausen, J., Gestaltung modularer Produktionssysteme für Unternehmen der Serienproduktion, Dissertation, RWTH Aachen, Aachen: Publikationsserver der RWTH Aachen University, 2001.

Neumann, M., Sadek, T., Labenda, P., Adapting Product and Development Process for Risk Reduction in New Product Development. In: Product Lifecycle Management - Towards Knowledge-Rich Enterprises - IFIP WG 5.1 International Conference, Montreal: IFIP, 2012, S. 267–276.

Oehmen, J., Risiko- und Chancenmanagement in der Produktentwicklung. In: Lindemann, U. (Hrsg.), Handbuch Produktentwicklung, 2016, S. 59–97.

Oehmen, J., Ben-Daya, M., Seering, W., Al-Salamah, M., Risk Management in Product Design: Current State, Conceptual Model and Future Research. In: 36th Design Automation Conference, Parts A and B in ASME 2010 International Design Engineering Technical Conferences and Computers and Information in Engineering Conference, Montreal, Quebec, Canada: ASME, 2010, S. 1033–1041.

Oestreich, M.; *Romberg, O.*, Keine Panik vor Statistik! Erfolg und Spaß im Horrorfach nichttechnischer Studiengänge, Wiesbaden: Springer, 2014.

Palani Rajan, P. K., van Wie, M., Campbell, M., Otto, K., Wood, K., Kungl. Tekniska hogskolan, Design for Flexibility - Measures And Guidelines. In: Research for practice - innovation in products, processes and organisations in ICED 03, 14th International Conference on Engineering Design, Stockholm: Design Society, 2003, 203-204.

Pasche, M. H.; *Persson, M.*, Organising for modularity in dynamic markets, In: International Journal of Innovation Management, 16. Jg., Nr. 02, 2012, S. 1–23.

Patzak, G., Systemtechnik - Planung komplexer innovativer Systeme: Grundlagen, Methoden, Techniken, Berlin, Heidelberg: Springer, 1982.

Peace, G. S., Taguchi methods: A hands-on approach, Reading, MA: Addison-Wesley, 1993.

Peter, J., Innovationscontrolling: Der Einsatz von Kennzahlen und Kennzahlensystemen, Hamburg: Diplomica, 2011.

Pfeiffer, W., Absatzpolitik bei Investitionsgütern der Einzelfertigung: Möglichkeiten und Grenzen des Einsatzes absatzpolitischer Instrumente im Sondermaschinenbau, Stuttgart: Poeschel, 1965.

Pflicht, W., Technisches Änderungswesen in Produktionsunternehmen: Ablauforganisation, PPS, Grunddatenverwaltung, Schwachstellenanalyse, Kostenminimierung, Berlin: VDE-Verlag, 1989.

Philipp, F., Risiko und Risikopolitik, Stuttgart: Poeschel, 1967.

Piller, F. T.; *Waringer, D.*, Modularisierung in der Automobilindustrie: Neue Formen und Prinzipien, Modular Sourcing, Plattformkonzept und Fertigungssegmentierung als Mittel des Komplexitätsmanagements, Aachen: Shaker, 1999.

Pimmler, T.; *Eppinger, S.*, Integration Analysis of Product Decompositions, In: ASME Design Theory and Methodology Conference, 1994, S. 1–11.

Pine, B. J., Maßgeschneiderte Massenfertigung: Neue Dimensionen im Wettbewerb, Wien: Wirtschaftsverlag Carl Ueberreuter, 1994.

Piran, F. A. S., Lacerda, D. P., Camargo, L. F. R., Viero, C. F., Dresch, A., Cauchick-Miguel, P. A., Product modularization and effects on efficiency: An analysis of a bus manufacturer using data envelopment analysis (DEA), In: International Journal of Production Economics, 182. Jg., 2016, S. 1–13.

Pomberger, G.; *Dobler, H.*, Algorithmen und Datenstrukturen: Eine systematische Einführung in die Programmierung, München: Pearson Studium, 2008.

Popper, K. R., Die Logik der Sozialwissenschaften. In: Adorno, T. W., Maus, H., Fürstenberg, F. (Hrsg.), Der Positivismusstreit in der deutschen Soziologie, Neuwied, Berlin: Luchterhand, 1969, S. 103–123.

Raabe, R., Ein rechnergestütztes Werkzeug zur Generierung konsistenter PKW-Maßkonzepte und parametrischer Designvorgaben, Dissertation, Universität Stuttgart, Stuttgart, 2013.

Rapp, T., Produktstrukturierung: Komplexitätsmanagement durch Komplexitätsmanagement durch modulare Produktstrukturen und -plattformen, Wiesbaden: Springer, 1999.

Rasenack, W., Parametervariationen als Hilfsmittel bei der Entwicklung des Fahrzeug-Package, Dissertation, Technische Universität Berlin, 1998.

Reger, G., Risikoreduktion durch Technologie-Früherkennung. In: Gassmann, O., Kobe, C., Voit, E. (Hrsg.), High-Risk-Projekte: Quantensprünge in der Entwicklung erfolgreich managen, Berlin, Heidelberg: Springer, 2001, S. 251–277.

Reichmann, T.; *Form, S.*, Balanced Chance- and Risk-Management, In: Controlling: Zeitschrift für erfolgsorientierte Unternehmenssteuerung, 12. Jg., Nr. 4-5, 2000, S. 189–198.

Reichwald, R.; *Conrat, J.-I.*, Vermeidung von Änderungskosten durch Integrationsmaßnahmen im Entwicklungsbereich: Ein Ansatz mit hohen Rationalisierungseffekten auch im direkten Bereich, Lehrstuhls für Allgemeine und Industrielle Betriebswirtschaftslehre, Technische Universität München, München, 1993.

Renner, I., Methodische Unterstützung funktionsorientierter Baukastenentwicklung am Beispiel Automobil, München: Dr. Hut, 2007.

Riepe, B., Integrierte Produktstrukturmodellierung in den frühen Phasen der Produktentstehung: Eine Methode zur Modularisierung variantenreicher mechatronischer Produkte, Dissertation, Universität Paderborn, Norderstedt: Books on Demand, 2003.

Rieper, B., Betriebswirtschaftliche Entscheidungsmodelle: Grundlagen, Herne: Neue Wirtschafts-Briefe, 1992.

Risak, J., Überlegene Unternehmensqualität schaffen: durch leidenschaftliche Suche nach Neuem, konsequentes Umsetzen, rechtzeitiges Erkennen von Veränderungen, Wien: Linde, 2012.

Robertson, D.; *Ulrich, K.*, Planning for Product Platforms, In: Sloan Management Review, 39. Jg., Nr. 4, 1998.

Rogers, E. M., Diffusion of preventive innovations, In: Addictive Behaviors, 27. Jg., 2002, S. 989–993.

Romeike, F., Der Prozess der Risikosteuerung und -kontrolle. In: Romeike, F, Finke, R. B. (Hrsg.), Erfolgsfaktor Risiko-Management: Chance für Industrie und Handel Methoden, Beispiele, Checklisten, Wiesbaden: Springer, 2003, S. 235–243.

Romeike, F., Risikomanagement, Wiesbaden: Springer Fachmedien Wiesbaden, 2018.

Rooney, J. J.; *Vanden Heuvel, L. N.*, Root Cause Analysis for Beginners, In: Quality Progress, 37. Jg., Nr. 7, 2004, S. 45–56.

Ropohl, G., Philosophy of Socio-Technical Systems, In: Techné: Research in Philosophy and Technology, 4. Jg., Nr. 3, 1999, S. 186–194.

Ropohl, G., Allgemeine Technologie: Eine Systemtheorie der Technik, Karlsruhe: Universitätsverlag Karlsruhe, 2009.

Ross, A. M., Rhodes, D. H., Hastings, D. E., Defining changeability: Reconciling flexibility, adaptability, scalability, modifiability, and robustness for maintaining system lifecycle value, In: Systems Engineering, 11. Jg., Nr. 3, 2008, S. 246–262.

Rudolf, S., Produktionsgerechte Baukastengestaltung, Dissertation, RWTH Aachen, Aachen: Apprimus, 2013.

Sanchez, R.; *Mahoney, J. T.*, Modularity, flexibility, and knowledge management in product and organization design, In: Strategic Management Journal, 17. Jg., 1996, S. 63–76.

Sandt, J., Management mit Kennzahlen und Kennzahlensystemen: Bestandsaufnahme, Determinanten und Erfolgsauswirkungen, Wiesbaden: Deutscher Universitätsverlag, 2004.

Saynisch, M., Konfigurationsmanagement: Wesen, Konzepte, Methoden und Anwendungen. In: Reschke, H., Schelle, H., Schnopp, R. (Hrsg.), Handbuch Projekt-Management, Köln: TÜV Rheinland, 1989, S. 561–589.

Schanz, G., Wissenschaftsprogramme der Betriebswirtschaftslehre. In: Bea, F. X, Schweitzer, M. (Hrsg.), Allgemeine Betriebswirtschaftslehre - Band 1: Grundfragen, München, Stuttgart: UVK Lucius, 2009, S. 81–155.

Schendera, C., Datenqualität mit SPSS, München, Wien: Oldenbourg, 2007.

Scheuch, F., Marketing, München: Vahlen, 2007.

Schiffer, M. G., Szenariorobuste Produktarchitekturgestaltung, Aachen: Apprimus, 2013.

Schneeweiß, C., Planung: Systemanalytische und entscheidungstheoretische Grundlagen, Berlin, Heidelberg: Springer, 1991.

Schnorrenberg, U.; *Goebels, G.*, Risikomanagement in Projekten: Methoden und ihre praktische Anwendung, Wiesbaden: Vieweg+Teubner, 1997.

Schönmann, S. O., Produktentwicklung in der Automobilindustrie: Managementkonzepte vor dem Hintergrund gewandelter Herausforderungen, Dissertation, Katholische Universität Eichstätt-Ingolstadt, Wiesbaden: Gabler, 2012.

Schorcht, H., Risikomanagement und Risikocontrolling junger Unternehmen in Wachstumsbranchen: Konzeption eines theoriegeleiteten Handlungsrahmens für die praxisinduzierte Unternehmenssteuerung, Dissertation, Universität Ilmenau, Berlin: Logos, 2004.

Schreurs, M. A.; *Steuwer, S. D.*, Autonomous Driving: Political, Legal, Social and Sustainability Dimensions. In: Maurer, M., Gerdes, J. C., Lenz, B., Winner, H. (Hrsg.), Autonomes Fahren: Technische, rechtliche und gesellschaftliche Aspekte, Berlin, Heidelberg: Springer, 2015, S. 151–173.

Schubert, M., Risikomanagement im Beschaffungsmarketing, Köln: Fördergesellschaft Produkt-Marketing e.V., 2004.

Schuh, G., Riesener, M., Breunig, S., Design for Changeability: Incorporating Change Propagation Analysis in Modular Product Platform Design, In: Procedia CIRP, 61. Jg., 2017, S. 63–68.

Schuh, G., Produktkomplexität managen: Strategien - Methoden - Tools, München, Wien: Carl Hanser, 2005.

Schuh, G., 2012, Innovationsmanagement: Handbuch Produktion und Management 3 (2. Aufl. 2012). *VDI-Buch*, Berlin, Heidelberg: Springer.

Schuh, G., Lenders, M., Bender, D., Szenariorobuste Produktarchitekturen. In: Gausemeier, J. (Hrsg.), Vorausschau und Technologieplanung - 5. Symposium für Vorausschau und Technologieplanung, Paderborn, 2009, S. 99–119.

Schuh, G., Lenders, M., Nußbaum, C., Rudolf, S., Produktarchitekturgestaltung. In: Schuh, G. (Hrsg.), Innovationsmanagement: Handbuch Produktion und Management 3, Berlin, Heidelberg: Springer, 2012, S. 115–160.

Schuh, G., Rudolf, S., Arnoscht, J., Production-Oriented Modular Platform Design. In: Proceedings International Conference on Competitive Manufacturing : COMA' 13 ; 30 January - 1 February 2013, Stellenbosch, South Africa / Dimiter Dimitrov and Corné Schutte Stellenbosch: Stellenbosch University, 2013, S. 37–45.

Schuh, G., Schmitt, R., Arnoscht, J., Bohl, A., Kupke, D., Lenders, M., et al., Integrative Konfigurationslogik für Produkt-Produktionssysteme. In: Brecher, C. (Hrsg.), Integrative Produktionstechnik für Hochlohnländer, Berlin, Heidelberg: Springer, 2011, S. 86–143.

Schuh, G., Schultze, W., Schiffer, M., Rieger, A., Rudolf, S., Lehbrink, H., Scenario-based determination of product feature uncertainties for robust product architectures, In: Production Engineering, 8. Jg., Nr. 3, 2014, S. 383–395.

Schulte, M., Bank-Controlling II: Risikopolitik in Kreditinstituten, Frankfurt: Bankakademie-Verlag, 1996.

Schumacher, S., Risikomanagement für die qualitätsorientierte Entwicklung industrieller Dienstleistungen, Dissertation, RWTH Aachen, Aachen: Apprimus, 2016.

Schuy, A., Risiko-Management: Eine theoretische Analyse zum Risiko und Risikowirkungsprozeß als Grundlage für ein risikoorientiertes Management unter besonderer Berücksichtigung des Marketing, Dissertation, Universität Gießen, Frankfurt am Main: Lang, 1989.

Schweitzer, M., Produktionswirtschaftliche Forschung. In: Kern, W., Schroeder, H.-H., Weber, J. (Hrsg.), Handwörterbuch der Produktionswirtschaft, Stuttgart: Schäffer-Poeschel, 1996, S. 1642–1656.

Seibold, H., IT-Risikomanagement, München: Oldenbourg, 2006.

Seidel, M., Methodische Produktplanung: Grundlagen, Systematik und Anwendung im Produktentstehungsprozess, Dissertation, Universität Karlsruhe, Karlsruhe: Universitätsverlag Karlsruhe, 2005.

Sekolec, R., Produktstrukturierung als Instrument des Variantenmanagements in der methodischen Entwicklung modularer Produktfamilien, Dissertation, Eidgenössische Technische Hochschule Zürich, Düsseldorf: VDI-Verlag, 2005.

Seyoum, B.; Lian, Y., Market performance implications of modularization: Evidence from global auto firms operating in China, In: International Business Review, 27. Jg., Nr. 4, 2018, S. 852–866.

Shiu, E., Bonacina, A., Binninger, F.-M., Innovation Management for Products and Processes in the Automobile Industry: Example of BMW. In: Tang, M, Werner, C. H. (Hrsg.), Handbook of the Management of Creativity and Innovation, World Scientific, 2017, S. 191–216.

Sibbertsen, P.; *Lehne*, Statistik: Einführung für Wirtschafts- und Sozialwissenschaftler, Berlin Heidelberg: Springer, 2012.

Siepermann, M., Risikokostenrechnung: Erfolgreiche Informationsversorgung und Risikoprävention, Dissertation, Universität Dortmund, Berlin: Erich Schmidt, 2008.

Simon, H., Integrative Strategie. In: Binder, K., Goleman, D., Hammer, M., Kotler, P., Mader, F., Malik, F., et al. (Hrsg.), Campus Management, Frankfurt am Main: Campus Verlag GmbH, 2003, S. 277–281.

SAE J 3016, Taxonomy and Definitions for Terms Related to Driving Automation Systems for On-Road Motor Vehicles, Society of Automotive Engineers: 2018.

Sommer, M., Produktbaukastengerechte Organisationsstrukturen, Dissertation, RWTH Aachen, Aachen: Apprimus, 2016.

Sonderforschungsbereich 768, Änderungsmanagement-Report: Studienergebnisse zu Ursachen und Auswirkungen, aktuellen Praktiken, Herausforderungen und Strategien in Deutschland, Lehrstuhl für Produktentwicklung, Technische Universität München, Garching, 2012.

Spath, D., Organisatorische Wandlungsfähigkeit produzierender Unternehmen: Unternehmenserfahrungen, Forschungs- und Transferbedarfe, Stuttgart: Fraunhofer IRB Verl., 2008.

Spille, J., Typspezifisches Risikomanagement für die Beschaffung von Produktionsmaterialien in der Automobilzulieferindustrie, Dissertation, RWTH Aachen, Aachen: Shaker, 2009.

Stachowiak, H., Allgemeine Modelltheorie, Wien, New York: Springer, 1973.

Staehle, W. H., Management: Eine verhaltenswissenschaftliche Perspektive, München: Franz Vahlen, 1999.

Stegemann, P., Integrierte Komplexitätsbeherrschung in der Produktentwicklung durch Produktkommunalitäten, Dissertation, Universität der Bundeswehr Hamburg, Hamburg, 2010.

Stippel, N., Innovations-Controlling: Managementunterstützung zur effektiven und effizienten Steuerung des Innovationsprozesses im Unternehmen, Dissertation, Technische Universität Dortmund, München: Vahlen, 1999.

Suh, E. S., Weck, O. L. de, *Chang, D.*, Flexible product platforms: Framework and case study, In: Research in Engineering Design, 18. Jg., Nr. 2, 2007, S. 67–89.

Suh, N. P., The principles of design, New York: Oxford University Press, 1990.

Szyperski, N.; *Winand, U.*, Entscheidungstheorie: Eine Einführung unter besonderer Berücksichtigung spieltheoretischer Konzepte, Stuttgart: Poeschel, 1974.

Talay, M. B., *Calantone, R. J.*, *Voorhees, C. M.*, Coevolutionary Dynamics of Automotive Competition: Product Innovation, Change, and Marketplace Survival, In: Journal of Product Innovation Management, 31. Jg., Nr. 1, 2014, S. 61–78.

Teichmann, U.; *Erkens, N.*, Controllingorientiertes Risikomanagement nach KonTraG mit der Balanced Scorecard: - am Beispiel der Wohnungswirtschaft, In: Dortmunder Diskussionsbeiträge zur Wirtschaftspolitik, Nr. 101, 2000, S. 1–37.

Tesla Motors, Model S, URL: https://www.tesla.com/de_DE/models [Stand: 28.07.2020].

Thiemt, F., Risikomanagement im Beschaffungsbereich, Göttingen: Cuvillier, 2003.

Thoma, B.; *O'Sullivan, D.*, Emerging new product development methodology for the automobile industry: Study of Chinese and German automobile industries: Lambert Academic Publishing, 2015.

Tücks, G., Ramp-Up Management in der Automobilindustrie, Dissertation, RWTH Aachen, Aachen: Apprimus, 2010.

Tuncel, G.; *Alpan, G.*, Risk assessment and management for supply chain networks: A case study, In: Computers in Industry, 61. Jg., Nr. 3, 2010, S. 250–259.

Ulrich, H., Der allgemeine Systembegriff. In: Baetge, J. (Hrsg.), Grundlagen der Wirtschafts- und Sozialkybernetik: Betriebswirtschaftliche Kontrolltheorie, Wiesbaden: Springer, 1975, S. 33–40.

Ulrich, H., Management, Bern: Paul Haupt, 1984.

Ulrich, H.; *Probst, G. J. B.*, Anleitung zum ganzheitlichen Denken und Handeln: Ein Brevier für Führungskräfte, Bern, Stuttgart, Wien: Paul Haupt, 1995.

Ulrich, K., The role of product architecture in the manufacturing firm, In: Research Policy, 24. Jg., Nr. 3, 1995, S. 419–440.

Ulrich, P.; *Hill, W.*, Wissenschaftstheoretische Grundlagen der Betriebswirtschaftslehre (Teil I), In: Wirtschaftswissenschaftliches Studium: Zeitschrift für Studium und Forschung, 5. Jg., Nr. 7, 1976, S. 304–309.

Ulrich, P.; *Hill, W.*, Wissenschaftstheoretische Grundlagen der Betriebswirtschaftslehre (Teil II), In: Wirtschaftswissenschaftliches Studium: Zeitschrift für Studium und Forschung, 5. Jg., Nr. 7, 1976, S. 304–309.

Vanini, U., Kennzahlensysteme, In: WISU-Studienblatt, 01. Jg., 2012.

Vickery, S. K., Koufteros, X., Dröge, C., Calantone, R., Product Modularity, Process Modularity, and New Product Introduction Performance: Does Complexity Matter?, In: Production and Operations Management, 25. Jg., Nr. 4, 2016, S. 751–770.

Vietor, T.; Stechert, C., Produktarten zur Rationalisierung des Entwicklungs- und Konstruktionsprozesses. In: Feldhusen, J, Grote, K.-H. (Hrsg.), Pahl/Beitz Konstruktionslehre: Methoden und Anwendung erfolgreicher Produktentwicklung, Berlin, Heidelberg: Springer, 2013, S. 817–871.

Vom Brocke, J., Simons, A., Niehaves, B., Reimer, K., Plattfaut, R., Cleven, A., Reconstructing the giant: On the importance of rigour in documenting the literature search process. In: ECIS 2009 Proceedings, ECIS, 2009, S. 1–12.

Vorath, B.-J., Kausalanalysen und Differentialdiagnosen zur Risiko-Qualifikation. In: Compes, P. (Hrsg.), Risiken komplizierter Systeme - ihre komplexe Beurteilung und Behandlung, Wuppertal: Gesellschaft für Sicherheitswissenschaft, 1982, S. 143–159.

Waas, A., Dynamic Capabilities, die Ressourcenbasis und die Veränderung in Unternehmen: Auswirkungen der Elektromobilität auf die deutsche Automobilindustrie bis ins Jahr 2020, Dissertation, Universität Ulm, Berlin: Logos, 2012.

Wall, F., Betriebswirtschaftliches Risikomanagement und gesetzliche Anforderungen an das Risikomanagement: Eine konzeptionelle Analyse mit Blick auf den Implementierungsaufwnd des Risikomanagement nach KonTraG und TransPuG sowie weitere Forschungsbedarfe, In: Zeitschrift für Planung, Nr. 13, 2012, S. 373–400.

Walther, C., Systemtechnische Zusammenhänge zwischen Eigenschaften und Funktionen großer Systeme: Methoden zur Darstellung von Änderungswirkungen, Dissertation, Technische Universität München, München: Herbert Utz, 2001.

Wartzack, S., Auswahl- und Bewertungsmethoden. In: Feldhusen, J, Grote, K.-H. (Hrsg.), Pahl/Beitz Konstruktionslehre: Methoden und Anwendung erfolgreicher Produktentwicklung, Berlin, Heidelberg: Springer, 2013, S. 380–404.

Weber, J., Weißenberg, B. E., Liekweg, A., Risk Tracing and Reporting: Unternehmerisches Chancen- und Risikomanagement nach KontraG: Advanced Controlling, 1999.

Weber, J., Automotive Development Processes: Processes for Succesful Customer Orientated Vehicle Development, Berlin, Heidelberg: Springer, 2009.

Wei, W., Ji, J., Wuest, T., Tao, F., Product Family Flexible Design Method Based on Dynamic Requirements Uncertainty Analysis, In: Procedia CIRP, 60. Jg., 2017, S. 332–337.

Weiser, A.-K., Baasner, B., Hosch, M., Schlueter, M., Ovtcharova, J., Complexity Assessment of Modular Product Families, In: Procedia CIRP, 50. Jg., 2016, S. 595–600.

Werners, B.; Zimmermann, H.-J., Risk Management und Planung. In: Szyperski, N. (Hrsg.), Handwörterbuch der Planung, Stuttgart: Poeschel, 1989, S. 1749–1758.

Werth, D., Kollaborative Geschäftsprozesse: Integrative Methoden zur modellbasierten Deskription und Konstruktion, Dissertation, Universität Saarbrücken, Berlin: Logos, 2006.

Wieczorrek, H. W.; *Mertens, P.*, Management von IT-Projekten: Von der Planung zur Realisierung, Berlin, Heidelberg: Springer, 2007.

Wintgen, G., Zur mengentheoretischen Definition und Klassifizierung kybernetischer Systeme, In: Statistische Hefte, 11. Jg., Nr. 4, 1970, S. 261–298.

Wittmann, E., Risikomanagement im internationalen Konzern. In: Dörner, D. (Hrsg.), Praxis des Risikomanagements: Grundlagen, Kategorien, branchenspezifische und strukturelle Aspekte, Stuttgart: Schäffer-Poeschel, 2000, S. 790–820.

Wolf, K., Risikomanagement im Kontext der wertorientierten Unternehmensführung, Wiesbaden: Springer, 2003.

Wolf, K.; *Runzheimer, B.*, Risikomanagement und KonTraG: Konzeption und Implementierung, Wiesbaden: Gabler, 2000.

Wu, Y., Zhang, S., Hao, J., Liu, H., Wu, X., Hu, J., et al., On-road vehicle emissions and their control in China: A review and outlook, In: The Science of the total environment, 574. Jg., 2017, S. 332–349.

Zahra, S. A.; *Covin, J. G.*, The financial implications of fit between competitive strategy and innovation types and sources, In: The Journal of High Technology Management Research, 5. Jg., Nr. 2, 1994, S. 183–211.

Zentis, T., Modell zur Bewertung und Kontrolle technischer Risiken, Dissertation, RWTH Aachen, Aachen: Apprimus, 2013.

Zhang, M., Guo, H., Huo, B., Zhao, X., Huang, J., Linking supply chain quality integration with mass customization and product modularity, In: International Journal of Production Economics, 2017, S. 1–9.

9 Anhang

A.1 Kennzahlensteckbriefe

Nachfolgend werden die Kennzahlen aus Abbildung 5-3 in Form von Kennzahlensteckbriefen beschrieben. Die Kennzahlensteckbriefe enthalten neben einer Definition und einer kurzen Beschreibung der Kennzahl die Skalierungsart und die Höhe der Bewertungskriterien, die Aussagekraft und den Erhebungsaufwand.

1	Betriebswirtschaftliche Wertigkeit

Aussagekraft: Hoch | Erhebungsaufwand: Gering | Kardinalskaliert

Definition:

$$BW_i = K_{Init,i} + \sum_i K_{SUM,HK,i} = K_{Ent,i} + K_{Inv,i} + \sum_i HK_i \times n_i$$

Mit:

BW_i: Betriebswirtschaftliche Wertigkeit des Baukastens i

$K_{Init,i}$: Initialkosten des Baukastens i

$K_{SUM,HK,i}$: Summe Herstellkosten des Baukastens i

$K_{Ent,i}$: Entwicklungskosten des Baukastens i

$K_{Inv,i}$: Investitionskosten des Baukastens i

HK_i: Herstellkosten des Baukastens i

n_i: Stückzahl des Baukastens i

Beschreibung:

- Die betriebswirtschaftliche Wertigkeit eines Baukastens gibt Aufschluss über die monetären Einsparpotenziale, die durch eine Reduzierung der Anzahl der technischen Änderungen und damit eine Reduzierung der Änderungs- und Abbruchkosten zu erwarten sind.
- Die Kennzahl setzt sich zusammen aus einer Addition der Initialkosten (K_{Init}) und den Herstellkosten (HK_i) multipliziert mit der Stückzahl (n_i) des Baukastens.
- Die Initialkosten untergliedern sich in die Entwicklungskosten (z.B. Lieferantenentwicklungskosten, eigene Entwicklungskosten zur Absicherung) und die Investitionskosten (z.B. Strukturinvestitionen, Werkzeuge für die Hausfertigung oder Produktinvestitionen, Werkzeuge beim Lieferanten) des Baukastens i.
- Die Herstellkosten umfassen die Materialkosten, die Materialgemeinkosten, die Lohneinzelkosten, die Fertigungsgemeinkosten sowie die Sondereinzelkosten der Fertigung.
- Eine detaillierte Beschreibung der Kennzahl findet sich in Kapitel 5.1.

Abbildung 9-1: Betriebswirtschaftliche Wertigkeit[711]

[711] Für die Berechnung der Initialkosten vgl. Schiffer (2013), Szenariorobuste Produktarchitekturgestaltung, S. 175 und für die Berechnung der Herstellkosten vgl. Kemmetmüller et al. (2004), Handbuch der Kostenrechnung, S. 177; Ansonsten Quelle: Expertengespräche

2	Release-Zyklus-Faktor			
Aussagekraft:	Hoch	Erhebungsaufwand:	Gering	Kardinalskaliert

Definition:

$$RZF_i = \frac{RZP_n}{RZ_i}$$

Mit:

RZF_i: Release-Zyklus-Faktor des Baukastens i

RZP_n: Release-Zyklus der den Baukasten verwendenden Produkte n

RZ_i: Release-Zyklus des Baukastens i

Beschreibung:

- Der Release-Zyklus-Faktor bewertet den Zusammenhang zwischen der Lebensdauer der Baukästen und den auf dem Markt befindlichen Produkten des Unternehmens.
- Zur Berechnung des Release-Zyklus-Faktors des Baukastens i (RZF_i) wird der Release-Zyklus (RZP_n) der den Baukasten verwendenden Produkte n in Relation zum Release-Zyklus (RZB_i) des Baukastens i gesetzt.
- Eine detaillierte Beschreibung der Kennzahl findet sich in Kapitel 5.1.

Abbildung 9-2: Release-Zyklus-Faktor[712]

[712] Quelle: Expertengespräche

3	Durchschnittliche Änderungsrate

Aussagekraft:	Hoch	Erhebungsaufwand:	Mittel	Kardinalskaliert

Definition:

$$DAER_i = \frac{\sum_{j=1}^{t} AAE_{i,Gen\,a-1}}{t_{i,Gen\,a-1}} \times KDF_i = \frac{\sum_{j=1}^{t} AAE_{i,Gen\,a-1}}{t_{i,Gen\,a-1}} \times \frac{\sum_{i=1}^{p} KDB_{u,i,Gen\,a}}{\sum_{i=1}^{p} KDB_{u,i,Gen\,a-1}}$$

Mit:

$DAER_i$:	Durchschnittliche Änderungsrate des Baukastens i
$AAE_{i,Gen\,a-1}$:	Anzahl der Änderungen der Vorgängergeneration des Baukastens i
$t_{i,Gen\,a-1}$:	Vergabedauer der Vorgängergeneration des Baukastens i
$KDB_{u,i}$:	Konzeptdivergenzbewertung des Unternehmensbereichs des Baukastens i

Beschreibung:

- Die durchschnittliche Änderungsrate beschreibt die zukünftige Veränderlichkeit der Baukästen, deren Beziehungen und Gestaltungsziele.
- Die durchschnittliche Änderungsrate $DAER_i$ des Baukastens i bildet sich als Quotient aus der Anzahl der Änderungen AAE_i der Vorgängergeneration des Baukastens i über die Vergabedauer t_i und die Vergabedauer t_i der Vorgängergeneration, multipliziert mit dem Konzeptdivergenz-Faktor KDF_i des Baukastens i.
- Der Konzeptdivergenz-Faktor KDF_i dient der Aussage hinsichtlich einer Konzeptveränderung oder -stabilisierung über die zukünftige Baukastengeneration.
- Der KDF_i berechnet sich aus der Division der Summe der Konzeptdivergenzbewertungen ($\sum_{i=1}^{p} KDB_{u,i,Gen\,a}$) der aktuell zu entwickelnden Baukastengeneration mit der Summe der Konzeptdivergenzbewertungen ($\sum_{i=1}^{p} KDB_{u,i,Gen\,a-1}$) der Vorgängerbaukastengeneration. Diese Werte werden qualitativ mittels Expertengesprächen erfasst.
- Eine detaillierte Beschreibung der Kennzahl findet sich in Kapitel 5.1.

Abbildung 9-3: Durchschnittliche Änderungsrate[713]

713 Für den kardinalskalierten Teil der Formel vgl. Marti (2010), Übungsbuch zum Grundkurs Mathematik für Ingenieure, Natur- und Wirtschaftswissenschaftler, S. 147 und für den ordinalskalierten Teil Quelle: Expertengespräche

4	Profil der Integrationskomplexität			
Aussagekraft: Hoch		Erhebungsaufwand: Mittel		Ordinalskaliert

Definition:

$$PIK_i = \sum_{i=1}^{p} IKB_v$$

Mit:

PIK_i: Profil der Integrationskomplexität des Baukastens i

IKB_v: Integrationskomplexitätsbewertung des Integrationsverantwortlichen v

Beschreibung:

- Das Profil der Integrationskomplexität (PIK) kennzeichnet den Integrationsaufwand des Baukastens in die Produktarchitektur und ist somit ein Indikator für den Änderungsaufwand bei technischen Änderungen.
- Zur Berechnung des Profils der Integrationskomplexität wird jeweils die Summe über die Integrationskomplexitätsbewertungen (IKB) der entsprechenden Integrationsverantwortlichen v gebildet.
- Die Integrationskomplexitätsbewertung besitzt, wie auch die Konzeptdivergenzbewertungen, die Ausprägungsabstufungen <0-1-2-3>, welche einer textuellen Bewertung von <keine-niedrige-mittlere-hohe> entsprechen. Die entsprechenden Bewertungen werden in Expertengesprächen mit den jeweiligen Integrationsverantwortlichen ermittelt.
- Eine detaillierte Beschreibung der Kennzahl findet sich in Kapitel 5.1.

Abbildung 9-4: Profil der Integrationskomplexität[714]

[714] Vgl. Quelle: Expertengespräche

5	Anzahl an Innovationen

Aussagekraft:	Mittel	Erhebungsaufwand:	Gering	Kardinalskaliert

Definition:

Anzahl der Innovationen, welche der Baukasten (mit)realisiert.

Beschreibung:

- Die Kennzahl ist ein Indikator dafür, wie wichtig ein Baukasten für den Entwicklungsbereich eines Unternehmens ist, um durch Innovationen Alleinstellungsmerkmale beim Endkunden aufzubauen.
- Mitrealisation von Innovationen bedeutet, dass der Baukasten eine Teilfunktion der Gesamtfunktion einer Innovation ausführt.

Abbildung 9-5: Anzahl an Innovationen[715]

[715] Vgl. Möller et al. (2008), Messung und Steuerung im Innovationsprozess, S. 32

6	**Durchschnittliche Änderungskosten**

Aussagekraft:	Mittel	Erhebungsaufwand:	Gering	Kardinalskaliert

Definition:

$$DAEK_i = \frac{SAEK_{i,n}}{AAE_i}$$

Mit:

$DAEK_i$: Durchschnittliche Änderungskosten des Baukastens i

$SAEK_{i,n}$: Summe sämtlicher Änderungskosten des Baukastens i über einen Zeitraum n

$AAE_{i,n}$: Anzahl der Änderungen am Baukasten i über einen Zeitraum n

Beschreibung:

- Die Kennzahl ist ein Indikator für die durchschnittliche Höhe an Änderungskosten für eine technische Änderung für den betrachteten Baukasten, mit welchen das Unternehmen in Zukunft zu rechnen hat.
- Die Kennzahl ist ohne eine Aussage über die Anzahl der auf das Unternehmen zukommenden Änderungen und den Vernetzungsgrad des Baukastens nur mittel aussagekräftig.

Abbildung 9-6: Durchschnittliche Änderungskosten[716]

[716] Vgl. Möller et al. (2008), Messung und Steuerung im Innovationsprozess, S. 26

7	Leuchtturmcharakter

Aussagekraft:	Mittel	Erhebungsaufwand:	Gering	Kardinalskaliert

Definition:

$$LC_i = \frac{K_{init,i}}{K_{SUM,HK,i}} = \frac{K_{Ent,i} + K_{Inv,i}}{\sum_i HK_i \times n_i}$$

Mit:

LC_i:	Leuchtturmcharakter des Baukastens i
$K_{init,i}$:	Initialkosten des Baukastens i
$K_{SUM,HK,i}$:	Summe Herstellkosten des Baukastens i
$K_{Ent,i}$:	Entwicklungskosten des Baukastens i
$K_{Inv,i}$:	Investitionskosten des Baukastens i
HK_i:	Herstellkosten des Baukastens i
n_i:	Stückzahl des Baukastens i

Beschreibung:

- Ein Leuchtturmcharakter kennzeichnet ein herausragendes, wegweisendes Projekt mit dem Ziel einer Signalwirkung für zahlreiche Folgeentwicklungen in einem für das Unternehmen strategisch relevanten Bereich.
- Die Initialkosten untergliedern sich in die Entwicklungskosten (z.B. Lieferantenentwicklungskosten, eigene Entwicklungskosten zur Absicherung) und die Investitionskosten (z.B. Strukturinvestitionen, Werkzeuge für die Hausfertigung oder Produktinvestitionen, Werkzeuge beim Lieferanten) des Baukastens i.
- Die Herstellkosten umfassen die Materialkosten, die Materialgemeinkosten, die Lohneinzelkosten, die Fertigungsgemeinkosten sowie die Sondereinzelkosten der Fertigung.
- Der Leuchtturmcharakter ist umso größer, je weiter das Verhältnis zugunsten des Einmalaufwandes ausfällt. Je weiter das Verhältnis zugunsten der Herstellkosten multipliziert mit der Stückzahl ausfällt, desto geringer ist der Leuchtturmcharakter.

Abbildung 9-7: Leuchtturmcharakter[717]

[717] Für die Berechnung der Initialkosten vgl. Schiffer (2013), Szenariorobuste Produktarchitekturgestaltung, S. 175 und die Berechnung der Herstellkosten vgl. Kemmetmüller et al. (2004), Handbuch der Kostenrechnung, S. 177; Ansonsten Quelle: Expertengespräche

8	Vergabedauer				
Aussagekraft:	Mittel	Erhebungsaufwand:	Gering	Kardinalskaliert	

Definition:

Die Vergabedauer beschreibt die vertraglich festgelegte Dauer, über welche anforderungstechnisch detailliert beschriebene Baukästen unter klar definierten Kriterien, wie zum Beispiel der Stückzahl über die Laufzeit und dem Preis von einem ausgewählten Lieferanten produziert und geliefert werden.

Beschreibung:

- Durch eine möglichst lange Vergabedauer können größere Skaleneffekte erzielt werden.
- Die Kennzahl ist ohne die Angabe der Dynamik des Umfeldes des Baukastens nur mittel aussagekräftig hinsichtlich einer Verblockungskritikalität von Baukästen.

Abbildung 9-8: Vergabedauer[718]

9	Anzahl Schnittstellen				
Aussagekraft:	Mittel	Erhebungsaufwand:	Mittel	Kardinalskaliert	

Definition:

Anzahl der geometrischen und funktionalen Schnittstellen zu weiteren Baukästen.

Beschreibung:

- Die Kennzahl ist ein Indikator für den Grad der Vernetzung des Baukastens in der Produktarchitektur.
- Mit steigender Anzahl an Schnittstellen steigt das Risiko von technischen Änderungsweitergaben über Schnittstellen hinweg, da der Baukasten verstärkt andere Baukästen beeinflussen bzw. selber beeinflusst werden kann.
- Eine detaillierte Beschreibung von geometrischen und funktionalen Schnittstellen findet sich in Kapitel 2.1.3.

Abbildung 9-9: Anzahl Schnittstellen[719]

718 Vgl. Quelle: Expertengespräche

719 Vgl. Junge (2005), Controlling modularer Produktfamilien in der Automobilindustrie, S. 135

10	Komplexitätskostenprofil			
Aussagekraft:	Mittel	Erhebungsaufwand:	Mittel	Kardinalskaliert

Definition:

$$KKP_i = \sum_{k=1}^{p} KKA_k \times w_k$$

Mit:

KKP_i: Komplexitätskostenprofil des Baukastens i

KKA_k: Komplexitätskostenanteil einer beteiligten Kostenstelle an den gesamten Kosten über alle Kostenstellen hinweg

IKB_v: Qualitativer Gewichtungsfaktor des zusätzlichen Aufwands bei Etablierung einer zusätzlichen Variante

Beschreibung:

- Das Komplexitätskostenprofil (KKP) dient der Bewertung der Kommunalitätspotenziale aufseiten der indirekten Kosten.
- Mittels des Komplexitätskostenprofils kann die Entwicklungskomplexität eines Baukastens über die an der Baukastenentwicklung beteiligten Unternehmensbereiche bestimmt werden.
- Der Gemeinkosten- bzw. Komplexitätskostenanteil (KKA) drückt prozentual aus, wie hoch der Anteil einer Abteilung an den gesamten Gemeinkosten eines Unternehmens ist und erlaubt Rückschlüsse bzgl. der Relevanz der Abteilung hinsichtlich der Ermittlung der Komplexitätskosten.
- Der Gewichtungsfaktor w dient der Bewertung des zusätzlichen Aufwands in der entsprechenden Abteilung, der mit der Einführung einer neuen Variante des Baukastenelements verbunden ist. Der Gewichtungsfaktor wird in Form von Expertenrunden ermittelt.

Abbildung 9-10: Komplexitätskostenprofil[720]

[720] Vgl. Schuh et al. (2013), Production-Oriented Modular Platform Design, S. 40; Rudolf (2013), Produktionsgerechte Baukastengestaltung, S. 115 ff.

11	Anzahl bedienender Produkte

Aussagekraft:	Gering	Erhebungsaufwand:	Gering	Kardinalskaliert

Definition:

Anzahl der Produkte, welche den Baukasten verwenden.

Beschreibung:

- Die Kennzahl ist ein Indikator dafür, von wie vielen Produkten der Baukasten Anforderungen zu erfüllen hat. Jedoch sagt diese Kennzahl nichts über die Anforderungsspreizung aus, da die Produkte, welche den Baukasten verwenden, ähnliche Anforderungen besitzen können.

Abbildung 9-11: Anzahl bedienender Produkte[721]

12	Baureihenübergreifender Verwendungsgrad

Aussagekraft:	Gering	Erhebungsaufwand:	Gering	Kardinalskaliert

Definition:

$$BUEG_i = \frac{ABB_i}{ABU}$$

Mit:

$BUEG_i$: Baureihenübergreifender Verwendungsrad des Baukastens i

ABB_i: Anzahl der bedienten Baureihen des Baukastens i

ABU: Anzahl der Baureihen innerhalb des Unternehmens gesamt

Beschreibung:

- Der baureihenübergreifende Verwendungsgrad ist ein Indikator dafür, über wie viele Baureihen der Baukasten verwendet werden kann.

Abbildung 9-12: Baureihenübergreifender Verwendungsgrad[722]

[721] Vgl. Quelle: Expertengespräche

[722] Vgl. Quelle: Expertengespräche

13	Kommunalitätsgrad

Aussagekraft:	Gering	Erhebungsaufwand:	Gering	Kardinalskaliert

Definition:

$$KG_i = \frac{APV_i}{APV_n}$$

Mit:

KG_i: Kommunalitätsgrad des Baukastens i

APV_i: Anzahl Produktvarianten, die den Baukasten i nutzen

APV_n: Anzahl Produktvarianten insgesamt

Beschreibung:

- Mittels der Kennzahl kann unterschieden werden, ob der Baukasten als kommunal oder dediziert einzuordnen ist.

Abbildung 9-13: Kommunalitätsgrad[723]

14	Bedeutsamkeit des Bauraums

Aussagekraft:	Gering	Erhebungsaufwand:	Mittel	Ordinalskaliert

Definition:

Die Bedeutsamkeit des Bauraums, in welchem sich ein Baukasten befinden, wird anhand der Ausprägungen <gering-mittel-hoch> klassifiziert und ermöglicht so eine Einteilung der Baukästen. Es ist mit dieser Kennzahl jedoch nicht möglich, eine Rangfolge zu erstellen.

Beschreibung:

- Die Kennzahl muss für jeden Baukasten qualitativ ermittelt werden.
- Die Ausprägung ist stark subjektiv.

Abbildung 9-14: Bedeutsamkeit des Bauraums[724]

723 Vgl. Arnoscht (2011), Beherrschung von Komplexität bei der Gestaltung von Baukastensystemen, S. 81

724 Vgl. Quelle: Expertengespräche

15	Durchschnittliche Innovationsdauer

Aussagekraft:	Gering	Erhebungsaufwand:	Mittel	Kardinalskaliert

Definition:

$$DID_i = \frac{GDIP_n}{AIP_i}$$

Mit:

DID_i: Durchschnittliche Innovationsdauer von Innovationsprojekten für den Baukasten i

RZP_n: Gesamtdauer der Innovationsprojekte für den Baukasten i

AIP_i: Anzahl der Innovationsprojekte für den Baukastens i

Beschreibung:

- Diese Kennzahl ist ein Indikator dafür, wann ein Innovationsprojekt identifiziert und für den betrachteten Baukasten angestoßen werden muss, um einen angestrebten Markteintrittszeitpunkt realisieren zu können.
- Die durchschnittliche Innovationsdauer dient lediglich als Orientierungswert und muss für jedes Innovationsprojekt zu Beginn nochmals spezifisch geplant werden.
- Oftmals sind mehrere Baukästen von einem Innovationsprojekt betroffen und nicht nur ein einzelner Baukasten, was eine erhöhte Abstimmung der beteiligten Schnittstellenpartner innerhalb und teilweise auch außerhalb des Unternehmens erfordert.

Abbildung 9-15: Durchschnittliche Innovationsdauer[725]

[725] Vgl. Stippel (1999), Innovations-Controlling, S. 294

In der Reihe **Ergebnisse aus der Elektromobilproduktion** zuletzt erschienen:

Hehl, Fabian:
Resiliente Baukastengestaltung durch Risikomanagement in der Automobilindustrie
ISBN 978-3-98555-085-2
Erscheinungsdatum: 23.06.2022

Schön, Christoph:
Gestaltung und Bewertung von skalierbaren Technologieketten für die Großserienproduktion von Brennstoffzellen
ISBN 978-3-98555-056-2
Erscheinungsdatum: 23.03.2022

Lutz, Nicolas Johannes:
Integration virtueller Methoden in das Anlaufmanagement skalierbarer Fertigungssysteme
ISBN 978-3-98555-035-7
Erscheinungsdatum: 31.01.2022

Diekmann, Tobias:
Montagegerechte Standardisierung von Bauteilschnittstellen für die variantenreiche Automobilproduktion
ISBN 978-3-98555-016-6
Erscheinungsdatum: 25.11.2021

Edition Wissenschaft
Apprimus

Ayvaz, Peter:

Methode zur merkmalbasierten Gesamtkostenermittlung für polymer-additiv gefertigte Spritzgießwerkzeuge

ISBN 978-3-86359-999-7
Erscheinungsdatum: 20.09.2021

Hehl, Martin:

Lösungsraum-Management für die Produktionsplanung im Disruptiven Umfeld

ISBN 978-3-86359-974-4
Erscheinungsdatum: 10.06.2021

Haunreiter, Andreas:

Unsicherheitsmanagement von Produktanforderungen in der Entwicklung von Hochvolt-Batteriesystemen

ISBN: 978-3-86359-955-3
Erscheinungsdatum: 07.05.2021

Mohsseni, Ahmad:

Gestaltung von lebenszyklusrobusten Produktarchitekturen am Beispiel des Lithium-Ionen-Batteriesystems

ISBN: 978-3-86359-961-4
Erscheinungsdatum: 19.04.2021

FSC
www.fsc.org
MIX
Papier | Fördert gute Waldnutzung
FSC® C083411

Kolibri 360 GmbH
Ferdinand-Jühlke-Straße 7
99095 Erfurt, Deutschland
produktsicherheit@kolibri360.de